Data Science mit SAP HANA®

SAP PRESS ist eine gemeinschaftliche Initiative von SAP SE und der Rheinwerk Verlag GmbH. Unser Ziel ist es, Ihnen als Anwendern qualifiziertes SAP-Wissen zur Verfügung zu stellen. SAP PRESS vereint das Know-how der SAP und die verlegerische Kompetenz von Rheinwerk. Die Bücher bieten Ihnen Expertenwissen zu technischen wie auch zu betriebswirtschaftlichen SAP-Themen.

Damit Sie nach weiteren Titeln Ihres Interessengebiets nicht lange suchen müssen, haben wir eine kleine Auswahl zusammengestellt.

Kästner et al.
SAP Data Intelligence: Das umfassende Handbuch
611 Seiten, 2021, geb.
ISBN 978-3-8362-7724-2
www.sap-press.de/5138

Kästner et al.
SAP Data Warehouse Cloud: Das umfassende Handbuch
700 Seiten, erscheint im Dezember 2022, geb.
ISBN 978-3-8362-9043-2
www.sap-press.de/5541

Josef Hampp, Jan Lang
Applikationsdesign mit SAP Analytics Cloud
385 Seiten, erscheint im November 2022, geb.
ISBN 978-3-8362-9109-5
www.sap-press.de/5568

Abassin Sidiq
SAP Analytics Cloud: Das Praxishandbuch
2. aktualisierte und erweiterte Auflage, 472 Seiten, 2020, geb.
ISBN 978-3-8362-7715-0
www.sap-press.de/5135

Andreas Forster, Stojan Maleschlijski

Data Science mit SAP HANA®

Das umfassende Handbuch

Liebe Leserin, lieber Leser,

vielen Dank, dass Sie sich für ein Buch von SAP PRESS entschieden haben.

Die Arbeit an einem Fachbuch lässt sich mit einer Reise in eine fremde Welt vergleichen. Stück für Stück lernt man die Regeln, Eigenheiten und Wege dieser Welt kennen, bis man sich ein wenig zuhause fühlt.

Während ich in der Welt der Fachbücher zuhause bin, ist Data Science das Terrain von Andreas Forster und Stojan Maleschlijskji. In den letzten Monaten durfte ich die beiden dorthin begleiten. Das Ergebnis dieser Reise ist das Buch, das Sie nun in den Händen halten.

Sie lernen darin nicht nur Grundlagen der Data Science kennen, sondern steigen auch direkt in die Datenanalyse mit den SAP-Tools ein. Sie erfahren, wie Sie Daten aus Ihren Systemen auswerten, filtern und für Ihr Unternehmen nutzen. Praktische Codebeispiele und zahlreiche Tipps aus der Praxis laden Sie ein, sich auf den Weg zu machen und das Gelernte direkt auszuprobieren.

Das Buch hat Ihnen gefallen, Sie haben Anregungen oder Kritik? Wir freuen uns über Anmerkungen, die uns helfen, unsere Bücher zu verbessern. Zögern Sie also nicht, sich bei mir zu melden.

Ihre Nicole Hohmann
Lektorat SAP PRESS

nicole.hohmann@rheinwerk-verlag.de
www.rheinwerk-verlag.de
Rheinwerk Verlag · Rheinwerkallee 4 · 53227 Bonn

Auf einen Blick

Wir hoffen, dass Sie Freude an diesem Buch haben und sich Ihre Erwartungen erfüllen. Ihre Anregungen und Kommentare sind uns jederzeit willkommen. Bitte bewerten Sie doch das Buch auf unserer Website unter **www.rheinwerk-verlag.de/feedback**.

An diesem Buch haben viele mitgewirkt, insbesondere:

Lektorat Nicole Hohmann
Korrektorat Claudia Lötschert, Neuss
Herstellung Stefanie Meyer
Typografie und Layout Vera Brauner
Einbandgestaltung Lisa Kirsch
Coverbild iStockphoto: 518464252 © Spectral-Design
Satz SatzPro, Krefeld, gesetzt aus der TheAntiquaB (9,35 pt/13,7 pt) in FrameMaker
Druck Beltz Grafische Betriebe GmbH, Bad Langensalza

Dieses Buch wurde mit mineralölfreien Farben auf chlorfrei gebleichtem und FSC ®-zertifiziertem Offsetpapier (90 g/m²) gedruckt.

Der Umwelt zuliebe wurde es ohne Folienkaschierung hergestellt und auf die Einschweißfolie wurde verzichtet.

Hergestellt in Deutschland.

Bibliografische Information der Deutschen Nationalbibliothek:
Die Deutsche Nationalbibliothek verzeichnet diese Publikation in der Deutschen Nationalbibliografie; detaillierte bibliografische Daten sind im Internet über *http://dnb.dnb.de* abrufbar.

ISBN 978-3-8362-9033-3

1. Auflage 2023

Informationen zu unserem Verlag und Kontaktmöglichkeiten finden Sie auf unserer Verlagswebsite **www.rheinwerk-verlag.de**. Dort können Sie sich auch umfassend über unser aktuelles Programm informieren und unsere Bücher und E-Books bestellen.

Inhalt

Vorworte

Vorwort von Sarah Detzler

Wieso arbeitest du als Data Scientist bei SAP? Diese Frage höre ich sehr oft. Als großer Fan von Büchern bin ich der festen Überzeugung, dass man sich mit einem guten Buch als Grundlage in fast jedes Thema sehr gut einarbeiten kann. Deswegen freut es mich umso mehr, dass die Frage, warum ich als Data Scientist bei SAP arbeite, in diesem Buch beantwortet wird.

Mir persönlich war es immer wichtig, mit Machine Learning und Data Science Business-Prozesse zu verbessern, effizienter zu gestalten und das Leben der Endnutzer*innen zu vereinfachen. Viele der Daten, die hierfür notwendig sind, stammen aus SAP-Anwendungen oder werden in SAP-Systemen gesammelt. Und als Data Scientist ist es eine gute Idee, nah an den Daten zu sein, auch um Datenduplizierung und damit zusammenhängende Risiken zu vermeiden. In der SAP-Welt bedeutet dies oft, mit den analytischen Engines in SAP HANA zu arbeiten.

Natürlich bin ich auch wie die meisten meines Berufstandes ein großer Fan der Open-Source-Welt. Würde man mir R oder Python verbieten, würde ich sofort meinen Job kündigen. In den meisten Fällen müssen die Daten für die Nutzung der Open-Source-Bibliotheken aber aus der eigentlichen Datenquelle abgezogen und in eine separate Data-Science-Umgebung gebracht werden. Wenn ich mit solch einer Umgebung arbeite, bekomme ich leider oft gegen Ende des Projektes Probleme, die Logik nachhaltig produktiv zu setzen und in die Business-Welt zu integrieren.

In diesem Buch wird hingegen beschrieben, wie es SAP HANA ermöglicht, die Algorithmen zu den Daten zu bringen, und eben nicht die Daten zu den Algorithmen bringen zu müssen. Unnötige Datenduplizierung wird also vermieden.

Konkret werden hierzu in SAP HANA native Bibliotheken angeboten, die das Machine Learning direkt dort ausführen, wo die Daten bereits liegen. Das Beste daran ist, dass diese Bibliotheken auch aus R und Python heraus aufrufbar sind. So kann ich in meinem gewohnten Jupyter Notebook bleiben und mich direkt mit SAP HANA verbinden und dort komplett ohne Datentransfer die Algorithmen in der Datenbank ausführen. Auf diese Weise habe ich das Beste aus beiden Welten: meine geliebte Open-Source-Welt (Python und R) und die Vorteile von SAP HANA. Zudem steht mir so alles zentral auf einem System zur Verfügung, was das Produktivsetzen erheblich erleichtert.

Keine Panik, liebe Leser*innen, wenn Sie noch keine Ahnung von SAP haben: In diesem Buch wird dies alles Schritt für Schritt erklärt. Es gibt viele anschauliche Beispiele und (mein persönlicher Favorit) viel ausführbaren Code, den man direkt verwenden und so gleich loslegen kann.

Sarah Detzler
Competence Lead Data Science und Machine Learning bei SAP

Vorwort von Pavlos Panagiotidis

Im Jahr 2022 ist ein »intelligentes Unternehmen« ohne die Einbindung von Data Science in seine Prozesse kaum noch vorstellbar. Dennoch sehen wir in unserer täglichen Arbeit mit Unternehmen (und trotz der enormen Entwicklungen in diesem Bereich und der Verfügbarkeit von Daten und Open-Source-Technologien) immer noch eine Diskrepanz zwischen Data Science, Datenmanagement und Unternehmens-IT.

Das vorliegende Buch ist ein praktischer Leitfaden, der zeigt, wie Sie mit SAP HANA diese Kluft überbrücken und die Vorteile von Data Science für Ihr Unternehmen nutzen können. SAP hat vor zwölf Jahren SAP HANA mit dem Ziel eingeführt, die Verarbeitung von Transaktions- und Analysedaten in ein und demselben System bei sehr hoher Performanz zu ermöglichen.

Die hohe Akzeptanz dieser Technologie der SAP-Kunden hat eine In-Memory-Revolution ausgelöst und zu der neuen Kategorie von *translytischen Datenplattformen* geführt. Noel Yuhanna, Principal Analyst bei Forrester, beschreibt diese Kategorie wie folgt: »*Translytical* ist eine vereinheitlichte Datenbank, die Transaktionen, Analysen, operative Erkenntnisse und weitere zusätzliche Anforderungen in Echtzeit unterstützt, ohne die transaktionale Integrität, die Performanz oder die Skalierbarkeit zu beeinträchtigen«.

Da Data Science sowohl einen analytischen als auch einen transaktionalen Charakter hat, ist SAP HANA wie gemacht dafür, Data Science in die unternehmerischen Prozesse zu bringen. Die Datenbank hat einen analytischen Charakter, da sie oft mit Daten arbeitet, die bereits für Business-Intelligence-Anforderungen (BI) zusammengetragen wurden. Ebenso hat sie einen transaktionalen Charakter, denn während BI in erster Linie mit Datenaggregationen und Filtern arbeitet, muss Data Science auf der Ebene des einzelnen Datensatzes arbeiten. Sie muss neue Datensätze generieren und Entscheidungen auf der Ebene der einzelnen Transaktion treffen (z. B. Abschätzen, ob ein der Versicherung gemeldeter Schadensfall betrügerisch sein könnte).

SAP HANA bietet also durch die translytischen Fähigkeiten eine mächtige Umgebung für Data-Science-Implementierungen und vereinfacht als vielseitig verwendbares System gleichzeitig das Datenmanagement und die Unternehmens-IT.

Mit den vielen Beispielen in diesem Buch geben Andreas Forster und Stojan Maleschlijski einen praktischen Leitfaden, der für verschiedene Personengruppen geeignet ist (z. B. Data Scientists, Business Analysten, Anwendungsentwicklerinnen und die SAP-IT von Unternehmen), um sie auf dem Weg zum intelligenten Unternehmen zu unterstützen.

Ich wünsche Ihnen viel Spaß bei der Lektüre dieses Buchs und dem Ausprobieren der Beispiele. Hoffentlich ist es für Sie ein wertvoller Ratgeber, den Sie für Ihre Data-Science-Projekte mit SAP HANA neben Ihren Computer legen werden.

Pavlos Panagiotidis
Global Vice President Data Science und
Head of AI Business Process Improvement bei SAP

Einleitung

Warum noch ein Buch über Data Science? Und was ist Data Science überhaupt? Und wie kann ich daraus einen Mehrwert extrahieren? Was auch immer Ihre Fragen sind, wir freuen uns, dass Sie Interesse an dem Thema haben, und hoffen, dass dieses Buch Sie als praktischer Ratgeber bei Ihren Data-Science-Aktivitäten begleitet und unterstützt. Mit diesem Buch möchten wir pragmatisch anhand relevanter Use Cases, an denen wir als Autoren gearbeitet haben, das Thema für Sie greifbar und nutzbar machen.

Der Fokus liegt auf der konkreten Nutzung, das Buch beinhaltet keine wissenschaftlichen oder theoretischen Erklärungen von verschiedenen Algorithmen. Die Hauptbereiche wie Clustern, Klassifizieren, Regression, Zeitreihenvorhersagen etc. werden eingeführt, jedoch nicht in wissenschaftlicher Tiefe behandelt. Vielmehr haben wir versucht, ein praxisnahes Handbuch für strukturierte Daten mit Tipps und Tricks zu erstellen, das immer wieder zurate gezogen werden kann.

Mit dem Buch erhalten Sie außerdem Zugriff auf den von uns genutzten Code als Download. So gelingt Ihnen ein schneller und praktischer Einstieg in das Thema und Sie können unsere Beispiele als Kick-off für Ihre eigenen Projekte nutzen. Das Download-Material können Sie unter *www.sap-press.de/5539* im Bereich **Material** herunterladen.

Zielgruppe des Buchs

Das Buch richtet sich an die folgenden Zielgruppen mit Interesse an SAP HANA, SAP HANA Cloud oder SAP Data Warehouse Cloud:

- Business-Analysts, die sich praktisch in das Thema Data Science einarbeiten möchten
- Data Scientists und Data Engineers, die lernen möchten, wie die oben genannten SAP-Umgebungen für Data-Science-Aufgaben angewandt werden können
- SAP-IT-Spezialistinnen und Entwickler, die die Data-Science-Welt von SAP anhand von praktischen Beispielen kennenlernen möchten
- Berater-Profis, die Ihren Erfahrungsschatz mit Data-Science-Kompetenz erweitern möchten
- SAP-Partner, die ihren Kunden Data-Science-basierte Anwendungen anbieten möchten
- alle Interessierten, wie Studierende oder generell Neugierige, die einen praktischen Einstieg in die Data-Science-Welt suchen

Sie, als Leser*in, sollten technisch interessiert sein. Falls Sie noch keine Erfahrungen mit Data Science gesammelt haben sollten, liefert das Buch Ihnen einen schnellen Einstieg. Falls Sie bereits Data Scientist sind, erklärt Ihnen das Buch die Nutzung innerhalb der SAP Data Warehouse Cloud, SAP HANA Cloud und SAP-HANA-On-Premise-Umgebung.

Das Buch kann sowohl als Nachschlagewerk benutzt werden als auch als durchgängige Lektüre über das Thema Data Science mit SAP. Es werden Beispiele für verschiedenste Data-Science-Anwendungsfälle diskutiert und durch Python-Code, der die Analyse-Engines von SAP nutzt, gelöst.

Inhalt und Aufbau des Buchs

Das Buch besteht aus drei Teilen. Im ersten Teil werden die Grundlagen für das Verständnis von Data Science und deren Nutzung gelegt. Im zweiten Teil werden die verschiedensten Data-Science-Methoden praktisch angewendet. Im letzten und dritten Teil des Buchs wird die Operationalisierung der Methoden erläutert und mit verschiedenen Tipps und Tricks abgerundet.

Kapitel 1, »Einführung«, liefert Ihnen eine kurze Einführung in die relevantesten Data-Science-Themen und grenzt diese voneinander ab. Anschließend erhalten Sie einen Überblick der Nutzung von Data-Science-Fähigkeiten in verschiedenen SAP-Anwendungen.

In **Kapitel 2**, »SAP HANA als Data-Science-Umgebung«, werden die verschiedenen SAP-HANA-Umgebungen (On-Premise, SAP HANA Cloud, SAP Data Warehouse Cloud) vorgestellt. Sie erhalten für diese Systeme Anleitungen, wie Sie sie für die Data-Science-Nutzung einrichten und vorbereiten. Ebenso wird erläutert, wie Sie eine lokale Python-Umgebung aufsetzen, aus welcher heraus Sie mit den SAP-Umgebungen arbeiten werden.

Erste praktische Erfahrungen mit den Systemen sammeln Sie in **Kapitel 3**, »Erste Schritte«. Nach einer kurzen Einführung in die Nutzung von Python verbinden Sie sich aus Python heraus mit Ihrem SAP-HANA-System und laden erste Daten hoch. Zusätzlich werden die SQL- und R-Schnittstellen für SAP HANA vorgestellt.

Im zweiten und umfangreichsten Teil des Buchs nutzen Sie die aufgesetzte SAP-HANA-Umgebung für verschiedene Data-Science-Aufgaben. In **Kapitel 4**, »Explorative Datenanalyse und Datenvorbereitung«, analysieren Sie Tabellen und Daten, mit denen Sie arbeiten, bevor Sie die Daten weiter für die Nutzung von Data-Science-Methoden aufbereiten.

In **Kapitel 5**, »Automated Predictive Library«, nutzen Sie mit der Automated Predictive Library ein automatisiertes Framework in SAP HANA, um verschiedene Data-

Science-Methoden anzuwenden und Vorhersagen zu erstellen. Anhand gängiger Anforderungen aus dem Geschäftsleben werden Klassifizierung, Regression und Zeitreihen vorgestellt und implementiert.

Individuelle Algorithmen der Predictive Analysis Library werden in **Kapitel 6**, »Predictive Analysis Library«, anwendet. Diese ermöglichen eine zusätzliche Feinjustierung der Data-Science-Methoden. Wiederum anhand gängiger Geschäftsanforderungen werden neben der Klassifizierung, der Regression und Zeitreihen auch weitere Themen wie Clustering, Ausreißeranalyse oder die Survival Analysis praktisch vorgestellt.

Über spezialisierte Analyse-Engines werden Sie in **Kapitel 7**, »Spezialisierte Analyse-Engines«, Analysen auf Basis von Geodaten, Graphen und Text erstellen.

Der dritte und abschließende Teil des Buchs fokussiert auf die fortwährende Nutzung der erstellten Data-Science-Modelle. In **Kapitel 8**, »Deployment-Optionen«, wird das Deployment über die SAP Business Technology Platform erläutert (SAP Data Intelligence, Cloud Foundry und Kyma).

Verschiedene praktische Hinweise, die Ihnen das Leben erleichtern können, erhalten Sie in **Kapitel 9**, »Tipps und Tricks«, z. B. zu den Bereichen Datenvorbereitung, Charting oder Logging.

Abschließend haben wir in **Anhang A**, »Checkliste«, noch einige kurze Empfehlungen zum Vorgehen in einem Projekt zusammengestellt, die auf leicht zu übersehende Aspekte aufmerksam machen, die aber dennoch sehr wichtig für erfolgreiche Data-Science-Projekte sind.

Um Sie auf wichtige Informationen hinzuweisen und Ihnen so die Arbeit mit diesem Buch zu erleichtern, verwenden wir im Text Kästen mit den folgenden Symbolen:

In Kästen, die mit diesem Symbol gekennzeichnet sind, finden Sie Informationen zu *weiterführenden Themen* oder *wichtigen Inhalten*, die Sie sich merken sollten. [«]

Mit diesem Symbol sind *Tipps und Hinweise* aus der Berufspraxis markiert, die praktische Empfehlungen geben, die Ihnen die Arbeit erleichtern können. [+]

Dieses Symbol weist Sie auf *Besonderheiten* hin, die Sie beachten sollten. Es *warnt* Sie außerdem vor häufig gemachten Fehlern oder Problemen, die auftreten können. [!]

Danksagung

Ohne die großartige Hilfe vieler Kollegen und Kunden wäre das Erstellen dieses Buchs nicht möglich gewesen. Wir möchten uns für die wunderbare Unterstützung aus den verschiedensten Abteilungen bedanken, vor allem bei: Remi Astier, Dmitry Buslov, Alain Charroux, Marc Daniau, Sarah Detzler, Cristiano Dias, Markus Fath,

John Gibson, Frank Gottfried, Thorsten Hapke, Ian Henry, Tomasz Janasz, Mathias Kemeter, Mike Khatib, Dimitrios Kostakis, Matthias Kretschmer, Bertrand Lamy, Yann Le Biannic, Dimitrios Lyras, Claude Philippe Medard, Christoph Morgen, Dirk Obert, Deniz Osoy, Rafael Pacheco, Pavlos Panagiotidis, Mike Paola, Frank Riesner, Witalij Rudnicki, Klaus-Peter Sauer, Yannick Schaper, Nidhi Sawhney, Gonzalo Hernán Sendra, Raymond Yao und Brook Zhao.

Ganz besonders möchten wir uns auch bei Frau Schweitzer und Frau Hohmann vom Rheinwerk Verlag bedanken, für die wunderbare Betreuung, Unterstützung und Geduld mit uns über das gesamte Projekt hinweg!

Wir wünschen Ihnen viel Spaß bei der Lektüre.

Andreas Forster und **Stojan Maleschlijski**

Kapitel 1
Einführung

*Das Thema Data Science hat sich in den letzten Jahren enorm weiterentwickelt und ist von einem Nischenthema für Expert*innen zum strategischen Innovationsthema für Unternehmen geworden. In diesem Kapitel geben wir Ihnen einen generellen Überblick und zeigen auf, wie Data Science in die SAP-Welt eingebunden ist.*

Es ist mittlerweile – vor allem im geschäftlichen Bereich – praktisch unmöglich geworden, dem Thema *Data Science* aus dem Weg zu gehen. Während man zu Beginn vielleicht dachte, dass es sich bloß um einen Hype handeln könnte, hat sich Data Science allmählich als ein Pfeiler von Geschäftsprozessen etabliert. Für diesen Erfolg gibt es viele Gründe:

- **Datenverfügbarkeit**
  Daten sind die Grundlage von Data Science, und Daten werden mittlerweile praktisch überall gesammelt.
- **Günstige Hardware**
  Da das Speichern von Daten so günstig geworden ist, können Daten auch auf Verdacht gespeichert werden, falls diese künftig hilfreich sein könnten. Auch die Rechenleistung ist deutlich erschwinglicher. Eine leistungsfähige Umgebung lässt sich innerhalb von Minuten mit einigen Klicks erstellen und nach Verwendung auch wieder herunterfahren.
- **Demokratisierung von Data Science**
  Durch einfach zu lernende Skriptsprachen wie Python oder automatisierte Methoden und gekapselte Dienste sind erste Schritte erleichtert und erste Erfolgserlebnisse schneller erzielt. Was früher noch wenigen Experten vorbehalten war, ist nun einem größeren Kreis zugänglich.
- **Starke Verbreitung**
  Das Potenzial und die Wertschöpfungsmöglichkeiten sind in der Praxis ausreichend oft bewiesen worden. Der Einsatz von Data Science ist daher keine Ausnahme mehr.

Eventuell sind Sie IT-Expert*in, der oder die das Thema besser verstehen und in ersten Data-Science-Projekten mitarbeiten möchte. Eventuell sind Sie Data Scientist, der die Data-Science-Welt von SAP kennenlernen will. Oder Sie sind eine Fachanwenderin, die das Potenzial von Data Science besser verstehen und ausschöpfen möchte.

Die Gründe, sich für Data Science zu interessieren, können so vielfältig sein wie das Thema Data Science selbst! Wir versuchen, mit diesem Buch Ihnen einen Einstieg in Data Science und die Umsetzung mit SAP HANA zu geben, mit dem Ziel, dass Sie in Ihren Projekten davon profitieren.

Dabei legen wir den Fokus auf die praktische Anwendung, um Ihnen konkrete Ideen für den eigenen Einsatz zu geben. In diesem Buch wird nicht die Theorie der einzelnen Algorithmen und der dazugehörigen Mathematik erläutert. Vielmehr werden unterschiedliche Facetten von Data Science anhand reeller Implementierungen vorgestellt, die wir in etlichen Data-Science-Projekten mit SAP HANA realisiert haben.

Sie können das Buch durchblättern und einen Überblick erhalten. Aber wir stellen Ihnen auch die notwendigen Daten und den Code zur Verfügung, damit Sie die Beispiele selbst implementieren und hoffentlich auch als Quickstart für Ihre eigenen Anforderungen anpassen können.

Leider sind viele Begriffe in der Data-Science-Welt missverständlich und nicht einheitlich definiert. Lassen Sie sich aber von der vermeintlichen Komplexität nicht abschrecken. Sie müssen keine neuen Algorithmen entwickeln und können auf Bestehendes aufbauen. Bereits mit einfachen ersten Schritten können hilfreiche Ergebnisse erzielt werden.

Um eine gemeinsame Basis zu schaffen, stellen wir anfangs in diesem Kapitel die wichtigsten Begriffe vor, wie wir sie in diesem Buch verwenden. Ebenso geben wir in diesem Kapitel einen kurzen Überblick über Data Science in der SAP-Welt. Nicht jede Data-Science-Anforderung muss von Ihnen selbst implementiert werden. SAP bietet z. B. auch Data-Science-Funktionen in Standardsoftware, von der Sie auch ohne Implementierungsaufwand direkt profitieren können.

1.1 Themenabgrenzung

Mit den Definitionen der gängigsten Bezeichnungen erhalten Sie einen ersten, breiten Einblick in das Thema. Es ist wichtig zu erwähnen, dass die Literatur sich bei den Definitionen mancher dieser Begriffe nicht einig ist, deshalb werden wir eine Erklärung aus praktischer Sicht liefern. Eine theoretische Diskussion würde aber den Rahmen des Buchs sprengen. Das Ziel ist es, Ihnen eine anwendungsnahe Erklärung der Ausdrücke zu liefern, um sich besser auf dem Gebiet des maschinellen Lernens zurechtzufinden.

1.1.1 Business Intelligence

Der erste Einstieg in eine Datenanalyse ist oft ein vergangenheitsbezogener Blick auf vorhandene Informationen. Denken Sie z. B. an ein Dashboard, das Ihnen die vergangenen Umsatzzahlen pro Produkt, Region oder Kunde anzeigt. Hierbei werden oft noch keine speziellen Algorithmen angewendet. Es wird eher aggregiert, z. B. im Hinblick auf die Summe des Umsatzes für Produkt X in Region Y. In diesem Kontext spricht man auch häufig von *Business Intelligence*. Obwohl dabei noch keine Data-Science-Komponenten zum Einsatz kommen, ist solch eine Analyse doch oft der erste Schritt in einem Data-Science-Projekt, um ein erstes Verständnis der Daten zu bekommen.

1.1.2 Statistik

Die *Statistik* ist ein Teilgebiet der Mathematik und befasst sich mit der Aufgabe, aus gegebenen Beobachtungen (Daten) Rückschlüsse auf den zugrunde liegenden Prozess zu gewinnen. Noch allgemeiner formuliert steht bei den statistischen Methoden die Inferenz im Vordergrund. Das heißt, die vorhandenen Daten, die meist nur eine Stichprobe sind, werden benutzt, um auf die Gesamtpopulation (Allgemeinheit) zu schließen. Wenn man z. B. bestimmen möchte, wie viele Personen in einer Altersgruppe einen Radiosender hören, müsste man jede Person dieser Altersgruppe befragen, ob sie den Sender hört. Dies ist in der Realität nicht praktikabel, weil einfach zu viele Personen befragt werden müssten. Viel einfacher ist es jedoch, eine kleine repräsentative Gruppe an potenziellen Zuhörern zu finden, die befragt werden, und aus deren Antworten auf die Allgemeinheit zu schließen. Wie man diese repräsentative Gruppe definiert und welche Bedingungen erfüllt werden müssen, damit auf die Allgemeinheit geschlossen werden kann, sind Themen, mit denen sich die Statistik befasst.

1.1.3 Künstliche Intelligenz

Mit dem Begriff *künstliche Intelligenz* (KI, engl. Artificial Intelligence, AI) bezeichnet man generell die Methoden und Algorithmen, die es Systemen (z. B. Maschinen, Software oder Robotern) erlauben, auf unbekannte Situationen zu reagieren und ihre Aufgaben mit einem hohen Grad von Unabhängigkeit auszuführen, ohne ein vorgegebenes Regelwerk zu benötigen.

Machine Learning

Das *Machine Learning* (dt. maschinelles Lernen, ML) ist ein Teilgebiet der KI und beschäftigt sich mit der Aufgabe, einzelne Zusammenhänge und Schlussfolgerungen in Daten anhand von Beispielen zu finden. Oft werden diese erkannten Zusammenhänge als trainiertes ML-Modell bezeichnet. Wenn solch ein ML-Modell auf neue Daten angewendet wird, um Vorhersagen zu erstellen, kann dieser Prozess als *Predictive Analytics* bezeichnet werden.

Machine Learning lässt sich in drei große Kategorien unterteilen:

- Supervised Learning (dt. überwachtes Lernen)
- Unsupervised Learning (dt. unüberwachtes Lernen)
- Reinforcement Learning (dt. bestärkendes Lernen)

In der Literatur werden manchmal auch andere Klassen von ML-Algorithmen genannt. Häufig handelt es sich dabei um Kombinationen der hier erwähnten drei Hauptkategorien.

Supervised-Learning-Algorithmen versuchen, anhand von Beispielen die Zusammenhänge und Abhängigkeiten zwischen Daten und Zielvariablen zu modellieren. Ein sehr gängiges Beispiel hierfür ist die Klassifizierung. Fragestellungen, die sich mit einer festen Anzahl an Antwortmöglichkeiten beantworten lassen, können als Klassifizierung definiert werden. Beispiele für solche Fragestellungen wären etwa »Wird mein Kunde abwandern?« mit den Antwortmöglichkeiten Ja oder Nein, oder »Zu welcher Kategorie gehört mein Kunde?« mit den Antwortmöglichkeiten Premium, Normal oder Basic. Wenn genügend Beispiele mit Kunden, die den drei Kategorien angehören, dem Algorithmus zur Verfügung gestellt werden, kann dieser in der Lage sein, einen neuen Kunden einer der vordefinierten Kategorien (auch Klassen genannt) zuzuordnen. Die Spalte mit der bekannten Klassifizierung im Datensatz, aus dem das Supervised Learning lernt, hat mehrere Namen, wie *Label*, Target oder Zielvariable. In Projekten kann das Zuweisen von Labeln der vergangenen Datensätze aufwendig sein und einen manuellen Zwischenschritt erfordern. Da die User ihr Know-how in den Prozess des Labellings einbringen, wird dieser Bereich entsprechend überwachtes Lernen genannt.

Unsupervised-Learning-Algorithmen benötigen keine Zielvariable, um die Zusammenhänge in den Daten zu erkennen. Ein Beispiel dafür ist die Cluster-Analyse (siehe den gleichnamigen Abschnitt 6.5). Dabei werden Objekte anhand von ihren Ähnlichkeiten mit anderen Objekten in einer Population gruppiert. Mithilfe der Cluster-Analyse könnte man z. B. Kund*innen in Gruppen zusammenfassen, die ein ähnliches Verhalten aufweisen oder ein ähnliches Profil (z. B. Alter, Geschlecht, Einkommen etc.) haben, ohne dass die Profileigenschaften manuell durch den User definiert werden müssen.

Bei der Methode *Reinforcement Learning* (RL) lernt das Modell anhand von Feedback während der Interaktion mit seiner Umgebung. Dabei versucht es, mit seinen Entscheidungen eine Reward-Funktion zu maximieren oder eine Risk-Funktion zu minimieren. Aufgaben aus der Robotik, wie Laufen oder Greifen lernen, sind gut geeignet für RL-Ansätze. In einer Produktionsstraße kann dies beispielsweise bedeuten, dass ein Greifarm ein ankommendes Metallstück aufnehmen und auf einer Palette ablegen muss. Mit RL ist es möglich, dass der Greifarm selbstständig aus erfolgreichen oder auch erfolglosen Versuchen lernt. Er erkennt, wenn das Objekt falsch aufgenommen oder abgelegt wurde, und RL passt sich entsprechend an und versucht, das fehlerhafte Verhalten künftig zu vermeiden. Das bedeutet, dass die optimale Art des Greifens nicht manuell von einem Entwickler programmiert werden muss, sondern der Greifarm lernt über die Reward-Funktion (erfolgreich abgelegte Objekte) und die Risk-Funktion (fehlerhaft abgelegte Objekte). Zusätzlich lassen sich komplexe Aufgabenstellungen aus anderen Bereichen wie autonomes Fahren, Lieferkettenoptimierung, Logistik etc. gut mit RL-Methoden lösen.

Advanced Analytics

Mit Advanced Analytics ist oftmals Machine Learning gemeint. Der Begriff kann sich aber auch auf zusätzliche, über ML hinausgehende, Data-Science-Methoden beziehen. Diese Methoden können sehr unterschiedlicher Natur sein. In diesem Buch behandeln wir:

- Geospatial
- Graph
- Text

Der Begriff *Geospatial* bezeichnet Methoden, die einen geografischen Kontext berücksichtigen, z. B. die Zugehörigkeit zu einer geografischen Region oder die physische Entfernung von zwei Punkten.

Graph-Methoden (auch *Link-Methoden* genannt) basieren auf einer Verknüpfung von mehreren Informationen, ohne dass diese über tabellarische Joins modelliert werden müssen. Dies könnte beispielsweise eine Link-Analyse von Personen sein, die miteinander kommunizieren (Telefon, Chat etc). Eine Graph-Analyse kann mit diesen Daten z. B. folgende Informationen gewinnen:

- zentrale Akteure (Influencer) erkennen
- die kürzeste Verbindung zwischen zwei Personen, die sich direkt nicht kennen müssen, bestimmen
- ermitteln, über wie viele Knoten hinweg (bekannte Kontakte) diese Personen miteinander verbunden sind

Textmethoden helfen ein Verständnis von Inhalten eines Fließtexts zu gewinnen. Beispielsweise kann eine Sentimentanalyse eine positive oder negative Stimmung oder speziell ausgewählte Details wie Personen und Orte erkennen.

1.1.4 Data Science

Data Science ist ein interdisziplinäres Feld, das sich auf den Erkenntnisgewinn aus Daten fokussiert und sich dabei der oben beschriebenen Werkzeuge aus der Mathematik, Statistik und künstlicher Intelligenz bedient.

Wie auf Abbildung 1.1 zu sehen, benötigt man für die erfolgreiche Durchführung von Data-Science-Projekten auch Kenntnisse aus den Bereichen der Informatik und des Business. IT-Kenntnisse sind wichtig für den Zugriff auf und die Verarbeitung von Daten. Programmierkenntnisse helfen bei der kreativen Arbeitsweise von Data Scientists. Hierbei werden jedoch weniger lange Programme geschrieben, vielmehr handelt es sich typischerweise um kurze Skripte.

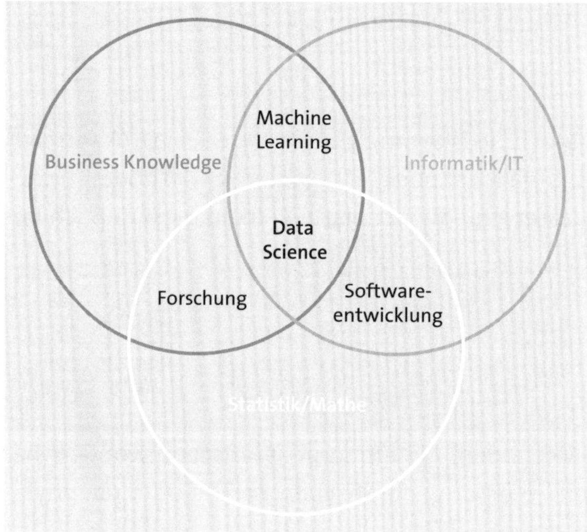

Abbildung 1.1 Data Science liegt an der Schnittstelle zwischen Informatik, Statistik und Businesswissen.

Zu den deutlich nachvollziehbaren genannten Punkten kommt das Business-Verständnis als fundamentaler Bestandteil für die erfolgreiche Durchführung von Data-Science-Projekten hinzu. Ein vermeintlich mathematisch perfektes Data-Science-Modell bietet einem Unternehmen keinerlei Mehrwert, wenn es keine Verwendung findet. Nur wenn ein Data-Science-Modell angewendet wird, werden auch Mehrwerte erzielt. Nur wenn das Data-Science-Projekt konkret auf die Anforderungen des Business ausgelegt ist, kann das volle Potenzial ausgeschöpft werden. Ein Data-Science-Projekt muss von Anfang an sehr eng mit Expert*innen des Fachbereichs abgestimmt werden. Wenn ein Datensatz mit Data-Science-Methoden bearbeitet werden soll, ohne jeglichen Kontext zum Business, sind die Erfolgsaussichten schon vorab sehr begrenzt, wenn nicht sogar unrealistisch. Auch ist ein Data-Science-Projekt nicht im Voraus linear planbar. Abhängig von den ersten Schritten und Ergebnissen müssen im Projekt eventuell in Abstimmung mit dem Fachbereich Änderungen vorgenommen werden. Es ist vorab nicht garantiert, dass ein Data-Science-Projekt, das von den Anforderungen und Daten abhängt, auch erfolgreich implementiert werden kann.

1.1.5 CRISP-DM

Wie wir im vorherigen Abschnitt gesehen haben, ist Data Science ein interdisziplinäres Feld und deshalb benötigt es eine ganzheitliche Methodologie, um Projekte strukturiert durchzuführen. Als führender Standard hat sich der *Cross Industry Standard Process for Data Mining* (CRISP-DM) etabliert.

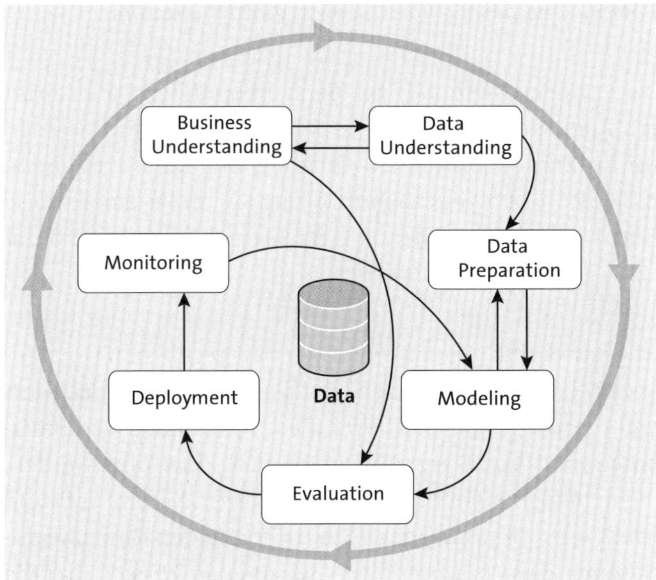

Abbildung 1.2 Cross Industry Standard Process for Data Mining als Standardvorgehensmodell für Data-Science-Projekte (Quelle: SAP)

Das CRISP-DM-Prozessmodell (siehe Abbildung 1.2) beschreibt die einzelnen Schritte eines Data-Science-Projekts von der Geschäftsidee über Datenverständnis, Datenvorbereitung, Modellentwicklung, Modellvalidierung bis hin zur Produktivsetzung:

- **Business Understanding**
  Bevor überhaupt Daten genutzt werden, ist es wichtig, ein Verständnis über die Geschäftsanforderungen zu gewinnen. Es ist generell hilfreich, wenn eine Expertin oder ein Experte aus dem Fachbereich (engl. Subject Matter Expert, SME) benannt wird, die oder der über das gesamte Projekt unterstützt.
- **Data Understanding**
  Mit dem ersten Verständnis der Geschäftsanforderungen können potenziell hilfreiche Daten identifiziert und auf Relevanz überprüft werden. Zusätzlich sollte in

diesem Schritt auch die Qualität der Daten analysiert werden. Wie weit geht die Historie zurück? Wie granular sind die Daten? Wie viele Informationen sind z. B. lückenhaft? Oder lassen sich verschiedene Datenquellen über einen gemeinsamen Schlüssel verknüpfen? Die Auswahl der Data-Science-Methoden kann von diesen Punkten abhängen.

- **Data Preparation**
  Die vorhandenen Daten werden höchstwahrscheinlich noch nicht im perfekten Format für Data-Science-Anforderungen vorliegen. Eventuell möchten Sie zuerst die Datenqualität verbessern. Oder Sie möchten weitere Spalten ableiten. So ist z. B. das Geburtsdatum einer Person normalerweise nicht relevant. Wichtig kann hingegen das Alter der Person sein, das Sie vom Geburtsdatum ableiten.
- **Modeling**
  Nun fangen Sie an, mit Data-Science-Methoden mit den vorbereiteten Daten zu arbeiten. Diese Phase kann unterschiedlichste Schritte beinhalten. Eventuell werden Sie mehrere Data-Science-Ansätze ausprobieren. Abhängig von den Ergebnissen müssen Sie eventuell im CRISP-DM-Prozess auch zurückgehen und beispielsweise weitere Daten erschließen, um die verschiedenen Data-Science-Methoden zu unterstützen.
- **Evaluation**
  Wenn Sie an einen Punkt gelangt sind, an dem Sie unter den gegebenen Umständen das beste Data-Science-Modell erstellt haben, müssen Sie dieses Modell mit der initialen Geschäftsanforderung abgleichen. Wenn das Modell den Geschäftsprozess wie gefordert unterstützt, kann es zum Deployment überführt werden. Wenn es die Anforderungen jedoch nicht erfüllt und mit vertretbarem Aufwand kein besseres Modell erstellt werden kann, gehen Sie zurück zu den Geschäftsanforderungen. Eventuell können diese mit dem neu gewonnenen Wissen über die Daten angepasst werden, sodass ein Data-Science-Modell dennoch einen Mehrwert für das Business bietet.
- **Deployment und Monitoring**
  Das für den Einsatz ausgewählte Modell kann nun in den produktiven Einsatz überführt werden. Je nach Anforderung kann dies ein einmaliger Einsatz oder eine dauerhafte Verwendung bedeuten. Wenn die Data-Science-Komponente dauerhaft eingesetzt werden soll, muss das Modell fortwährend auf seine Güte überwacht werden. Im Laufe der Zeit wird ein Modell tendenziell schwächer werden, da sich die momentane Realität von der Situation, in der das Modell trainiert wurde, schleichend entfernt. Entsprechend müssen Data-Science-Modelle wiederkehrend neu trainiert werden. Der Prozess springt in dem Fall weiter beziehungsweise zurück zum Modeling-Schritt. Dies kann automatisiert erfolgen, aber Sie als Expert*in sollten über die Qualität der Modelle informiert bleiben, z. B. über Dashboards, Benachrichtigungen oder per E-Mail.

Wie Sie sehen, handelt es sich bei CRISP-DM nicht um einen linearen Prozess, sondern um ein iteratives Werkzeug, in dem einzelne Schritte oft hin und zurück durchlaufen werden.

CRISP-DM bietet das Framework, nicht nur um die Erstellung von Modellen zu ermöglichen, sondern auch um auf Änderungen im Umfeld zu reagieren. Falls sich die Geschäftsanforderungen ändern, kann über die erläuterten Schritte darauf reagiert werden. Oder falls neue Datenquellen zur Verfügung stehen sollten, die das Modell unterstützen können, kann dies entsprechend im Prozess aufgenommen werden. Bei einem dauerhaften Einsatz von Data-Science-Komponenten wird der CRISP-DM-Prozess fortwährend, ohne abgeschlossen zu werden, durchlaufen.

1.2 Data Science in der SAP-Welt

SAP setzt stark auf Data-Science-Komponenten, um seine Kunden auf dem Weg zum intelligenten Unternehmen zu unterstützen. Konkret kann dies bedeuten, dass Geschäftsprozesse optimiert oder gar neu definiert werden. Eben dieser Bezug zur Verbesserung von Geschäftsprozessen ist wichtig, um konkret und messbar Mehrwerte zu liefern, was je nach Anforderung über verschiedene Ansätze erreicht werden kann:

- **Standardsoftware**
  Data-Science-Komponenten sind direkt integriert in Standardsoftware, die von Anwender*innen direkt genutzt werden kann.
- **Wiederverwendbare Dienste**
  Es werden Data-Science-Dienste direkt von der IT eingesetzt und kommen quasi unsichtbar für die Anwender*innen zum Einsatz.
- **SAP Business Technology Platform**
  Mit der Plattform erhalten Data Scientists und die IT eine breite Palette an Funktionen, um individuelle Data-Science-Komponenten zu erstellen und auch diese den Anwender*innen in adäquater Form anzubieten.

[«]

SAP-Lizenzen

Dieses Buch ist auf die technische Nutzung von Data-Science-Funktionalität in SAP HANA fokussiert und klammert bewusst die Lizenzsicht der Funktionalität aus. Bitte kontaktieren Sie Ihren Vertriebsverantwortlichen bei SAP, falls Sie Details zu Lizenzen besprechen möchten. Größte Sorgfalt wurde beim Schreiben des Buchs darauf gelegt, nur von SAP unterstützte Konstellationen zu beschreiben. Selbstverständlich sind jedoch ausschließlich die offiziellen Aussagen von SAP hierzu relevant.

1.2.1 Standardsoftware

In viele verschiedene Geschäftsapplikationen hat SAP Data-Science-Komponenten implementiert, die oftmals direkt im Rahmen der Standardsoftware genutzt werden können. Hier einige wenige Beispiele:

- **SAP Cash Application**
  Die Anwendung adressiert eingehende Zahlungen, die laut klassischem Regelwerk keiner offenen Rechnung zugewiesen werden konnten. Über das integrierte Machine Learning können weitere Zahlungen automatisiert zugeordnet werden. Mehr Informationen dazu finden Sie unter *https://www.sap.com/germany/products/cash-application.html*.
- **SAP Integrated Business Planning for Supply Chain (SAP IBP)**
  Die Anwendung unterstützt das Supply Chain Management z. B. durch eine Machine-Learning-getriebene Bedarfsplanung. Mehr Informationen dazu finden Sie unter *https://www.sap.com/germany/products/integrated-business-planning.html*.
- **SAP SuccessFactors**
  In dieser Anwendung erhalten Anwender*innen durch Machine Learning auf sie persönlich zugeschnittene Schulungsvorschläge. Mehr Informationen dazu finden Sie im SAP Help Portal unter *http://s-prs.de/v903301*.

Im SAP Road Map Explorer finden Sie viele weitere Beispiele für AI-Szenarien, die in den verschiedenen Applikationen bereits implementiert sind, und AI-Szenarien, die sich noch in der Roadmap befinden. Für SAP S/4HANA Cloud finden Sie diese wie folgt:

Öffnen Sie zunächst den SAP Road Map Explorer: *https://roadmaps.sap.com/welcome*. Geben Sie dort folgende Angaben an:

- **Product**: SAP S/4HANA Cloud
- **Focus Topic**: Artificial Intelligence
- Filter für die Zeit: **Earliest** bis **Latest**

Es ist leicht zu übersehen, dass Sie weitere bereits veröffentlichte Szenarien anzeigen können, indem Sie zur Seite scrollen (siehe Abbildung 1.3).

Um die Integration von Data-Science-Funktionalität in SAP-Applikationen zu skalieren, hat SAP mit der *AI Foundation* einen neuen standardisierten Unterbau geschaffen. Diese Umgebung besteht aus den Modulen *SAP AI Core* und *SAP AI Launchpad* und ist, zumindest initial, vor allem für SAP-interne Entwickler*innen und externe Entwicklungspartner zur Vereinheitlichung des Lifecycle Management von Machine-Learning-Modellen ausgelegt.

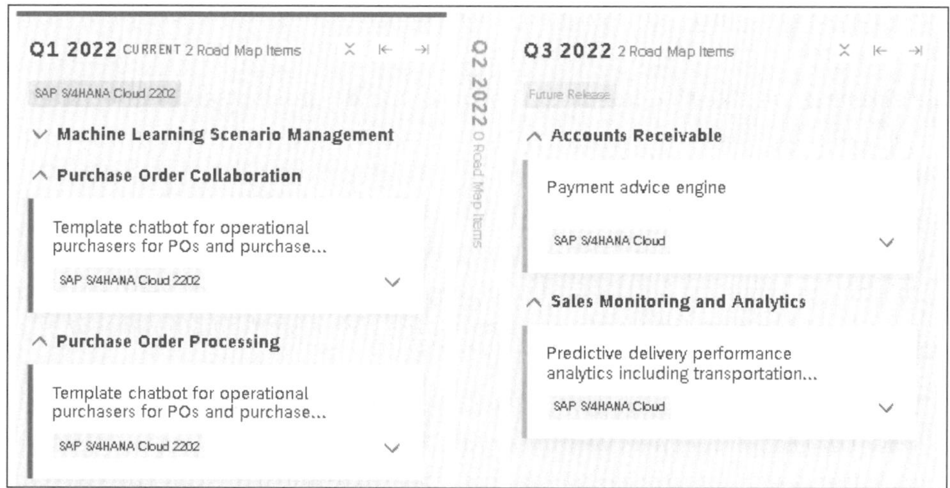

Abbildung 1.3 AI-Szenarien für SAP S/4HANA Cloud, Ausschnitt

[«]

SAP AI Foundation

Da der Fokus dieses Buchs auf SAP HANA liegt, wird die AI Foundation hier nicht weiter vertieft. Eine detailliertere Erläuterung zur AI Foundation finden Sie im folgenden Blogeintrag unter: *https://blogs.sap.com/2021/10/11/the-journey-from-sap-leonardo-machine-learning-foundation-to-sap-ai-core-and-sap-ai-launchpad/*

1.2.2 Wiederverwendbare Dienste

In Abschnitt 1.2.1, »Standardsoftware«, wurde beschrieben, wie Data Science als Teil einer Standardlösung genutzt werden kann. Für Anforderungen, die einen höheren Grad an Anpassung erfordern, stehen in SAP wiederverwendbare Dienste zur Verfügung. Diese können auch ohne tiefes Data-Science-Wissen von Entwicklerinnen oder IT-Experten über Programmierung oder Low-Code-Umgebungen eingebunden werden, sodass die Fachanwender*innen von den verbesserten oder gar neuen Abläufen profitieren. Einige prominente Optionen werden in diesem Unterkapitel kurz vorgestellt.

SAP AI Business Services

Mit den *SAP AI Business Services* können häufig auftretende Anforderungen durch wiederverwendbare Cloud-Dienste adressiert werden. Diese Dienste, die auch von SAP-Standardapplikationen eingesetzt werden, können direkt von Endkunden für eigene Anforderungen genutzt werden. Technisch erfolgt dies über Aufrufe von REST-API-Diensten, die die jeweiligen Funktionalitäten verkapseln und dadurch einfach zu nutzende Schnittstellen bereitstellen. Für das Nutzen dieser REST-APIs sind keine tiefen Data-Science-Kenntnisse erforderlich.

Die einzelnen Dienste sind jeweils auf wiederkehrende Geschäftsanforderungen fokussiert und beinhalten die entsprechenden Best Practices der Data Scientists von SAP. Zu den Diensten gehören:

- **Document Classification**
  Dieser Dienst klassifiziert Dateien (PDF, JPEG, PNG, TIFF) nach der Art des Dokuments. Der Dienst ist bereits für Bestellungen, Rechnungen und Zahlungsanweisungen vortrainiert. Weitere Dokumentenarten können antrainiert werden.
- **Document Information Extraction**
  Der Dienst extrahiert ausgewählte Informationen aus Dateien wie PDF, JPEG oder PNG. Der Dienst ist bereits vortrainiert auf Bestellungen, Rechnungen, Zahlungsanweisungen und Visitenkarten. Weitere Objekte können über Templates ergänzt werden.
- **Business Entity Recognition**
  Der Dienst extrahiert ausgewählte Entitäten/Informationen wie Rechnungsnummern, Rechnungsbeträge oder Zahlungsbedingungen aus Fließtexten. Weitere Entitäten können antrainiert werden.
- **Data Attribute Recommendation**
  Dieser Dienst schätzt fehlende Informationen von tabellarischen/strukturierten Daten, z. B. um lückenhafte Stammdaten zu füllen. Er kann automatisiert auf Massendaten oder in Echtzeit auf einzelne Datensätze angewendet werden, z. B. zur Unterstützung einer Anwenderin oder eines Anwenders bei der Dateneingabe in einem bestehenden System. Er bietet verschiedene Klassifizierungen und eine Regression zur Erstellung von ML-Modellen.
- **Service Ticket Intelligence**
  Der Dienst kategorisiert eingehende Service Tickets oder Nachrichten in vordefinierte Klassen, wie z. B. Rechnung, Werbung oder Beschwerde. Ebenso können den Mitarbeitenden, die die Anfragen bearbeiten, durch Machine Learning Lösungsvorschläge unterbreitet werden, um die Bearbeitung des Tickets zu verbessern und zu beschleunigen.
- **Personalized Recommendation**
  Der Dienst erstellt individuelle Produktempfehlungen für Besucher*innen einer Webseite, anhand des Klick-Verhaltens der Person und der Eigenschaften der angesehenen Produkte. Ebenso kann die Anzeige von Produkten, die dem momentan angesehenen Produkt ähneln, individualisiert werden, wie auch das Ergebnis einer Produktsuche.

Der Dienst *Invoice Object Recommendation*, der z. B. die relevanten Hauptbuchkonten für eingehende Rechnungen ohne Bestellnummer schätzen kann, ist im Service Data Attribute Recommendation aufgegangen.

SAP AI Business Services

Für weitere Details zu den SAP AI Business Services empfehlen wir die Dokumentationen der einzelnen Dienste im SAP Help Portal unter *https://help.sap.com/viewer/product/SAP_AI_BUS/*.

SAP Conversational AI

Mit SAP Converational AI können Chatbots in einer Low-Code-Umgebung erstellt werden. Data-Science-Know-how ist hierfür nicht erforderlich. Der Chatbot bietet über integrierte Machine-Learning-Modelle Grundfunktionen, wie das Erkennen der Sprache und die Identifikation von gängigen Informationen wie Namen, Unternehmen, Beträge oder Telefonnummern. Darauf aufbauend können dem Chatbot neue Fähigkeiten antrainiert werden, indem Beispielsätze von typischen Anfragen zur Verfügung gestellt werden.

Gängige, sich wiederholende Anfragen können somit effizient bedient werden. Über einen Chatbot können Kund*innen z. B. anfragen, welche Rechnungspositionen noch offen sind. Oder Mitarbeitende können über einen Chatbot schnell erfragen, wie viele Urlaubstage noch zur Verfügung stehen.

Machine-Learning-getriebene Chatbots können somit die Kommunikationen mit Kunden, Partnern oder Lieferanten aber auch mit den eigenen Mitarbeitenden vereinfachen und automatisieren.

SAP Conversational AI

Weitere Informationen zu SAP Conversational AI finden Sie auf der Produktseite von SAP unter *https://www.sap.com/germany/products/conversational-ai.html*.

1.2.3 SAP Business Technology Platform

Mit den zusätzlichen Komponenten der SAP Business Technology Platform (SAP BTP) können über die Standardsoftware und wiederverwendbaren Dienste hinaus weitere Funktionalitäten entwickelt und Machine-Learning-getriebene Prozesse orchestriert werden. Diese verschiedenen Komponenten möchten wir deshalb hier kurz vorstellen.

SAP HANA

SAP HANA ist eine Datenbankplattform, in der Daten im Arbeitsspeicher gehalten werden können und somit hochperformant analysiert werden können. Mit in SAP HANA eingebauten analytischen Engines können die Daten direkt im System ohne Datenabzug mit Data Science Engines bearbeitet werden. Dieses Buch stellt in den folgenden Kapiteln diese Möglichkeiten genauer vor:

- Machine Learning auf strukturierten, tabellarischen Daten mit der Automated Predictive Library (APL) und der Predictive Analysis Library (PAL)
- Text Mining auf in Tabellen gespeichertem Freitext
- Spatial für geografische Analysen
- Graph für Analysen von Netzwerken

SAP HANA wird von SAP sowohl als On-Premise- als auch als Cloud-native Lösung angeboten.

Multi-Model Processing

Multi-Model Processing beschreibt die Möglichkeit von SAP HANA, verschiedene Datentypen mit verschiedenen Engines zu analysieren. Einen Überblick über die verschiedenen Komponenten in SAP HANA finden Sie auf der Webseite von SAP unter *https://www.sap.com/products/hana/features/multi-model.html.*

SAP Data Intelligence

SAP Data Intelligence ist eine umfangreiche Data-Governance und -Orchestrierungsplattform. Darin enthalten ist die Anwendung *Machine Learning Scenario Manager* (ML Scenario Manager). Mit dem ML Scenario Manager können Sie Machine-Learning-Projekte z. B. für folgende Szenarien anlegen:

- mit Python in Jupyter Notebooks Ihren Code erstellen
- über grafische Operatoren Machine Learning in SAP-HANA-Modelle trainieren und anwenden (siehe Abbildung 1.4)
- bereits trainierte Modelle aus Python und R (z. B. in Cloud Foundry oder Kyma erstellt) in Pipelines operationalisieren

In Kapitel 8, »Deployment-Optionen«, wird SAP Data Intelligence zur Operationalisierung von SAP HANA Machine Learning genauer vorgestellt.

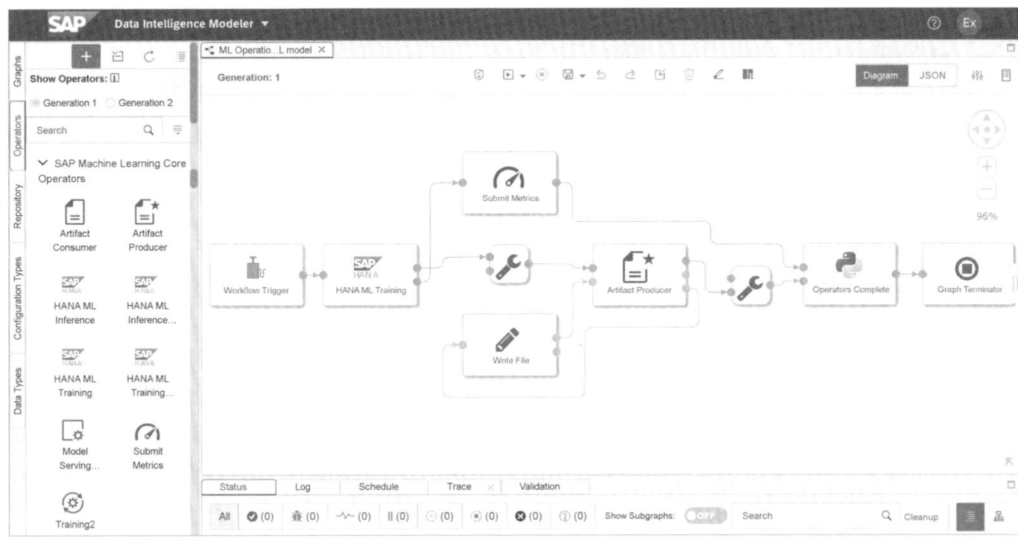

Abbildung 1.4 Pipeline für ML-Training in SAP HANA

Intelligent Scenario Lifecycle Management

Intelligent Scenario Lifecycle Management (ISLM) ist ein Framework, das es Ihnen ermöglicht, eigene Machine-Learning-Szenarien in SAP S/4HANA zu integrieren.

Als *Embedded-Szenario* können die oben erwähnten APL und PAL im SAP-HANA-System unter SAP S/4HANA benutzt werden, um Machine-Learning-Modelle zu erstellen und in Einsatz zu bringen.

Als *Side-by-Side-Szenario* können Machine-Learning-Modelle integriert werden, die mit SAP Data Intelligence außerhalb von SAP S/4HANA gehostet werden.

Die Integration von Machine-Learning-Modellen in SAP S/4HANA wird in diesem Buch nicht weiter behandelt. Sollten Sie an diesem Thema interessiert sein, sind dennoch Kapitel 5, »Automated Predictive Library«, und Kapitel 6, »Predictive Analysis Library«, zur Einarbeitung in die Nutzung der in SAP HANA vorhandenen Machine-Learning-Komponenten relevant.

Intelligent Scenario Lifecycle Management

Mehr Informationen zum Intelligent Scenario Lifecycle Management finden Sie in der Produktdokumentation von SAP unter *http://s-prs.de/v903302*.

Cloud Foundry und Kyma

Mit *Cloud Foundry* und *Kyma* erhalten Sie in der SAP BTP zwei Umgebungen, um Code unterschiedlicher Programmiersprachen Cloud-nativ zu entwickeln und bereitzustellen. Dies bietet z. B. die Möglichkeit, eigenen Python- oder R-Code für ML-Zwecke zu nutzen, sei es zum Trainieren von Modellen oder für deren Anwendung, um Vorhersagen zu erstellen.

In Kapitel 8, »Deployment-Optionen«, werden sowohl Cloud Foundry als auch Kyma als Bereitstellungsoptionen für Ihr Data-Science-Projekt vorgestellt.

SAP Process Automation

Die Data-Science-Komponenten müssen natürlich in die entsprechenden Prozesse eingebunden werden, um ihren Mehrwert ausspielen zu können. Neben einer gewohnten Einbindung durch Programmierung bietet sich auch *SAP Process Automation* an, um in einer Low-Code-Umgebung Prozesse und Workflows, die auch mehrere unterschiedliche Applikationen übergreifen, zu automatisieren. Die grafische Oberfläche bietet eine enge Integration zu den bereits erwähnten SAP AI Business Services (siehe Abbildung 1.5).

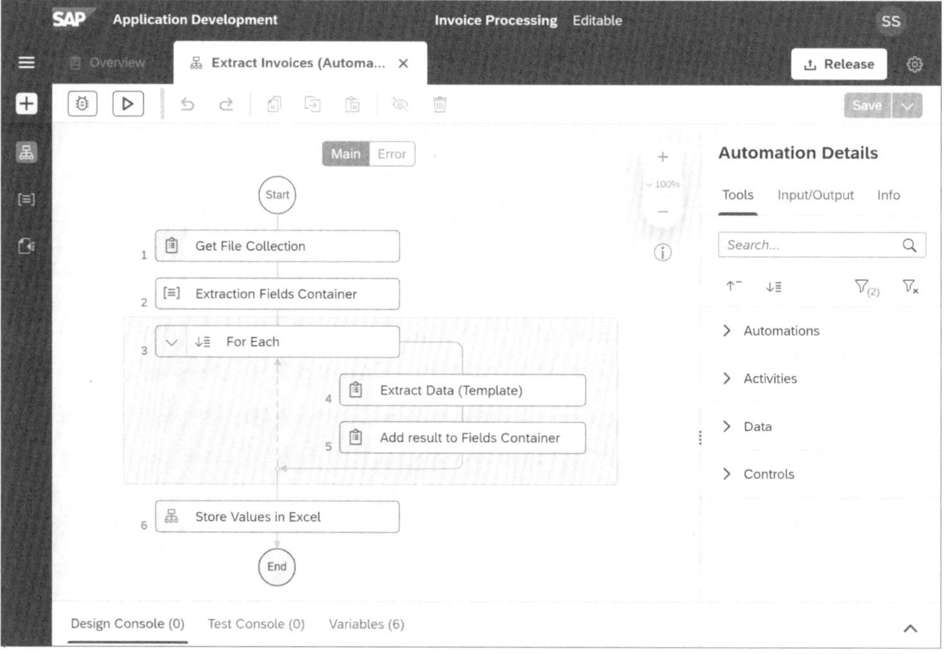

Abbildung 1.5 Integration der SAP AI Business Services in SAP Process Automation

[»]

SAP Process Automation

Eine Erläuterung der Integration von SAP AI Business Services in *SAP Process Automation* finden Sie unter folgender URL: *https://blogs.sap.com/2021/12/08/business-doument-processing-low-code-no-code-automation/*

Falls Sie selbst mit der Umgebung erste Erfahrungen sammeln möchten, könnte der Blog, den Sie unter folgender URL finden, für Sie interessant sein: *https://blogs.sap.com/2022/03/30/sap-process-automation-free-tier-is-out-create-your-own-automations/*

1.2.4 AI-Ethik

Der Einsatz von Data-Science-Methoden kann enorm wertvoll sein, birgt aber auch Gefahren. So kann ein falscher Einsatz z. B. zur Diskriminierung einzelner Personen oder Personengruppen führen. Zur Vermeidung dieser Gefahren unterhält SAP ein *AI Ethics Office* und *AI Ethics Steering Committee*. Alle AI-Applikationen werden unter den Richtlinien einer *SAP Global AI Ethics Policy* erstellt, die auch für Nicht-SAP-Mitarbeitende einsehbar ist unter *http://s-prs.de/v903303*.

Kapitel 2
SAP HANA als Data-Science-Umgebung

In diesem Kapitel lernen Sie die Grundlagen für Data-Science-Projekte mit SAP HANA kennen und erfahren, wie Sie das System, in dem Sie Daten analysieren möchten, erstellen oder konfigurieren.

SAP HANA ist SAPs strategische Datenbankplattform und ein Herzstück der SAP Business Technology Platform (SAP BTP). Die Daten können im Arbeitsspeicher vorgehalten und direkt mit entsprechender In-Memory-Performanz bearbeitet werden. Des Weiteren beinhaltet SAP HANA unter anderem diverse analytische Engines, die die Anwendung von Data Science direkt im System ermöglichen.

Als ACID-konforme Datenbank mit analytischen Engines kann SAP HANA sowohl transaktionale als auch analytische Anforderungen im selben System ohne Datenabzug bedienen.

[«]

ACID

Das Akronym ACID beschreibt Kriterien, die häufig für einen Einsatz operationaler Datenbanken gefordert sind:

- **Atomicity**
  Einzelne Transaktionen/Befehle werden als eine Einheit ausgeführt, die entweder komplett erfolgreich ist oder komplett scheitert.
- **Consistency**
  Das Ausführen einer Transaktion in einem konsistenten System hinterlässt weiterhin ein konsistentes System.
- **Isolation**
  Transaktionen, die parallel ausgeführt werden, beeinflussen sich nicht gegenseitig, das Ergebnis ist identisch mit nacheinander ausgeführten Transaktionen.
- **Durability**
  Erfolgreich ausgeführte Transaktionen haben Bestand, auch bei Systemausfällen.

SAP HANA kann als On-Premise-Variante (lokal oder gehostet) und als Cloud-Lösung bezogen werden. Bei der Cloud-Option können Sie direkt SAP HANA Cloud oder auch die SAP Data Warehouse Cloud einsetzen , die SAP HANA Cloud beinhaltet.

In diesem Kapitel werden wir auf alle drei Varianten eingehen und erläutern, wie Sie diese Umgebungen für die Data-Science-Aktivitäten einrichten können.

Da Sie mit der SAP HANA Cloud typischerweise die neueste Funktionalität erhalten, ist der hier genutzte Code mit SAP HANA Cloud erstellt worden. Sie können den Code aber auch in einer On-Premise-Umgebung oder mit SAP Data Warehouse Cloud ausführen. Falls in einem der gezeigten Beispiele Unterschiede zwischen den Umgebungen auftreten, wird explizit darauf hingewiesen.

Für Data-Science-Anforderung sind vor allem die in Abbildung 2.1 gezeigten Engines relevant, auf die wir in diesem Buch noch detailliert eingehen:

- **Automated Predictive Library (APL)**
  automatisiertes Machine Learning zum effizienten Einsatz und für die Skalierung von Machine Learning (siehe Kapitel 5)
- **Predictive Analysis Library (PAL)**
  einzelne Algorithmen, die individuell konfiguriert und miteinander kombiniert werden können (siehe Kapitel 6)
- **(Geo-)Spatial-Engine**
  Verwendung von geografischen Informationen (siehe Abschnitt 7.1, »Geodatenanalyse«)
- **Graph-Engine**
  Analyse von Daten, die über ein Netzwerk miteinander verbunden sind (siehe Abschnitt 7.2, »Graphanalyse«)
- **Text-Engine**
  Analyse von Texten (unstrukturierte Daten; siehe Abschnitt 7.3, »Textanalyse«)

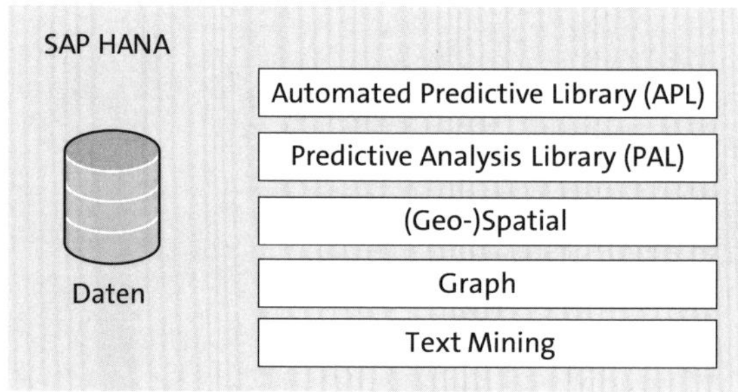

Abbildung 2.1 Engines für Data Science in SAP HANA

2.1 SAP HANA

In diesem Abschnitt finden Sie alle notwendigen Schritte, um Ihr SAP-HANA-(On-Premise-), SAP-HANA-Cloud- oder SAP-Data-Warehouse-Cloud-System für Data-Science-Analysen einzurichten.

Falls Sie bereits Zugriff auf ein SAP-HANA-On-Premise-System, auf SAP HANA Cloud oder auf SAP Data Warehouse Cloud haben, können Sie damit die Data-Science-Beispiele dieses Buchs durchspielen.

[«]

Lizenzierung prüfen

Wenn Sie mit einer On-Premise-Umgebung arbeiten, klären Sie mit SAP, ob die hier genutzten Funktionalitäten unter der von Ihnen erworbenen Lizenz gestattet sind. Auch wenn eine Funktionalität technisch vorhanden und nutzbar ist, bedeutet dies nicht zwingend, dass Ihre Lizenzierung auch eine Nutzung erlaubt.

Für SAP HANA Cloud und SAP Data Warehouse Cloud bietet SAP frei verfügbare, kostenlose Trials (siehe *https://www.sap.com/products/free-trials.html*). Diese beinhalten jedoch derzeit nicht die gesamte Data-Science-Funktionalitäten, es fehlen z. B. die Automated Predictive Library und die Predictive Analysis Library.

Mit den kostenpflichtigen Versionen von SAP HANA Cloud und SAP Data Warehouse Cloud hingegen können Sie die Beispiele wie beschrieben implementieren. Wir empfehlen, dass Sie direkt bei SAP anfragen, ob die frei verfügbaren, kostenlosen Trials von SAP HANA Cloud und SAP Data Warehouse Cloud zwischenzeitlich auch die Nutzung der Data-Science-Komponenten erlauben.

Des Weiteren besteht die Möglichkeit, dass Sie bei SAPs Vertrieb anfragen, ob Sie für SAP HANA Cloud oder SAP Data Warehouse Cloud einen sogenannten *High Touch Trial* erhalten können, der unter anderem die Machine Learning Engines beinhaltet, wie in SAP-Hinweis 3007887 beschreiben, den Sie unter *https://launchpad.support.sap.com/#/notes/3007887* finden.

Für eine On-Premise-Umgebung unterstützt SAP derzeit SAP HANA 2.0 SPS05 und SPS06. SAP HANA 2.0 SPS05 unterliegt einer sogenannten Langzeitwartung (engl. *Long-Term Maintenance*) von fünf Jahren, die es Kunden von SAP HANA 1.0 erleichtern soll, auf 2.0 zu migrieren. Die Maintenance für SAP HANA 2.0 SPS05 endet im Juni 2025. Die neuere Version SAP HANA 2.0 SPS06 unterliegt dem gewöhnlichen Zweijahreszyklus. Die Wartung dieser Version endet daher im Dezember 2023.

Sollten Sie keinerlei Zugriff auf ein SAP-HANA-System haben, um die Beispiele dieses Buchs durchzuspielen, können Sie mit *SAP HANA Express* arbeiten. Dabei handelt es sich um eine gratis zur Verfügung gestellten SAP-HANA-On-Premise-Umgebung. Diese wird derzeit in der Version 2.0 SPS06 angeboten (Stand September 2022). Im gleichnamigen Abschnitt 2.1.1 beschreiben wir, wie Sie SAP HANA Express erhalten und entsprechend einrichten können.

Unabhängig davon, ob Sie mit SAP HANA Cloud, SAP Data Warehouse Cloud oder mit SAP HANA On-Premise arbeiten, benötigen Sie zum Ausführen des Python-Codes eine zusätzliche Entwicklungsumgebung sowie *den SAP HANA Client*, in dem Sie z. B.

Ihr SAP-HANA-Passwort sicher hinterlegen können. Wie Sie diese beiden zusätzlichen Komponenten installieren, erfahren Sie am Ende dieses Kapitels.

2.1.1 SAP HANA, Express Edition

Damit auch Leser*innen, die keinen Zugriff auf SAP HANA Cloud oder SAP Data Warehouse Cloud haben, die Beispiele in diesem Buch selbst implementieren können, erklären wir in diesem Kapitel, das die On-Premise-Umgebung von SAP HANA behandelt, den Einsatz der kostenlosen SAP-HANA-Express-Umgebung. Falls Sie mit einem schon bestehenden On-Premise-System arbeiten, überspringen Sie bitte die für Sie irrelevanten Installationsschritte.

SAP HANA, Express Edition kann entweder auf einen Linux-System (SUSE, Red Hat) installiert werden oder als bereits installierte virtuelle Maschine heruntergeladen werden. Wie in Abbildung 2.2 gezeigt, können Sie diese virtuelle Maschine auf Ihrem Windows- oder macOS-Laptop nutzen oder auch auf einem anderen System hosten.

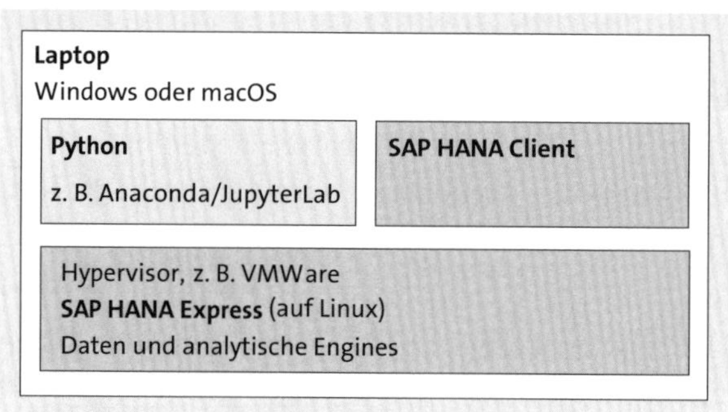

Abbildung 2.2 Beispielarchitektur mit SAP HANA Express

Wir nutzen hier die Option der bereits installierten virtuellen Maschine. Diese wird in zwei Ausbaustufen angeboten:

- *Server only* (also nur mit Server)
- *Server + Apps* (also mit Server und Anwendungen)

Um die Beispiele dieses Buchs nachzuspielen, benötigen Sie die zweite Option mit Server und Anwendungen. Voraussetzung für das System sind:

- ein Arbeitsspeicher mit 24 GB (mindestens jedoch 16 GB)
- ein Programm zum Ausführen der virtuellen Maschine (Hypervisor), z. B. von VMware (siehe *https://www.vmware.com/products/workstation-player.html*)

Folgen Sie der Installationsanleitung von SAP HANA Express, die Sie im SAP Developer Center unter *https://developers.sap.com/group.hxe-install-vm-xsa.html* finden. Den darin enthaltenen optionalen Schritt der Installation des Messaging von SAP HANA Extended Application Services, Advanced Model (SAP HANA XS Advanced) sowie die Installation der optionalen Packages können Sie für dieses Buch überspringen. Um den Fokus auf Data Science zu behalten, erwähnen wir hier nur die wichtigsten Punkte:

1. Registrieren Sie sich für die Trial-Version auf der SAP-Webseite unter *https://www.sap.com/products/hana/express-trial.html* (siehe Abbildung 2.3). Sie erhalten über diesen Schritt den SAP HANA, Express Edition Download Manager für Ihr ausgewähltes Betriebssystem.

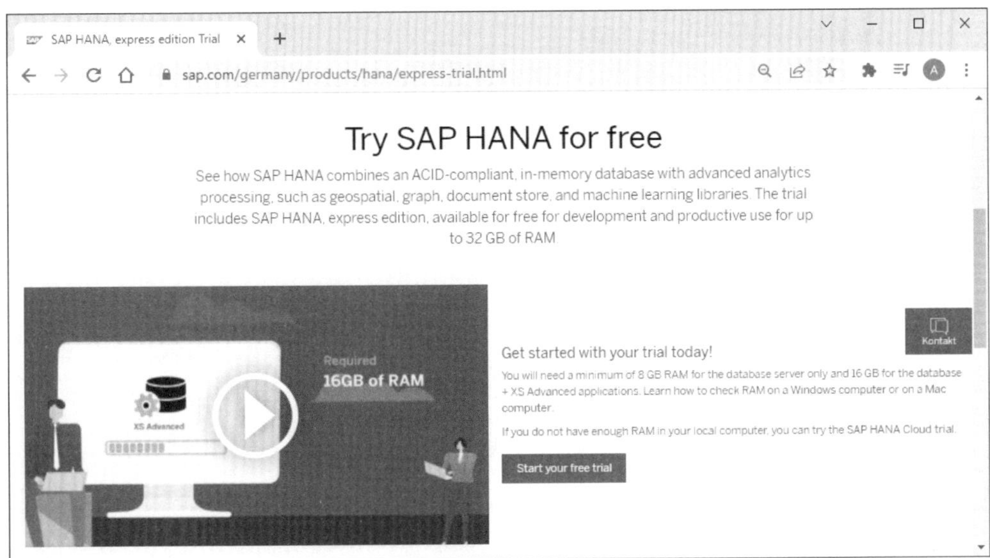

Abbildung 2.3 SAP HANA Express, Trial Download

2. Für das Ausführen des Download Managers benötigen Sie eine Java-Umgebung. Hierfür können Sie unter dem Link *https://tools.hana.ondemand.com/#cloud SAP JVM* herunterladen und auf Ihrem Rechner entpacken. Machen Sie die Umgebung Ihrem Rechner noch bekannt, indem Sie in der Umgebungsvariable JAVA_HOME auf den obersten Ordner der extrahierten JVM verweisen (z. B. **C:\sapjvm-8.1.089-windows-x64\sapjvm_8**). In Microsoft Windows finden Sie die Umgebungsvariablen z. B. indem Sie im Windows-Explorer mit der rechten Maustaste auf **Dieser PC** klicken und dort **Eigenschaften • Erweiterte Systemeinstellungen • Umgebungsvariablen… • Systemvariable** ansteuern. Wenn Sie mit macOS arbeiten, können Sie die Umgebungsvariable im Terminal erstellen:

```
export JAVA_HOME=/Extraktions_Ordner_JVM/sapjvm_8/
```

3. Laden Sie mit dem Download Manager folgende Komponenten herunter, indem Sie sie in der Spalte **Select** mit einem Haken markieren (siehe Abbildung 2.4):
   - **Getting Started with SAP HANA**
   - **Server + applications virtual machine**

- **SAP HANA Automated Predictive Library** (mit dieser Option erhalten Sie die Datei **apl.tgz**, die Sie später installieren werden)
- **Clients** (je nach Ihrem Betriebssystem, z. B. die Windows- oder Mac-Variante)

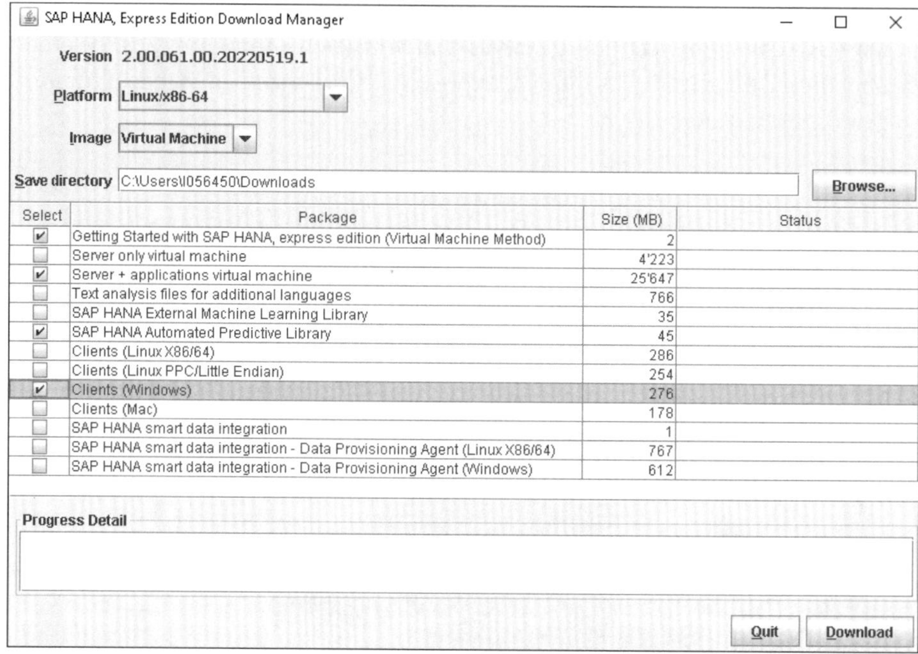

Abbildung 2.4 SAP HANA, Express Edition Download Manager (HXEDownloadManager_win.exe)

4. Importieren Sie die heruntergeladene virtuelle Maschine (Datei **hxexsa.ova**) in Ihren Hypervisor (z. B. VMWare). In VMware Workstation Player nutzen Sie dafür die Schaltflächen **File • Open** (siehe Abbildung 2.5).

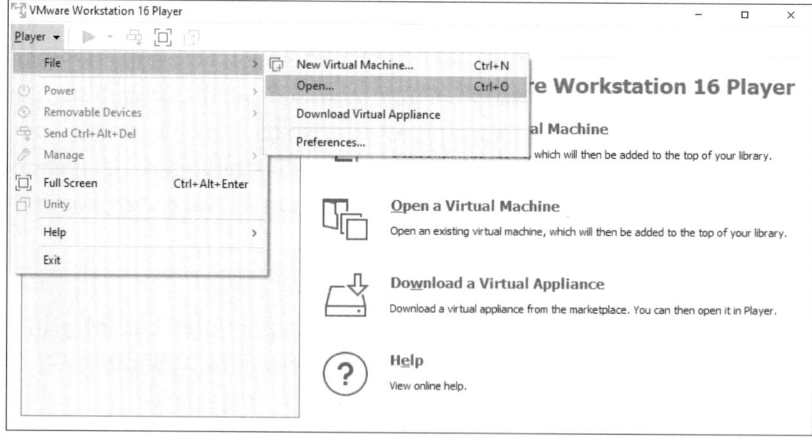

Abbildung 2.5 Import in Hypervisor

5. Beim ersten Starten der virtuellen Maschine werden Sie nach Ihrem Keyboard und Ihrer Zeitzone gefragt, das und die Sie entsprechend angeben.
6. Ebenso werden Sie beim ersten Starten nach dem User und dem Passwort des Betriebssystem-Users von SAP HANA Express gefragt. Als User geben Sie »hxeadm« mit dem initialen Passwort »HXEHana1« ein.
7. Anschließend werden Sie aufgefordert, sowohl die Passwörter für SAP HANA Express zu setzen als auch das Passwort des Betriebssystem-Users zu ändern.
8. Tragen Sie die IP-Adresse der virtuellen Maschine in Ihre **hosts**-Datei unter dem Namen »hxehost« ein, z. B. um über den Browser auf SAP HANA zugreifen zu können. Die **hosts**-Datei auf Windows liegt unter dem Dateipfad **C:\Windows\System32\drivers\etc**, auf macOS und Linux befindet sich diese Datei in **/etc/**. Falls Sie die IP-Adresse beim Starten der virtuellen Maschine nicht notiert haben, können Sie diese über den Befehl `/sbin/ifconfig` aufrufen (siehe `inet addr` unter `eth0`). Ein Beispiel des Eintrags in der **hosts**-Datei finden Sie in Abbildung 2.6.

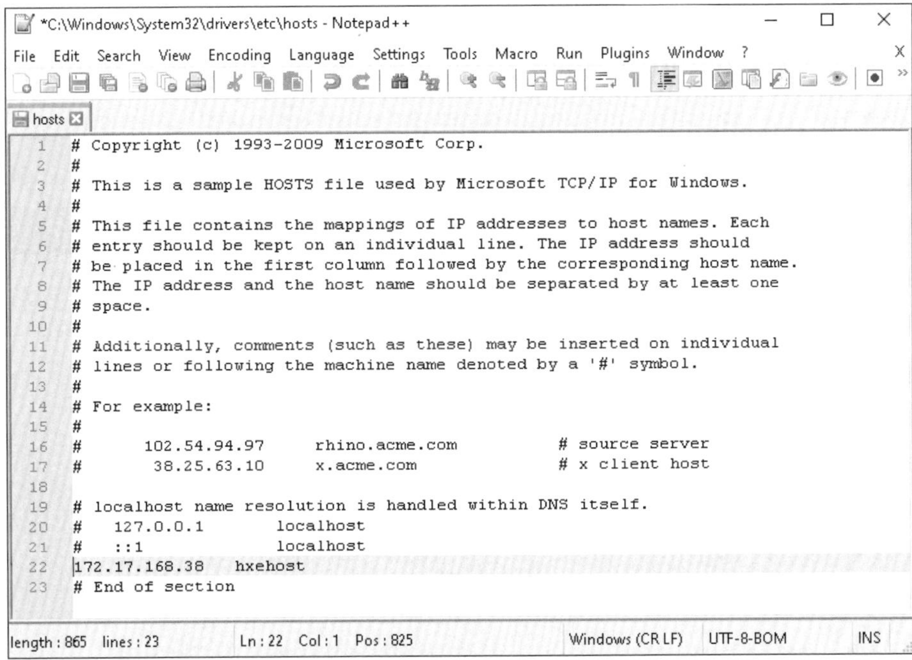


```
# Copyright (c) 1993-2009 Microsoft Corp.
#
# This is a sample HOSTS file used by Microsoft TCP/IP for Windows.
#
# This file contains the mappings of IP addresses to host names. Each
# entry should be kept on an individual line. The IP address should
# be placed in the first column followed by the corresponding host name.
# The IP address and the host name should be separated by at least one
# space.
#
# Additionally, comments (such as these) may be inserted on individual
# lines or following the machine name denoted by a '#' symbol.
#
# For example:
#
#      102.54.94.97     rhino.acme.com          # source server
#       38.25.63.10     x.acme.com              # x client host

# localhost name resolution is handled within DNS itself.
#   127.0.0.1       localhost
#   ::1             localhost
172.17.168.38   hxehost
# End of section
```

Abbildung 2.6 »hosts«-Datei in der IP-Adresse

9. Warten Sie, bis SAP HANA vollständig gestartet wurde. Sie können dies mit dem Befehl `xs apps | more` auf der virtuellen Maschine überprüfen. Dieser Befehl zeigt die verschiedenen Applikationen von SAP HANA an. Sollten Sie die Meldung **FAILED to communicate with XS Controller** erhalten, ist das System noch nicht bereit. Wiederholen Sie den Befehl einfach nach einigen Minuten. Für jede Applikation sehen Sie dann die URL der Applikation, ob die Applikation beim Starten von

SAP HANA auch gestartet werden soll, wie viele Instanzen gestartet werden sollen und wie viele Instanzen bereits gestartet wurden. Für alle Applikationen mit dem Requested State **STARTED** sollten alle Instanzen gestartet worden sein.

[+]

Wartezeit bei Neustart

Abhängig von Ihrer Hardware kann das Starten der virtuellen Maschine eine längere Zeit in Anspruch nehmen. In der Zwischenzeit, während des Startens, könnte es sein, dass Sie beim Öffnen der Webadressen die Meldung **503 Service Not Available** erhalten.

10. Testen Sie die gestartete SAP-HANA-Express-Version. Öffnen Sie z. B. die Webseite von SAP HANA XS Advanced auf *https://hxehost:39030/* Von dort können Sie andere Applikationen wie den SAP HANA Cockpit Manager öffnen. Klicken Sie auf den Button **hana-cockpit-admin** und melden Sie sich mit dem User XSA_ADMIN und Ihrem selbst gewählten Passwort an (siehe Abbildung 2.7). Alternativ erhalten Sie die URLs der Applikationen auch über den Befehl `xs apps`, z. B. für den SAP HANA Cockpit Manager mit `xs apps | grep cockpit-admin-web-app`.

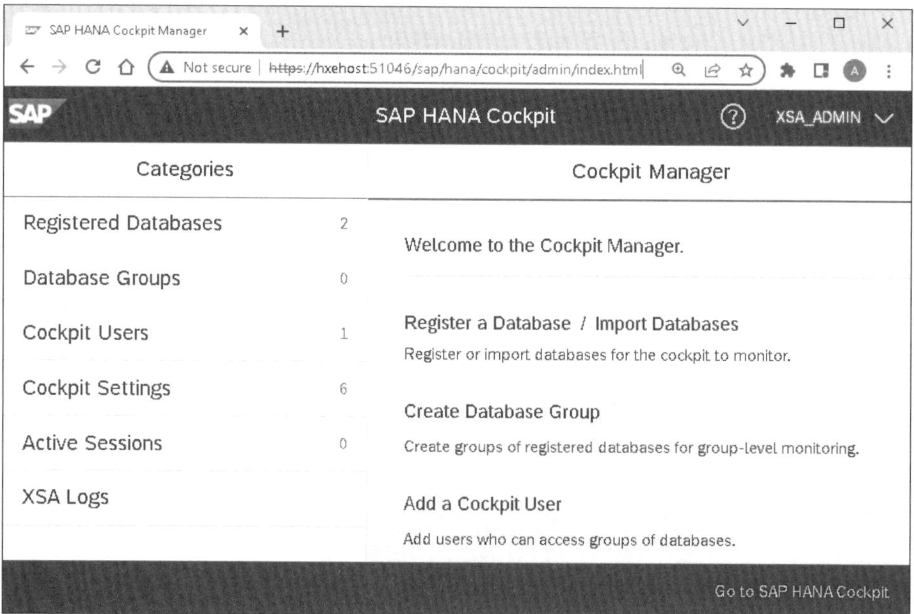

Abbildung 2.7 SAP HANA Cockpit Manager

Ihr SAP-HANA-Express-System sollte nun aktiv sein.

Um die Automated Predictive Library und Predictive Analysis Library nutzen zu können, muss das System aber noch angepasst werden. Auf SAP HANA On-Premise muss die *Application Function Library* (AFL) installiert sein, um die PAL-Algorithmen zu erhalten. Die SAP-HANA-Express-Umgebung beinhaltet diese Installation bereits. Falls auf Ihrem System die AFL nicht installiert sein sollte, folgen Sie bitte hierfür der Dokumentation von SAP HANA.

Wenn Sie Windows als Betriebssystem nutzen, müssen Sie folgende Schritte vornehmen, um die APL auf SAP HANA Express aufzuspielen:

1. Nutzen Sie einen File-Transfer-Protocol-Client (FTP-Client) wie WinSCP, um die Datei **apl.tgz** von Ihrem eigenen Rechner in den **tmp**-Ordner der virtuellen Maschine zu kopieren. Die Datei **apl.tgz** haben Sie durch das Auswählen der SAP HANA Automated Predictive Library im Download Manager erhalten. Zur Verbindung nutzen Sie die folgenden Parameter (siehe Abbildung 2.8).
   - **File protocol**: »SFTP«
   - **Host name**: »hxehost«
   - **Port number**: »22«
   - **User name**: »hxeadm«
   - **Password**: [Ihr selbst gewähltes Passwort]

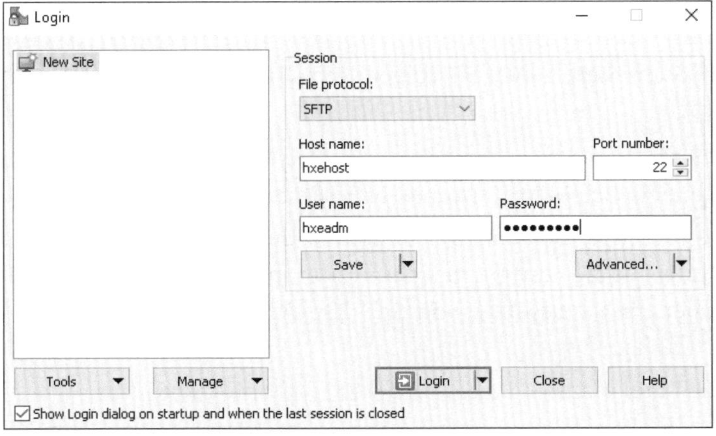

Abbildung 2.8 FTP Client

Entpacken Sie die Datei **apl.tgz** weiterhin aus WinSCP heraus. Klicken Sie mit der rechten Maustaste auf die Datei **apl.tgz** in der virtuellen Maschine und wählen Sie dort **File Custom Commands • UnTar/GZip...** (siehe Abbildung 2.9) aus. Bestätigen Sie alle weiteren Prompts, und die Datei wird auf dem Dateisystem von SAP HANA Express entpackt.

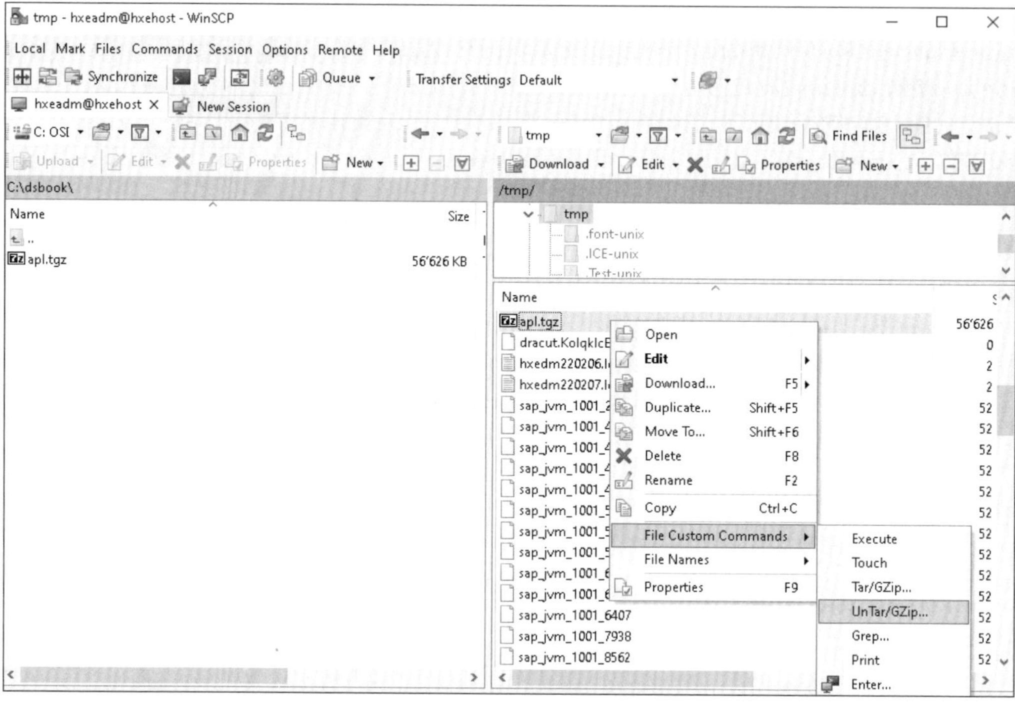

Abbildung 2.9 Extraktion der Automated Predictive Library

Wenn Sie auf macOS arbeiten, gehen Sie folgendermaßen vor, um die APL aufzuspielen:

1. Stellen Sie eine Verbindung zu `hxehost` her, dem Betriebssystem von SAP HANA Express mit folgendem Befehl im Terminal: `sftp hxeadm@hxehost`.
2. Sie erhalten einen Prompt, melden Sie sich hier mit Ihrem selbst gewählten Passwort an. Nun können Sie die heruntergeladene Datei **apl.tgz** mit folgendem Befehl in den **tmp**-Ordner im Dateisystem von SAP HANA Express transferieren: `put /Pfad_zur_Datei/apl.tgz /tmp/`.
3. Entpacken Sie die Datei mit dem Befehl `tar -xvzf /tmp/apl.tgz -C /tmp/`.

Folgende Schritte sind sowohl für Windows als auch für macOS relevant.

1. Installieren Sie die Automated Predictive Library. Öffnen Sie hierzu das SAP HANA Platform Lifecycle Management über *http://hxehost:1128/lmsl/HDBLCM/HXE/index.html* oder *https://hxehost:1129/lmsl/HDBLCM/HXE/index.html*. Loggen Sie sich hier mit dem Betriebssystem-User hxeadm und dem von Ihnen gesetzten Passwort ein. Wählen Sie den Button **Install or Update Additional Components**. Klicken Sie auf den Button **Add Software Locations** und wählen Sie den Pfad **/tmp/HANA_EXPRESS_20/DATA_UNITS/PAAPLHANA2_LINUX_X86_64**. Bestätigen Sie und setzen Sie den Haken für die Option **Install Automated Predictive Library** (siehe Ab-

bildung 2.10). Fahren Sie mit **Next** fort und geben Sie die Passwörter für den hxeadm-User (Betriebssystem) und System-User (SAP HANA) ein. Bestätigen Sie mit **Next** und starten Sie die Installation mit **Update**.

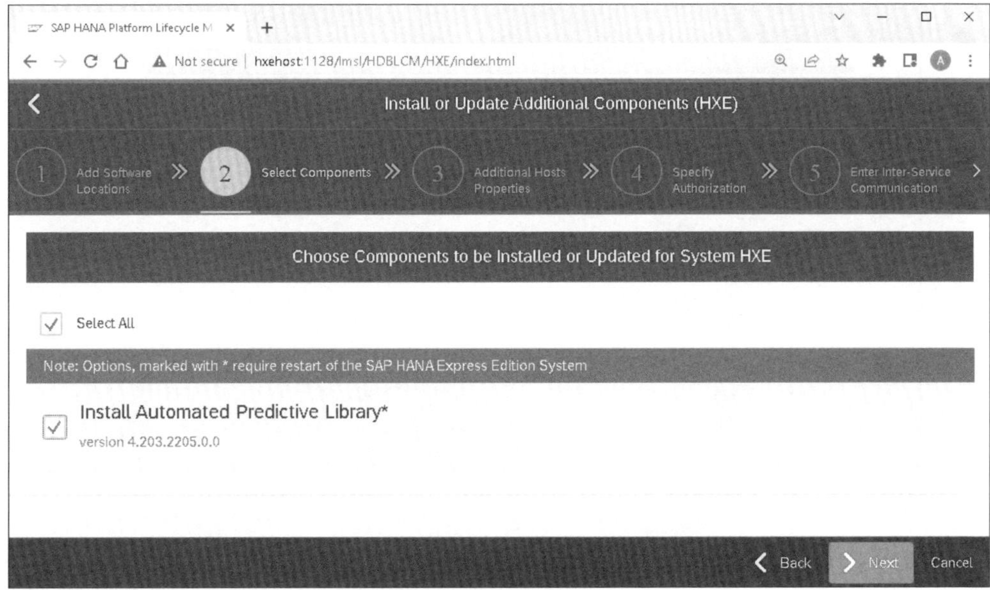

Abbildung 2.10 Installation der Automated Predictive Library

2. Anschließend wird Ihnen eine Bestätigung angezeigt, dass die Installation erfolgreich abgeschlossen wurde.

Starten Sie nun den Script Server, der für die Machine-Learning-Komponenten in SAP HANA erforderlich ist. Öffnen Sie hierfür das SAP HANA Cockpit, indem Sie auf der Seite *https://hxehost:39030/* auf den Button **hana-cockpit** klicken. Alternativ erhalten Sie die URL auch über den Befehl `xs apps | grep cockpit-web-app`. Melden Sie sich mit dem User XSA_ADMIN und Ihrem selbst gewählten Passwort an. Falls sich die Seite nicht sofort öffnen sollte, werden die Dienste von SAP HANA eventuell noch hochgefahren. Sie können dies mit dem Befehl `xs apps | more` wie oben beschrieben überprüfen.

Öffnen Sie aus dem SAP HANA Cockpit heraus den Database Explorer (siehe Abbildung 2.11), indem Sie auf die gleichnamige Kachel klicken.

Es wird eine Nachricht angezeigt, dass noch keine Datenbanken hinzugefügt wurden, mit der Frage, ob Sie eine hinzufügen möchten. Bestätigen Sie dies. Ihnen werden nun zwei Datenbanken zur Auswahl angezeigt.

- **HXE@HXE**: die Datenbank, in der Sie später Daten laden und analysieren
- **SYSTEMDB@HXE**: die Systemdatenbank von SAP HANA Express

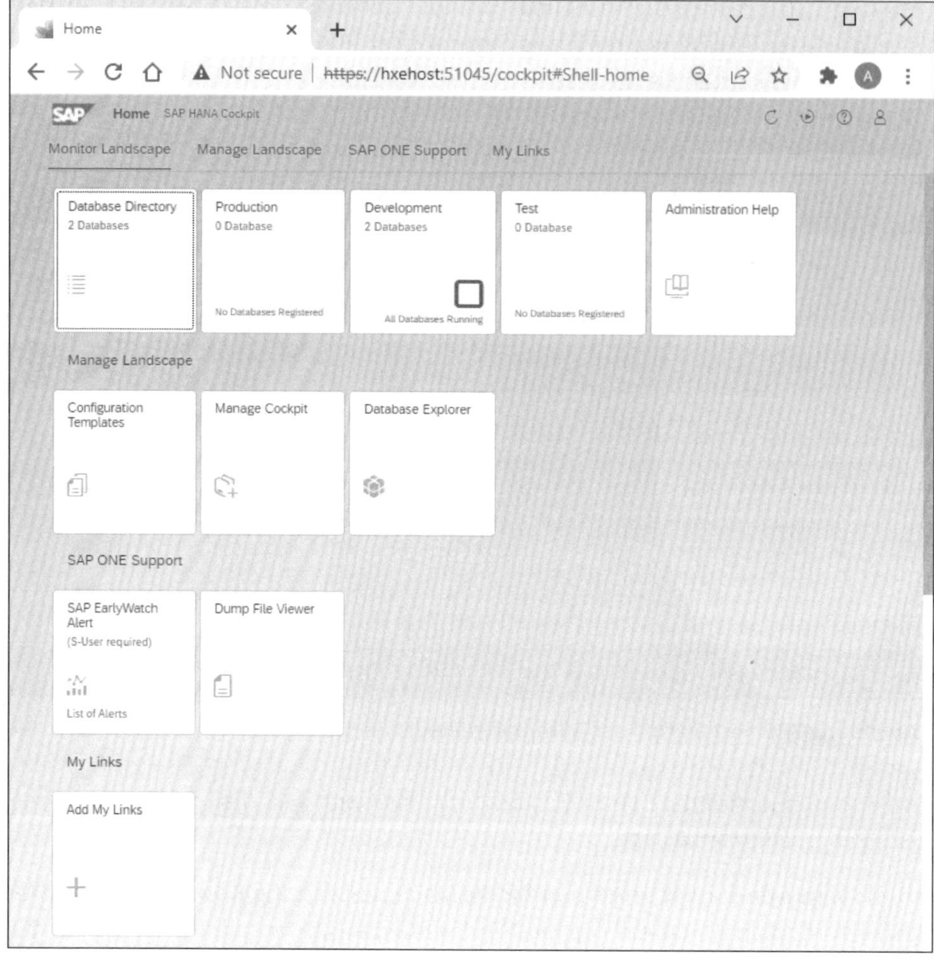

Abbildung 2.11 SAP HANA Cockpit

Wählen Sie den Eintrag **SYSTEMDB@HXE**. Entfernen Sie den Haken bei **Use credentials from cockpit** und geben Sie als User »SYSTEM« mit Ihrem selbst gewählten Passwort ein (siehe Abbildung 2.12). Fahren Sie mit **OK** fort.

Falls Sie beim Hinzufügen der Datenbank einen Fehler erhalten sollten, können Sie diese auch manuell hinzufügen:

- **Database Type**: SAP HANA Database (Multitenant)
- **Host**: hxehost
- **Instance number**: 90
- **Database**: System database
- **User**: SYSTEM
- **Password**: [Ihr selbstgewähltes Passwort]

Abbildung 2.12 Hinzufügen der SYSTEMDB-Datenbank

Weitere Datenbanken können über die Maske auch individuell hinzugefügt werden, wählen Sie hierfür die entsprechende Option unter **Database Type**.

Wenn Sie mit der rechten Maustaste auf den neuen Datenbankeintrag im SAP HANA Database Explorer klicken, erhalten Sie die Option **Open SQL Console**. Klicken Sie diese an. Führen Sie im neuen Fenster den folgenden Code aus, um den Script Server zu starten, der für die Nutzung der Automated Predictive Library und der Predictive Analysis Library notwendig ist (siehe Abbildung 2.13):

```
ALTER DATABASE HXE ADD 'scriptserver';
```

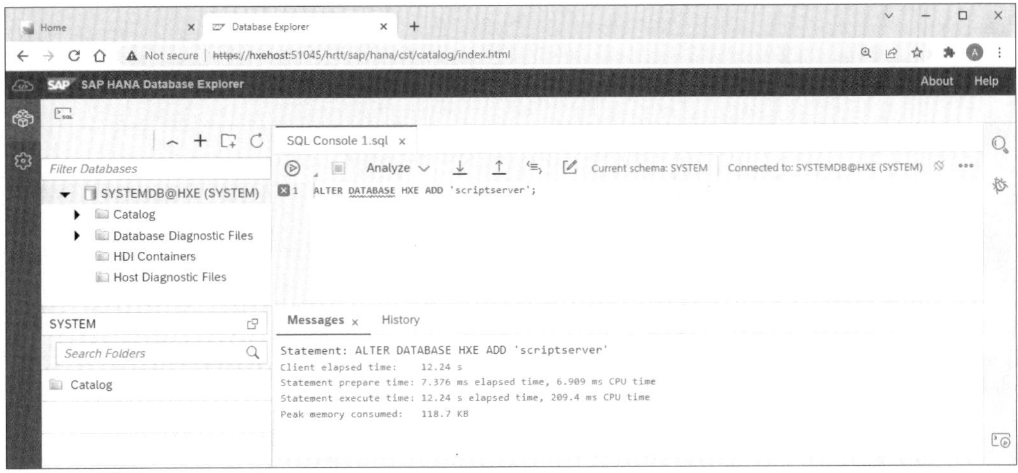

Abbildung 2.13 Aktivieren des Script Server

Legen Sie nun den Datenbank-User an, mit dem Sie die Data-Science-Komponenten nutzen möchten. Dieser User muss in der HXE-Datenbank von SAP HANA Express erstellt werden. Tragen Sie die bereits bestehende HXE-Datenbank im SAP HANA Database Explorer ein. Wählen Sie die Option **Add Database**, wie in Abbildung 2.14 gezeigt.

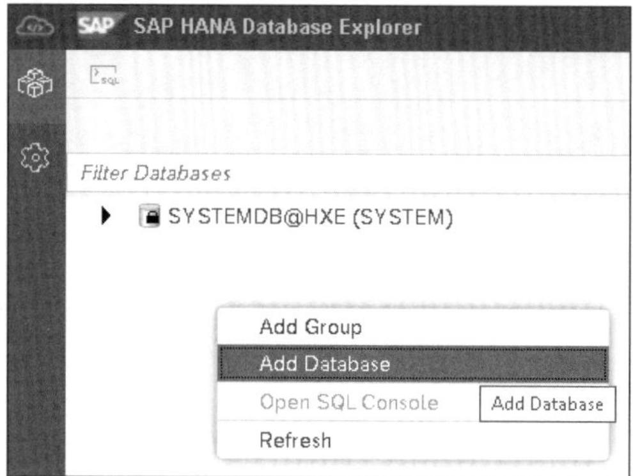

Abbildung 2.14 Datenbank hinzufügen

Im nächsten Fenster wählen Sie **HXE@HXE**, tragen auch hier als User »SYSTEM« und das von Ihnen bei der Installation gewählte Passwort ein (siehe Abbildung 2.15).

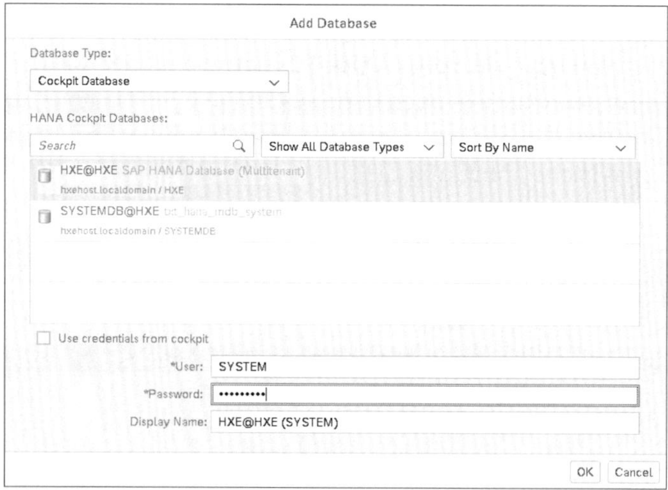

Abbildung 2.15 Hinzufügen der HXE-Datenbank im SAP HANA Database Explorer

Falls Sie beim Hinzufügen der Datenbank einen Fehler erhalten sollten, können Sie diese auch manuell hinzufügen:

- **Database Type**: SAP HANA Database (Multitenant)
- **Host**: hxehost
- **Instance number**: 90

- **Database**: Tenant database: HXE
- **User**: SYSTEM
- **Password**: [Ihr selbstgewähltes Passwort]

Öffnen Sie über einen Klick auf die rechte Maustaste die SQL Console für die neu hinzugefügte HXE-Datenbank. Führen Sie die folgenden SQL Befehle aus, um einen Anwender HANADS zu erstellen. Ändern Sie nur das Beispielpasswort »Password123« des neuen Users in ein eigenes Passwort Ihrer Wahl:

```
CREATE USER HANADS PASSWORD Password123 NO FORCE_FIRST_PASSWORD_CHANGE;
ALTER USER HANADS DISABLE PASSWORD LIFETIME;
```

Geben Sie mit den folgenden Befehlen dem User die Berechtigung, mit der PAL und APL zu arbeiten:

```
GRANT AFL__SYS_AFL_AFLPAL_EXECUTE TO HANADS;
GRANT AFL__SYS_AFL_APL_AREA_EXECUTE TO HANADS;
CALL _SYS_REPO.GRANT_ACTIVATED_ROLE ('sap.pa.apl.base.roles::APL_
EXECUTE','HANADS');
GRANT AFLPM_CREATOR_ERASER_EXECUTE TO HANADS;
```

Nutzen Sie den neuen User HANADS und seine Berechtigungen, um die Version der installierten APL anzeigen zu lassen. Bleiben Sie im gleichen Fenster des Database Explorer und führen Sie diesen Code aus. Ändern Sie nur das Password des HANADS-Users auf Ihr selbst gewähltes.

```
CONNECT HANADS PASSWORD Password123;
call "SAP_PA_APL"."sap.pa.apl.base::PING"(?);
```

Momentan erhalten Sie mit der Datei **apl.tgz** von SAP HANA Express die APL-Version 2205. Die Version wird Ihnen mit dem obigen SQL-Befehl als **APL.Version.ServicePack** angezeigt. Typischerweise wird diese Datei des SAP-HANA-Express-Downloads ein- bis zweimal im Jahr aktualisiert. Falls Sie als SAP-Kunde oder -Partner Zugriff auf das SAP ONE Support Launchpad haben, können Sie von dort die neueste Version der APL herunterladen und installieren, was wir auch empfehlen. Dazu gehen Sie wie folgt vor:

1. Öffnen Sie die Software-Download-Seite unter *https://launchpad.support.sap.com/#/softwarecenter*.
2. Navigieren Sie zu der neuesten Version der APL über **SUPPORT PACKAGES & PATCHES • By Alphabetical Index • H • SAP HANA PLATFORM EDITION • SAP HANA PLATFORM EDITION 2.0 • APL 4 FOR HANA 2 SP03+ • SUPPORT PACKAGE PATCHES**.
3. Wählen Sie das Betriebssystem von SAP HANA, z. B. **LINUX ON X86_64 64BIT**.

4. Laden Sie die neueste Version herunter, z. B. mit **Predi. Analy. APL 2213 for SAP HANA 2.0 SPS03 and beyond** erhalten Sie die Version 2213 (Datei **SAPPAAPL4_2213_0-80004547.ZIP**).

APL-Versionen für SAP HANA

Die momentane Version 2213 der APL wird sowohl von SAP HANA 2.0 SPS05 als auch SPS06 unterstützt. Die älteste APL-Version, die auf SPS05 unterstützt wird, ist Version 2018.2. Für SPS06 ist die älteste unterstützte Version 2201.

Überführen Sie die ZIP-Datei wie bereits beschrieben mit einem FTP-Client in den **tmp**-Ordner der virtuellen Maschine. Extrahieren Sie die Datei über die Kommandozeile beziehungsweise über das Terminal, wenn Sie macOS nutzen, mit den folgenden Befehlen:

```
cd /tmp
unzip SAPPAAPL4_2213_0-80004547 -d APL2213
```

Installieren Sie nun die APL wie gehabt mit dem SAP HANA Platform Lifecycle Management über *http://hxehost:1128/lmsl/HDBLCM/HXE/index.html* oder *https://hxehost:1129/lmsl/HDBLCM/HXE/index.html*. Wählen Sie beim Installieren den Ordner **/tmp/APL2213/installer/packages**.

Die Installation führt einen Neustart von SAP HANA aus. Warten Sie, bis dieser abgeschlossen ist (wie gehabt mit dem Befehl `xs apps | more`). Nach erfolgter Installation wird bei einem erneuten Ausführen des folgenden Befehls nun die aktualisierte Version 2213 der APL angezeigt:

```
CONNECT HANADS PASSWORD Password123;
call "SAP_PA_APL"."sap.pa.apl.base::PING"(?);
```

Start und Shutdown von SAP HANA Express

Bevor Sie die virtuelle Maschine von SAP HANA Express herunterfahren, sollten Sie vorab die SAP-HANA-Instanz beenden. Führen Sie in der virtuellen Maschine hierfür den Befehl `HDB stop` aus. Wenn Sie die virtuelle Maschine starten, wird auch automatisch SAP HANA Express gestartet.

Bei einem Neustart der virtuellen Maschine kann sich deren IP-Adresse ändern. In diesem Fall muss die IP-Adresse für hxehost in der **hosts**-Datei auf Ihrem Rechner aktualisiert werden. Alternativ können Sie die Verbindung in VMWare im Menü **VM • Settings • Network Adapter** auf **Host-only** setzen. Mit dieser Einstellung sollte sich die IP-Adresse nicht mehr ändern.

Für den Zugriff auf SAP HANA merken Sie sich diese Eingaben:

- **Server**: hxehost
- **SQL Port**: 39015
- **User**: HANADS
- **Password**: [Ihr selbst gewähltes Passwort für den User HANADS]

[+]

SQL-Port

Falls Sie mit einem anderen SAP-HANA-System arbeiten und den SQL-Port nicht kennen, erhalten Sie diesen mit dem folgenden SELECT-Statement, das in der SYSTEMDB ausgeführt werden muss. Ersetzen Sie nur '<DBNAME>' durch den Namen der Datenbank. Bei SAP HANA Express ist dies HXE:

```
SELECT DATABASE_NAME, SERVICE_NAME, PORT, SQL_PORT, (PORT + 2)
HTTP_PORT FROM SYS_DATABASES.M_SERVICES WHERE DATABASE_NAME='<DBNAME>'
and ((SERVICE_NAME='indexserver' and COORDINATOR_TYPE= 'MASTER') or
(SERVICE_NAME='xsengine'))
```

2.1.2 SAP HANA Cloud

Wenn Sie mit SAP HANA Cloud arbeiten, benötigen Sie für die Beispiele in diesem Buch nur eine Python-Umgebung und den SAP HANA Client auf Ihrem Laptop (siehe Abbildung 2.16).

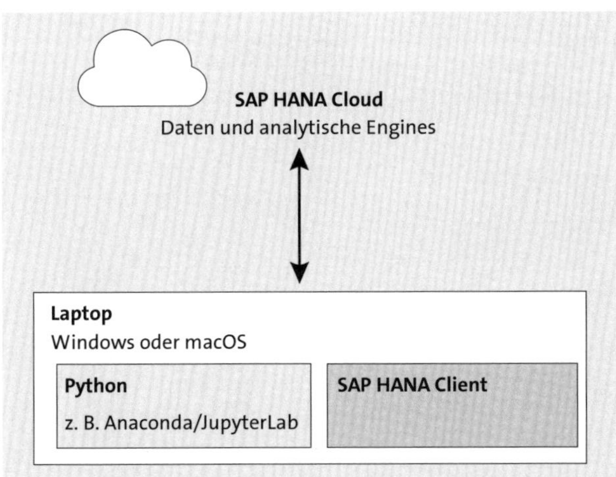

Abbildung 2.16 Beispielarchitektur mit SAP HANA Cloud

Sowohl die Daten als auch die analytischen Engines befinden sich in der Cloud, wo auch die Verarbeitung der Daten ausgeführt wird.

Sollten Sie noch kein SAP-HANA-Cloud-System haben, folgen Sie den erwähnten Schritten, um solch ein System aufzusetzen. Falls Sie bereits Zugriff auf ein System haben, finden Sie die eventuell nötigen Schritte, das System auf drei virtuelle Central Processing Units (CPUs) aufzurüsten und es mit dem Script Server auszustatten. Beachten Sie aber bitte, dass die kostenlose Trial-Version von SAP HANA Cloud derzeit kein Machine Learning beinhaltet und die Beispiele aus diesem Buch mit der Trial-Umgebung nicht ausgeführt werden können (siehe Abschnitt 2.1, »SAP HANA«). Abschließend wird erläutert, inwieweit Sie die Version der genutzten Automated Predictive Library (APL) herausfinden und beeinflussen können.

Neues System aufsetzen

Falls Sie ein neues System aufsetzen möchten, folgen Sie diesen Schritten, die auch im SAP Help Portal unter *http://s-prs.de/v903304* beschrieben werden:

1. Melden Sie sich in der SAP Business Technology Platform an (siehe *https://account.hana.ondemand.com/#/home/welcome*).
2. Gehen Sie über den globalen Account in Ihren Subaccount.
3. Klicken Sie auf Ihren Cloud Foundry Space.
4. Wählen Sie im Menu auf der linken Seite den Eintrag **SAP HANA Cloud**.
5. Im Drop-down-Menü **Create** auf der rechten Seite wählen Sie die Option **SAP HANA database** (siehe Abbildung 2.17).

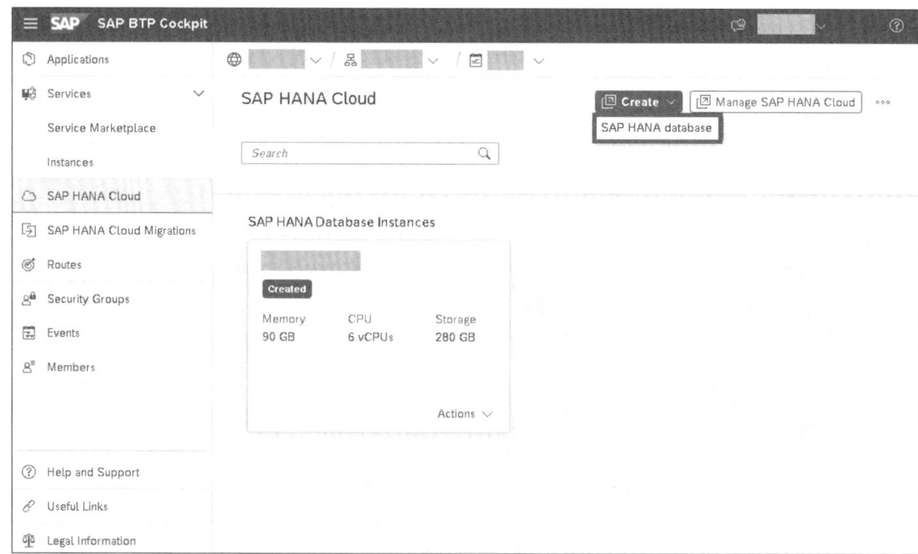

Abbildung 2.17 SAP-HANA-Database erstellen

6. SAP HANA Cloud Central öffnet sich. Wählen Sie dort **SAP HANA Cloud, SAP HANA Database**. Wählen Sie **Next Step**, um zum nächsten Fenster zu gelangen.
7. Vergeben Sie einen **Instance Name**, z. B. »DSBOOK«.
8. Im selben Fenster setzen Sie das Administratorpasswort und bestätigen Ihre Eingabe mit **Next Step**.
9. Wählen Sie hier den Arbeitsspeicher und den Speicher. Erhöhen Sie den Arbeitsspeicher (Feld **Memory**) wenigstens so weit, dass das System mit mindestens drei virtuellen CPUs (vCPUs) ausgestattet wird. Die Anzahl der vCPUs wird sowohl unterhalb der Einstellungen als auch auf der rechten Seite angezeigt (siehe Abbildung 2.18). Klicken Sie wieder auf **Next Step**.

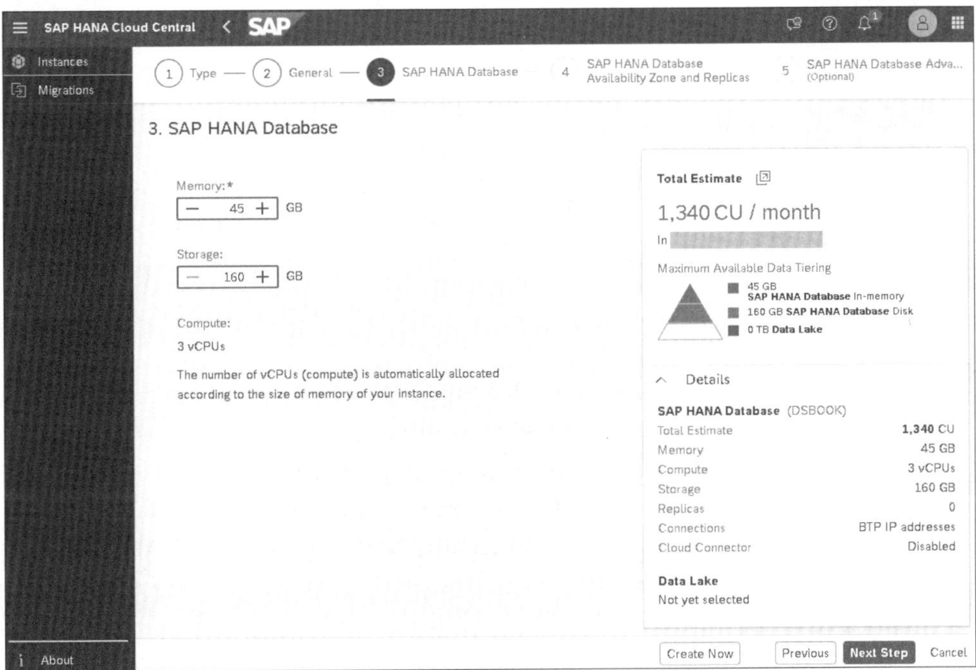

Abbildung 2.18 Arbeitsspeicher festsetzen

10. Falls Sie möchten, setzen Sie hier eine explizite Availability Zone. Availability Zones sind technisch isolierte Umgebungen innerhalb einer Region, die die Verfügbarkeit der Lösung absichern. Klicken Sie erneut auf **Next Step**.
11. Im nächsten Fenster **Advanced Settings** wählen Sie den Script Server aus, indem Sie das entsprechende Feld mit einem Haken markieren (siehe Abbildung 2.19).

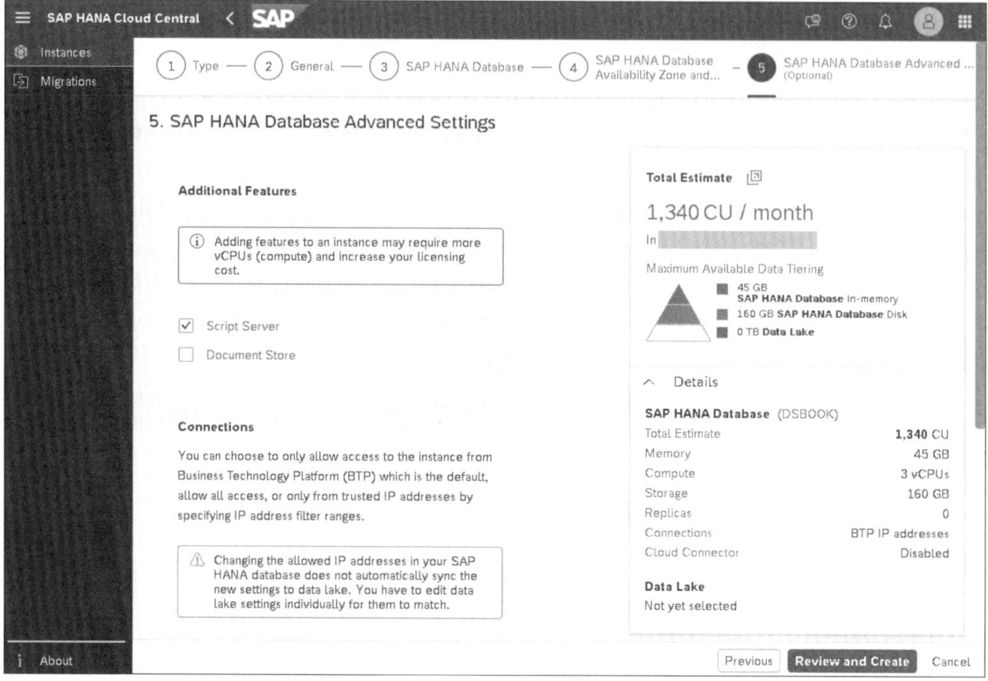

Abbildung 2.19 Advanced Settings

12. Erstellen Sie das System über den Button **Review and Create**. Wählen Sie im Anschluss direkt den Button **Create Instance**.
13. Bereits nach wenigen Minuten kann die Instanz verfügbar sein. Eventuell müssen Sie auf der Seite auf den Refresh-Button (⟳) klicken, damit sich die Seite aktualisiert und die neue Instanz als **RUNNING** angezeigt wird (siehe Abbildung 2.20).

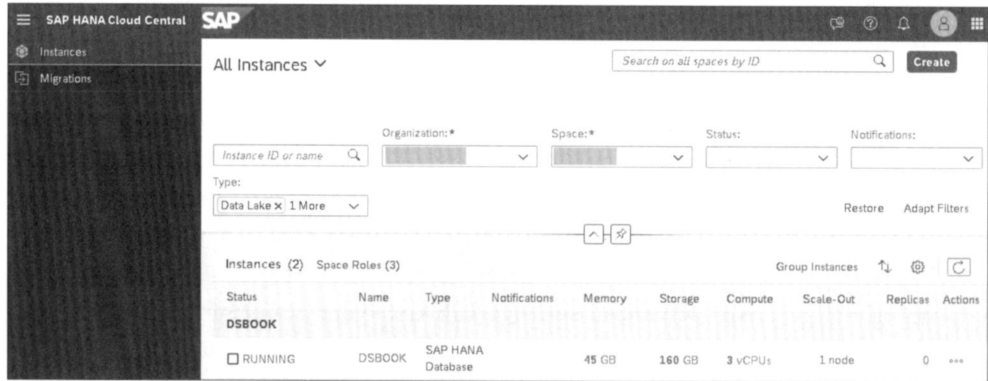

Abbildung 2.20 SAP-HANA-Cloud-Instanz

Sie müssen sich einmal im SAP HANA Cockpit anmelden. Dies ist notwendig, damit Ihre Login-Daten im Secure Store hinterlegt werden. Erst dann öffnen Sie den SAP HANA Database Explorer. Zur Anmeldung gehen Sie folgendermaßen vor:

1. Klicken Sie auf die drei Punkte am Ende der Zeile der neuen Instanz und wählen Sie dann **Open in SAP HANA Cockpit**. Loggen Sie sich mit den User DBADMIN und Ihrem selbst gewählten Passwort an.
2. Sie können das SAP HANA Cockpit schließen. Im SAP HANA Cloud Central, aus dem Sie gerade das SAP HANA Cockpit geöffnet haben, öffnen Sie nun den SAP HANA Database Explorer.
3. Nun erstellen Sie den Datenbank-User, mit dem Sie in der SAP HANA Cloud arbeiten. Führen Sie einen rechten Mausklick auf die SAP-HANA-Cloud-Instanz aus und wählen Sie **Open SQL Console** (siehe Abbildung 2.21).

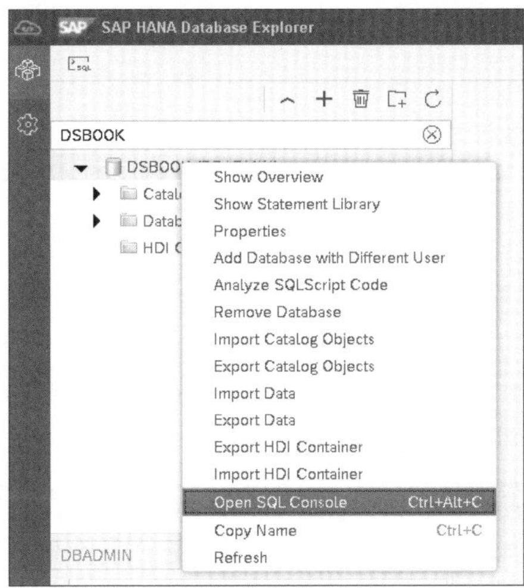

Abbildung 2.21 SAP HANA Database Explorer

Kopieren Sie den angezeigten SQL-Code in das Fenster (siehe Abbildung 2.22) und führen Sie ihn mit einem Klick auf den Button **Run** aus:

```
CREATE USER HANADS PASSWORD Password123 NO FORCE_FIRST_PASSWORD_CHANGE;
ALTER USER HANADS DISABLE PASSWORD LIFETIME;
```

Führen Sie entsprechend die Befehle aus, um dem User die notwendigen Berechtigungen für die Automated Predictive Library (APL) und Predictive Analysis Library (PAL) zu geben:

```
GRANT AFL__SYS_AFL_AFLPAL_EXECUTE TO HANADS;
GRANT AFL__SYS_AFL_APL_AREA_EXECUTE to HANADS;
GRANT "sap.pa.apl.base.roles::APL_EXECUTE" TO HANADS;
GRANT AFLPM_CREATOR_ERASER_EXECUTE to HANADS;
```

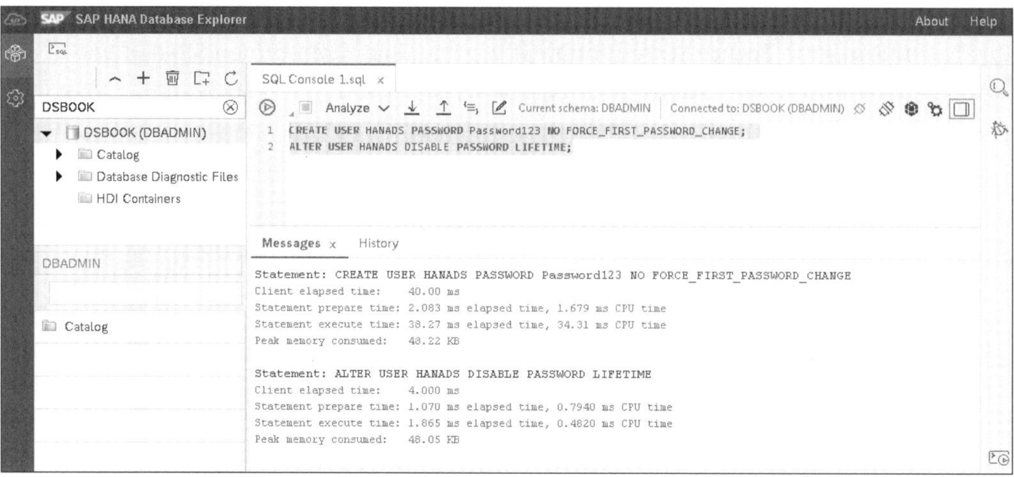

Abbildung 2.22 Erstellung des Datenbank-Users

Nutzen Sie den HANADS-User und seine Berechtigungen, um die Version der installierten APL anzeigen zu lassen. Führen Sie den folgenden Code aus. Ändern Sie im Code nur das Password des HANADS-Users auf Ihr selbst gewähltes.

```
CONNECT HANADS PASSWORD Password123;
call "SAP_PA_APL"."sap.pa.apl.base::PING"(?);
```

Sie sehen nun die Details der Automated Predictive Library. Unter dem Namen **APL.Version.ServicePack** finden Sie die aktuelle Version (siehe Abbildung 2.23).

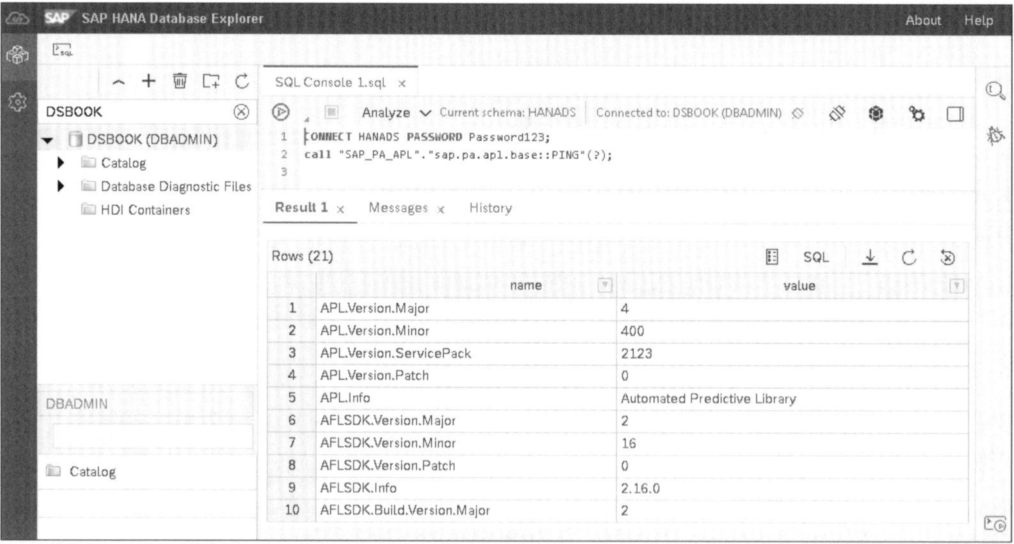

	name	value
1	APL.Version.Major	4
2	APL.Version.Minor	400
3	APL.Version.ServicePack	2123
4	APL.Version.Patch	0
5	APL.Info	Automated Predictive Library
6	AFLSDK.Version.Major	2
7	AFLSDK.Version.Minor	16
8	AFLSDK.Version.Patch	0
9	AFLSDK.Info	2.16.0
10	AFLSDK.Build.Version.Major	2

Abbildung 2.23 Version der installierten APL

In der Grundeinstellung erlaubt SAP HANA Cloud nur Verbindungen von IP-Adressen der SAP Business Technology Platform. Um sich von einer lokalen Python-Umgebung auf Ihrem Rechner mit der SAP HANA Cloud verbinden zu können, müssen Sie SAP HANA Cloud eine Verbindung zu Ihrer IP-Adresse erlauben:

1. Finden Sie Ihre externe IPv4-Adresse heraus. Eine Google-Suche (»What is my external ip address«) könnte Ihnen bereits als Suchergebnis die IP-Adresse liefern. Achten Sie darauf, dass hier Ihre externe IPv4-Adresse erforderlich ist, nicht Ihre private. Zum Beispiel sind 192.168.0.0 bis 192.168.255.255 keine externen IP-Adressen, es gibt aber auch weitere interne Ranges.
2. Setzen Sie diese IP-Adresse nun auf die Allowlist von SAP HANA Cloud. In SAP HANA Cloud Central wählen Sie dazu für die Instanz **Manage Configuration**. Gehen Sie zunächst in den Modus **Edit**. Im Bereich **Connections** aktivieren Sie die Option **Allow specific IP addresses and IP ranges** und fügen Ihre Adresse hinzu. Nach dem Speichern der Änderung kann es noch einige Minuten dauern, bis diese wirksam wird.

Für den Zugriff auf SAP HANA Cloud merken Sie sich diese Eingaben:

- **Host**: [Wird im SAP HANA Cockpit oben auf der Webseite angezeigt]
- **SQL Port**: 443
- **User**: HANADS
- **Passwort**: [Ihr selbst gewähltes Passwort für den User HANADS]

Bestehendes System verwenden

Falls Sie mit einem bereits bestehenden SAP-HANA-Cloud-System arbeiten, muss dieses mit wenigstens drei vCPUs ausgestattet sein, und der Script Server muss aktiviert sein. Die kostenlose Trial-Version von SAP HANA Cloud beinhaltet derzeit nur zwei vCPUs, weswegen sich der Script Server dort nicht aktivieren lässt und kein Machine Learning genutzt werden kann. Alle anderen Systeme sollten bereits wenigstens drei vCPUs nutzen.

Wenn Sie das System anpassen möchten, nehmen Sie diese Schritte vor:

1. Öffnen Sie SAP HANA Cloud Central.
2. Gehen Sie für die Instanz in **Manage Configuration**.
3. Im Edit-Modus können Sie nun diese Einstellungen vornehmen:
   - Sizing anpassen: Durch ein Erhöhen des Arbeitsspeichers werden auch die vCPUs erhöht (siehe *http://s-prs.de/v903305*).
   - Den Script Server aktivieren: In den Advanced Settings müssen Sie nur den entsprechenden Haken setzen (siehe *http://s-prs.de/v903306*).

Release-Stand Ihrer SAP HANA Cloud

Im SAP HANA Cockpit finden Sie den aktuellen Release-Stand Ihrer SAP HANA Cloud. Wenn Sie im SAP HANA Cockpit das Drop-down-Menü **Navigation** auf **Administration** setzen, finden Sie unter **Database Information** den aktuellen Stand. Mehr Informationen dazu finden Sie auch im Blogeintrag von SAP unter *https://blogs.sap.com/2022/02/28/spotlight-determining-your-sap-hana-cloud-qrc-version-just-got-a-lot-easier/*.

Die Automated Predictive Library (APL) in SAP HANA Cloud wird automatisch aktuell gehalten. Typischerweise wird jedes Quartal eine neue Version aufgespielt. Momentan (Stand September 2022) wird die Version 2209 genutzt (siehe auch das SAP Help Portal unter *http://s-prs.de/v903307*).

Als Kundin oder Kunde haben Sie dennoch einen gewissen Einfluss, mit welchem Quartals-Release (und damit auch mit welcher APL-Version) Sie arbeiten. Typischerweise sind die Quartals-Releases für sieben Monate unterstützt. Danach erfolgt automatisch ein Upgrade des Systems. Sie können jedoch auch vorab ein Upgrade manuell starten (siehe auch das SAP Help Portal unter *http://s-prs.de/v903308*).

Neuerungen in der Predictive Analysis Library (PAL) werden typischerweise zuerst in der SAP HANA Cloud veröffentlicht, bevor diese später in der On-Premise-Umgebung über Service Packs zur Verfügung stehen. Neuerungen der PAL in der SAP HANA Cloud finden Sie in im SAP Help Portal unter *http://s-prs.de/v903309*.

2.1.3 SAP Data Warehouse Cloud

Die Architektur zum Ausführen der Beispiele dieses Buchs mit SAP Data Warehouse Cloud ist sehr ähnlich zu der Architektur im vorherigen Abschnitt über SAP HANA Cloud. SAP Data Warehouse Cloud nutzt intern die SAP HANA Cloud, in der auch in dieser Architektur die Daten gespeichert und deren analytischen Engines genutzt werden. Auf Ihrem Laptop benötigen Sie nur eine Python-Umgebung sowie den SAP HANA Client (siehe Abbildung 2.24).

Sie können entweder mit einem bereits bestehenden SAP-Data-Warehouse-Cloud-System arbeiten oder ein neues System aufsetzen.

SAP BW Bridge

Mit der SAP BW Bridge ist es möglich, Inhalte eines SAP Business Warehouse (SAP BW) in die SAP Data Warehouse Cloud zu überführen. Auch auf diesen Daten können Sie die in diesem Buch vorgestellten Data-Science-Methoden anwenden. Details zur SAP BW Bridge finden Sie im SAP Help Portal unter *http://s-prs.de/v903310*.

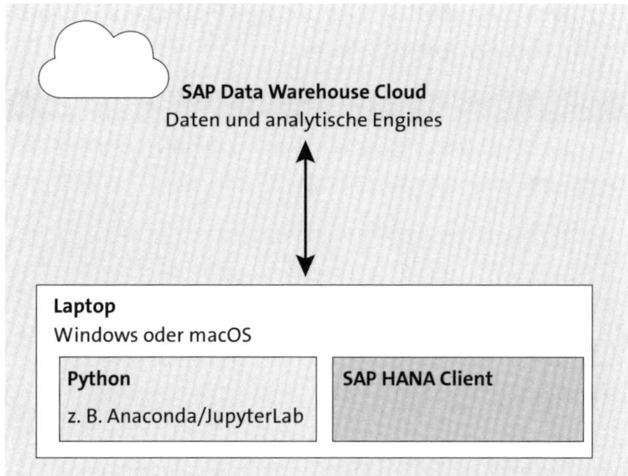

Abbildung 2.24 Beispielarchitektur mit SAP Data Warehouse Cloud

Neues System aufsetzen

Beachten Sie, dass die frei verfügbare Trial-Version von SAP Data Warehouse Cloud, wie bereits erwähnt, kein Machine Learning beinhaltet. Sie können jedoch bei Ihrem SAP-Vertriebsverantwortlichen anfragen, ob Ihnen ein sogenannter High Touch Trial zur Verfügung gestellt werden kann.

Falls Sie eine neue produktive Umgebung aufsetzen möchten, können Sie eine Umgebung im SAP Store erwerben (*https://store.sap.com*), oder Sie können mit Ihrem SAP-Vertriebsverantwortlichen einen entsprechenden Vertrag schließen.

Beachten Sie nur, dass Ihr neues System mit wenigstens drei virtuellen CPUs ausgestattet ist. Dies sollte aber für alle Systeme, außer dem kostenlosen Trial, der Fall sein. Sobald Ihr SAP-Data-Warehouse-Cloud-Tenant aktiv ist, folgen Sie den Schritten zur Konfiguration im folgenden Abschnitt.

Bestehendes System verwenden

Wenn Sie nun eine SAP Data Warehouse Cloud mit wenigstens drei vCPUs im Zugriff haben, muss der Script Server aktiviert werden. Hierzu müssen Sie bei SAP ein Support-Ticket mit folgenden Informationen erstellen:

- URL des SAP-Data-Warehouse-Cloud-Tenants
- SAP-HANA-Cloud-Host-Namen

Falls Sie den Host-Namen nicht kennen, lässt sich dieser leicht finden, indem Sie einen neuen Database-User erstellen. Gehen Sie in das *Space Management*, öffnen Sie dort Ihren Tenant. Unter **Database Access** erstellen Sie einen neuen Database-User. Am Ende der Zeile, die den neuen User anzeigt, klicken Sie das User-Details-Icon (i) und finden so den Host-Namen (siehe Abbildung 2.25 und SAP-Hinweis 2994416 unter *https://launchpad.support.sap.com/#/notes/2994416*).

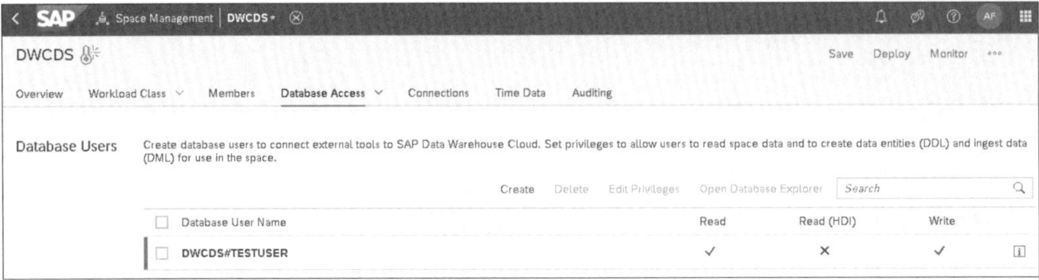

Abbildung 2.25 Testanwender erstellen

Nachdem der Script Server aktiviert wurde, erstellen Sie für Ihren Space im Space Management einen neuen Datenbank-User, für den Sie nun die Automated Predictive Library und die Predictive Analysis Library aktivieren können. Die Option der APL und PAL erscheint jetzt, weil der Script Server vorhanden ist.

Aktivieren Sie außerdem die Einstellungen **Enable Read Access (SQL)** und **Enable Write Access (SQL, DDL & DML)** (siehe Abbildung 2.26).

Create Database User

Database User Name Suffix:*
DSBOOK
29 characters remaining

☐ Enable Password Policy
☑ Enable Automated Predictive Library (APL) and Predictive Analysis Library (PAL)

Read Access to the Space Schema

Allow the database user to connect external tools to the space schema and read views that are exposed for consumption.

Space Schema: DWCDS
☑ Enable Read Access (SQL)
Allow the user to grant read access to other users.
☐ With Grant Option
Make your space data available in your HDI containers.
☐ Enable HDI Consumption

Write Access to the User's Open SQL Schema

Allow the database user to connect external tools to the user's Open SQL schema to create data entities and ingest data for use in the space.

Open SQL Schema: DWCDS#DSBOOK
☑ Enable Write Access (SQL, DDL & DML)
Log the read and change operations in the Open SQL schema.
☐ Enable Audit Logs for Read Operations and Keep Logs for 7 Days
☐ Enable Audit Logs for Change Operations and Keep Logs for 7 Days

Create Cancel

Abbildung 2.26 Erstellung des Users für Data-Science-Anwendungen

Klicken Sie auf den Button **Create**. Speichern und deployen Sie die Änderung. Nachdem der User erstellt wurde, öffnen Sie den Bereich **info dialogue** des Users, in dem Sie die Login-Details finden:

- Database-User-Name
- Host-Name
- Port
- Passwort [Wenn Sie auf **Request New Password** klicken, erhalten Sie ein neues Passwort, das Sie kopieren können]

Dem neu erstellten User wurden bereits automatisch alle notwendigen Rechte zugewiesen, Sie müssen keine SQL-Befehle ausführen, um den User weiter zu konfigurieren. Dennoch ist es sicher hilfreich zu wissen, dass Sie aus der Maske, in der die angelegten Datenbank-User angezeigt werden, direkt den SAP HANA Database Explorer öffnen können. Wählen Sie hierfür den User aus und klicken Sie auf **Open Database Explorer**.

Geben Sie nun noch an, dass SAP Data Warehouse Cloud mit der IP-Adresse Ihres lokalen Rechners kommunizieren darf. Klicken Sie im Menü auf der linken Seite auf **System** gefolgt von **Configuration**. Öffnen Sie das Drop-down-Menü unter **IP Allowlist** und wählen Sie **Trusted IPs**. Tragen Sie Ihre IP-Adresse in die Liste ein. Falls Sie Ihre IP-Adresse nicht kennen, finden Sie in Abschnitt 2.1.2, »SAP HANA Cloud«, eine Anleitung.

[+]

Version der Automated Predictive Library

Die unter der SAP Data Warehouse Cloud liegende SAP HANA Cloud wird von SAP in regelmäßigen Abständen aktualisiert, ohne dass Sie als Kundin oder Kunde darauf einen Einfluss haben. Von der Version der SAP HANA Cloud hängt die entsprechende Version der APL ab (siehe Abschnitt 2.1.2, »SAP HANA Cloud«). Die Version der in SAP Data Warehouse Cloud genutzten SAP HANA Cloud finden Sie über das Menü **About**, dort finden Sie den Bereich **Datenbank Release**. Daraus lässt sich die Version der APL ableiten (siehe auch hier noch einmal Abschnitt 2.1.2, »SAP HANA Cloud«).

Zugriff auf Daten in SAP Data Warehouse Cloud

In diesem Buch arbeiten Sie mit Daten, die Sie selbst in die Systeme laden. Falls Sie Data-Science-Analysen auf Daten durchführen möchten, die sich bereits in einem Space Ihrer SAP Data Warehouse Cloud befinden, müssen Sie diese Daten Ihrem Datenbank-User noch zur Verfügung stellen. Dies ist notwendig, da der Datenbank-User, der die Data-Science-Analysen durchführt, keinen Zugriff auf die Tabellen eines Space hat. Ihr User kann Zugriff auf die Daten erhalten, indem Ihr Administrator einen grafischen Calculation View auf die physische Tabelle erstellt und für diesen View **Expose for Consumption** aktiviert. Auf diesen View kann Ihr Datenbank-User nun über das `hana_ml`-Paket (das später noch genauer vorgestellt wird) oder SQL zugreifen:

```
df_remote = conn.table("YOURVIEWNAME", schema="YOURDWCSPACEID")
```

2.2 SAP HANA Client

Zusätzlich zur SAP-HANA-Umgebung, die im vorherigen Abschnitt aufgesetzt wurde, installieren Sie auf Ihrem Rechner den SAP HANA Client. Wir nutzen den Client, um darin die SAP HANA Login Credentials sicher zu hinterlegen, sodass im Python-Code keine Benutzernamen und Passwörter in Klartext hinterlegt werden müssen.

Der SAP HANA Client ist verfügbar für Windows, macOS und Linux. Am einfachsten lässt sich der SAP HANA Client über die Seite der SAP Development Tools herunterladen (siehe *https://tools.hana.ondemand.com/#hanatools*). Finden Sie dort die neueste Version für Ihr Betriebssystem und starten Sie den Download.

Entpacken Sie die heruntergeladene Datei und starten Sie das ausführbare Programm *hdbsetup*, idealerweise mit Administratorrechten. Bestätigen Sie bei der Installation die Standardeinstellungen. (Bei einer Installation ohne Administratorrechte kann es vorkommen, dass z. B. der ODBC-Administrator nicht den neuesten ODBC-Treiber findet.)

2.3 Python-Entwicklungsumgebung

Als Skripting-Sprache für Data-Science-Anforderungen wird oft Python eingesetzt. Der Einstieg in die Nutzung der Sprache ist vergleichsweise einfach, und dennoch ist die Sprache äußerst umfangreich und wird auch in komplexen Projekten eingesetzt.

Zur Entwicklung in Python stehen viele verschiedene Entwicklungsumgebungen zur Auswahl. Für die kreative Arbeit mit Daten setzen viele Data Scientists sogenannte *Jupyter Notebooks* ein. Über diese Notebooks kann mithilfe eines Webbrowsers Python-Code geskriptet und ausgeführt werden. Auch in diesem Buch arbeiten wir intensiv mit Jupyter Notebooks, so wird der Beispielscode des Buchs größtenteils als Jupyter Notebooks zum Download angeboten. Sollten Sie noch nicht mit Jupyter Notebooks gearbeitet haben, finden Sie in Kapitel 3, »Erste Schritte«, eine Einführung.

In diesem Abschnitt wird die notwendige Installation einer Python-Umgebung beschrieben. Ein lauffähiges System erfordert verschiedene Komponenten, die aufeinander abgestimmt sein müssen. Da eine manuelle Installation und Abstimmung der Komponenten sehr aufwendig sein kann, werden oft sogenannte Distributionen

(Softwarepaketierungen) genutzt, die eine lauffähige Umgebung installieren und den Anwender*innen den Konfigurationsaufwand abnehmen.

Wir beschreiben, wie Sie mit der *Anaconda Distribution* arbeiten können. Diese lässt sich wie folgt lokal auf Ihrem eigenen Rechner installieren:

1. Laden Sie zunächst die aktuelle Version der Anaconda Distribution herunter: *https://www.anaconda.com/products/distribution*. Es gibt Installationsdateien für Windows, macOS und Linux. Der Download kann ohne Registrierung gestartet werden.
2. Starten Sie die Installation (siehe Abbildung 2.27). Fahren Sie mit **Next** fort und klicken Sie sich durch die Optionen, bei denen Sie keine Änderungen vornehmen müssen.

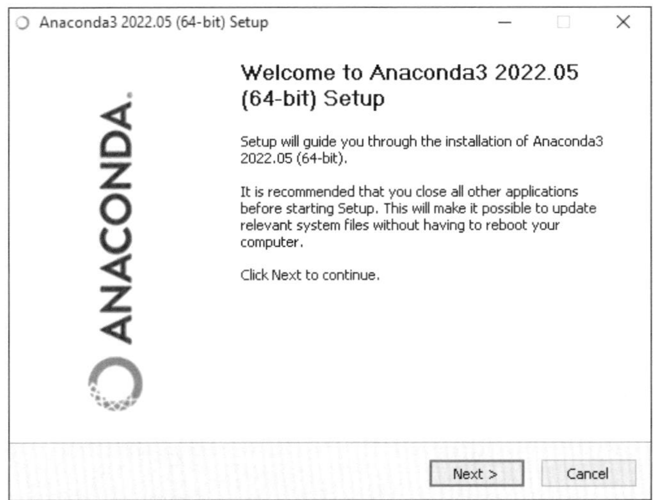

Abbildung 2.27 Anaconda-Installation

3. Nach der erfolgten Anaconda-Installation könnten Sie bereits mit Jupyter Notebooks arbeiten. Dennoch empfehlen wir, zuerst eine sogenannte Umgebung anzulegen, in der alle für dieses Buch notwendige Python-Pakete installiert werden. Ein *Python-Paket* ist ein wiederverwendbares Modul, das sich auf einen Aufgabenbereich spezialisiert. Das pandas-Paket z. B. dient vor allem der Datenverarbeitung in Python, oder das Paket matplotlib dient vor allem der Visualisierung. Sie werden wahrscheinlich in fast jedem Projekt solche Pakete einsetzen.

Über *Umgebungen* können Sie den Code für einzelne Projekte kapseln. Installieren Sie beispielsweise eine neue Version eines Pakets in einer Umgebung, so werden dadurch andere Umgebungen in ihrer Funktionalität nicht verändert. Insofern ist zu empfehlen, einzelne Projekte in dedizierten Umgebungen aufzusetzen.

Öffnen Sie den frisch installierten Anaconda Prompt, z. B. über die Suchfunktion in Microsoft Windows. Der Prompt zeigt an, dass Sie sich momentan in der `base`-Umgebung befinden (siehe Abbildung 2.28).

Abbildung 2.28 Anaconda Prompt

Im Ordner **Kapitel 2**, den Sie mit dem Download-Material dieses Buchs (siehe *www.sap-press.de/5539*) erhalten, finden Sie die Datei **dsbook.yml**, die alle Details beinhaltet, um die Umgebung für den Code dieses Buchs aufzusetzen.

Kopieren Sie die Datei **dsbook.yml** in den Ordner, der Ihnen im Anaconda-Prompt angezeigt wird. Den Inhalt der Datei sehen Sie in Listing 2.1.

```
name: dsbook
channels:
  - conda-forge
  - defaults
dependencies:
  - python=3.9
  - ipykernel=6.2.0
  - jupyterlab=3.2.5
  - matplotlib=3.4.3
  - seaborn=0.11.2
  - shapely=1.8.0
  - numba=0.54.1
  - shap=0.39.0
  - plotly=5.5.0
  - openpyxl=3.0.9
  - pip=21.3.1
  - pip:
    - hana-ml==2.13.22051101
```

Listing 2.1 Inhalt der Datei »dsbook.yml«

Führen Sie im Anaconda-Prompt diesen Befehl aus, um eine neue Umgebung mit dem Namen »dsbook« zu erstellen: `conda env create -f dsbook.yml`. Die Installation lädt verschiedene Python-Pakete aus dem Internet in die Umgebung, weshalb Sie bei diesem Schritt mit dem Internet verbunden sein müssen.

In dieser Umgebung wird unter anderem das von SAP bereitgestellte `hana_ml`-Paket installiert, das Sie in diesem Buch fast durchweg nutzen werden. Dieses Paket, das mit vollständigem Namen *Python Client API for machine learning algorithms* heißt, ermöglicht den Zugriff auf die SAP-HANA-Daten und analytischen Engines aus Python heraus. Die Daten verbleiben in SAP HANA, während Sie aus Ihrer lokalen, präferieren Python-Umgebung heraus Analysen dieser Daten anstoßen, ohne dass die Daten selbst nach Python überführt werden.

Ihre präferierten Python-Umgebungen

Die Beispiele in diesem Buch werden vor allem mit einer lokalen Anaconda-Umgebung entwickelt und über die SAP BTP bereitgestellt. Es ist allerdings auch möglich, das `hana_ml`-Paket in weiteren Data-Science-Umgebungen zu nutzen, um von dort das Machine Learning in SAP HANA auszuführen.

Das `hana_ml`-Paket übersetzt Ihre Python-Befehle in die entsprechende SQL-Syntax, sodass SAP HANA diese ausführen kann. Die aktuelle Dokumentation dieses Pakets mit Beispielen und weiteren Details finden Sie am einfachsten über *https://pypi.org/project/hana-ml/*.

Unterstützte Umgebungen für das »hana_ml«-Paket

Das `hana_ml`-Paket ist momentan unterstützt für Python 3.7, 3.8 und 3.9. Der Support des Betriebssystems hängt von den unterstützten Umgebungen des Pakets `hdbcli` ab, wie Microsoft Windows, macOS (siehe *https://pypi.org/project/hdbcli/*). Zur Nutzung mit einem Apple-M1-Chip beachten Sie bitte den Blogeintrag unter der folgenden URL: *https://blogs.sap.com/2022/04/25/running-hdbcli-on-an-apple-m1-chip/*.

Das Aufsetzen der `dsbook`-Umgebung kann etwas länger dauern. Danach haben Sie eine Python-3.9-Umgebung, die bereits alle notwendigen Python-Pakte zum Ausführen des Codes dieses Buchs beinhaltet. Nur für die Geo-Analyse (siehe Abschnitt 7.1, »Geodatenanalyse«) werden Sie zusätzliche Pakete installieren.

Wechseln Sie im Anaconda-Prompt von der `base`-Umgebung auf die neue `dsbook`-Umgebung `conda activate dsbook`.

Wie in Abbildung 2.29 gezeigt, ist der Anaconda-Prompt von der `base`-Umgebung auf die neue `dsbook`-Umgebung gewechselt. Befehle, die nun im Anaconda-Prompt ausgeführt werden, beziehen sich auf die `dsbook`-Umgebung.

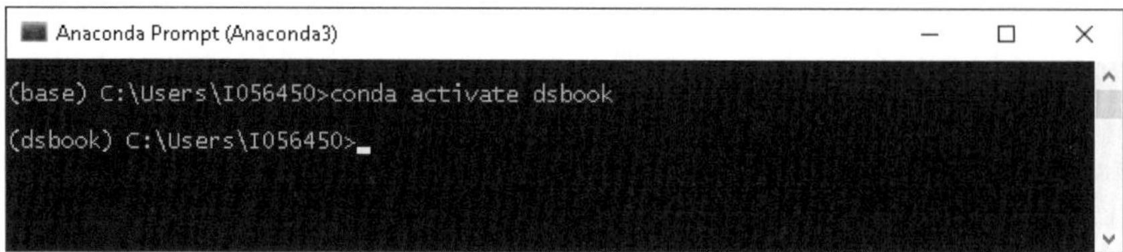

Abbildung 2.29 Anaconda-Prompt, in der Umgebung »dsbook«

Machen Sie diese neue Umgebung nun in der JupyterLab-Umgebung bekannt, in der Sie den Python-Code ausführen werden. JupyterLab ist eine browserbasierte Anwendung, die ein oder mehrere Notebooks anzeigen kann. Weiterhin im Anaconda-Prompt führen Sie diesen Befehl aus: `python -m ipykernel install --user --name=dsbook`.

Starten Sie anschließend JupyterLab aus dem Prompt heraus mit diesem Befehl: `jupyter lab`.

Nach wenigen Sekunden öffnet sich Ihr Browser mit dem Interface von JupyterLab (siehe Abbildung 2.30). Im nächsten Kapitel lernen Sie diese Umgebung zum Ausführen von Python-Code kennen.

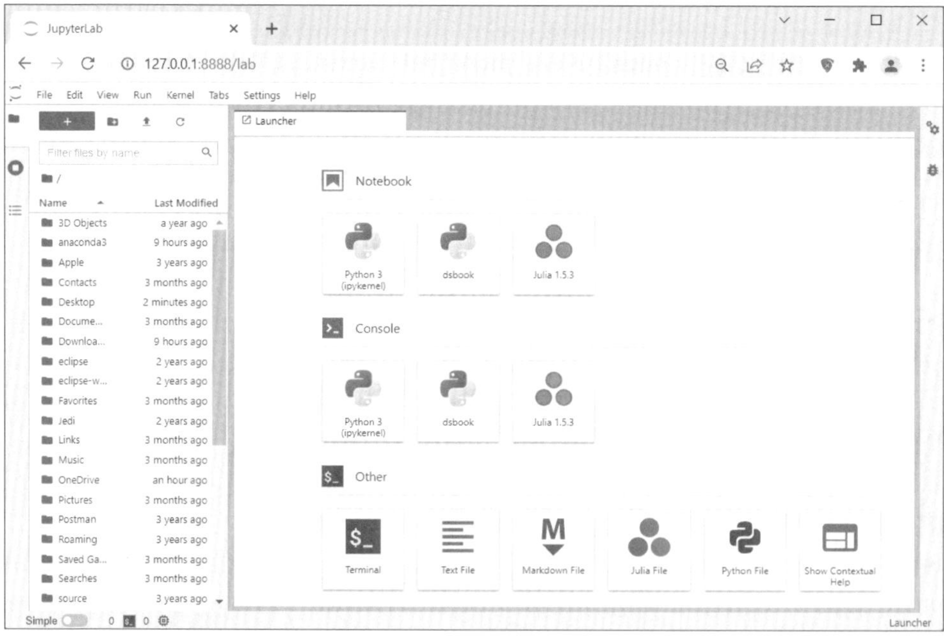

Abbildung 2.30 JupyterLab

Nach dieser Installation können Sie künftig JupyterLab mit der erstellten Umgebung über diese beiden Befehle im Anaconda-Prompt öffnen:

```
conda activate dsbook
jupyter lab
```

Das `hana_ml`-Paket wird regelmäßig von SAP aktualisiert. Sie können die neueste Version mit folgendem Befehl aufspielen: `pip install hana_ml --upgrade`. Dieser muss im Anaconda-Prompt ausgeführt werden, nachdem Sie die `dsbook`-Umgebung aktiviert haben.

[+]

Anaconda-Umgebungen

Wenn Sie für Ihre eigenen Projekte einzelne Umgebungen erstellen, können Sie sich die Liste der vorhandenen Umgebungen mit diesem Befehl anzeigen lassen: `conda env list`.

Wenn Sie eine Umgebung löschen möchten, entfernen Sie zuerst den Kernel-Eintrag in JupyterLab: `jupyter kernelspec uninstall dsbook`.

Nun löschen Sie die eigentliche Umgebung: `conda env remove --name dsbook`.

Zusätzlich können Sie überprüfen, ob der Ordner, in dem die Umgebung gespeichert war, auch vollständig gelöscht wurde. Falls nicht, löschen Sie den Ordner per Hand. Dieser befindet sich im **env**-Ordner der Anaconda-Installation, beispielsweise auf Windows unter diesem Dateipfad: **C:\Users\[IHRUSER]\Anaconda3\envs\dsbook**.

Kapitel 3
Erste Schritte

Lernen Sie die Schnittstellen für SAP HANA kennen und führen Sie über Ihre lokale Entwicklungsumgebung die ersten Befehle aus.

Sie haben in Kapitel 2, »SAP HANA als Data-Science-Umgebung«, die SAP-HANA-Umgebung Ihrer Wahl für Data-Science-Implementierungen vorbereitet. Nun fangen wir an, in dieser Umgebung zu arbeiten. Die Nutzung der Schnittstellen für Python, R und SQL wird in den folgenden Abschnitten erläutert.

Um den Einstieg in die Python-Welt zu erleichtern, geben wir eine kurze Einführung, wie Sie Python-Code in Jupyter Notebooks ausführen können. Anschließend erstellen Sie eine Verbindung aus Python zu Ihrem SAP-HANA-System. Sie laden dann einen Datensatz aus Python nach SAP HANA, um exemplarisch eine erste Analyse zu starten.

Außerdem gibt dieses Kapitel einen Einstieg in die Nutzung von R mit SAP HANA von der Installation über das Laden der Daten bis zu einer ersten einfachen Berechnung (Anzahl von Datensätzen).

Für die Nutzung von SQL wird erläutert, wie Sie den SAP HANA Database Explorer mit SAP HANA verbinden und auch von dort Daten in das System laden können, auf die Sie anschließend einen SQL-Befehl ausführen. Entsprechend wird ebenso gezeigt, wie Sie diese Schritte mit dem Datenbank-Tool DBeaver ausführen.

3.1 Python

Python ist die wahrscheinlich am häufigsten eingesetzte Scripting-Sprache in Data-Science-Projekten. Bereits im Jahr 1991 wurde die erste Version veröffentlicht, aber vor allem in der letzten Dekade hat sich Python in der Data-Science-Welt fest etabliert. Es gibt Statistiken, dass bereits über 100.000 Pakete für Python vorhanden sind, die die Funktionalität von Python erweitern und optional von Online-Repositories wie Python Package Index (PyPI) oder conda-forge hinzu installiert werden können.

In diesem Buch wird vor allem die Nutzung von Data-Science-Fähigkeiten in SAP HANA über Python-Code in Jupyter Notebooks gezeigt. Daher geben wir speziell für Python eine kurze Einführung in diese Umgebung.

3.1.1 Erste Schritte mit Python

In Abschnitt 2.3, »Python-Entwicklungsumgebung«, haben Sie die Entwicklungsumgebung JupyterLab bereits kennengelernt und auch geöffnet. Dort können Sie nun Sie den ersten, einfachen Python-Code ausführen. Falls Sie bereits Erfahrung mit dieser Umgebung haben, können Sie diesen Abschnitt überspringen und direkt mit Abschnitt 3.1.2, »Verbindung zu SAP HANA«, fortfahren.

Wir gehen davon aus, dass Sie Anaconda und die dsbook-Umgebung wie in Kapitel 2, »SAP HANA als Data-Science-Umgebung«, beschrieben aufgesetzt und JupyterLab geöffnet haben (siehe Abbildung 3.1).

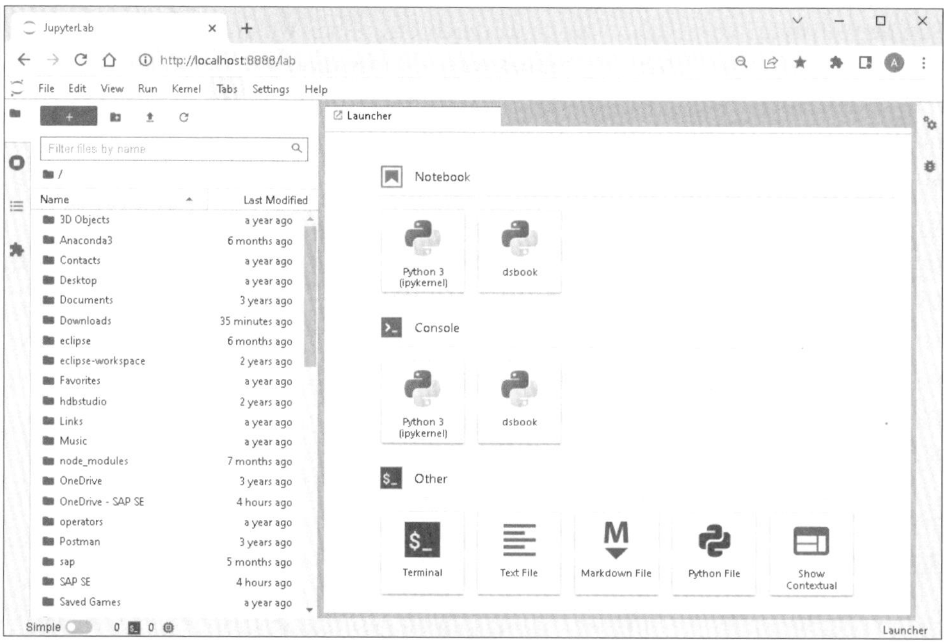

Abbildung 3.1 JupyterLab

Klicken Sie im Bereich **Notebook** auf das Python-Symbol mit dem Namen **dsbook**. Es öffnet sich im rechten Bereich ein Notebook, dessen Python-Code in der Umgebung dsbook ausgeführt wird, die in Kapitel 2, »SAP HANA als Data-Science-Umgebung«, erstellt wurde. Das Notebook heißt »Untitled« und hat die Dateiendung **.ipynb**.

In die Zelle mit grauem Hintergrund können Sie den Python-Code eingeben, der ausgeführt werden soll. Beginnen Sie mit der Ausgabe einer Zeichenfolge. Begrüßen Sie die Welt, z. B. hiermit:

```
print("Hello world")
```

Sie haben nun zwei Möglichkeiten, den Code auszuführen:

- Klicken Sie auf das dreieckige Run-Symbol in der Menüleiste oben.
- Nutzen Sie die Tastatur und drücken Sie gleichzeitig [⇧] und [↵] auf Windows, beziehungsweise [⌘] und [↵] auf macOS.

Der Text wird unter der Zelle ausgedruckt (siehe Abbildung 3.2). Neben der Zelle wird die Zahl `[1]` angezeigt. Nach jedem Ausführen einer Zelle wird entsprechend neben dieser ein Zähler angezeigt, der hilfreich ist, um nachzuvollziehen, in welcher Reihenfolge die Zellen ausgeführt wurden. Dies muss nicht strikt von oben nach unten erfolgen. Gerade beim Erstellen von Code ist es hilfreich, manuell die Reihenfolge der Ausführung einzelner Zellen zu kontrollieren.

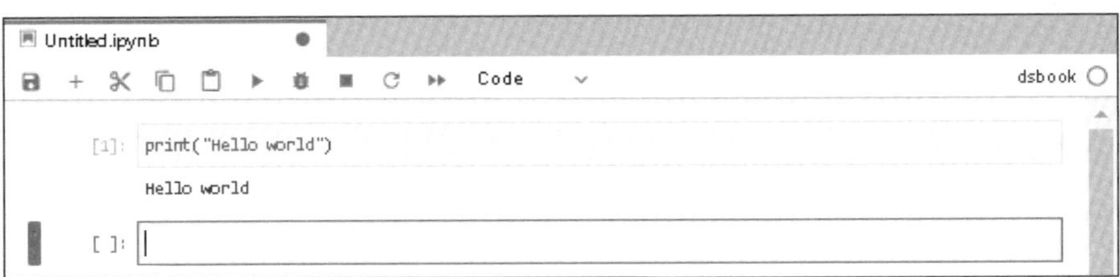

Abbildung 3.2 Ausgabe der Zeichenfolge »Hello world«

Beachten Sie auch, dass oben rechts der Name der ausgewählten Python-Umgebung angezeigt wird. Wenn Sie mehrere Umgebungen erstellt haben, ist diese Anzeige hilfreich, um zu erkennen, mit welcher Umgebung Sie aktuell arbeiten.

Gleichzeitig wurde eine neue, leere Zeile am unteren Ende eingefügt. Neben dieser befindet sich ein blauer Balken, der angibt, dass auf dieser Zelle momentan der Fokus liegt. Dies bedeutet z. B., dass diese Zelle ausgeführt wird, wenn Sie das Run-Symbol oder [⇧] und [↵] (beziehungsweise [⌘] und [↵] auf MacOS) gleichzeitig drücken.

Um erste Berechnungen durchzuführen, berechnen Sie einen Umtauschwert von einem EUR-Betrag in US-Dollar. Zuerst fügen Sie in das Notebook für die Übersichtlichkeit jedoch eine Überschrift ein. Tippen Sie in die leere Zelle und geben Sie dort »Geldwechsel« ein.

Sie müssen dem Notebook vor dem Ausführen der Zelle noch mitteilen, dass es sich nicht um Python-Code handelt, sondern um einen sogenannten *Markdown*. Wechseln Sie im Drop-down-Menü von **Code** auf **Markdown** (siehe Abbildung 3.3).

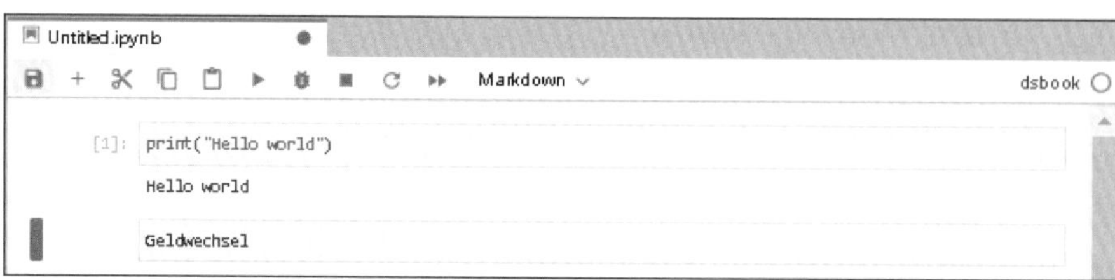

Abbildung 3.3 Markdown

Führen Sie die Zelle nun mit dem Run-Symbol oder über die Tastatur aus. Der Inhalt der Zelle wechselt in einen Anzeigemodus. Momentan wird der Begriff **Geldwechsel** als einfacher Text angezeigt. Um eine größere Überschrift zu erhalten, ändern Sie den Inhalt der Zelle und setzen ein Rautezeichen sowie ein Leerzeichen vor den Text: **# Geldwechsel**.

Führen Sie die Zelle wieder aus, und der Text wird nun groß als Überschrift angezeigt (siehe Abbildung 3.4).

Abbildung 3.4 Text als Überschrift

In der nächsten Zelle erstellen Sie zwei Variablen, denen Sie einen Wechselkurs und den EUR-Betrag zuweisen. Führen Sie diesen Code aus:

```
euros = 250
usdkurs = 1.1
```

Im Anschluss daran geben Sie den entsprechenden Betrag in US-Dollar aus:

```
print(euros * usdkurs)
```

Sie sehen den entsprechenden Betrag angezeigt (siehe Abbildung 3.5).

Als kleine Simulation möchten wir nun wissen, wie viele US-Dollar bei einem Wechselkurs von 1.2 250 EUR entsprechen. Setzen Sie in der unteren, leeren Zelle die `usdkurs`-Variable auf den entsprechenden Wert:

```
usdkurs = 1.2
```

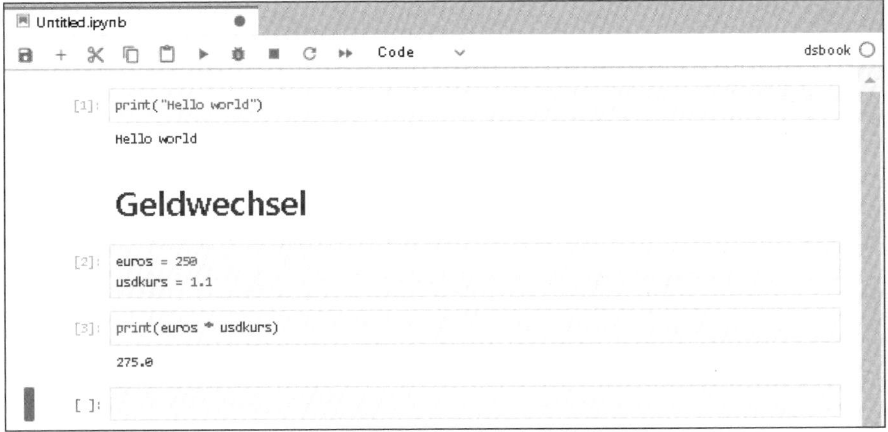

Abbildung 3.5 Berechnung in Python

Führen Sie die Zelle aus. Der darüber angezeigte Betrag in US-Dollar hat sich nicht geändert, weil die Zelle nach Anpassung des Wechselkurses noch nicht erneut ausgeführt wurde. Klicken Sie auf die Zelle, die den Betrag berechnet und führen Sie diese aus.

In der Zelle mit Nummerierung [4] wurde der neue Kurs gesetzt. Und in der Zelle darüber, nun mit Nummerierung [5], wird der US-Dollar-Betrag mit dem neu zugewiesenen Wechselkurs berechnet. Abbildung 3.6 zeigt, wie durch die Nummerierung der Ausführung auf der linken Seite die Berechnung nachvollzogen werden kann.

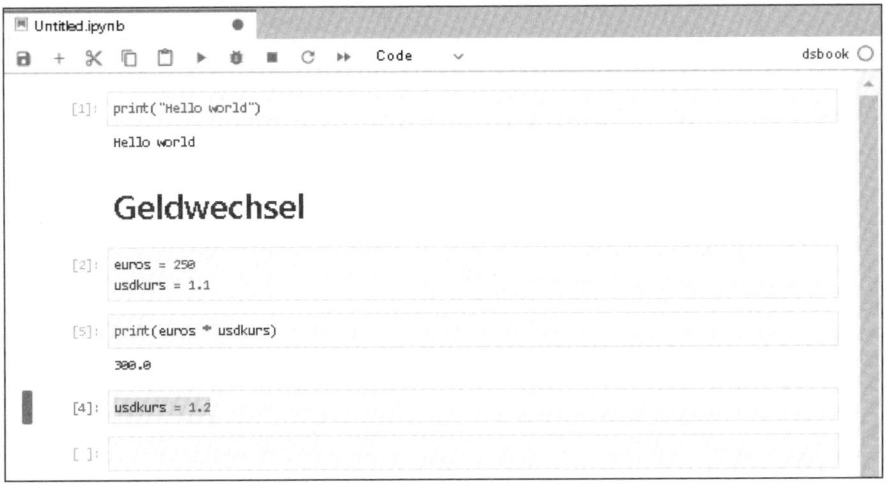

```
Untitled.ipynb
Code                                   dsbook

[1]: print("Hello world")
     Hello world

     Geldwechsel

[2]: euros = 250
     usdkurs = 1.1
[5]: print(euros * usdkurs)
     300.0
[4]: usdkurs = 1.2
[ ]:
```

Abbildung 3.6 Reihenfolge der Ausführung der Zellen

Für den Einstieg in Jupyter Notebooks sollte noch erwähnt werden, dass Sie die Reihenfolge der Zellen per Drag-and-drop verschieben können. Um eine Zelle zu verschieben, gehen Sie mit der Maus links neben die zu verschiebende Zelle. Der Mauszeiger ändert sich in ein Kreuz. Halten Sie die Maustaste gedrückt und schieben Sie die Zelle an ihren neuen Ort.

In Abbildung 3.7 sehen Sie, wie die Zelle, in der der neue Wechselkurs zugewiesen wurde, über die Berechnung geschoben wurde. Die Nummerierung der Reihenfolge hat sich hierdurch nicht geändert, da sich an der Reihenfolge der Ausführung ja auch nichts geändert hat.

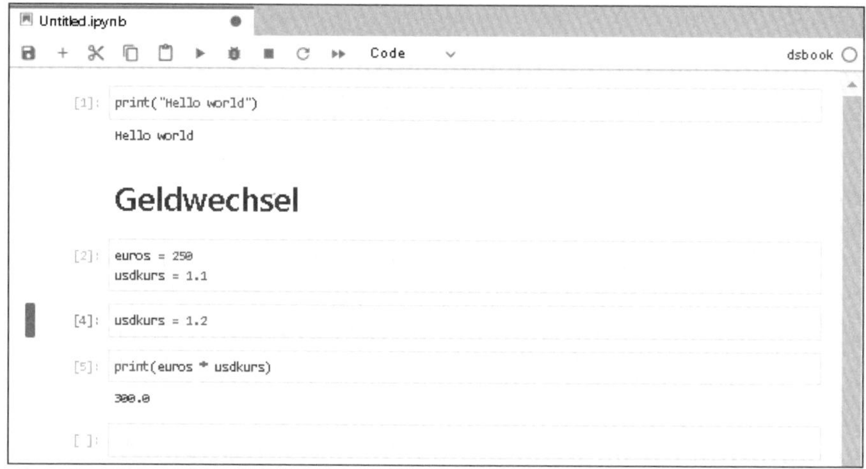

Abbildung 3.7 Verschobene Zelle

Beenden Sie die kurze Einführung, indem Sie das Notebook über die Menüleiste speichern. Über einen rechten Mausklick auf die Registerkarte des Notebooks können Sie die Datei auch direkt im JupyterLab umbenennen. In Kapitel 9, »Tipps und Tricks«, finden Sie weitere Beispiele, die Ihnen den Einstieg in die Python-Umgebung erleichtern können.

3.1.2 Verbindung zu SAP HANA

Erstellen Sie nun eine Verbindung von der Python-Umgebung zu SAP HANA. Sie benötigen dazu:

- **Adresse von SAP HANA**
  Diese entspricht je nachdem, was Sie verwenden, dem Endpoint/Host-Namen von SAP HANA Cloud beziehungsweise SAP Data Warehouse Cloud oder dem Servernamen für ein SAP-HANA-On-Premise-System.
- **SQL-Port der SAP HANA**
  Bei Verwendung von SAP HANA Cloud beziehungsweise SAP Data Warehouse Cloud ist dies immer 443. Den SQL-Port für SAP HANA On-Premise finden Sie in Abschnitt 2.1, »SAP HANA«.

- **Datenbank-User**
  Der Datenbank-User ist jener User, dem Sie die entsprechenden Berechtigungen zugewiesen haben (siehe Kapitel 2, »SAP HANA als Data-Science-Umgebung«). In diesem Buch heißt der User HANADS.
- **Passwort des Datenbank-Users**
  Das Passwort des Datenbank-Users haben Sie ebenfalls in Kapitel 2, »SAP HANA als Data-Science-Umgebung«, vergeben.

Den wichtigsten Python-Code aus den folgenden Abschnitten erhalten Sie auch über die Notebook-Datei **3 - Erste Schritte.ipynb** (siehe Abbildung 3.8), die Sie im Download-Material dieses Buchs (siehe *www.sap-press.de/5539*) finden. Im Download-Material befinden sich auch die später hier genutzten Dateien USEDCARS.csv und CAR_REGISTRATIONS.csv.

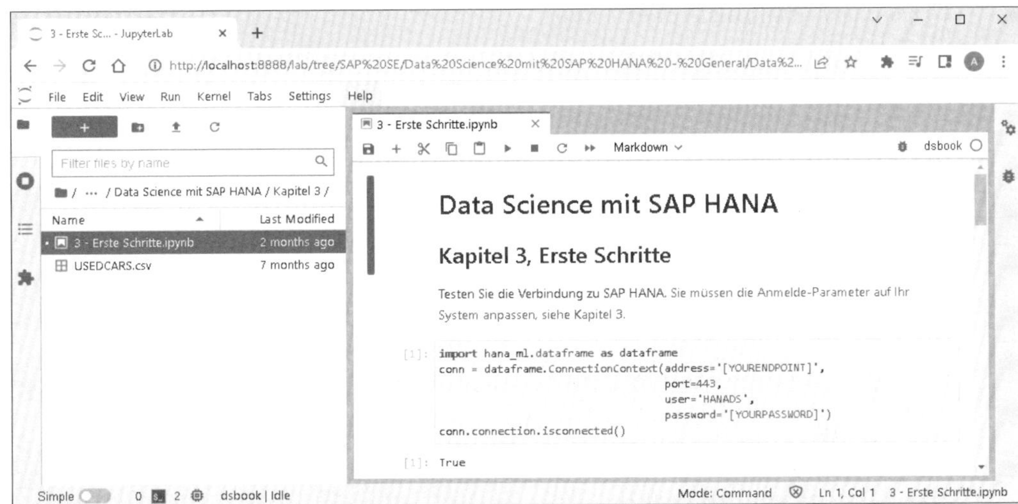

Abbildung 3.8 Notebook mit ausführbarem Code

Erstellen Sie nun zunächst ein neues, leeres Notebook. Dazu klicken Sie auf das Plus-Symbol (+) auf der linken Seite (siehe Abbildung 3.9). Im rechten Bereich klicken Sie nun auf die Schaltfläche **dsbook**.

Abbildung 3.9 Erstellung eines neuen Notebooks

Das neue Notebook öffnet sich. Da Sie mit der dsbook-Umgebung arbeiten, sind bereits die wichtigsten Python-Pakete installiert. Führen Sie den folgenden Code mit den Anmeldedaten Ihres SAP-HANA-Systems aus:

```
import hana_ml.dataframe as dataframe
conn = dataframe.ConnectionContext(address='[YOURENDPOINT]',
                                   port=443,
                                   user='HANADS',
                                   password='[YOURPASSWORD]')
conn.connection.isconnected()
```

Der Code nutzt SAPs Python Machine Learning Client for SAP HANA (hana_ml-Paket), um eine Verbindung zu SAP HANA zu erstellen. Die isconnected()-Funktion bestätigt, dass die Verbindung erfolgreich erstellt wurde. Sie sollten, wie in Abbildung 3.10 zu sehen, als Ergebnis True erhalten.

```
import hana_ml.dataframe as dataframe
conn = dataframe.ConnectionContext(address='[YOURENDPOINT]',
                                   port=443,
                                   user='HANADS',
                                   password='[YOURPASSWORD]')
conn.connection.isconnected()

True
```

Abbildung 3.10 Verbindungstest

Das hana_ml-Paket wiederum verwendet SAPs hdbcli-Paket, um die Verbindung über die *Python-DB-API* (PyDBAPI) aufzubauen (siehe auch *http://s-prs.de/v903311*).

[+]

Verbindung über einen Proxy

Falls Sie die Verbindung über einen Proxy erstellen, muss die externe IP-Adresse des Proxys in die Allowlist von SAP HANA Cloud beziehungsweise SAP Data Warehouse Cloud aufgenommen werden (siehe Abschnitt 2.1, »SAP HANA«). Zusätzlich müssen beim Aufbau der Verbindung die Details des Proxys als Parameter übergeben werden, z. B.:

```
import hana_ml.dataframe as dataframe
conn = dataframe.ConnectionContext(address='[YOURENDPOINT]',
                                   port=443,
                                   user='HANADS',
                                   password='[YOURPASSWORD]',
                                   proxyHostname='[YOURPROXYHOSTNAME]',
                                   proxyPort=[YOURPROXYPORT],
```

```
                            proxyUserName='[YOURPROXYUSERNAME]',
                            proxyPassword='[YOURPROXYPASSWORD]')
conn.connection.isconnected()
```

Die verschiedenen Proxy-Parameter sind in der Dokumentation im SAP Help Portal unter folgendem Link beschrieben: *http://s-prs.de/v903312*.

Wenn ein Verbindungsaufbau nicht funktioniert, kann das verschiedene Ursachen haben. Drei häufige Gründe haben wir Ihnen hier aufgelistet und Vorschläge zur Abhilfe beigefügt:

- **Socket closed by peer**
  Stellen Sie sicher, dass Ihre IP-Adresse auf der Allowlist von SAP HANA beziehungsweise SAP Data Warehouse Cloud eingetragen ist.
- **SSL certificate validation failed**
  Stellen Sie sicher, dass der Endpoint/Host-Name richtig ist.
- **Entry point not found**
  Falls der Import des `hana_ml`-Pakets diesen Fehler wirft, ist der Python Kernel `dsbook` wahrscheinlich aus der `base`-Umgebung heraus (anstelle der `dsbook`-Umgebung) im JupyterLab registriert worden. Um dies zu korrigieren, führen Sie im Anaconda-Prompt folgende Befehle aus:
  - `jupyter kernelspec uninstall dsbook`
  - `conda activate dsbook`
  - `python -m ipykernel install --user --name=dsbook`
  - `jupyter lab`

Sobald die Verbindung erfolgreich getestet werden konnte, nutzen Sie den Secure User Store (*hdbuserstore*) von SAP HANA auf Ihrem Rechner, um das Passwort des Datenbank-Users zu hinterlegen. Der *Secure User Store* ist Teil von SAP HANA Client, das auf Ihrem Rechner installiert ist, und kann die Login-Daten verwalten. Dies erlaubt es, im Python-Code auf das Passwort im Klartext zu verzichten.

Wenn Sie mit Microsoft Windows arbeiten, öffnen Sie den Command-Prompt des Betriebssystems (**cmd.exe**) und navigieren mit den folgenden Befehlen zum Ordner von SAP HANA Client (siehe Abbildung 3.11):

```
cd c:\
cd Program Files
cd SAP
cd hdbclient
```

Alternativ können Sie bei macOS mit dem Terminal zum Ordner von SAP HANA Client navigieren, z. B. mit folgendem Befehl: `cd /Applications/sap/hdbclient`

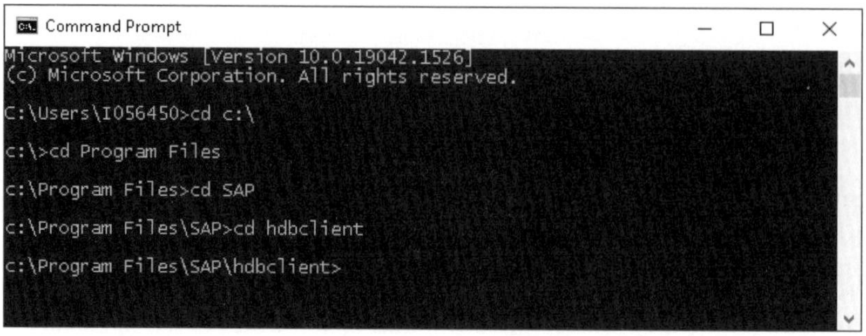

```
Command Prompt
Microsoft Windows [Version 10.0.19042.1526]
(c) Microsoft Corporation. All rights reserved.

C:\Users\I056450>cd c:\

c:\>cd Program Files

c:\Program Files>cd SAP

c:\Program Files\SAP>cd hdbclient

c:\Program Files\SAP\hdbclient>
```

Abbildung 3.11 Windows-Command-Prompt

Hinterlegen Sie nun die Anmeldedaten. Wir speichern diese unter dem Schlüssel MYHANA. Sie können aber auch einen anderen Schlüsselnamen wählen. Die Daten werden als Parameter an den Secure User Store übergeben, mit dem Format: `hdbuserstore -i SET MYHANA "[address]:[port]" [user]`. Bei macOS müssten Sie eventuell noch `./` voranstellen.

Das Passwort wird aus Sicherheitsgründen bewusst nicht als Parameter übergeben. Stattdessen erhalten Sie einen Prompt, an dem Sie das Passwort eingeben. Für SAP HANA Express lautet der Befehl: `hdbuserstore -i SET MYHANA "hxehost:39015" HANADS` (siehe Abbildung 3.12).

Für SAP HANA Cloud und SAP Data Warehouse Cloud ist der Befehl: `hdbuserstore -i SET MYHANA "YOURENDPOINT:443" HANADS`.

Komplexe Passwörter müssen Sie nicht per Hand eingeben, sondern können aus der Zwischenablage eingefügt werden (rechter Mausklick auf den oberen Rahmen des Command Prompts und dort auf **Edit • Paste**).

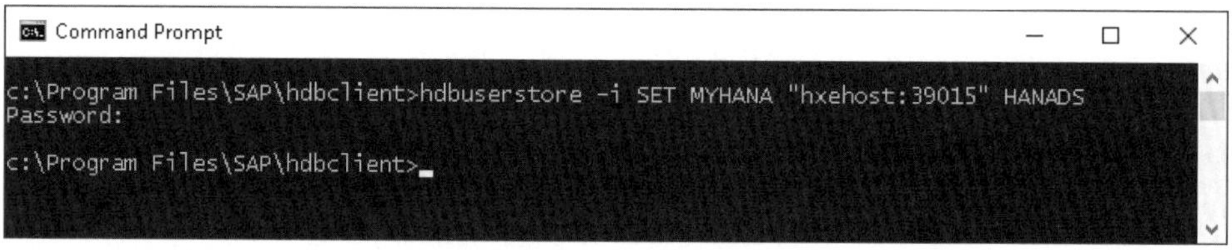

```
Command Prompt
c:\Program Files\SAP\hdbclient>hdbuserstore -i SET MYHANA "hxehost:39015" HANADS
Password:

c:\Program Files\SAP\hdbclient>_
```

Abbildung 3.12 Hinterlegen des SAP-HANA-Passworts

In diesem Beispiel haben wir MYHANA bewusst als neutralen Schlüssel für alle Umgebungen genutzt. Die folgenden Kapitel nutzen ebenfalls diesen MYHANA-Schlüssel, somit können Sie als Leser*in den Code ausführen, unabhängig davon, ob Sie nun mit SAP HANA Cloud, SAP Data Warehouse Cloud oder einer On-Premise-Umgebung von SAP HANA arbeiten.

Testen Sie nun die Verbindung von Python nach SAP HANA mit den hinterlegen Anmeldedaten:

```
import hana_ml.dataframe as dataframe
conn = dataframe.ConnectionContext(userkey='MYHANA')
conn.connection.isconnected()
```

Auch hier sollten Sie wieder als Ergebnis `True` angezeigt bekommen.

3.1.3 Daten laden

In Data-Science-Projekten ist es oft notwendig, zusätzliche Daten manuell nach SAP HANA laden zu können, was mit SAPs `hana_ml`-Paket ermöglicht wird. Das Paket bietet eine Methode, um einen sogenannten *Pandas-DataFrame* als Tabelle nach SAP HANA zu laden. Ein Pandas-DataFrame ist ein sehr gängiges Datenobjekt in Python. Bei Aktivitäten mit Daten in Python wird Ihnen dieses sehr häufig begegnen. Beim Laden des Pandas-DataFrame wird die notwendige Tabelle automatisch in SAP HANA mit der entsprechenden Struktur angelegt.

Erstellen Sie nun also solch einen Pandas-DataFrame, hier als Variable `df_data`. Kopieren Sie hierfür die Datei USEDCARS.csv aus den oben erwähnten Download-Materialien in den Ordner, in dem sich Ihr Notebook befindet:

```
import pandas as pd
df_data = pd.read_csv('USEDCARS.csv', sep=',')
```

Der Datensatz beinhaltet die Preise von Gebrauchtfahrzeugen, in Abschnitt 5.2.2, »Multiclass-Klassifizierung mit der APL«, wird dieser noch genauer vorgestellt.

Falls noch nicht vorhanden, erstellen Sie eine Verbindung zu SAP HANA, mit den Anmeldedaten, die Sie im vorherigen Abschnitt auf Ihrem Rechner im Secure User Store von SAP HANA hinterlegt haben:

```
import hana_ml.dataframe as dataframe
conn = dataframe.ConnectionContext(userkey='MYHANA')
```

Nutzen Sie diese Verbindung, um den Pandas-DataFrame nach SAP HANA zu laden:

```
df_remote = dataframe.create_dataframe_from_pandas(
                        connection_context=conn,
                        pandas_df=df_data,
                        table_name='USEDCARS',
                        force=True,
                        drop_exist_tab=True,
                        replace=False)
```

Die Tabelle ist nun in SAP HANA mit dem Namen USEDCARS angelegt. Die Variable `df_remote` ist ein `hana_ml`-DataFrame. Diese Variable beinhaltet selbst keine Daten, sondern verweist auf Daten, die sich in SAP HANA befinden. Hier verweist `df_remote` auf die gerade in SAP HANA angelegte Tabelle USEDCARS.

Ein Ziel dieses `hana_ml`-DataFrames ist es, die Daten wann immer möglich in SAP HANA zu belassen und Berechnungen auf den Daten in SAP HANA durchzuführen, ohne dass sie aus dem System abgezogen werden müssen. Für Data-Science-Anforderungen werden Sie sehr häufig solch einen `hana_ml`-DataFrame einsetzen.

3.1.4 Datenverarbeitung

Im vorherigen Abschnitt haben Sie durch das Laden der Daten nach SAP HANA einen `hana_ml`-DataFrame erhalten, der auf die Daten in SAP HANA verweist. Ein solcher `hana_ml`-DataFrame kann jedoch auch auf bereits geladene Daten verweisen. Sie können entweder auf eine bereits bestehende Tabelle oder einen bereits bestehenden View verweisen, indem Sie die `table()`-Methode verwenden:

```
df_remote = conn.table('USEDCARS')
```

Oder Sie können ein beliebiges `SELECT`-Statement als Grundlage nutzen:

```
df_remote = conn.sql('SELECT * FROM USEDCARS')
```

Über diesen `hana_ml`-DataFrame können Sie nun direkt aus Python heraus Berechnungen in SAP HANA anstoßen. Das `hana_ml`-Paket übersetzt die Anforderungen in die entsprechenden SQL-Statements, die in SAP HANA ausgeführt werden.

Um dies an einem Beispiel zu verdeutlichen, möchten wir aus Python heraus den durchschnittlichen Preis pro Fahrzeugtyp berechnen. Die Syntax der hier genutzten `agg()`-Methode wird in Abschnitt 4.2.1, »Numerische Variablen«, genauer erläutert.

```
df_remote.agg([('avg', 'PRICE', 'PRICE_AVG')],
                          group_by='VEHICLETYPE')
```

Führen Sie den Python-Befehl aus, und Sie werden noch keine Ergebnisse sehen. Das entsprechende SQL-Statement wurde zwar erstellt, aber noch nicht auf SAP HANA ausgeführt. Das SQL-Statement wird erst ausgeführt, wenn es zwingend notwendig ist, z. B. wenn Sie über die `collect()`-Methode, die Sie im Folgenden sehen, die Berechnungen herunterladen möchten.

```
df_remote.agg([('avg', 'PRICE', 'PRICE_AVG')],
                          group_by='VEHICLETYPE').collect()
```

Die Aggregation wurde in SAP HANA durchgeführt, und nur die bereits berechneten Werte der neun Fahrzeugtypen wurden heruntergeladen (siehe Abbildung 3.13). Die

Reihenfolge der angezeigten Fahrzeugtypen kann bei Ihnen unterschiedlich sein, da keine explizite Sortierung angegeben wurde.

VEHICLETYPE	PRICE_AVG
kombi	9242.446942
bus	7871.139007
cabrio	11959.094129
suv	14389.640935
None	4748.125491
andere	11863.435988
coupe	18062.773289
kleinwagen	5091.311724
limousine	9909.606707

Abbildung 3.13 Von SAP HANA aggregierte Daten

Über die genutzte `collect()`-Methode werden die Daten als Pandas-DataFrame zurückgegeben und können somit auch in einer Variablen zur weiteren Verwendung gespeichert werden:

```
df_data = df_remote.agg([('avg', 'PRICE', 'PRICE_AVG')],
                        group_by='VEHICLETYPE').collect()
df_data
```

Des Weiteren ist es möglich, das durch das `hana_ml`-Paket erstellte SQL-Statement anzeigen zu lassen (siehe Abbildung 3.14):

```
df_remote.agg([('avg', 'PRICE', 'PRICE_AVG')],
                        group_by='VEHICLETYPE').select_statement
```

```
df_remote.agg([('avg', 'PRICE', 'PRICE_AVG')],
                        group_by='VEHICLETYPE').select_statement

'SELECT "VEHICLETYPE", avg("PRICE") AS "PRICE_AVG" FROM (SELECT * FROM USEDCARS) AS "DT_10" GROUP BY "VEHICLETYPE"'
```

Abbildung 3.14 »SELECT«-Statement

Dieses `SELECT`-Statement können Sie auch aus einer anderen Umgebung an SAP HANA zur Ausführung senden. In Abschnitt 3.3, »Die SQL-Sprache für SAP HANA«, lernen Sie einige der Umgebungen kennen, mit denen Sie solch ein Statement ausführen können.

[+]

Python Machine Learning Client for SAP HANA

Mehr Informationen zum Modul `hana_ml`, das die Kommunikation aus Python mit SAP HANA vereinfacht und das erlaubt, die Rechenoperationen auf die Datenbank zu delegieren, finden Sie im SAP Help Portal unter diesem Link: *http://s-prs.de/v903313*.

3.2 Die R-Programmiersprache

Die Programmiersprache *R* ist in den 1990er-Jahren entstanden und wurde hauptsächlich für statistische Datenanalyse und Datenvisualisierung entwickelt. Wie Python hat auch R eine große Fangemeinschaft und wird ständig weiterentwickelt. Dabei werden neue Funktionen in sogenannten Modulen oder Paketen zusammengefasst und zur Verfügung gestellt. CRAN ist eine Onlineplattform, die die Distribution der R-Pakete vereinfacht und verwaltet. Pakete können aber auch lokal über Quellcode installiert werden. Es kommen stetig neue Pakete hinzu, deshalb lassen sich Implementierungen für viele unterschiedliche Problemstellungen aus den Bereichen der Statistik und des maschinellen Lernens finden.

Es existieren viele Entwicklungsumgebungen für R, aber die Beispiele in diesem Buch wurden mit RStudio erstellt (*https://www.rstudio.com/*). *RStudio* können Sie mithilfe des Anaconda-Navigators installieren. Dabei wird auch R mit installiert. Achten Sie darauf, dass das Drop-down-Menü **Applications on** auf `dsbook` verweist. Dies ist die Umgebung, die Sie in Kapitel 2, »SAP HANA als Data-Science-Umgebung«, aufgesetzt haben. Im Fenster **Home** des Anaconda-Navigators klicken Sie beim RStudio-Symbol auf **Install**. Nach erfolgter Installation wechselt die Beschriftung des Buttons auf **Launch**. Klicken Sie diesen Button, um RStudio zu starten (siehe Abbildung 3.15).

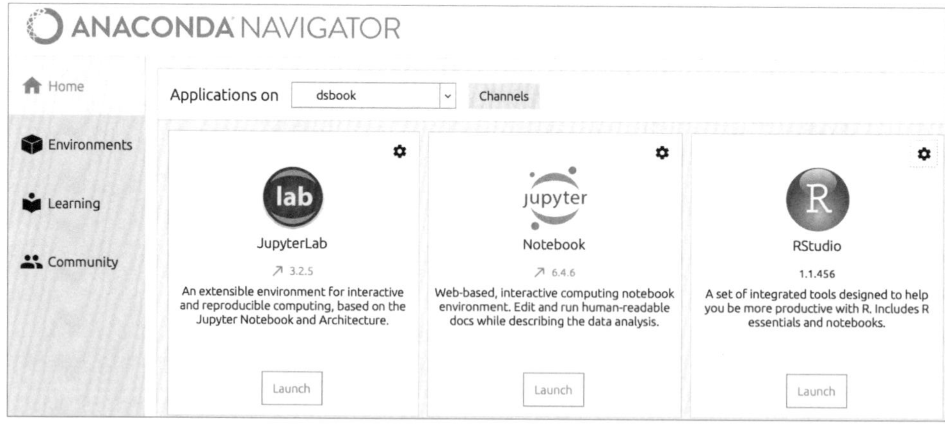

Abbildung 3.15 RStudio installiert über den Anaconda-Navigator

Falls die Installation über den Anaconda-Navigator auf Microsoft Windows nicht erfolgreich gewesen sein sollte, können Sie die Installation wie folgt manuell durchführen:

1. Laden Sie RStudio Desktop von der Webseite von RStudio (*https://www.rstudio.com/products/rstudio/download/*) herunter und installieren Sie es.
2. Laden Sie nun R für Windows herunter (*https://cran.r-project.org/bin/windows/base/*) und installieren Sie es ebenfalls.
3. Downloaden und installieren Sie abschließend die RTools für Windows (*https://cran.r-project.org/bin/windows/Rtools/*). Achten Sie darauf, dass Sie die Version von RTools passend zur obigen R-Installation wählen.

SAP bietet mit dem `hana.ml.r`-Paket eine R-Schnittstelle für SAP HANA. Dieses Modul erlaubt es, Entwickler*innen über R-Syntax Funktionen direkt auf SAP HANA auszuführen. Dabei werden die R-Befehle vom Modul in SQL übersetzt, und das generierte SQL wird auf SAP HANA ausgeführt. Dieses Konzept der Integration entspricht dem `hana_ml`-Paket in Python. Ein wichtiger Vorteil für die Nutzung von `hana.ml.r` ist, dass die Daten auf der Datenbank bleiben und jegliche Berechnungen auch dort ausgeführt werden. Das hat den Vorteil, dass die Daten das SAP-HANA-System nicht verlassen und keine Datenextraktion und -duplikation stattfinden. Da die Berechnungen nicht auf dem lokalen Rechner der Benutzerin oder des Benutzers ausgeführt werden, sondern auf dafür speziell entwickelter Hardware, läuft das Ausführen von Algorithmen in der Regel deutlich schneller ab. Die Benutzerin in beziehungsweise der Benutzer kann aber weiterhin immer gezielt entscheiden, welche Daten lokal auf den Rechner heruntergeladen werden (z. B. Informationen über ein trainiertes Machine-Learning-Modell oder Ergebnisse aus der Anwendung des Modells auf neuen Daten etc.).

»hana.ml.r«-Dokumentation

Mehr Informationen zum Modul `hana_ml.r`, das die Kommunikation aus R mit SAP HANA vereinfacht und das es erlaubt, die Rechenoperationen auf die Datenbank zu delegieren, finden Sie im SAP Help Portal unter diesem Link: *http://s-prs.de/v903314*.

Damit die SAP-HANA-Machine-Learning-Funktionen über R zur Verfügung stehen, muss noch das `hana.ml.r`-Modul installiert werden. Das Modul können Sie nicht über CRAN beziehen, es muss aus einer lokalen Datei installiert werden. Diese Datei ist jedoch Teil des SAP-HANA-Client-Downloads (siehe Abschnitt 2.2, »SAP HANA Client«). Nachdem Sie den SAP HANA Client extrahiert haben, gehen Sie wie folgt vor:

1. Finden Sie in dem Extraktionsordner **./client/** die Datei **HANAMLR.TGZ**.

   Entpacken Sie die Datei in einem Ordner (z. B. **ZielOrdner**). Auf Windows können Sie die Datei mit einem Tool wie 7zip entpacken. Sie erhalten nach dem ersten Entpacken eine **.tar**-Datei. Diese müssen Sie wiederum entpacken, um die gewünschte

Datei **hana.ml.r_xxxx.tar.gz** zu erhalten. Auf macOS nutzen Sie einfach den Befehl `tar zxvf HANAMLR.TGZ -C ./ZielOrdner/`.

2. In dem Zielordner befindet sich jetzt ein **hana.ml.r_xxxx.tar.gz**-Archiv.
3. Öffnen Sie RStudio und installieren Sie die Module `R6`, `futile.logger`, `sets`, `uuid` und `RJDBC`, die als Voraussetzung für das `hana.ml.r`-Paket notwendig sind. Führen Sie diese Befehle einzeln in der Konsole aus.
   - `install.packages("R6")`
   - `install.packages("futile.logger")`
   - `install.packages("sets")`
   - `install.packages("uuid")`
   - `install.packages("RJDBC")`
4. Schließlich installieren Sie das `hana.ml.r`-Modul aus der lokalen Datei mit diesem Befehl:

   `install.packages("Pfad zum hana.ml.r_xxxx.tar.gz", repos=NULL, type="source")`

   Falls Sie den SAP HANA Client z. B. auf Windows nach **C:** entpackt haben, ist der Befehl:

   `install.packages("C:\\hanaclient-latest-windows-x64\\client\\HANAMLR\\HANAMLR\\hana.ml.r_2.13.22051100.tar.gz", repos=NULL, type="source")`

Wenn die Installation erfolgreich war, sollte der Befehl `library(hana.ml.r)` keine Fehlermeldungen verursachen. Nach der Installation des Moduls kann dieses sofort benutzt werden.

Als Erstes sollten Sie die Verbindung mit der SAP-HANA-Datenbank aufbauen. Dabei werden sowohl Java-Database-Connectivity-(JDBC-) als auch ODBC-(Open-Database-Connectivity-)basierte Verbindungen unterstützt.

Für die JDBC-Verbindung wird das Paket `RJDBC` benutzt. Um die Kommunikation mit SAP HANA erfolgreich aufzubauen, muss ein geeigneter JDBC-Treiber spezifiziert werden. Der JDBC-Treiber (**ngdbc.jar**) wird als Teil des SAP HANA Client ausgeliefert. Extrahieren Sie diesen Treiber aus der Datei **JDBC.tgz**. Auf Windows müssen Sie die Datei wiederum zweimal entpacken, um die Datei **njdbc.jar** zu erhalten. Auf macOS benötigen Sie nur diesen Befehl:

```
tar zxvf JDBC.TGZ -C ./ZielOrdnerJDBC/
```

Somit lässt sich die Verbindung zu einem On-Premise-SAP-HANA-System wie folgt herstellen:

```
library(hana.ml.r)
library(RJDBC)
```

```
conn.jdbc <- hanaml.ConnectionContext(dsn='hxehost:39015', user=
'HANADS', password='Password123', odbc=FALSE, jdbcDriver=' ./ZielOrdnerJDBC/
ngdbc.jar')
```

Um sich mit SAP HANA Cloud beziehungsweise SAP Data Warehouse Cloud zu verbinden, geben Sie noch den zusätzlichen Parameter encrypt=TRUE an. Um zu testen, ob die Verbindung tatsächlich aufgebaut wurde, kann z. B. folgende SQL-Zeile ausgeführt werden, um zu überprüfen, ob die Antwort 12345 zurückgeliefert wird:

```
conn.jdbc$sql('SELECT 12345 FROM DUMMY')
```

Die zweite mögliche Verbindung über ODBC wird mithilfe der Pakete odbc und RODBC hergestellt. Hierfür müssen Sie eine ODBC-Quelle anlegen mit dem Treiber, der mit dem SAP HANA Client installiert wurde (HDBODBC). Für einen Verbindungsaufbau über das odbc-Paket in R wird der Befehl wie folgt angepasst:

```
install.packages("odbc")
library(odbc)
library(hana.ml.r)
conn.odbc <- hanaml.ConnectionContext(dsn='<ODBC data source name>',
                                       username='xxxx',
                                       password='xxxx',
                                       odbc=TRUE)
```

Wenn ODBC als Technologie gewählt wird (anstelle von JDBC), ist die Empfehlung, das Paket odbc zu benutzen, da die Kommunikation darüber erfahrungsgemäß deutlich schneller abläuft.

Als Nächstes werden Sie eine CSV-Datei mit R lokal in RStudio laden und diese dann in SAP HANA als Tabelle abspeichern. Dafür nehmen Sie die Datei CAR_REGISTRATIONS.csv, die monatliche Zulassungszahlen von verschiedenen Fahrzeugtypen in der Schweiz beinhaltet. Diese Datei finden Sie in den Download-Materialien zu diesem Buch. Als Erstes stellen Sie die Verbindung zu SAP HANA her. Speichern Sie die Verbindungsdetails in einer separaten Datei (**Connect.R**), damit im Hauptprogramm nur diese Datei aufgerufen werden muss, ohne die Verbindungsdetails im Klartext zu sehen. Der Code der **Connect.R**-Datei lautet:

```
library(hana.ml.r)
library(R6)
library(RJDBC)
conn.jdbc <- hanaml.ConnectionContext(dsn='hxehost:39015', user=
'HANADS', password='Password123', odbc=FALSE, jdbcDriver='./ZielOrdnerJDBC/
ngdbc.jar')
return
```

Im Hauptprogramm importieren Sie nun diese Datei, und die Login-Daten sind hier wie gewünscht nicht sichtbar:

```
library(R6)
library(hana.ml.r)
source("Connect.R")
```

Nachdem Sie die Verbindung aufgebaut haben, laden Sie die CSV-Datei von der Festplatte und zeigen die ersten Zeilen an (wenn sich die Datei nicht in Ihrem Working Directory befindet, müssen Sie den kompletten Pfad mitangeben. Ihr Working Directory finden Sie mit dem `getwd()`-Befehl):

```
carRegistrations <- read.csv(file='CAR_REGISTRATIONS.csv')
head(carRegistrations)
```

Überführen Sie mit dem folgenden Code die Daten von R nach SAP HANA in eine Tabelle, die automatisch durch den Befehl `ConvertToHANADataFrame` in der entsprechenden Struktur angelegt und befüllt wird.

```
df <- ConvertToHANADataFrame(conn.jdbc, data=carRegistrations, table='TEMP_
TABLE', force=TRUE, native=FALSE)
print(df$Head(10)$Collect())
```

Um zu überprüfen, ob das Datenladen problemlos abgelaufen ist, kann man einige wenige Zeilen des SAP-HANA-DateFrames über die `collect()`-Methode wieder herunterladen und anzeigen. Das Ergebnis müsste aussehen wie in Abbildung 3.16 zu erkennen.

	DATE	ENGINE	REGISTRATIONS
1	2016-01-01	Benzin	11128
2	2016-02-01	Benzin	12879
3	2016-03-01	Benzin	17101
4	2016-04-01	Benzin	16500
5	2016-05-01	Benzin	14832
6	2016-06-01	Benzin	17430

Abbildung 3.16 Inhalt der hochgeladenen CSV-Datei als Ergebnistabelle

Der `hana_ml`-DataFrame beinhaltet viele nützliche Methoden, um Operationen auf Tabellen auszuführen. So lässt sich z. B. die Anzahl der Einträge in der Tabelle mit der `Count()`-Methode bestimmen:

```
df$Count()
1        240
```

In Kapitel 9, »Tipps und Tricks«, erklären wir Ihnen anhand eines Beispiels, wie über das `hana.ml.r`-Paket eine Zeitreihenvorhersage in SAP HANA angestoßen wird.

3.3 Die SQL-Sprache für SAP HANA

SQL (kurz für Structured Query Language) ist eine Sprache für relationale Datenbanken und erlaubt die Definition von Datenstrukturen sowie die Manipulation von Daten, um daraus neue Informationen zu gewinnen. Darüber hinaus lassen sich damit Tabellen und Views verändern und aktualisieren. SQL erlaubt es jedoch nicht, etwa den Fluss der Logik während der Laufzeit zu bestimmen oder mehrere Befehle zu bündeln. Das ist einer der Gründe, warum viele datenbankspezifische Dialekte von SQL existieren. SQLScript ist der SQL-Dialekt für SAP HANA. Dabei erweitert SQLScript den SQL-Standard um mehrere Fähigkeiten, z. B. neue Datentypen, die Möglichkeit, Funktionen und Prozeduren zu definieren, oder Kontrollflussmechanismen wie `if`-, `else`- und `for`-Schleifen.

Es existieren mehrere Entwicklungsumgebungen (engl. Integrated Development Environments, IDEs), die es erlauben, SQL-Code auf bequeme Art zu schreiben und auszuführen (mit Autovervollständigung, einer grafischen Oberfläche etc.). Im Rahmen des Buchs werden wir in den folgenden Abschnitten den SAP HANA Database Explorer, mit dem Sie in Kapitel 2, »SAP HANA als Data-Science-Umgebung«, erste Erfahrungen gemacht haben, und DBeaver näher betrachten.

[«]

SAP Business Application Studio

Mit dem *SAP Business Application Studio* lassen sich komplexe Business-Anwendungen sehr effizient entwickeln. Das SAP Business Application Studio bietet für Entwickler*innen eine effiziente Entwicklungsumgebung, um komplexe Applikationen zu entwickeln. Da der Fokus dieses Buchs auf Data Scientists liegt, wird das SAP Business Application Studio nicht weiter behandelt. Mehr Informationen dazu finden Sie im SAP Help Portal unter folgendem Link: *http://s-prs.de/v903315*.

[+]

SQLScript

Weitere Details zu *SQLScript* finden Sie im SAP Help Portal unter diesem Link: *http://s-prs.de/v903316* oder im Buch »SQLScript für SAP HANA« von Jörg Brandeis (2. Auflage, SAP PRESS 2020).

3.3.1 SAP HANA Database Explorer

Der *SAP HANA Database Explorer* ist eine Webanwendung, die es unter anderem erlaubt, eine Verbindung mit SAP HANA herzustellen, administrative Operationen vorzunehmen, Datenbankartefakte zu durchsuchen, SQL-Befehle auszuführen sowie Daten hoch- und herunterzuladen. Sie haben die Funktionalitäten des Database Explorer bereits in Kapitel 2, »SAP HANA als Data-Science-Umgebung«, kennengelernt.

Dort haben Sie mit dessen Hilfe auf die Datenbank zugegriffen, unter anderem, um in der SAP HANA Cloud und in SAP HANA On-Premise einen neuen User zu erstellen.

Dieser Abschnitt konzentriert sich auf die verschiedenen Wege, den SAP HANA Database Explorer zu starten, und zeigt Ihnen, wie man damit SQL-Befehle in SAP HANA (On-Premise oder in der Cloud) ausführen kann.

Je nachdem ob es sich um eine SAP-HANA-On-Premise-, eine SAP-HANA-Cloud-Instanz oder SAP-Data-Warehouse-Cloud-Instanz handelt, lässt sich der SAP HANA Database Explorer unterschiedlich starten.

[»]

Database Explorer über SAP WebIDE

Der Database Explorer ist auch Teil vom SAP WebIDE für SAP HANA, die in On-Premise-Systemen unter folgendem Link zu finden ist: *https://hxehost:53075/watt/index.html*

Wenn Sie kein On-Premise-System besitzen, können Sie WebIDE auch als Service von Ihrem SAP-BTP-Konto aktivieren. Dabei gehen Sie vor wie im SAP Help Portal beschrieben: *http://s-prs.de/v903317*

SAP WebIDE for SAP HANA wird in diesem Buch nicht weiter vertieft.

SAP HANA On-Premise

Öffnen Sie den SAP HANA Database Explorer. Die Adresse können Sie über die Webseite des SAP HANA Extended Application Services Advanced Model (SAP HANA XSA) erhalten. Melden Sie sich dafür unter der URL *https://hxehost:39030/* mit dem Benutzer XSA_ADMIN und Ihrem selbst gewählten Passwort an. Klicken Sie auf **hana-cockpit**. Im SAP Fiori Launchpad, das sich öffnet, sehen Sie die Kachel **Database Explorer**, die die korrekte Adresse verwendet. Mehr Informationen dazu finden Sie im Abschnitt 2.1.1, »SAP HANA, Express Edition«.

Falls Sie mit SAP HANA Express arbeiten, erstellen Sie einen Eintrag im SAP Database Explorer für Ihren HANADS-User. Dies erfordert nur einen Klick mit der rechten Maustaste auf den bestehenden Eintrag **HXE@HXE (SYSTEM)**. Wählen Sie die Option **Add Database with Different User** und geben Sie als User »HANADS« und Ihr selbst gewähltes Passwort an.

SAP HANA Cloud

Bei SAP HANA Cloud kann man den SAP HANA Database Explorer aus verschiedenen Anwendungen starten:

- aus der SAP-HANA-Cloud-Instanz im SAP BTP Cockpit (siehe Abbildung 3.17)
- aus SAP HANA Cloud Central, wie bereits im Abschnitt 2.1.2, »SAP HANA Cloud«, erklärt (siehe Abbildung 3.18)

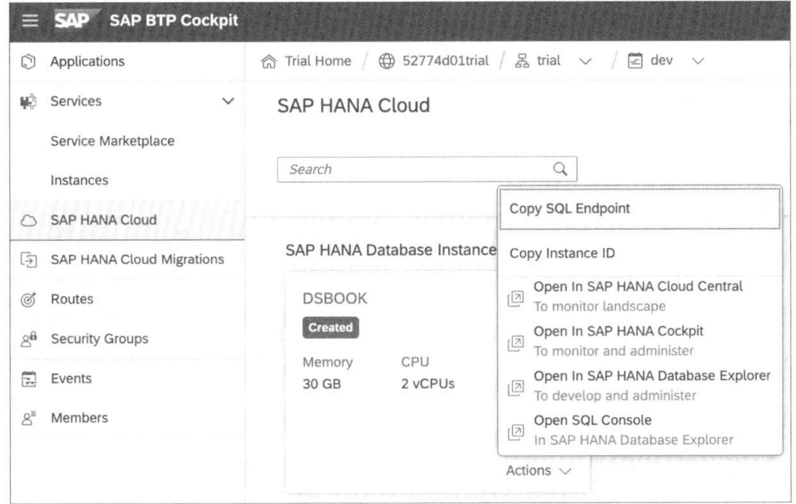

Abbildung 3.17 Öffnen des SAP HANA Database Explorer aus dem SAP BTP Cockpit

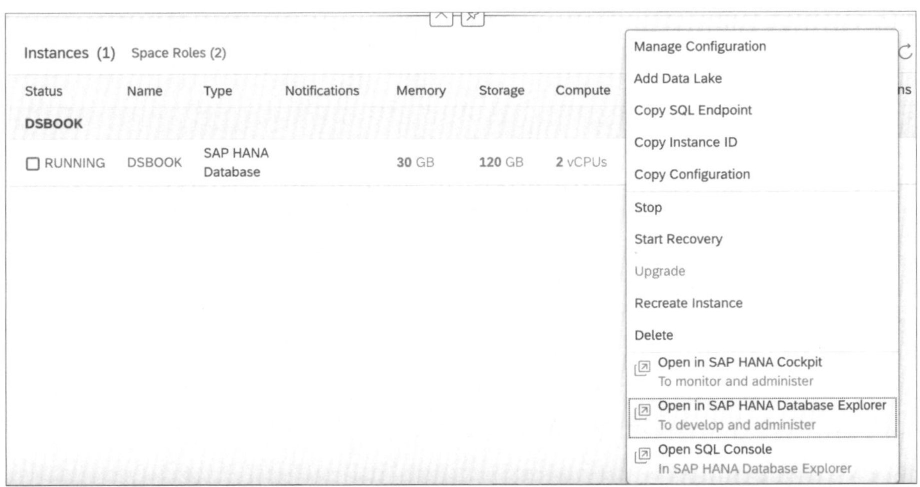

Abbildung 3.18 Öffnen des Database Explorer aus SAP HANA Cloud Central

- aus dem SAP HANA Cockpit: In Abschnitt 2.1.2, »SAP HANA Cloud«, ist bereits beschrieben, wie Sie dieses öffnen. In der Startseite des SAP HANA Cockpit finden Sie auf der oberen rechten Seite den Link **SQL Console**, der Sie auch zum SAP HANA Database Explorer führen wird.

Nachdem Sie den SAP HANA Database Explorer geöffnet haben, legen Sie einen Eintrag für Ihren HANADS-User an. Dies erfordert nur einen rechten Mausklick auf den bereits vorhandenen Eintrag. Wählen Sie die Option **Add Database with Different User** und geben Sie als User »HANADS« und Ihr selbst gewähltes Passwort an.

SAP Data Warehouse Cloud

Wenn Sie die SAP Data Warehouse Cloud nutzen, können Sie den SAP HANA Database Explorer aus dem Space Management heraus öffnen, in dem Sie Ihren Datenbank-User selektieren und auf **Open Database Explorer** klicken, wie auch schon in Abschnitt 2.1.3, »SAP Data Warehouse Cloud«, beschrieben.

Daten laden

Der SAP HANA Database Explorer erlaubt das Laden von Daten in SAP HANA über eine grafische Oberfläche. In Abschnitt 2.1, »SAP HANA«, ist beschrieben, wie Sie eine Datenbank im SAP HANA Database Explorer hinzufügen und einen entsprechenden Datenbank-User erstellen und konfigurieren.

Der Datenimport wird über einen rechten Mausklick auf das Element **Tables** in den Katalogobjekten im SAP HANA Database Explorer initiiert (linker Bereich von Abbildung 3.19).

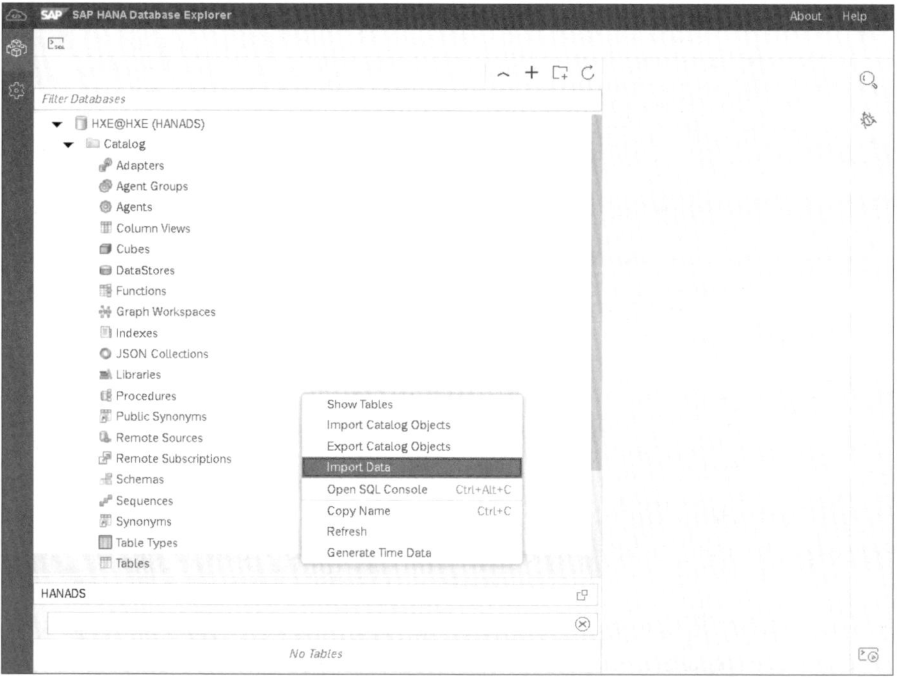

Abbildung 3.19 Database Explorer für SAP HANA und SAP HANA Cloud

Im Kontextmenü unterscheidet man zwischen den Optionen **Import Catalog Objects** und **Import Data**. Mit der ersten Option importieren Sie Katalogobjekte. Das sind Datenbankartefakte, die aus einer anderen SAP-HANA-Datenbank exportiert wurden, die Sie hier sehr einfach wieder importieren können. Je nach Art des Exports können diese Objekte in einem binären Format sein und sind nicht immer im Klartext lesbar.

Die zweite Option **Import Data** bietet Ihnen die Möglichkeit, eine CSV-Datei hochzuladen. Dafür gehen Sie wie folgt vor:

1. Wählen Sie die Option **Import Data** aus. In der ersten Ansicht bestätigen Sie nochmals, dass Sie Daten importieren möchten.
2. Es öffnet sich ein Wizard, in dem Sie die Datei auf Ihrem Rechner auswählen können. Wählen Sie die Datei **CAR_REGISTRATIONS.csv** aus, die Sie in den Download-Materialien zu diesem Buch finden.
3. Im nächsten Schritt entscheiden Sie, ob die Daten in eine neue Tabelle hochgeladen oder einer existierenden Tabelle angehängt werden sollen. Wählen Sie hier das Schema **HANADS** und geben Sie einen Namen für die neue Tabelle (z. B. »CAR_REGISTRATIONS_DBE«) ein.
4. Als Nächstes überprüfen und korrigieren Sie gegebenenfalls die Datentypen, die das SAP-HANA-System für Sie ausgewählt hat. Wählen Sie **DATE** als Datentyp für die Spalte **DATE** und **INTEGER** für die Spalte **REGISTRATIONS**. Sowohl für die **DATE**- als auch für die **REGISTRATIONS**-Zeile entfernen Sie den Wert aus der Spalte **Length**, der für die beiden Datentypen nicht notwendig ist (siehe Abbildung 3.20). Klicken Sie auf den Button **Step 5**, um fortzufahren.

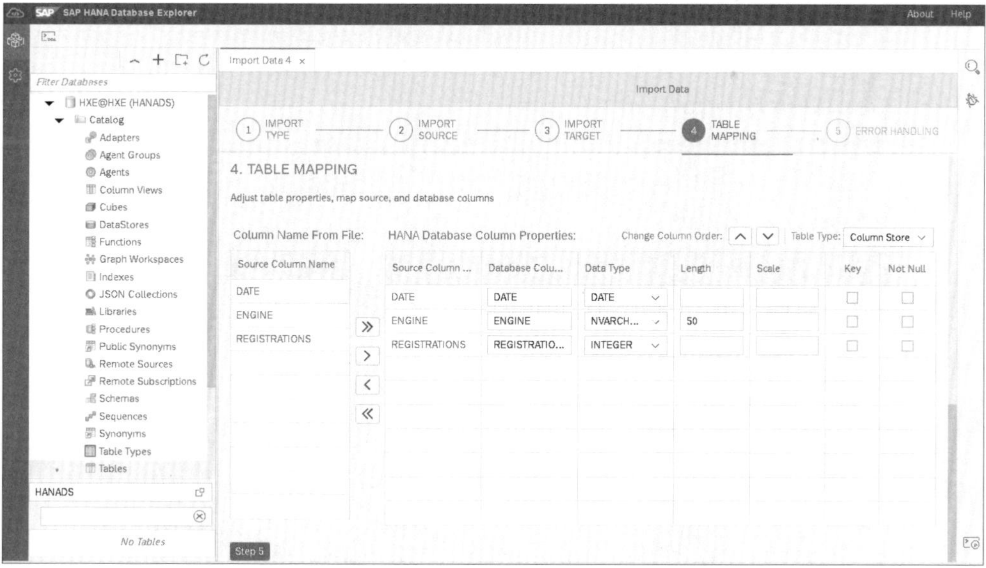

Abbildung 3.20 Dateiimport

5. Nun entscheiden Sie, was bei Fehlern passieren soll. Lassen Sie es hier bei der Vorauswahl **Save all successful rows and list the errors**.

6. Der letzte Screen zeigt eine Zusammenfassung der Einstellungen. Überprüfen Sie diese noch einmal und klicken Sie oben rechts auf den Button **Import Into Database**. Ihnen müsste nun angezeigt werden, dass 240 Records importiert wurden.

Wenn die Daten erfolgreich in die Tabelle importiert wurden, können Sie diese über einen Rechtsklick auf den Tabellennamen im linken Menü und danach auf **Open Data** sehen.

SQL-Befehle ausführen

Mit dem SAP HANA Database Explorer können auch SQL-Befehle auf der Datenbank ausgeführt werden. Dazu wählen Sie Ihr SAP-HANA-System aus und klicken danach auf das SQL-Symbol oben links. Danach öffnet sich der SQL-Editor. Wenn Sie z. B. die Anzahl der Autos, die im Jahr 2019 zugelassen wurden, nach Motortyp ausgeben wollen, können Sie das mit diesem Befehl erreichen:

```
SELECT SUM(REGISTRATIONS), ENGINE
FROM HANADS.CAR_REGISTRATIONS_DBE
WHERE YEAR(DATE) = 2019
GROUP BY ENGINE
```

Benutzung von Visual Studio Code

Eine andere Möglichkeit, auf die Datenbankobjekte zuzugreifen und SQL-Code auszuführen, ist die über die SAP-HANA-Database-Explorer-Erweiterung für Visual Studio Code (*https://code.visualstudio.com/*).

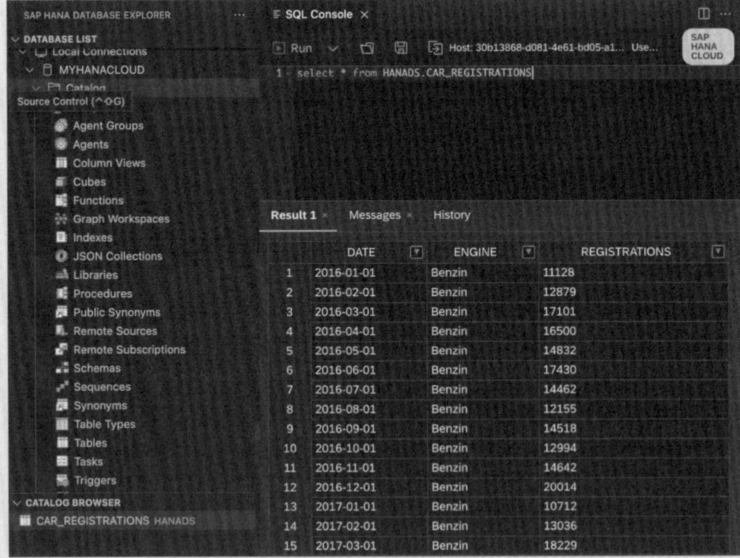

Abbildung 3.21 SAP HANA Database Explorer für Visual Studio Code

Wenn Sie in Visual Studio Code Ihre SAP-HANA-Umgebung hinzugefügt haben, erhalten Sie eine Schnittstelle, die sehr ähnlich aussieht wie die Webversion des SAP HANA Database Explorer (siehe Abbildung 3.21). Mehr Informationen über diese Erweiterung finden Sie in einem SAP-Blogeintrag, den Sie unter diesem Link aufrufen können: *https://blogs.sap.com/2022/03/11/whats-new-in-the-sap-hana-database-explorer-visual-studio-code-extension/*

3.3.2 DBeaver

DBeaver ist ein Tool für die Verwaltung und Abfrage von Datenbanken (*https://dbeaver.io/*). Die Software basiert auf der Eclipse-Plattform und benutzt JDBC-Treiber für die Verbindung zu relationalen Datenbanken wie SAP HANA.

Die Installation vom DBeaver ist sehr einfach und schnell erfolgt, wenn Sie den Installer von der Webseite herunterladen und diesen mit den Standardeinstellungen ausführen.

Verbindung zu SAP HANA

Für SAP HANA existieren in DBeaver vordefinierte Profile, die den Nutzer*innen das Hinzufügen eines SAP-HANA-Systems vereinfachen (siehe Abbildung 3.22). Klicken Sie im Menü auf **Database • New Database Connection**, um den Verbindungsassistenten zu starten. Nachdem Sie im **All**-Menü SAP HANA als Datenbank ausgewählt haben, klicken Sie auf **Next**, um die vordefinierten Profile zu sehen.

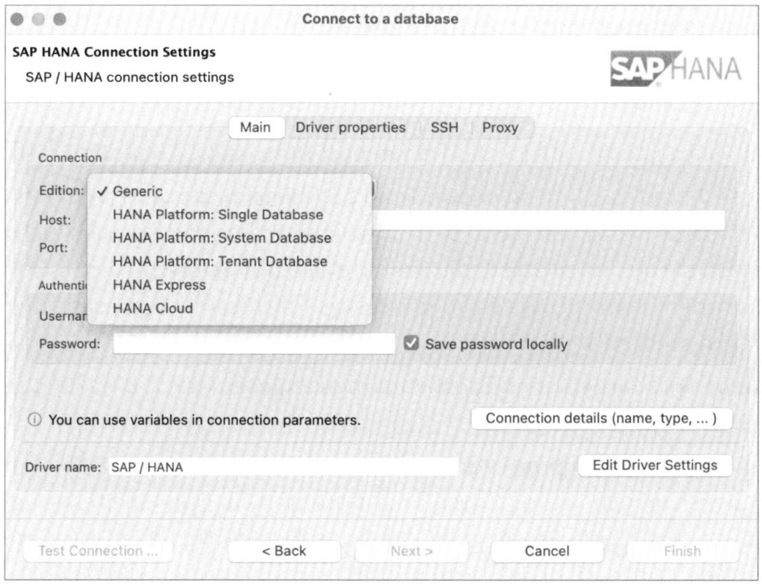

Abbildung 3.22 Vordefinierte SAP-HANA-Editionen

Wählen Sie die entsprechende Edition aus und geben Sie die Verbindungsdetails ein, um Ihr System hinzuzufügen. Beim ersten Aufsetzen einer Verbindung zu SAP HANA erhalten Sie wahrscheinlich einen Prompt, um den notwendigen Treiber für die Verbindung zu laden, den Sie mit dem **Download**-Button bestätigen müssen.

Sie finden die angelegten Systeme auf der linken Seite von DBeaver und können sich durch Anklicken die dazugehörigen Artefakte wie Tabellen, Views und Schemas, in denen diese zusammengefasst sind, anzeigen lassen (siehe Abbildung 3.23).

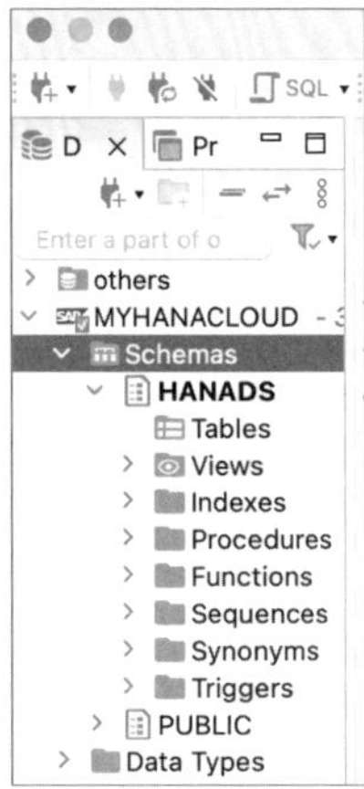

Abbildung 3.23 Verbundene Systeme und ihre Artefakte in DBeaver

Daten laden

Auch DBeaver erlaubt es Ihnen, neue Daten in die Datenbank hochzuladen. Um z. B. Daten aus einer CSV-Datei hochzuladen, gehen Sie wie folgt vor:

1. Wählen Sie das SAP-HANA-System und das Schema, das die neu geladenen Daten beinhalten soll.
2. Mit der rechten Maustaste wählen Sie das Feld **Import Data** (siehe Abbildung 3.24).
3. Im Wizard klicken Sie auf den Button **Import from CSV file(s)** und wählen die Datei CAR_REGISTRATIONS.csv aus, die Sie in den Download-Materialien dieses Buchs finden. Jetzt hätten Sie die Möglichkeit, die Importeinstellungen anzupassen, z. B. durch Textcodierung, Trennzeichen, Header etc., was für unseren Datensatz aber nicht notwendig ist. Klicken Sie auf **Next**.
4. Nun können Sie im Feld **Target** einen Tabellennamen angeben, wie z. B. »CAR_REGISTRATIONS_DBV«.
5. Ebenso lassen sich hier die Mappings von der CSV-Datei zu der Zieltabelle-Spalten definieren. DBeaver versucht automatisch, den Datentyp für jede Spalte zu bestimmen, wobei es eine kleine Prozentzahl der Records untersucht. Oft ist diese Zuordnung der Datentypen nicht sehr erfolgreich. Deshalb existiert die Möglichkeit, über den Button **Columns...** (je nach DBeaver-Version könnte dieser bei Ihnen

z. B. auch **Configure...** heißen) den Datentyp selbst einzustellen (siehe Abbildung 3.25), was hier tatsächlich geschehen muss: Ändern Sie also den Datentyp der Spalte **ENGINE** von **VARCHAR(8)** auf **VARCHAR(24)**.

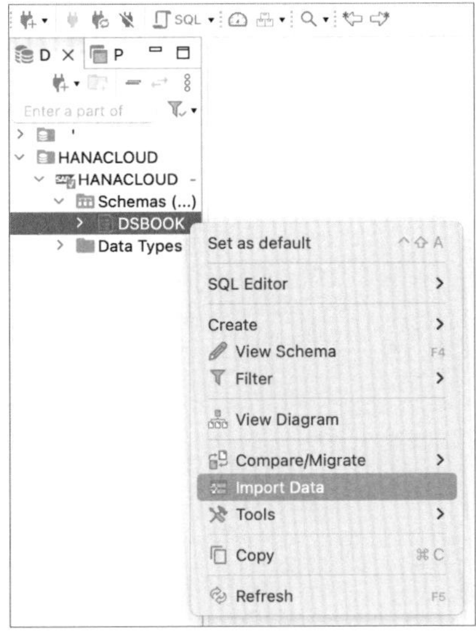

Abbildung 3.24 Das Menü »Import Data« in DBeaver

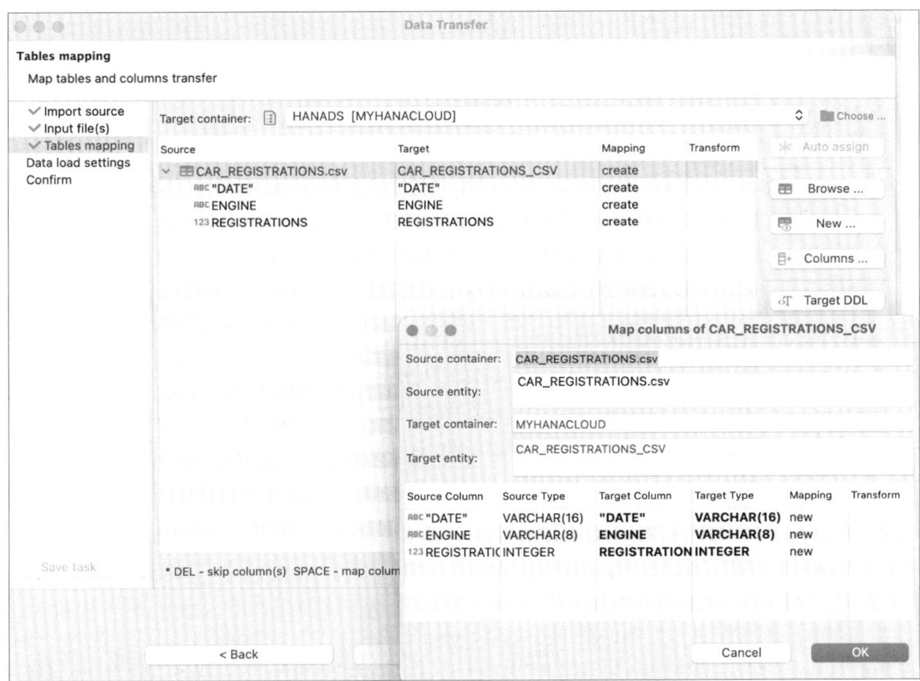

Abbildung 3.25 Datentyp von importierten Spalten festlegen oder verändern

6. Im letzten Schritt können Sie noch auswählen, was passieren soll, wenn die Tabelle schon existiert. Danach klicken Sie auf **Proceed**.

Nach erfolgreichem Import werden Sie die Tabelle CAR_REGISTRATIONS_DBV in dem Schema HANADS mit dem Inhalt der CSV-Datei finden (siehe Abbildung 3.26).

CAR_REGISTRATIONS_CSV ×
Properties | Data | ER Diagram
CAR_REGISTRATIONS_CSV | Enter a SQL expression to filte

	DATE	ENGINE	REGISTRATIONS
1	2016-01-01	Benzin	11,128
2	2016-02-01	Benzin	12,879
3	2016-03-01	Benzin	17,101
4	2016-04-01	Benzin	16,500
5	2016-05-01	Benzin	14,832
6	2016-06-01	Benzin	17,430
7	2016-07-01	Benzin	14,462
8	2016-08-01	Benzin	12,155
9	2016-09-01	Benzin	14,518
10	2016-10-01	Benzin	12,994
11	2016-11-01	Benzin	14,642
12	2016-12-01	Benzin	20,014
13	2017-01-01	Benzin	10,712
14	2017-02-01	Benzin	13,036
15	2017-03-01	Benzin	18,229
16	2017-04-01	Benzin	15,215
17	2017-05-01	Benzin	16,749
18	2017-06-01	Benzin	18,211
19	2017-07-01	Benzin	14,349
20	2017-08-01	Benzin	13,817
21	2017-09-01	Benzin	14,409
22	2017-10-01	Benzin	14,799
23	2017-11-01	Benzin	16,208
24	2017-12-01	Benzin	17,901
25	2018-01-01	Benzin	13,365
26	2018-02-01	Benzin	14,071
27	2018-03-01	Benzin	18,146

Abbildung 3.26 Erfolgreicher Import der Inhalte der CSV-Datei in eine Tabelle

SQL

Um SQL-Befehle aus DBeaver auf der Datenbank auszuführen, wählen Sie Ihr SAP-HANA-System aus und klicken dann auf dem Menüpunkt **SQL • New SQL Script**. Danach öffnet sich ein Skript-Editor, in dem SQL-Befehle eingegeben werden können. Lassen Sie z. B. die Anzahl der Autos, die im Jahr 2019 zugelassen wurden, nach Motortyp ausgeben mithilfe des Befehls aus dem vorherigen Abschnitt:

```
SELECT SUM(REGISTRATIONS), ENGINE
FROM HANADS.CAR_REGISTRATIONS_CSV
WHERE YEAR(DATE) = 2019
GROUP BY ENGINE
```

In Kapitel 4, »Explorative Datenanalyse und Datenvorbereitung«, ist beschrieben, wie Sie das vom `hana_ml`-Paket erstellte SQL erhalten können. Dieser SQL-Code könnte z. B. hier in DBeaver ausgeführt werden.

Kapitel 4

Explorative Datenanalyse und Datenvorbereitung

Wenn Sie in Ihrem Data-Science-Projekt mit Daten arbeiten, müssen Sie diese zuerst auf ihre Struktur und Inhalte hin analysieren und eventuell für die nächsten Data-Science-Schritte aufbereiten. Wie das gelingt, erfahren Sie in diesem Kapitel.

Folgen Sie dem in Kapitel 1, »Einführung«, vorgestellten Prozess CRISP-DM, beginnen Sie jedes neue Data-Science-Projekt damit, zuerst die Anforderungen des Geschäftsprozesses zu analysieren und zu hinterfragen. Sobald Sie ein erstes gutes Verständnis der Anforderungen haben, können Sie sich auf die Suche nach eventuell relevanten Daten begeben. Die Analyse der Geschäftsanforderungen ist dennoch ein dynamischer Prozess und sollte niemals als abgeschlossen betrachtet werden. Im Projekt können sich Erkenntnisse ergeben, die die ursprünglichen Anforderungen beeinflussen.

Eventuell befinden sich die relevanten Daten bereits zentral in einer Datenbank. Oder aber die Daten sind über mehrere Systeme verteilt. Sobald Sie Zugriff auf die Daten haben, müssen Sie die Struktur und die Inhalte dieser Daten verstehen. Dieses Buch fokussiert sich größtenteils auf strukturierte Daten, die in SAP-HANA-Tabellen gespeichert sind. Dabei stellen Sie verschiedene Fragen: Wie heißen diese Tabellen, aus welchen Spalten bestehen diese und welche Daten sind letztlich in diesen Tabellen gespeichert? Sind die Daten relevant? Wie ist die Qualität dieser Daten? Sind für die Data-Science-Methoden ausreichend Daten vorhanden? Lassen sich die Daten miteinander verknüpfen? Müssen diese Daten für die Data-Science-Methoden noch weiter aufbereitet werden? In diesem Kapitel stellen wir verschiedene Methoden der *Datenanalyse und -vorbereitung* vor, unter anderem:

- Analyse der Datenstrukturen, wie Datentypen der Spalten
- Analyse der Inhalte einzelner numerischer und kategorischer Variablen
- Beziehung der Inhalte mehrerer Variablen zueinander
- Datenaufbereitung, wie Aggregation und Verknüpfung mehrerer Tabellen/Views

In den Materialien zu diesem Buch unter *www.sap-press.de/5539* finden Sie den ausführbaren Codes dieses Kapitels im Ordner **Kapitel 4**. In Abbildung 4.1 sehen, wie der von uns in diesem Kapitel genutzte Code in einem Notebook aussieht.

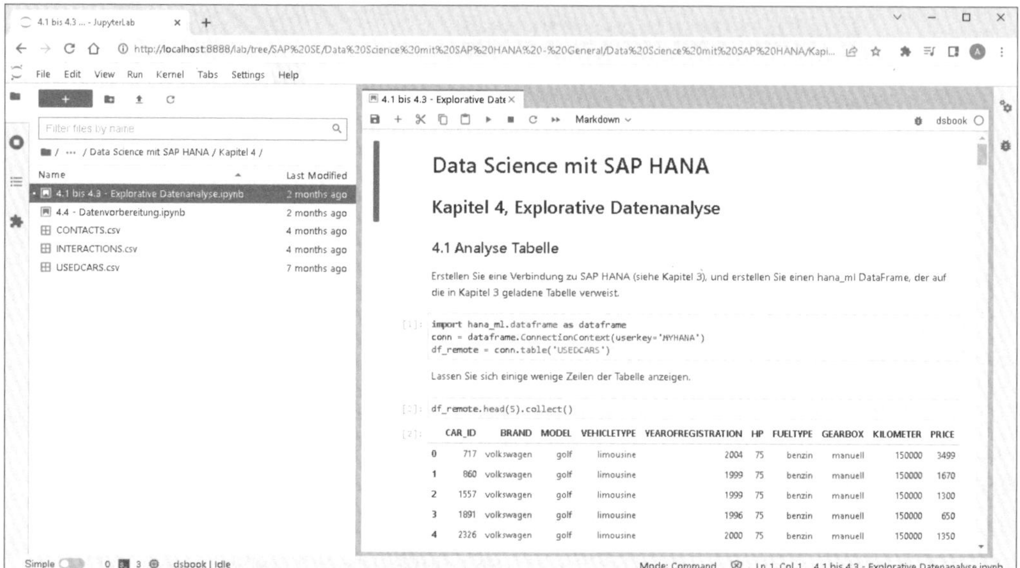

Abbildung 4.1 Notebook mit ausführbarem Code

4.1 Analyse einer Tabelle

Der erste technische Schritt in einem Data-Science-Projekt ist das in Abschnitt 1.1.4, »Data Science«, erwähnte *Data Understanding*. Für diese explorative Datenanalyse nutzen wir die in Kapitel 3, »Erste Schritte«, erstellte Tabelle USEDCARS, die Details über zu verkaufende Gebrauchtfahrzeuge beinhaltet. Diese Daten werden in den folgenden Kapiteln häufig genutzt, z. B. um den Fahrzeugpreis zu schätzen, fehlende Informationen aufzufüllen oder um ein Clustering durchzuführen.

Wenn Sie diese Schritte selbst am System durchführen möchten, muss diese Tabelle vorhanden sein. Erstellen Sie einen `hana_ml`-DataFrame auf diese Tabelle:

```
import hana_ml.dataframe as dataframe
conn = dataframe.ConnectionContext(userkey='MYHANA')
df_remote = conn.table('USEDCARS')
```

Wie gehabt, bleiben die Daten hierbei in SAP HANA. Als schnellen Test, ob der `hana_ml`-DataFrame korrekt erstellt wurde, können Sie einige wenige Zeilen anzeigen lassen. Die head()-Methode schränkt die Daten auf fünf Zeilen ein. Die folgende collect()-Methode lädt die Daten herunter als Pandas-DataFrame in die Python-Umgebung. Wichtig ist die Reihenfolge der beiden Methoden. Die head()-Methode sollte zuerst erfolgen, damit Daten bereits in SAP HANA gefiltert werden und nur der bereits reduzierte Datensatz heruntergeladen wird.

```
df_remote.head(5).collect()
```

Sie sehen fünf zufällig ausgewählte Zeilen des Datensatzes (siehe Abbildung 4.2).

CAR_ID	BRAND	MODEL	VEHICLETYPE	YEAROFREGISTRATION	HP	FUELTYPE	GEARBOX	KILOMETER	PRICE
717	volkswagen	golf	limousine	2004	75	benzin	manuell	150000	3499
860	volkswagen	golf	limousine	1999	75	benzin	manuell	150000	1670
1557	volkswagen	golf	limousine	1999	75	benzin	manuell	150000	1300
1891	volkswagen	golf	limousine	1996	75	benzin	manuell	150000	650
2326	volkswagen	golf	limousine	2000	75	benzin	manuell	150000	1350

Abbildung 4.2 Tabelle USEDCARS

[+]

Sortierung der Daten

Die Sortierung der Daten ist zufällig, da ein einfaches SELECT-Statement ohne weitere Angaben keine Sortierung garantiert. Wenn Sie eine Sortierung wünschen, können Sie diese explizit anfordern. Hier werden die fünf Fahrzeuge mit der kleinsten CAR_ID angezeigt:

```
df_remote.sort('CAR_ID', desc=False).head(5).collect()
```

Nun möchten wir die Struktur der Tabelle analysieren und herausfinden, aus wie vielen Spalten und Zeilen die Tabelle besteht. Dafür geben Sie die folgende Codezeile ein:

```
df_remote.shape
```

Ihnen wird der Wert **[263178, 10]** als Ergebnis angezeigt. Die erste Zahl gibt die Anzahl der Zeilen an. Die zweite Zahl gibt die Anzahl der Spalten an. Mit zehn Spalten ist die Tabellenstruktur überschaubar. Lassen Sie sich alle Spaltennamen und deren Datentypen anzeigen, indem Sie diesen Code eingeben:

```
df_remote.dtypes()
```

Wie in Abbildung 4.3 sichtbar, erhalten Sie diese Informationen als Python-Liste.

```
[('CAR_ID', 'INT', 10, 10, 10, 0),
 ('BRAND', 'NVARCHAR', 5000, 5000, 5000, 0),
 ('MODEL', 'NVARCHAR', 5000, 5000, 5000, 0),
 ('VEHICLETYPE', 'NVARCHAR', 5000, 5000, 5000, 0),
 ('YEAROFREGISTRATION', 'INT', 10, 10, 10, 0),
 ('HP', 'INT', 10, 10, 10, 0),
 ('FUELTYPE', 'NVARCHAR', 5000, 5000, 5000, 0),
 ('GEARBOX', 'NVARCHAR', 5000, 5000, 5000, 0),
 ('KILOMETER', 'INT', 10, 10, 10, 0),
 ('PRICE', 'INT', 10, 10, 10, 0)]
```

Abbildung 4.3 Spaltennamen und Datentypen

Für Tabellen, die aus deutlich mehr Spalten bestehen, können Sie die Häufigkeit der Datentypen der Spalten mit diesem Code zählen lassen:

```
import pandas as pd
df_dtypes = pd.DataFrame(df_remote.dtypes())[[0, 1]]
df_dtypes.columns = ['COL_NAME', 'COL_TYPE']
df_dtypes.groupby(['COL_TYPE']).agg(['count'])
```

Die Tabelle USEDCARS besteht aus jeweils fünf Spalten der Typen INT und NVARCHAR (siehe Abbildung 4.4).

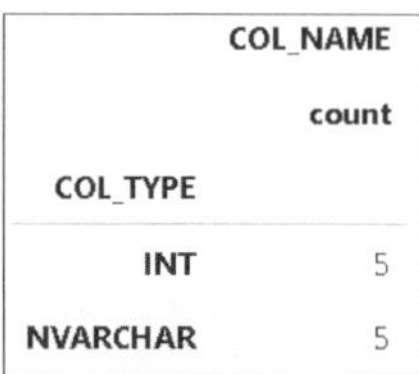

	COL_NAME
	count
COL_TYPE	
INT	5
NVARCHAR	5

Abbildung 4.4 Spaltentypen der Tabelle USEDCARS

Wenn Sie jetzt herausfinden möchten, wie die Spalten eines ausgewählten Datentyps heißen, können Sie sich alle Spaltennamen des jeweiligen Typs mit folgendem Code anzeigen lassen:

```
str_type = 'INT'
df_dtypes[df_dtypes['COL_TYPE']==str_type][['COL_NAME']]
```

Die Spalten von Typ INT der Tabelle USEDCARS sehen Sie in Abbildung 4.5.

COL_NAME
CAR_ID
YEAROFREGISTRATION
HP
KILOMETER
PRICE

Abbildung 4.5 Spalten vom Typ »INT«

Eine weitere Möglichkeit, die Daten in der Tabelle zu analysieren, bietet die Methode `describe()`. Wenn Sie den folgenden Code ausführen, liefert die Methode Ihnen einen schnellen Überblick über die Spalteninhalte:

```
df_remote.describe().collect()
```

Ihnen wird nun angezeigt, wie viele unterschiedliche Werte und Nullwerte jede einzelne Spalte beinhaltet. Zusätzlich werden für numerische Spalten weitere Details angezeigt, wie etwa Durchschnitt, Minimum, Maximum sowie weitere Informationen über die Verteilung der Werte (siehe Abbildung 4.6). Beachten Sie die Spalten **25_percent_cont** und **75_percent_cont**. Diese geben die Grenzwerte an, unter denen 25 %, (1. Quartil) beziehungsweise 75 % der Werte (3. Quartil) der Spalte liegen. In Abschnitt 4.2.1, »Numerische Variablen«, erfahren Sie, wie Sie diese Daten auch grafisch auswerten können.

column	count	unique	nulls	mean	std	min	max	median	25_percent_cont	25_percent_disc	50_percent_cont	50_percent_disc	75_percent_cont	75_percent_disc
CAR_ID	263178	263178	0	185770.790461	107207.862523	3.0	371515.0	185584.0	92912.25	92912.0	185583.5	185583.0	278729.75	278730.0
YEAROFREGISTRATION	263178	107	0	2004.126971	33.809847	1000.0	9999.0	2004.0	2000.00	2000.0	2004.0	2004.0	2009.00	2009.0
HP	263178	668	0	125.365034	168.229849	0.0	20000.0	116.0	75.00	75.0	116.0	116.0	150.00	150.0
KILOMETER	263178	13	0	123037.601927	40559.039189	5000.0	150000.0	150000.0	100000.00	100000.0	150000.0	150000.0	150000.00	150000.0
PRICE	263178	5260	0	9130.201647	396101.314635	0.0	99999999.0	3999.0	1700.00	1700.0	3999.0	3999.0	8900.00	8900.0
BRAND	263178	40	0	NaN	NaN	NaN	NaN	NaN	NaN	NaN	NaN	NaN	NaN	NaN
MODEL	254228	250	8950	NaN	NaN	NaN	NaN	NaN	NaN	NaN	NaN	NaN	NaN	NaN
VEHICLETYPE	249966	8	13212	NaN	NaN	NaN	NaN	NaN	NaN	NaN	NaN	NaN	NaN	NaN
FUELTYPE	250495	7	12683	NaN	NaN	NaN	NaN	NaN	NaN	NaN	NaN	NaN	NaN	NaN
GEARBOX	257435	2	5743	NaN	NaN	NaN	NaN	NaN	NaN	NaN	NaN	NaN	NaN	NaN

Abbildung 4.6 Details über Spalteninhalte

Jede einzelne Zelle wurde in SAP HANA berechnet. Die `describe()`-Methode des `hana_ml`-Pakets hat die Anforderung in ein `SELECT`-Statement übersetzt, das in SAP HANA ausgeführt wurde. Die Berechnungen wurden entsprechend in SAP HANA ausgeführt, und nur die Ergebnisse wurden zurückgegeben und in Python ausgegeben. Das dafür automatisch erstellte `SELECT` lässt sich anzeigen. Die `print()`-Funktion stellt sicher, dass das SQL-Statement richtig angezeigt wird (siehe Tipp-Kasten zur Anzeige des SELECT-Statements).

```
print(df_remote.describe().select_statement)
```

Anzeige des SELECT-Statements

Das hier genutzte `SELECT`-Statement gibt den SQL-Code zurück, auf dem das Objekt basiert. Dieser Code kann direkt in SAP HANA ausgeführt werden. Sollte das SQL-Statement ein einzelnes Hochkommazeichen (') beinhalten, stellt Python diesem bei der Anzeige einen Backslash (\) voran. Aus ' wird somit \' bei der Anzeige. Wenn Sie diesen Code kopieren und z. B. im SAP HANA Database Explorer ausführen möchten, erhalten Sie einen Fehler. Wenn Sie bei der Anzeige einen `print()`-Befehl nutzen, wird das Statement ohne Veränderung angezeigt und kann somit kopiert und aus einer anderen Applikation heraus ausgeführt werden. Sie sehen das Verhalten z. B. bei diesem Statement `df_remote.describe('PRICE').select_statement` im Vergleich zum gültigen Statement mit `print()`-Befehl:

```
print(df_remote.describe('PRICE').select_statement)
```

Einige Spalten des Datensatzes weisen fehlende Werte auf, wie aus der **nulls**-Spalte der `describe()`-Methode ersichtlich. Wenn Sie nun herausfinden möchten, wie viele Zeilen vollständig sind, gibt es auch dafür eine passende Methode. Mit der `dropna()`-Methode werden alle Zeilen mit fehlenden Werten aus dem `hana_ml`-DataFrame herausgefiltert. Die `count()`-Methode zeigt an, dass noch 232.943 Zeilen im `hana_ml`-DataFrame verbleiben. Der Code für die beiden Methoden lautet:

```
df_remote.dropna().count()
```

Beachten Sie, dass die von der `dropna()`-Methode gefundenen Zeilen nicht aus der Tabelle gelöscht werden. Sie werden nur aus dem `hana_ml`-DataFrame herausgefiltert.

[+]

Einschränkung auf weniger Spalten

Bei einem Datensatz mit sehr vielen Spalten kann die Ausführung der `describe()`-Methode mehr Zeit in Anspruch nehmen. Schränken Sie in diesem Fall den Datensatz auf die Spalten ein, die Sie tatsächlich interessieren, indem Sie den Code entsprechend anpassen:

```
df_remote.describe(['HP', 'PRICE']).collect()
```

Des Weiteren bietet das `hana_ml`-Paket einen Dataset Report, der einen Überblick sowohl über die Tabellenstruktur als auch über die Dateninhalte gibt (siehe Abbildung 4.7). Erstellen Sie den Dataset Report für den `hana_ml`-DataFrame:

```
from hana_ml.visualizers.dataset_report import DatasetReportBuilder
datasetReportBuilder = DatasetReportBuilder()
datasetReportBuilder.build(df_remote, key="CAR_ID",
                           ignore_scatter_matrix=False,
                           ignore_correlation=False)
datasetReportBuilder.generate_notebook_iframe_report()
```

Der *Dataset Report* ist interaktiv. Zum Beispiel können Sie links im Menü über das Feld **Variables** eine Detailsicht für jede einzelne Variable erhalten. Bei einem sehr großen Datensatz kann die Erstellung des Reports mehr Zeit beanspruchen. Sie können den Bericht vereinfachen und die Wartezeit verkürzen, indem Sie die Parameter `ignore_scatter_matrix` und `ignore_correlation` auf **True** setzen.

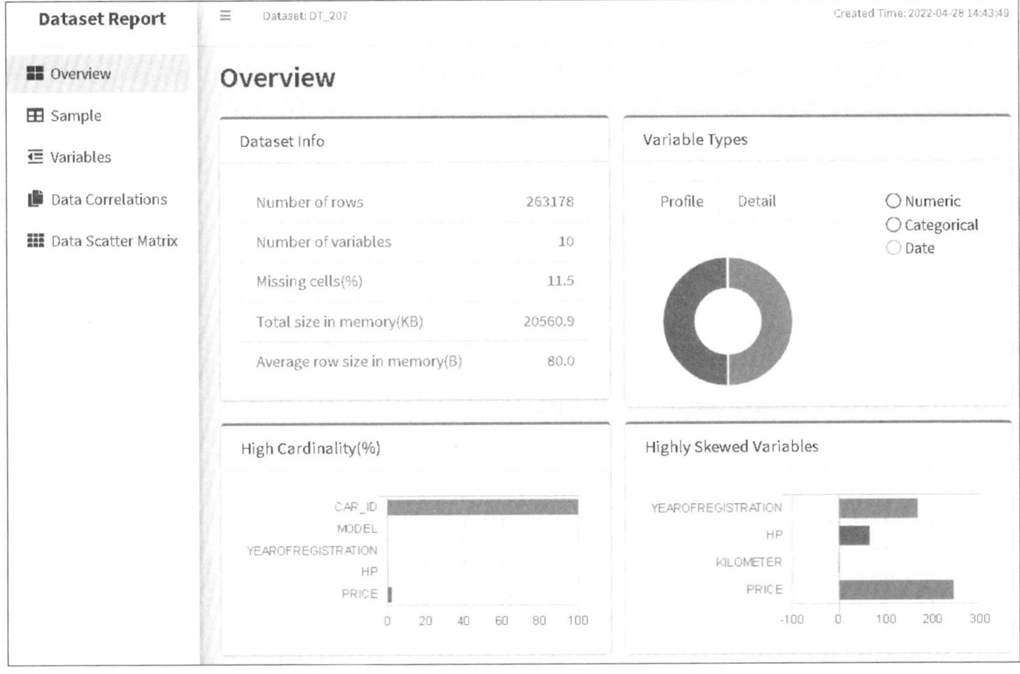

Abbildung 4.7 Dataset Report

4.2 Analyse einzelner Variablen

Nun vertiefen wir die Analyse der Inhalte einzelner Variablen. In diesem Abschnitt werden zuerst numerische Variablen analysiert. Im Abschnitt darauf stehen kategorische Variablen im Fokus.

4.2.1 Numerische Variablen

Zur Analyse einer *numerischen Variablen* (man könnte auch von einer Kennzahl sprechen) ist nochmals die schon vorgestellte `describe()`-Methode zu erwähnen. Diese können Sie nutzen wie bisher und auf eine einzelne Variable einschränken, um diese zu analysieren. Hier sehen Sie beispielsweise die `describe()`-Methode mit der Einschränkung auf die Variable für den Preis:

```
df_remote.describe('PRICE').collect()
```

Einzelne Werte können über die `agg()`-Methode separat berechnet werden, wie z. B. das Minimum. Andere hier nutzbare Aggregate sind z. B. Maximum (`max`), Anzahl (`count`), Durchschnitt (`avg`), Summe (`sum`), Median (`median`) und weitere. Mit der folgenden Zeile wird z. B. der minimale Preis berechnet:

```
df_remote.agg([('min', 'PRICE', 'PRICE_MIN')]).collect()
```

Andere Ergebnisse aus der describe()-Methode hingegen führen weitere Schritte aus, die Sie aber auch nachstellen können. So wird, um den Durchschnitt der Preise zu berechnen, der Datentyp der Variablen von INT in DOUBLE umgewandelt, wie Sie folgend sehen. Das vermeidet einen Numeric-Overflow-Fehler.

```
df_remote.cast('PRICE', 'DOUBLE') \
        .agg([('avg', 'PRICE', 'PRICE_AVG')]).collect()
```

Neben der schon genutzten describe()-Methode können Sie auch einen *Box-Plot* erstellen lassen. Dieses Diagramm gibt einen schnellen Überblick der Verteilung der Daten. Führen Sie dazu diesen Code aus:

```
import matplotlib.pyplot as plt
from hana_ml.visualizers.eda import EDAVisualizer
f = plt.figure()
ax1 = f.add_subplot(111) # 111 refers to 1x1 grid, 1st subplot
eda = EDAVisualizer(ax1)
ax, cont = eda.box_plot(data=df_remote, column='PRICE')
```

Sie erhalten einen Box-Plot wie in Abbildung 4.8. Die gestrichelte Linie gibt den Median an. Eine Hälfte der Werte liegt unter diesem Punkt. Die andere Hälfte liegt darüber. Sie finden den Medianwert auch in der Ausgabe der describe()-Methode. Der blaue Balken gibt den Bereich vom ersten bis zum dritten Quartil an (siehe Abschnitt 4.1, »Analyse einer Tabelle«, für eine Erklärung der Quartile). Die blaue horizontale Linie (auch *Whisker* genannt) gibt an, wie sich die extremeren Werte unter dem ersten Quartil und über dem dritten Quartil verteilen. Diese werden über die sogenannte *Interquartile Range* (IQR) berechnet, der Differenz zwischen dem dritten und dem ersten Quartil. Von diesen IQR-Werten wird mit den folgenden Formeln das jeweilige Ende des erwähnten Whiskers berechnet:

Linkes Ende der Linie: erstes Quartil – 1.5 × IQR

Rechtes Ende der Linie: drittes Quartil + 1.5 × IQR

Falls das linke Ende unter dem Minimumwert beziehungsweise das rechte Ende über dem Maximumwert liegen sollte, wird der Wert entsprechend auf den Minimum- beziehungsweise Maximumwert eingerückt.

In Abschnitt 4.3, »Analyse mehrerer Variablen«, finden Sie eine verfeinerte Variante des Box-Plots, in dem die Verteilung je Ausprägung einer kategorischen Variablen angezeigt wird.

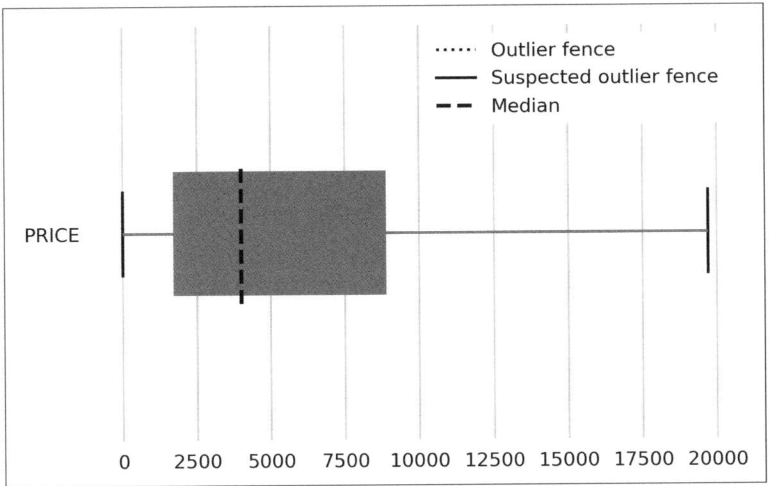

Abbildung 4.8 Box-Plot der Variablen »PRICE« (ohne Ausreißer)

Beachten Sie, dass der Box-Plot in der Grundeinstellung ohne Ausreißer dargestellt wird. Sollten sich noch Werte über die Whisker hinaus im Datensatz befinden, werden diese nicht angezeigt. Sie können aber folgendermaßen angefordert werden:

```
f = plt.figure()
eda = EDAVisualizer(f.add_subplot(111))
ax, cont = eda.box_plot(data=df_remote, column='PRICE',
                        outliers=True)
```

Sollen Sie diesen Code ausführen, ist der Box-Plot kaum noch ersichtlich, da es einen Ausreißer mit dem Wert 99999999 gibt. Dieser führt dazu, dass der Bereich des ersten und dritten Quartils optisch auf eine kleine Linie gestaucht wird. Lassen Sie sich also die höchsten Preise anzeigen, indem Sie diesen Code ausführen:

```
df_remote.select('PRICE') \
         .sort('PRICE', desc=True) \
         .head(10).collect()
```

Abbildung 4.9 zeigt die zehn teuersten Fahrzeuge im Datensatz. Man kann davon ausgehen, dass diese Extremwerte nicht den tatsächlichen Wert des Fahrzeugs angeben. Eventuell mussten die Verkäufer*innen einen Preis angeben, und bei diesen Fahrzeugen wurde kein ernstgemeinter Wert eingetragen. Wir merken uns dies und werden später diese Ausreißer ausschließen, um die Data-Science-Methoden nicht in die Irre zu führen.

PRICE
99999999
99999999
99999999
99000000
14000500
12345678
12345678
12345678
11111111
11111111

Abbildung 4.9 Die höchsten Preise im Datensatz

Wenn Sie nun analysieren wollen, wie häufig solch extreme Werte in dem Datensatz vorkommen, führen Sie den folgenden Code aus:

```
df_remote.filter('PRICE > 1000000').count()
```

Ihnen wird angezeigt, dass es in diesem Datensatz 26 Fahrzeuge gibt, die über 1 Million EUR kosten sollen. Aber auch die Anzahl der Fahrzeuge, die mit einem Preis über 100.000 EUR gespeichert sind, lässt sich so herausfinden. Ändern Sie den Befehl wie folgt ab:

```
df_remote.filter('PRICE > 100000').count()
```

326 Fahrzeuge werden für über 100.000 EUR angeboten. Fokussieren wir uns nun auf die Fahrzeuge, die weniger als 100.000 EUR kosten sollen. Eine sogenannte *Kerndichteschätzergrafik* gibt ein erstes Gefühl, wie die Daten in diesem Segment verteilt sind. Führen Sie diesen Code aus:

```
from hana_ml.visualizers.eda import kdeplot
import matplotlib.pyplot as plt
f = plt.figure(figsize=(10,6))
ax = kdeplot(df_remote.filter('PRICE < 100000'),
                              key='CAR_ID',
                              features=['PRICE'])
ax.grid()
plt.show()
```

In Abbildung 4.10 sehen Sie die entstandene Grafik. Daraus geht hervor, dass die meisten Fahrzeuge für einen sehr geringen Preis angeboten werden. Nach einem Peak bei den sehr günstigen Fahrzeugen fällt die Dichte schnell ab. Ab etwa 40.000 EUR gibt es nur noch sehr wenige Fahrzeuge.

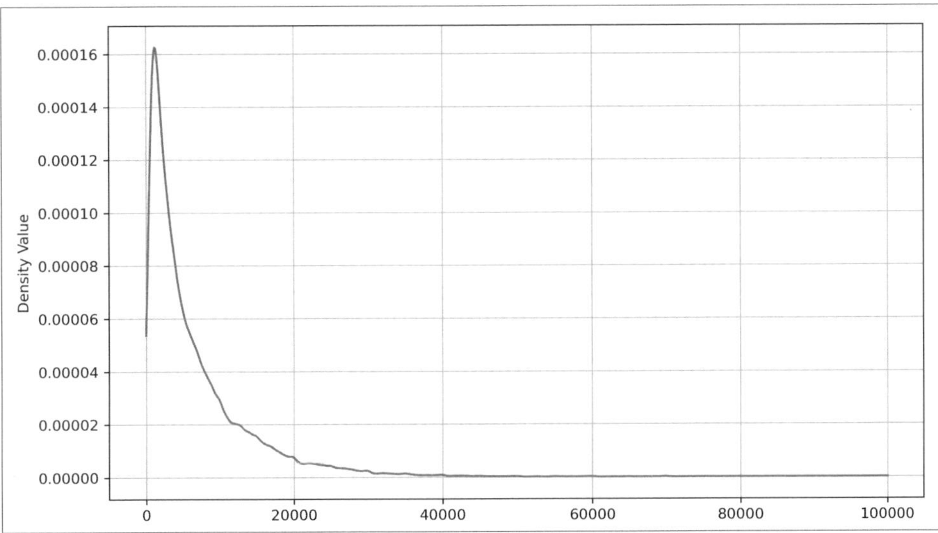

Abbildung 4.10 Kerndichteschätzer für den Preis der Fahrzeuge

Berechnen wir abschließend das 99. Perzentil. Dies gibt den Grenzwert an, unter dem sich 99 % der Werte befinden. Nutzen Sie dazu diesen Code:

```
conn.sql('SELECT PERCENTILE_CONT(0.99) WITHIN GROUP(ORDER BY PRICE)\
         AS PERCENTILE FROM USEDCARS').collect()
```

Das Ergebnis zeigt: Diese Grenze liegt bei 39.900 EUR. 99 % der Fahrzeuge befinden sich darunter, das teuerste 1 % darüber.

4.2.2 Kategorische Variablen

Für eine *kategorische Variable* (die typischerweise Text beinhaltet, man könnte auch von einer Dimension sprechen, z. B. der Name eines Landes, eines Kundensegments oder Produkts) können Sie die Häufigkeit der vorkommenden Werte berechnen lassen. Bei unserem vorliegenden Datensatz könnten wir so z. B. herausfinden, was die zehn am häufigsten vorkommenden Hersteller im Datensatz sind. Das möchten wir direkt einmal ausprobieren. Führen Sie dafür den Code in Listing 4.1 aus.

```
top_n = 10
variable_name = 'BRAND'
total_count = df_remote.count()
df_remote_freq = df_remote.agg([('count', variable_name, 'COUNT')],
                               group_by=variable_name)
df_freq = df_remote_freq.sort("COUNT", desc=True) \
                        .head(top_n).collect()
df_freq['PERCENT'] = round(df_freq['COUNT'] / total_count, 2)
df_freq.style.format({'COUNT':'{0:,.0f}', 'PERCENT':'{0:,.1%}'}) \
      .hide(axis="index")
```

Listing 4.1 Zählen der zehn häufigsten Hersteller

Das Ergebnis wird Ihnen als Tabelle angezeigt (siehe Abbildung 4.11).

BRAND	COUNT	PERCENT
volkswagen	55,486	21.0%
bmw	30,385	12.0%
mercedes_benz	26,900	10.0%
opel	26,319	10.0%
audi	24,492	9.0%
ford	16,883	6.0%
renault	11,506	4.0%
peugeot	7,728	3.0%
fiat	6,173	2.0%
seat	5,066	2.0%

Abbildung 4.11 Die zehn häufigsten Hersteller im Datensatz als Tabelle

Die in Listing 4.1 verwendete Variable `df_freq` ist ein Pandas-DataFrame. Das heißt, dass Sie dessen Daten auch als Grafik darstellen können. Sie erhalten das Ergebnis, das in Abbildung 4.12 zu sehen ist. Führen Sie dafür diesen Code aus:

```
%matplotlib inline
df_freq.plot.bar(x='BRAND', y='COUNT', title='Top ' + str(top_n));
```

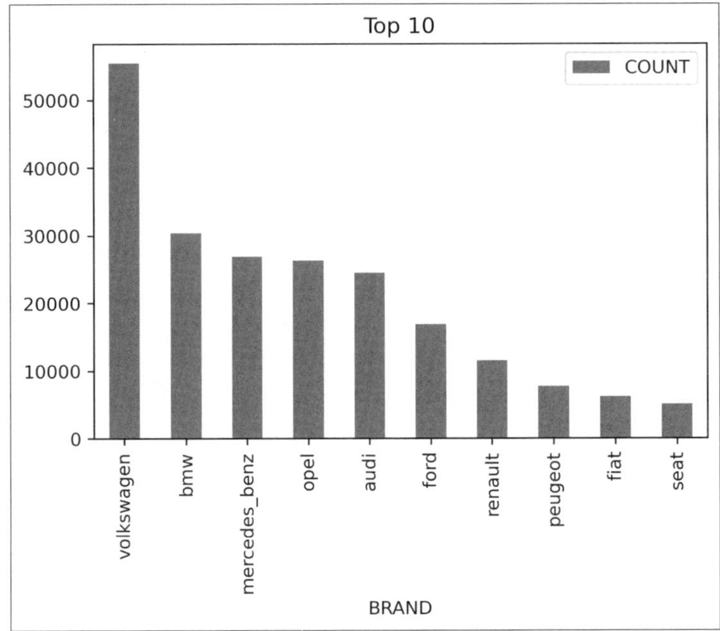

Abbildung 4.12 Die zehn häufigsten Hersteller im Datensatz als Grafik

4.3 Analyse mehrerer Variablen

Nach der Analyse einzelner Variablen möchten wir nun das Verhältnis mehrerer Variablen zueinander analysieren. In Abschnitt 4.2.1, »Numerische Variablen«, haben wir die Verteilung der Fahrzeugpreise angesehen. Nun möchten wir die Verteilung der Fahrzeugpreise für die verschiedenen Kupplungstypen analysieren. Hierbei fokussieren wir uns nur auf die Fahrzeuge, die maximal 40.000 EUR kosten. Wie in Abschnitt 4.2.1, »Numerische Variablen«, gesehen, schließen wir damit die etwa 1 % der größten Ausreißer aus, die eine Analyse schnell ungewollt beinflussen können. Führen Sie dafür zunächst diesen Code aus:

```
import matplotlib.pyplot as plt
from hana_ml.visualizers.eda import EDAVisualizer
f = plt.figure()
ax1 = f.add_subplot(111) # 111 refers to 1x1 grid, 1st subplot
eda = EDAVisualizer(ax1)
ax, cont = eda.box_plot(data=df_remote.filter('PRICE <= 40000'),
                        column='PRICE', groupby='GEARBOX', outliers=True)
ax.legend(bbox_to_anchor=(1, 1));
```

Das Ergebnis wird in Box-Plots dargestellt (siehe Abbildung 4.13). Diese zeigen, dass der Median der Fahrzeuge mit Automatikgetriebe am höchsten ist. Fahrzeuge mit Handschaltung sind hingegen günstiger. Beachten Sie auch den unteren Box-Plot mit der Beschriftung **MISSING**. Dieser Box-Plot gibt die Verteilung für Fahrzeuge an, für die keine Information über die Schaltung vorliegt. Die roten Punkte der Ausreißer (engl. Outlier) geben an, dass für alle drei Gruppen auch Fahrzeuge bis zu 40.000 EUR angeboten werden. Hierbei handelt es sich aber um Ausreißer.

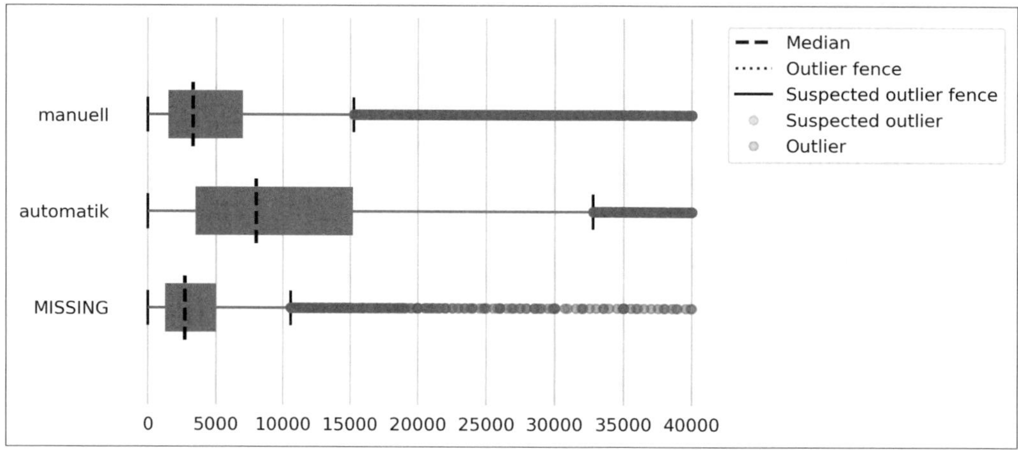

Abbildung 4.13 Verteilung der Fahrzeugpreise nach Kupplungstypen

Über die agg()-Methode können Sie auch einzelne Werte wie den Median pro Kupplungstyp berechnen lassen. Führen Sie dazu den folgenden Code aus. Das Ergebnis sehen Sie in Abbildung 4.14.

```
df_remote.filter('PRICE <= 40000') \
   .agg([('median', 'PRICE', 'PRICE_MEDIAN')], group_by='GEARBOX') \
   .collect()
```

GEARBOX	PRICE_MEDIAN
manuell	3300
automatik	7999
None	2700

Abbildung 4.14 Median des Fahrzeugpreises pro Kupplungstyp

Ebenso lässt sich der Median nach zwei kombinierten Dimensionen berechnen, hier Kupplungstyp und Motortyp (siehe Abbildung 4.15). Falls die Dimension der Spalten (hier FUELTYPE) fehlende Werte beinhalten sollte, werden diese automatisch durch den Wert **None** ersetzt. Der Code zur Berechnung lautet:

```
df_remote.filter('PRICE <= 40000') \
        .pivot_table(values='PRICE', aggfunc='median',
                     index='GEARBOX', columns='FUELTYPE').collect()
```

GEARBOX	hybrid	elektro	andere	lpg	cng	benzin	diesel	None
manuell	9660	3600	1700	2950	4400	2600	5550	1699
automatik	12500	6625	2650	5500	5800	5790	10900	3990
None	33000	6499	515	2700	7500	1999	3300	2500

Abbildung 4.15 Median des Fahrzeugpreises pro Kupplungstyp und Motortyp

Abschließend für die Datenanalyse erstellen wir eine *Korrelationsmatrix*, die die Stärke und Richtung eines linearen Zusammenhangs zwischen zwei numerischen Variablen berechnet. Für jede Kombination zweier numerischer Variablen wird die Pearson-Korrelation angezeigt. Diese skaliert von –1 bis 1. Bei einem Wert von 0 gibt es keinerlei linearen Zusammenhang. Bei einem Wert von 1 gibt es einen perfekt positiven, linearen Zusammenhang. Dies bedeutet, dass sich die eine Variable in dieselbe Richtung bewegt, wenn sich eine andere Variable verändert. Erhöht sich z. B. eine Variable um einen Wert, erhöht sich die andere Variable ebenso in immer demselben Verhältnis. Bei einer linearen, negativen Korrelation bewegen sich die Variablen in unterschiedliche Richtungen. Erhöht sich die eine, reduziert sich die andere. An einem Beispiel lässt sich dies leicht verdeutlichen. Führen Sie den folgenden Code aus, um die Korrelationsmatrix für die Gebrauchtfahrzeuge zu berechnen. Wir arbeiten weiterhin mit den Fahrzeugen unter 40.000 EUR, da die positiven Ausreißer die Analyse schwer beeinflussen würden.

```
import matplotlib.pyplot as plt
from hana_ml.visualizers.eda import EDAVisualizer
f = plt.figure()
ax1 = f.add_subplot(111) # 111 refers to 1x1 grid, 1st subplot
eda = EDAVisualizer(ax1)
ax, corr_data = eda.correlation_plot(data=df_remote.drop('CAR_ID') \
                                        .filter('PRICE < 40000'),
                                    cmap='coolwarm')
```

Die Korrelationsmatrix in Abbildung 4.16 zeigt z. B. eine Pearson-Korrelation von –0.46 für die Kombination von Kilometer und Preis. Diese vergleichsweise recht starke lineare Korrelation bedeutet, dass sich tendenziell bei einer Erhöhung der gefahrenen Kilometer der Preis reduziert. Die Pearson-Korrelation zwischen PS und Preis hingegen gibt an, dass sich tendenziell bei einer Erhöhung der Pferdestärke auch der

Preis erhöht. Werden in einer Korrelationsmatrix überraschende Werte angezeigt, sollten diese nachverfolgt werden. Eventuell existiert ein Problem mit der Datenqualität, oder die Daten sind korrekt und deuten auf eine neue Erkenntnis hin.

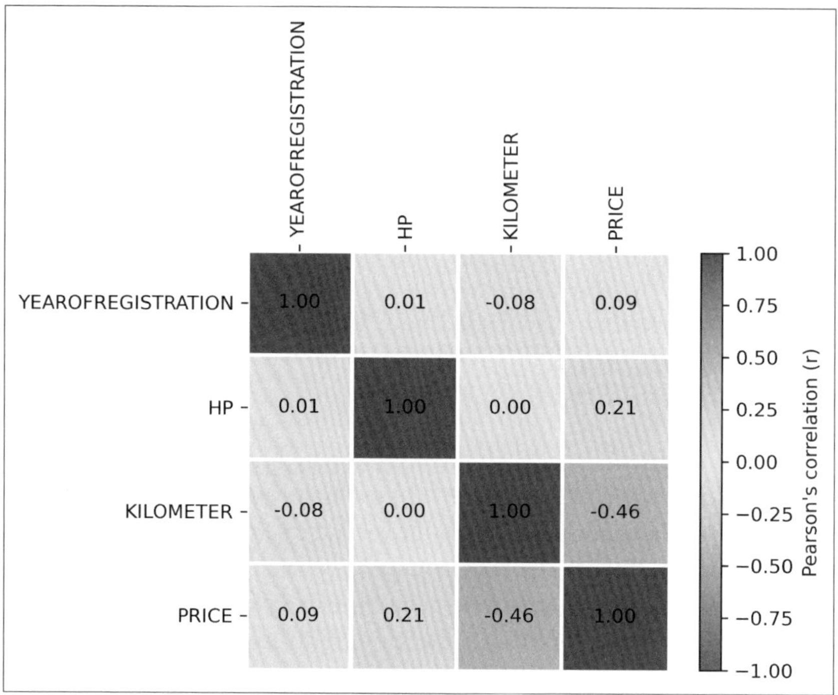

Abbildung 4.16 Korrelationsmatrix der numerischen Spalten

4.4 Datenvorbereitung

Oftmals müssen die vorhandenen Daten noch weiter aufbereitet werden, um für Data-Science-Anforderungen geeignet zu sein. In diesem Abschnitt erläutern wir, wie Sie aus zwei Tabellen mit Rohdaten einen einheitlichen Datensatz zum Vorhersagen von Kundenverhalten erstellen. Beide Tabellen sind zur Erklärung der Datenvorbereitung bewusst einfach gehalten. Wir bereiten die Daten für eine Klassifizierung vor, mit der wir die Wahrscheinlichkeit schätzen möchten, dass ein Kontakt, der bislang noch kein Produkt erworben hat, in den nächsten 30 Tagen seinen ersten Kauf tätigen wird. Mit einer Klassifizierung können z. B. Personen einer von zwei Klassen zugewiesen werden, wie Käufer*innen und Nicht-Käufer*innen. In Abschnitt 5.2, »Klassifizierung mit der APL«, wird die Klassifizierung genauer erläutert. Wenn Sie so schnell wie möglich erste Algorithmen anwenden möchten, können Sie auch mit Kapitel 5 fortfahren und später zu dieser Datenvorbereitung zurückkommen.

4.4.1 Datenbeschreibung

Die Tabelle CONTACTS beinhaltet Stammdaten über Kund*innen und weitere Personen, die zumindest Interesse an den Produkten eines Unternehmens haben (siehe Tabelle 4.1). Folgende Spalten finden Sie in der Datei **CONTACTS.csv**, die Sie in den Materialen zu diesem Buch unter *www.sap-press.de/5539* herunterladen können.

Spalte	Beschreibung
CUSTOMERID	ID der Person (Kund*in oder Interessent*in)
GENDER	Geschlecht
DATEOFBIRTH	Geburtsdatum

Tabelle 4.1 Spalten der Tabelle »CONTACTS.csv«

Die Tabelle INTERACTIONS beinhaltet Informationen über Aktivitäten/Interaktionen der Kontakte (siehe Tabelle 4.2). Folgende Spalten finden Sie Datei **INTERACTIONS.csv**, die Sie ebenfalls in den Download-Materialien zu diesem Buch finden.

Spalte	Beschreibung
INTERACTIONDATE	Tag, an dem die Aktivität beziehungsweise Interaktion stattfand
CUSTOMERID	ID der Person (Kund*in oder Interessent*in)
TYPE	Art der Aktivität/Interaktion: ▪ WEBSITE_VISIT: Die Person hat die Website besucht. ▪ WEBSITE_SEARCH: Die Person hat auf der Webseite eine Suche durchgeführt. ▪ PURCHASE: Die Person hat einen Kauf getätigt.

Tabelle 4.2 Spalten der Tabelle »INTERACTIONS.csv«

Laden Sie die beiden Dateien mit den Daten aus dem Downloadmaterial dieses Buchs herunter. Sie bilden die Grundlage für die nächsten Schritte.

4.4.2 Daten laden

Überführen Sie die Daten der Datei **CONTACTS.csv** in Ihr SAP-HANA-System. Laden Sie zuerst die CSV-Datei als Pandas-DataFrame in Ihrer lokalen Python-Umgebung und zeigen Sie zur Überprüfung, dass dies korrekt funktioniert hat, mit diesem Code die ersten Zeilen an:

```
import pandas as pd
df_contacts = pd.read_csv('CONTACTS.csv', sep=',')
df_contacts.DATEOFBIRTH = pd.to_datetime(df_contacts.DATEOFBIRTH)
df_contacts.head(5)
```

Erstellen Sie nun eine Verbindung zu SAP HANA. Dieses Beispiel nutzt die in Abschnitt 3.1.2, »Verbindung zu SAP HANA«, hinterlegten Login-Daten:

```
import hana_ml.dataframe as dataframe
conn = dataframe.ConnectionContext(userkey='MYHANA')
conn.connection.isconnected()
```

Bei einer erfolgreichen Verbindung wird Ihnen der Wert **True** angezeigt. Mit der Verbindung können die Daten nach SAP HANA geladen werden. Führen Sie dazu diesen Code aus:

```
df_rem_contacts = dataframe.create_dataframe_from_pandas(
                            connection_context=conn,
                            pandas_df=df_contacts,
                            table_name='CONTACTS',
                            force=True,
                            drop_exist_tab=True,
                            replace=False)
```

Lassen Sie sich einige Zeilen anzeigen (siehe Abbildung 4.17). Der Wert **NaT** (Abkürzung für »not a time«) gibt an, dass für diese Person kein Geburtsdatum bekannt ist.

```
df_rem_contacts.head(5).collect()
```

CUSTOMERID	GENDER	DATEOFBIRTH
CXID000001	Female	1960-02-24
CXID000002	Female	NaT
CXID000003	None	1987-03-25
CXID000004	Female	NaT
CXID000005	Male	1964-08-11

Abbildung 4.17 Einträge der CONTACTS-Tabelle

Entsprechend verfahren Sie mit der Datei **INTERACTIONS.csv**, um diese als Tabelle in SAP HANA anzulegen:

```
df_interactions = pd.read_csv('INTERACTIONS.csv', sep=',')
df_rem_interactions = dataframe.create_dataframe_from_pandas(
                            connection_context=conn,
```

```
        pandas_df=df_interactions,
        table_name='INTERACTIONS',
        force=True,
        drop_exist_tab=True,
        replace=False)
```


Lassen Sie sich auch hier einige Zeilen dieser Tabelle mit dem folgenden Code anzeigen (siehe Abbildung 4.18).

```
df_rem_interactions.head(5).collect()
```

INTERACTIONDATE	CUSTOMERID	TYPE
2021-12-05	CXID002873	WEBSITE_VISIT
2021-12-05	CXID002486	WEBSITE_VISIT
2021-12-05	CXID008417	WEBSITE_VISIT
2021-12-05	CXID009515	WEBSITE_VISIT
2021-12-05	CXID002817	WEBSITE_VISIT

Abbildung 4.18 Einträge der INTERACTIONS-Tabelle

Die Daten der Tabellen CONTACTS und INTERACTIONS sind nun in Ihrem SAP-HANA-System geladen, im nächsten Schritt zeigen wir Ihnen, wie Sie diese Daten modifizieren.

4.4.3 Datenmodifikation

Nutzen Sie die in den vorherigen Abschnitten vorgestellte `describe()`-Methode, für eine erste Analyse der CONTACTS-Tabelle:

```
df_rem_contacts.describe().collect()
```

Das Ergebnis in Abbildung 4.19 zeigt z. B., dass die Zeile des Geschlechts insgesamt vier verschiedene wie auch fehlende Werte beinhaltet.

column	count	unique	nulls	mean	std	min	max	median	25_percent_cont	25_percent_disc	50_percent_cont	50_percent_disc	75_percent_cont	75_percent_disc
CUSTOMERID	10000	10000	0	None	None	None	None	None	None	None	None	None	None	None
GENDER	8495	4	1505	None	None	None	None	None	None	None	None	None	None	None
DATEOFBIRTH	6052	5204	3948	None	None	None	None	None	None	None	None	None	None	None

Abbildung 4.19 CONTACTS-Tabelle

Sehen wir uns an, welche Werte in der GENDER-Zeile vorkommen. Da auch fehlende Werte enthalten sind, werden diese im folgenden Code mit dem String `NONE` ersetzt. Andernfalls könnte die Häufigkeit der fehlenden Werte nicht gezählt werden.

```
df_rem_contacts.fillna('NONE', subset=['GENDER']) \
            .agg([('count', 'GENDER', 'COUNT')],
                group_by='GENDER').collect()
```

Das Ergebnis, in Abbildung 4.20 zu sehen, zeigt, dass neben den Werten **Female** und **Male** auch die Werte **M** und **F** in der Spalte vorkommen.

GENDER	COUNT
F	52
Male	2314
M	38
NONE	1505
Female	6091

Abbildung 4.20 Häufigkeit der Einträge der GENDER-Spalte

Es handelt sich hierbei um ein Datenqualitätsproblem. Die Werte **Male** und **M** sowie **Female** und **F** sollten zusammengelegt werden. Aber auch dieses Problem können wir lösen. Erstellen Sie dazu einen neuen hana_ml-DataFrame, in dem die Einträge auf **Female** und **Male** standardisiert werden. Gleichzeitig werden fehlende Werte in der GENDER-Spalte durch den String Unknown ersetzt. Den vollständigen Code sehen Sie hier:

```
df_rem_prepped = \
    df_rem_contacts.select(['CUSTOMERID', 'DATEOFBIRTH', \
                          ("""CASE WHEN GENDER = 'M' THEN 'Male'
                             WHEN GENDER = 'F' THEN 'Female'
                             WHEN GENDER IS NULL THEN 'Unknown'
                             ELSE GENDER END""", 'GENDER')])
```

Damit werden die Daten in der Tabelle CONTACTS nicht verändert. Die Anpassung befindet sich momentan lediglich in der Logik des hana_ml-DataFrames. Diesen DataFrame werden wir in diesem Abschnitt noch weiter anreichern und später als View in SAP HANA speichern.

Lassen Sie sich die Häufigkeit der GENDER-Einträge des modifizierten hana_ml-DataFrames df_rem_prepped anzeigen:

```
df_rem_prepped.fillna('NONE', subset=['GENDER']) \
            .agg([('count', 'GENDER', 'COUNT')],
                group_by='GENDER').collect()
```

Abbildung 4.21 zeigt, wie die Einträge der GENDER-Spalte bereinigt wurden.

GENDER	COUNT
Male	2352
Unknown	1505
Female	6143

Abbildung 4.21 Häufigkeit der Einträge der modifizierten GENDER-Spalte

Nun wenden wir uns der Zeile DATEOFBIRTH zu, in dem das Geburtsdatum der Personen vermerkt ist. Für ein Machine-Learning-Modell ist solch ein exaktes Datum nicht besonders hilfreich. Um ein Muster in den Daten erkennen zu können, das sich auch in die Zukunft fortschreiben lässt, ist es zu empfehlen, das Geburtsdatum in das Alter der Person umzurechnen. Mit dieser kontinuierlichen Variablen kann ein Machine-Learning-Modell nach einem Muster in den Daten suchen, dass z. B. Personen mit ähnlichem Alter auch ein ähnliches Verhalten zeigen.

Passen Sie dazu den hana_ml-DataFrame df_rem_prepped weiter an, indem Sie das Geburtsdatum durch das Alter in der Zeile AGE ersetzen:

```
df_rem_prepped =  df_rem_prepped \
     .select('CUSTOMERID', 'GENDER',
             ('YEARS_BETWEEN(DATEOFBIRTH, CURRENT_DATE)', 'AGE'))
```

Des Weiteren ist für mehrere Tausend Personen das Geburtsdatum und damit auch das Alter nicht bekannt. Viele Data-Science-Methoden in SAP HANA, wie die Automated Predictive Library, können mit solch fehlenden Werten umgehen. Falls Sie sich jedoch selbst um die fehlenden Werte kümmern möchten, können Sie z. B. das durchschnittliche Alter pro Geschlecht berechnen und die fehlenden Werte durch den Durchschnitt des jeweiligen Geschlechts ersetzen.

Berechnen Sie das durchschnittliche Alter pro Geschlecht und weisen Sie die Logik einem weiteren hana_ml-DataFrame zu, hier df_rem_agg:

```
df_rem_agg =  df_rem_prepped \
   .agg([('median', 'AGE', 'AGE_MEDIAN')], group_by='GENDER')
df_rem_agg.head(5).collect()
```

Verknüpfen Sie beide hana_ml-DataFrames über die GENDER-Spalte mit dem folgenden Code:

```
df_rem_prepped.set_index('GENDER')
df_rem_agg.set_index('GENDER')
df_rem_prepped = df_rem_prepped.join(df_rem_agg)
```

Geben Sie nun an, dass fehlende Werte in der Altersspalte mit dem Durchschnitt des jeweiligen Geschlechts ersetzt werden.

```
df_rem_prepped = df_rem_prepped.select('CUSTOMERID', 'GENDER',
    ("CASE WHEN AGE IS NULL THEN AGE_MEDIAN ELSE AGE END", 'AGE'))
```

Führen Sie nun die `describe()`-Methode aus, erkennt diese, dass sich über 200-jährige Personen im Datensatz befinden:

```
df_rem_prepped.describe().collect()
```

Dies ist eindeutig ein weiteres Datenqualitätsproblem. Wir entscheiden uns dazu, alle Personen, deren Alter mit über 130 Jahre angegeben ist, aus dem Datensatz zu entfernen. Führen Sie dazu diesen Befehl aus:

```
df_rem_prepped = df_rem_prepped.filter('AGE <= 130')
```

Wenn Sie nun erneut die `describe()`-Methode aufrufen, sehen Sie die nun aufbereiteten Daten der Tabelle (siehe Abbildung 4.22).

column	count	unique	nulls	mean	std	min	max	median
AGE	9998	58	0	44.729046	11.718254	18.0	75.0	45.0
CUSTOMERID	9998	9998	0	NaN	NaN	NaN	NaN	NaN
GENDER	9998	3	0	NaN	NaN	NaN	NaN	NaN

Abbildung 4.22 Übersicht der angepassten Daten der CONTACTS-Tabelle

Wir sind mit dieser Aufbereitung zufrieden und speichern sie als View in SAP HANA:

```
df_rem_prepped.save('V_CONTACTS_PREPPED',
                    table_type='VIEW', force=True)
```

Der View beinhaltet die über das `hana_ml`-Paket definierten Transformationen. Beim Aufruf des View werden diese Transformationen auf der Tabelle ausgeführt. Somit werden die Transformationen auf allen Daten ausgeführt, auch auf Daten, die eventuell erst nach dem Erstellen des View in die Tabelle hinzukamen. Die ursprüngliche CONTACTS-Tabelle bleibt unverändert. Andere Prozesse, die mit diesen Daten bereits arbeiten, finden weiterhin die erwartete Tabellenstruktur und Inhalte. Für unsere Anforderungen hingegen können wir künftig mit diesem View arbeiten, der auf den gesamten Datenbestand die definierten Transformationen durchführt.

Alle Transformationen, die in diesem Abschnitt durchgeführt wurden, sind über das `hana_ml`-Paket in SQL-Logik übertragen worden, weswegen die Datensicht auch als View gespeichert werden könnte. Den zugrunde liegenden SQL-Befehl können Sie sich hiermit anzeigen lassen:

```
print(df_rem_prepped.select_statement)
```

Der erstellte View kann wie jeder andere View auch benutzt werden. Sie sehen ihn z. B. im Datenbank-Explorer. Oder Sie können ihn direkt als Grundlage für einen hana_ml-DataFrame verwenden, indem Sie diesen Code nutzen:

```
df_rem_prepped = conn.table('V_CONTACTS_PREPPED')
```

[+]

Speichern eines »hana_ml«-DataFrames als Tabelle

Im obigen Beispiel wird der hana_ml-DataFrame als View gespeichert, um die Transformationslogik einfach auf neue Daten anwenden zu können. Sollten Sie die transformierten Daten aber als Tabelle speichern möchten, müssen Sie beim Speichern dem Parameter table_type nur den Wert TABLE zuweisen. Da TABLE der Default-Wert ist, können Sie den Parameter auch weglassen, wie Sie hier sehen:

```
df_rem_prepped.save('T_CONTACTS_PREPPED', force=True)
```

Die Anpassung der Stammdaten der CONTACTS-Tabelle ist hiermit beendet. Nun nutzen wir die detaillierten transaktionalen Daten der INTERACTIONS-Tabelle. Wir können diese Tabelle für unterschiedliche Zwecke verwenden. Beginnen wir mit der Definition der Population. Unser Machine-Learning-Modell soll die Wahrscheinlichkeit schätzen, dass eine Person in den nächsten 30 Tagen einen ersten Kauf tätigen wird. Hierzu lernen wir von den Personen, die in den 30 letzten Tagen ihren ersten Kauf getätigt haben, und wie sich die Personen vor diesen 30 Tagen verhalten haben. Ergo interessieren uns nur die Personen, die vor 30 Tagen noch kein Produkt von uns erworben haben.

Nehmen wir an, heute ist der 30. März 2022. Wir fokussieren uns also auf die Kontakte, die bis zum 28. Februar 2022 kein Produkt bei uns erworben haben. Käufe sind in der INTERACTIONS-Tabelle mit Einträgen des Typs PURCHASE festgehalten. Welche Kontakte haben also bis zum 28. Februar keinen entsprechenden Eintrag des Typs PURCHASE?

Um dies herauszufinden, erstellen Sie einen hana_ml-DataFrame, der auf die Tabelle INTERACTIONS verweist:

```
df_rem_interactions = conn.table('INTERACTIONS')
```

Über diesen DataFrame erstellen wir einen weiteren DataFrame, der nur Kontakte beinhaltet, die bis zum Stichtag einen Kauf getätigt haben:

```
df_rem_customers = df_rem_interactions.filter("TYPE = 'PURCHASE' AND
INTERACTIONDATE <= '2022-02-28'").distinct(['CUSTOMERID', 'TYPE'])
```

Dieser DataFrame mit den Käufer*innen hilft uns, eine Liste der Personen zu erstellen, die nichts gekauft haben. Verknüpfen Sie einen hana_ml-DataFrame aller Kontakte über einen Left-Join mit dem hana_ml-DataFrame der Käufer*innen:

```
df_rem_target = conn.table('V_CONTACTS_PREPPED')
df_rem_target.set_index('CUSTOMERID')
df_rem_customers.set_index('CUSTOMERID')
df_rem_target = df_rem_target.join(df_rem_customers, how='left')
```

Der Left-Join stellt sicher, dass alle Kontakte des Views V_CONTACTS_PREPPED im Datensatz verbleiben. Da nur die Käufer*innen einen Eintrag in der TYPE-Spalte der INTERACTIONS-Tabelle haben, müssen wir nur auf die Kontakte ohne Eintrag in der TYPE-Spalte filtern, und wir haben die Nicht-Käufer zum Zeitpunkt des Stichtags identifiziert. Dafür geben Sie diesen Code ein:

```
df_rem_target = df_rem_target.filter('TYPE IS NULL')
df_rem_target = df_rem_target.drop('TYPE')
df_rem_target.count()
```

Das Ergebnis zeigt, dass bis zum Stichtag des 28. Februar 2022 7.586 Kontakte noch kein Produkt erworben hatten. Damit haben wir die Population gefunden, auf der wir das Machine-Learning-Modell erstellen können.

Im nächsten Schritt erstellen wir die Zielvariable, auf der ein Machine-Learning-Modell trainiert werden kann. Dafür müssen wir zunächst in einer Variablen beschreiben, ob die 7.586 Kontakte, die uns interessieren, in den 30 Tagen nach dem Stichtag einen Kauf getätigt haben. Zuerst erstellen wir dafür den hana_ml-DataFrame df_rem_purchase, der alle Kontakte beinhaltet, die in dem Zeitraum dieser 30 Tage nach dem Stichtag einen Kauf getätigt haben. Die Spalte FUTUREPURCHASE bekommt den Wert Yes für all diese Kontakte.

```
df_rem_purchase = df_rem_interactions.filter("TYPE = 'PURCHASE' \
     AND INTERACTIONDATE BETWEEN ADD_DAYS('2022-02-28', 1) \
     and ADD_DAYS('2022-02-28', 30)").distinct(['CUSTOMERID'])
df_rem_purchase = df_rem_purchase. \
     select('CUSTOMERID', ("'Yes'", 'FUTUREPURCHASE'))
```

Mit dem folgenden Code finden wir heraus, dass es sich um 680 Kontakte handelt, die in den 30 Tagen ein Produkt gekauft haben.

```
df_rem_purchase.count()
```

Wir reichern den bereits bestehenden hana_ml-DataFrame df_rem_purchase, der die Population beinhaltet, mit der Zielvariablen FUTUREPURCHASE an. Mit einem Left-Join ist sichergestellt, dass nach dem Join weiterhin nur die Kontakte ohne Kauf bis zum

Stichtag im Datensatz enthalten sind. Das Ergebnis des Join ist in dem hana_ml-DataFrame df_rem_360 festgehalten.

```
df_rem_target.set_index('CUSTOMERID')
df_rem_purchase.set_index('CUSTOMERID')
df_rem_360 = df_rem_target.join(df_rem_purchase, how='left')
```

Wir werden diesen DataFrame im Laufe des Kapitels mit weiteren Details anreichern.

Kontakte aus der Population, die in den darauffolgenden 30 Tagen den ersten Kauf tätigten, haben in der Spalte FUTUREPURCHASE wie gewollt den Eintrag Yes. Für Kontakte in dem DataFrame, die auch in den folgenden 30 Tagen keinen Kauf getätigt haben, weist die Spalte FUTUREPURCHASE noch keinen Wert auf. Wir ersetzen diesen fehlenden Wert mit No:

```
df_rem_360 = df_rem_360 \
     .fillna(value='No', subset=['FUTUREPURCHASE'])
```

Die Zielvariable ist erstellt. Wir lassen uns die Struktur der Daten anzeigen (siehe Abbildung 4.23):

```
df_rem_360.describe().collect()
```

column	count	unique	nulls
AGE	7586	53	0
CUSTOMERID	7586	7586	0
GENDER	7586	3	0
FUTUREPURCHASE	7586	2	0

Abbildung 4.23 Datenstruktur mit Zielvariable

Nun nutzen wir die Interaktionen, um das Verhalten der Kontakte vor der Zielperiode zu beschreiben. Wir weisen dem hana_ml-DataFrame alle Interaktionen zu, die in den 30 Tagen vor dem Stichtag festgehalten wurden.

```
df_rem_interactions = df_rem_interactions.filter \
     ("INTERACTIONDATE BETWEEN ADD_DAYS('2022-02-28', -30) \
       AND '2022-02-28'")
```

Aus dieser Liste zählen wir, wie oft der Kontakt unsere Webseite besucht hat, indem wir diesen Code ausführen:

```
df_rem_webvisits = df_rem_interactions \
     .filter("TYPE = 'WEBSITE_VISIT'") \
```

```
    .agg([('count', 'CUSTOMERID', 'WEBSITE_VISITS_30DAYS')], \
        group_by='CUSTOMERID')
```

Ebenso halten wir fest, wie oft der Kontakt die Suchfunktion unserer Webseite in diesem Zeitraum (30 Tage vor dem Stichtag) genutzt hat:

```
df_rem_websearches = df_rem_interactions \
    .filter("TYPE = 'WEBSITE_SEARCH'") \
    .agg([('count', 'CUSTOMERID', 'WEBSITE_SEARCHES_30DAYS')], \
        group_by='CUSTOMERID')
```

Nun hängen wir die neuen Spalten an den bestehenden `hana_ml`-DataFrame `df_rem_360`. Für Kontakte, die die Webseite nicht besucht oder keine Suche durchgeführt haben, sind die jeweiligen Aggregate/Spalten noch leer. Wir ersetzen diesen fehlenden Wert in folgendem Listing mit einer numerischen 0:

```
df_rem_360 = df_rem_360.set_index('CUSTOMERID').join([
    df_rem_webvisits .set_index('CUSTOMERID'),
    df_rem_websearches.set_index('CUSTOMERID')], how='left')
df_rem_360 = df_rem_360.fillna(0, \
    ['WEBSITE_VISITS_30DAYS', 'WEBSITE_SEARCHES_30DAYS'])
```

Damit haben wir den Datensatz in diesem Beispiel für unseren Stichtag fertiggestellt (siehe Abbildung 4.24). Verwenden Sie diesen Code, um sich das Ergebnis anzeigen zu lassen:

```
df_rem_360.describe().collect()
```

column	count	unique	nulls	mean
AGE	7586	53	0	44.529133
WEBSITE_VISITS_30DAYS	7586	8	0	0.521751
WEBSITE_SEARCHES_30DAYS	7586	11	0	0.424730
CUSTOMERID	7586	7586	0	NaN
GENDER	7586	3	0	NaN
FUTUREPURCHASE	7586	2	0	NaN

Abbildung 4.24 Finale Datenstruktur

[+]

Anreichern eines Datensatzes für das Machine Learning

In einem Projekt würden Sie an diesen Punkt wahrscheinlich versuchen, das Verhalten der Personen über weitere Spalten zu beschreiben. Hier können Sie kreativ werden und versuchen, potenziell relevante Spalten zur Verfügung zu stellen. Dies können weitere verhaltensbezogene Spalten sein, wie das Verhalten in länger zurückliegenden Zeiträumen oder eine Veränderung des Verhaltens. Wir wissen aktuell, wie sich die Person in den letzten 30 Tagen verhalten hat. Aber wie war das Verhalten z. B. in den 30 Tagen davor? Dies kann eine weitere Variable sein. Hat sich das Verhalten verändert und wenn ja, wie? Auch dies kann eine weitere Variable sein, die die Differenz der einzelnen Zeiträume berechnet. Aber auch ganz andere Daten, wie der Zeitraum, seitdem die Person bei uns registriert ist, sind hier denkbar. Wie in Abschnitt 1.1.5 zum Thema CRISP-DM-Prozessmodell beschrieben, hilft das zunehmende Verständnis bei der Aufbereitung des Datensatzes, z. B. bei der Identifizierung und Erstellung weiterer Variablen. Bei der Erstellung der Variablen ist der in Kapitel 1, »Einführung«, erwähnte Subject Matter Expert (SME) eine wichtige Unterstützung, z. B. für weitere Ideen oder zur Verifizierung Ihrer Vorstellungen.

Um solch einen Datensatz dauerhaft einsetzen zu können, ist es hilfreich, wenn Sie flexibel einen Stichtag benennen können und der View sich darauf entsprechend anpasst. Nur so lässt sich das Trainieren und Anwenden von Data- Science-Methoden durchweg automatisieren.

Im obigen Beispiel sind wir davon ausgegangen, dass heute der 30 März ist. Um aus der Vergangenheit lernen zu können, ist die Sicht der Daten auf den 28. Februar gelegt. So kann eine Klassifizierung lernen, welches Kundenverhalten auf einen ersten Kauf hindeutet. Das trainierte Modell kann dann auf einen Datensatz aus heutiger Sicht angewendet werden. Dazu muss die Datenlogik mit dem heutigen Datum reproduziert werden. Ähnlich verhält es sich, wenn Sie in der Folgewoche ein neues Machine-Learning-Modell erstellen und anwenden möchten. Auch hier müssen die Datumstempel entsprechend angepasst werden. Die Logik der Daten bleibt bestehen, aber die Berechnungen beziehen sich immer auf unterschiedliche Datumstempel.

Für jede Anforderung, die Logik mit einem unterschiedlichen Datumstempel jedes Mal neu aufzusetzen, wäre zu aufwendig. Für einen effizienten und flexiblen Einsatz können Sie die Datenlogik als parametrisierten View aufrufen, und dabei lediglich das entsprechende Datum als Parameter übergeben.

Der parametrisierte View ist einfach zu erstellen. Der `hana_ml`-DataFrame `df_rem_360` repräsentiert bereits das SQL-Statement für das fix gesetzte Datum vom 28. Februar 2022. Dieses Datum muss nur durch einen Parameter ersetzt werden, wie Sie hier sehen:

```
reference_date = '2022-02-28'
sql_createview = df_rem_360.select_statement
sql_createview = sql_createview \
    .replace("'" + reference_date + "'", ":P_REFERENCEDATE")
sql_createview = "CREATE VIEW V_FIRSTPURCHASEIN30DAYS \
    (IN P_REFERENCEDATE NVARCHAR(10)) AS " + sql_createview + ";"
```

Führen Sie dieses angepasste SQL-Statement aus. Sie können hierfür eine beliebige Applikation wie den SAP HANA Database Explorer nutzen oder aber einfach direkt aus Python heraus den Code ausführen. Das hier genutzte `hdbcli`-Paket wurde bei der Installation des `hana_ml`-Pakets mit installiert und hilft in diesem Fall, beliebigen SQL-Code auf SAP HANA auszuführen.

```
from hdbcli import dbapi
dbapi_cursor = conn.connection.cursor()
dbapi_cursor.execute(sql_createview)
```

Der View ist angelegt. Dieser kann nun über Python oder aus anderen Umgebungen heraus angesprochen werden, und das gewünschte Datum wird als Parameter übergeben. Zum Trainieren des Machine-Learning-Modells nutzen Sie das Datum von vor 30 Tagen.

```
df_rem_train = conn \
    .sql("SELECT * FROM V_FIRSTPURCHASEIN30DAYS('2022-02-28')")
df_rem_train.describe().collect()
```

Lassen Sie einige Zeilen mit dem folgenden Code anzeigen, das Ergebnis sehen Sie in Abbildung 4.25:

```
df_rem_train.head(5).collect()
```

CUSTOMERID	GENDER	AGE	FUTUREPURCHASE	WEBSITE_VISITS_30DAYS	WEBSITE_SEARCHES_30DAYS
CXID000001	Female	62	No	1	0
CXID000002	Female	45	No	0	0
CXID000003	Unknown	35	No	1	0
CXID000004	Female	45	No	0	0
CXID000005	Male	57	No	0	0

Abbildung 4.25 Trainingsdaten

Weitere Datenvorbereitungen

Es gibt viele weitere Möglichkeiten der Datenvorbereitung. Einige weitere Beispiele hierzu finden Sie in Kapitel 9, »Tipps und Tricks«.

Nachdem wir die Daten erfolgreich vorbereitet haben, möchten wir sie in einem konkreten Beispiel nutzen. Das Erstellen einer hier notwendigen binären Klassifizierung zum Schätzen der Kaufwahrscheinlichkeit einer Person wird zwar erst in Abschnitt 5.2, »Klassifizierung mit der APL«, detailliert erläutert, dennoch möchten wir kurz zeigen, wie die beiden Sichten der Daten zum Trainieren und Anwenden eines

Machine-Learning-Modells genutzt werden können. Spätestens, wenn Sie sich mit der Klassifizierung in Abschnitt 5.2, »Klassifizierung mit der APL«, vertraut gemacht haben, werden Sie die folgenden Schritte selbst vornehmen können.

Im ersten Schritt trainieren wir ein binäres Klassifizierungsmodell mit der Automated Predictive Library (APL). Führen Sie dafür den folgenden Code aus:


```
col_target = 'FUTUREPURCHASE'
col_id = 'CUSTOMERID'
from hana_ml.algorithms.apl.gradient_boosting_classification \
import GradientBoostingBinaryClassifier
classapl = GradientBoostingBinaryClassifier()
classapl.fit(data=df_rem_train.sort(col_id, desc=False),
                key=col_id,
                label=col_target)
```

Lassen Sie sich nun die Eigenschaften des trainierten Modells anzeigen:

```
from hana_ml.visualizers.unified_report import UnifiedReport
UnifiedReport(classapl).build().display()
```

In Abbildung 4.26 sehen Sie das trainierte ML-Modell im Model Report.

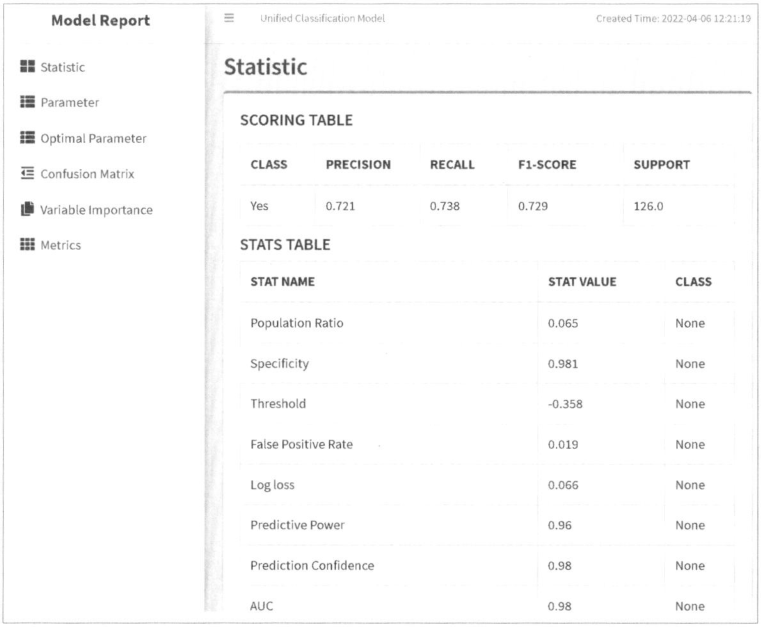

Model Report

Statistic
Parameter
Optimal Parameter
Confusion Matrix
Variable Importance
Metrics

Unified Classification Model — Created Time: 2022-04-06 12:21:19

Statistic

SCORING TABLE

CLASS	PRECISION	RECALL	F1-SCORE	SUPPORT
Yes	0.721	0.738	0.729	126.0

STATS TABLE

STAT NAME	STAT VALUE	CLASS
Population Ratio	0.065	None
Specificity	0.981	None
Threshold	-0.358	None
False Positive Rate	0.019	None
Log loss	0.066	None
Predictive Power	0.96	None
Prediction Confidence	0.98	None
AUC	0.98	None

Abbildung 4.26 Trainiertes Machine-Learning-Modell

Vorhersagen erstellen Sie auf den Datenbestand aus heutiger Sicht, mit dem heutigen Zeitstempel des 30. März 2022. Das trainierte Modell können Sie nun auf den aktuellen Datensatz anwenden, der die Kontakte beinhaltet, die bis heute noch kein Produkt erworben haben, und die Informationen dazu, wie sich diese Personen in der Vergangenheit, aus heutiger Sicht, verhalten haben.

Wir verwenden hierfür denselben View. Nur die Zielvariable FUTUREPURCHASE sollte herausgenommen werden, die für alle Kontakte ein No zeigt, da diese das Verhalten in der Zukunft mit einbezieht, das wir letztlich mit dem Modell vorhersagen möchten. Es entsteht der folgende Code:

```
df_rem_apply = conn \
    .sql("SELECT * FROM V_FIRSTPURCHASEIN30DAYS('2022-03-30')") \
    .drop('FUTUREPURCHASE')
```

Wenden Sie das Modell auf den Datensatz an und erstellen Sie die Vorhersagen:

```
classapl.set_params(extra_applyout_settings =
            {'APL/ApplyExtraMode': 'Advanced Apply Settings',
             'APL/ApplyDecision': 'true',
             'APL/ApplyProbability': 'true',
             'APL/ApplyPredictedValue': 'false'
              })
df_rem_pred = classapl.predict(df_rem_apply)
```

Nun können Sie mit diesem Code die Kontakte mit der höchsten Kaufwahrscheinlichkeit anzeigen lassen:

```
df_rem_pred.sort('gb_proba_FUTUREPURCHASE', desc=True) \
            .head(5).collect()
```

Das Ergebnis wird wieder in einer Tabelle ausgegeben, die Sie in Abbildung 4.27 sehen. Hier zeigt sich, dass die Kundin oder der Kunde mit der **CustomerID CXID001858** die höchste Kaufwahrscheinlichkeit aufweist.

CUSTOMERID	PREDICTED	gb_proba_FUTUREPURCHASE
CXID001858	Yes	0.952355
CXID005369	Yes	0.830857
CXID002911	Yes	0.830857
CXID004988	Yes	0.830857
CXID003822	Yes	0.764115

Abbildung 4.27 Vorhersagen erstellt auf den transformierten Daten

Bereits mit vergleichsweise wenig Aufwand haben wir den vorhandenen Daten wichtige Informationen entnehmen können. Diese Kaufwahrscheinlichkeiten können nun zur Personalisierung der Kundenkommunikation genutzt werden.

Kapitel 5
Automated Predictive Library

Die Automated Predictive Library (APL) ist ein in SAP HANA eingebautes Automated-Machine-Learning-Framework (AutoML) für strukturierte Daten. Die APL kann in kurzer Zeit sehr gute Machine-Learning-Modelle erstellen und ist somit bestens geeignet für schnelle Ergebnisse und Projekte, in denen mehrere ML-Modelle benötigt werden.

Die Automated Predictive Library (APL) ermöglicht die massenhafte Erstellung von Machine-Learning-Modellen auf strukturierten Daten, um so die Nutzung von Advanced Analytics zu skalieren. Viele einzelne Schritte, die Data Scientists händisch implementieren müssten, um ein gutes Machine-Learning-Modell zu finden (z. B. gewisse Datenvorbereitung, Umgehen mit fehlenden Werten, ML-Hyperparameter-Optimierung etc.), sind in der APL automatisiert, weswegen sie sich sehr gut für eine zuverlässige Implementierung oftmals wiederkehrender oder auch ähnlicher Anforderungen eignet.

Häufig ist nicht nur ein einziges Machine-Learning-Modell gefordert, sondern eine große Anzahl von verschiedenen Modellen muss oft wiederkehrend erstellt werden. Wenn Sie z. B. im Marketing Ihre Kommunikation an Kunden verbessern möchten, können Ihnen hierbei Vorhersagen zu Kundeninteressen helfen. Wenn Sie nur für zehn strategische Produkte monatlich ein Modell für die Kaufwahrscheinlichkeit berechnen möchten, benötigen Sie im Jahr schon 120 Modelle. Hier ist der Bedarf nach einer Automatisierung offensichtlich.

Mit der APL sollen Data Scientists aber nicht ersetzt werden. Sie werden vielmehr bei ihrer Arbeit unterstützt, z. B., indem Ihnen wiederkehrende Aufgaben zuverlässig abgenommen werden. Ebenso profitieren Data Scientists von der Möglichkeit, mit der APL schnell ein erstes Gefühl für die Daten zu bekommen. Resultierend daraus, ob die APL ein gutes Modell findet und welche Variablen ausgewählt wurden, lassen sich bereits Rückschlüsse auf die Daten ziehen.

Ebenso hilft die APL Anwender*innen, die weniger tief in die Data-Science-Thematik eingearbeitet sind, dabei, eigene Modelle zu erstellen und zu interpretieren. Hierbei sollte jedoch schon ein gewisses technisches Wissen vorhanden sein, z. B. wie bei Powerusern oder IT-Expert*innen. Die Nutzung von APL aus Python heraus, wie in diesem Buch vorgestellt, ist eher nicht für Anwender*innen im Fachbereich gedacht.

Für diese Gruppe hat SAP einfacher zu nutzende Smart Features in der SAP Analytics Cloud entwickelt, die unter anderem auch die APL einsetzen.

Smart Features in der SAP Analytics Cloud

Einen Überblick der verschiedenen Fähigkeiten der SAP Analytics Cloud für Fachanwender*innen finden Sie in diesem Beitrag von SAP Community: *https://community.sap.com/topics/cloud-analytics/augmented-analytics*

Bei aller Automatisierung mit der APL müssen die Daten aber dennoch vorab aufbereitet werden. Wollen Sie z. B. die Wahrscheinlichkeit berechnen, ob einer Ihrer Kunden einen auslaufenden Vertrag verlängern möchte, müssen Sie alle Rohdaten dieses Kunden in einer aggregierten Datenzeile zusammenfassen. Diese Schritte sind im Abschnitt 4.4, »Datenvorbereitung«, beschrieben und auch für den Einsatz der APL notwendig.

In diesem Kapitel nutzen Sie die APL für verschiedene, sehr häufig vorkommende Machine-Learning-Anforderungen, darunter die binäre und die Multiclass-Klassifizierung (siehe Abschnitt 5.2, »Klassifizierung mit der APL«), die Regression, die in Abschnitt 5.3, »Regression mit der APL«, beschrieben wird und die Zeitreihenvorhersage, auf die wir in Abschnitt 5.4, »Zeitreihen mit der APL«, eingehen werden.

In den Download-Materialien zu diesem Buch, die Sie unter *www.sap-press.de/5539* herunterladen können, finden Sie den ausführbaren Code dieses Kapitels im Ordner **Kapitel 5** (siehe auch Abbildung 5.1). Bei der Ausführung des Notebooks können Ihre Ergebnisse leicht unterschiedlich sein, z. B. wenn Sie mit anderen Versionen der Software arbeiten.

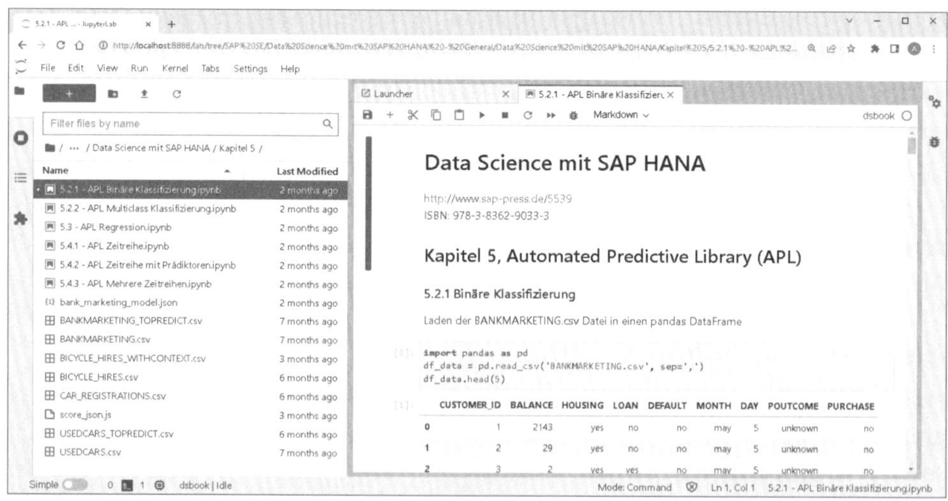

Abbildung 5.1 Notebook mit ausführbarem Code

5.1 Einführung in die APL

Die *APL* ist ein Automated-Machine-Learning-Framework (AutoML-Framework), mit dem Machine-Learning-Modelle erstellt werden können. Im Backend ist das Framework sowohl in einer On-Premise-SAP-HANA-Umgebung wie auch in SAP HANA Cloud beziehungsweise SAP Data Warehouse Cloud implementiert.

Die Arbeit mit der APL hat sich vor allem im Januar 2019 mit Release 1812 stark verändert, als ein sogenannter Gradient-Boosting-Algorithmus eingeführt wurde. Diese Veränderung ermöglicht z. B. eine Multiclass-Klassifizierung. Achten Sie daher vor allem bei älteren Dokumenten (z. B. bei Produktdokumentationen und Blogs) darauf, ob diese noch die »klassische« APL oder schon die neuere Variante beschreiben.

Beim Frontend ist der Fokus von der damaligen On-Premise-Umgebung SAP Predictive Analytics auf Schnittstellen für Python und SQL geschwenkt. Im Januar 2020 wurde das Ende der Mainstream-Wartungsphase von SAP Predictive Analytics für Ende 2022 bekannt gegeben. Parallel hat sich unserer Erfahrung nach die neue Python-Schnittstelle zur Nutzung der APL schnell etabliert. Wie schon im Abschnitt 3.1.4, »Datenverarbeitung«, erklärt, können Sie mit der Python-Schnittstelle in Ihrer Python-Umgebung entwickeln, während die Berechnungen aber weiterhin in SAP HANA stattfinden. Da sich sowohl die Daten als auch die APL bereits in SAP HANA befinden, müssen auch keine Daten extrahiert werden. Doppelte Datenhaltung wird vermieden, das Sicherheitsrisiko, dass Unbefugte während des Datentransports Zugriff erhalten, ist eliminiert, die Architektur wird schlank gehalten.

Im Alltag von Data Scientists werden häufig Klassifizierungen, Regressionen und Zeitreihenvorhersagen eingesetzt, die deshalb in diesem Kapitel der APL vorgestellt werden. Des Weiteren bietet die APL auch zusätzliche Fähigkeiten wie Clustering und eine sogenannte *soziale Netzwerkanalyse*. Die soziale Netzwerkanalyse ist als vielseitige Link-Analyse zu verstehen, nicht als spezialisierte Engine nur für soziale Netzwerke.

In diesem Buch wird die APL über die Python-Schnittstelle heraus angesprochen. Sie kann aber auch wie erwähnt direkt über SQL genutzt werden. Es existiert keine R-Schnittstelle für die APL.

[«]

Dokumentation zur APL und zur Python-Schnittstelle

Die Dokumentationen im SAP Help Portal zur APL finden Sie unter der folgenden URL: *https://help.sap.com/viewer/product/apl/latest/en-US*.

Mehr Informationen zur Python-Client-API für ML-Algorithmen finden Sie unter folgender URL: *http://s-prs.de/v903318*

Die APL kann mit Datensätzen unterschiedlichster Größe arbeiten. Für eine Zeitreihenvorhersage können bereits wenige Datenpunkte ausreichen. Aber auch sehr große Datensätze werden unterstützt. Die APL selbst hat keine Limitierung in der Anzahl der Spalten eines Datensatzes. Sie unterliegt nur den Einschränkungen von SAP HANA, was bedeutet, dass bis zu 64.000 Spalten genutzt werden können, was aber nur in extremen Ausnahmefällen notwendig sein sollte. Sowohl physische als auch virtuelle Tabellen können mit der APL genutzt werden.

[»]

Unterstützte Datenstrukturen

Beim Arbeiten mit der APL ist es hilfreich, die unterstützten Möglichkeiten und Limitierungen zu kennen. Eine Auflistung der unterstützten Datenbankobjekte finden Sie im SAP Help Portal unter folgender URL: *http://s-prs.de/v903319*

Eine Auflistung der unterstützten Spaltentypen finden Sie im SAP Help Portal unter folgender URL: *http://s-prs.de/v903320*

Informationen zu Systemlimitierungen in SAP HANA finden Sie im SAP Help Portal unter folgender URL: *http://s-prs.de/v903321*

Informationen zu Systemlimitierungen in der SAP HANA Cloud finden Sie im SAP Help Portal unter folgender URL: *http://s-prs.de/v903322*

Die APL lässt sich auch sehr gut mit der Predictive Analysis Library (PAL) kombinieren. Die PAL wird in Kapitel 6, »Predictive Analysis Library«, vorgestellt und bietet eine Sammlung vieler individueller ML-Algorithmen, die ständig erweitert wird. Über die PAL können Sie z. B. eine Korrelationsmatrix erstellen, um die Dateninhalte besser zu verstehen, bevor Sie mit der APL eine Klassifizierung erstellen.

Die APL nutzt patentierte Ansätze, um die bestmöglichen Modelle zu finden, basierend auf jahrelanger Erfahrung und Best Practices aus Kundenprojekten. Nicht nur die Logik des trainierten Modells auch die Auswahl der Treiber, die zu einer Vorhersage geführt haben, können interpretiert werden. Dieses Verständnis von Modell und Vorhersage wird oft *Global Explainable AI* und *Local Explainable AI* genannt und in den folgenden Abschnitten erläutert.

Die verschiedenen Methoden der APL werden im typischen Ablauf eines Projekts vorgestellt:

- Einführung in das jeweilige Beispiel
- Beschreibung und Laden der genutzten Daten
- Analyse der geladenen Daten
- Erstellen und Interpretieren eines Machine-Learning-Modells
- Anwenden des trainierten Modells, um Vorhersagen zu erstellen
- Speichern des Modells für die spätere Verwendung

In der Realität sind diese Schritte aber nicht strikt voneinander zu trennen. Ein Projekt ist eher ein iterativer Kreislauf, in dem es vor und zurück gehen kann, wie auch schon in Abschnitt 1.1.5, »CRISP-DM«, beschrieben.

5.2 Klassifizierung mit der APL

Die *Klassifizierung* ist eine sehr häufig eingesetzte Methode in Data-Science-Aktivitäten, weswegen diese hier als erste genauer vorgestellt wird. Ihr Ziel ist es, sogenannte *Entitäten* in vorab bekannte Gruppen zu unterscheiden. Die einzelne Gruppe kann auch *Klasse* genannt werden, daher der Name der Methode. Eine Entität in diesem Fall kann alles sein, dessen Eigenschaft oder Verhalten Sie vorhersagen möchten, z. B. Personen oder technische Anlagen.

Stellen Sie sich vor, dass Sie beschriftete Schubladen haben, in die eine Sammlung von Entitäten einsortiert werden soll. Jede Schublade entspricht einer Klasse. Es ist vor der Nutzung der Klassifizierung bereits klar definiert, wie sich die Klassen voneinander unterscheiden. Die Klassifizierung soll nun herausfinden, in welche Schublade jede einzelne Entität gehört.

Es gibt unterschiedliche Arten von Klassifizierungen. Wir stellen Ihnen in diesem Kapitel die binäre und die Multiclass-Klassifizierung vor.

5.2.1 Binäre Klassifizierung mit der APL

Wenn in der Klassifizierung genau zwei Gruppen voneinander unterschieden werden müssen, handelt es sich um eine *binäre Klassifizierung*.

Möchten Sie z. B. vorhersagen, bei welchen Ihrer Bestandskunden Sie die besten Chancen haben, ein Premium-Upgrade zu verkaufen, sind die Bestandskunden die Entitäten und die beiden zu unterscheidenden Klassen sind »Kunde erwirbt Premium-Upgrade« und »Kunde erwirbt kein Premium-Upgrade«. Mit der binären Klassifizierung können Sie abschätzen, bei welchen Kunden die Chancen auf das Upgrade am besten stehen, und diese Information entsprechend in Ihrer Kundenkommunikation nutzen.

[!]

Definition der Entitäten

Achten Sie darauf, dass die Entitäten und die beiden Gruppen klar definiert sind. Im genannten Beispiel sind die Entitäten alle Bestandskunden, die zu einem Stichtag noch kein Premium-Upgrade erworben hatten. Würden Sie auch zu den Kunden Kontakte aufnehmen, die noch überhaupt keinen Vertrag mit Ihnen abgeschlossen haben, wäre das Modell logisch falsch, da Sie das Modell ja nur auf Bestandskunden anwenden möchten und die Nicht-Kunden das Modell verfälschen würden.

Weitere Beispiele für binäre Klassifizierungen auf strukturierten Daten sind:

- Vorhersage der Gefahr, einen Bestandskunden zu verlieren (auch Abwanderungsgefahr oder Churn-Risiko genannt), sprich: »Kunde bleibt« oder »Kunde geht«
- Vorhersage, ob eine bestellte Lieferung pünktlich oder verspätet ankommen wird
- Vorhersage, ob ein Kunde eine offene Rechnung pünktlich bezahlen wird
- Vorhersage, ob ein Bauteil in einem produzierenden Unternehmen in den nächsten zwei Wochen ungewöhnliches Verhalten zeigt und eventuell repariert oder ausgetauscht werden muss

Viele weitere Anwendungsfälle nutzen eine binäre Klassifizierung, die Liste kann fast beliebig weitergeführt werden. Alle Szenarien haben gemeinsam, dass die zu unterscheidenden Gruppen vorab bekannt sind. Hierbei ist es unerheblich, wie die Gruppen benannt sind. Sie können z. B. »Ja« »Nein«, aber auch genauso gut »Kommt pünktlich an«/»Kommt verspätet an« verwenden.

Die Klassifizierung der APL sucht automatisiert nach einem Muster in den Trainingsdaten. Generell wird empfohlen, dass das vorherzusagende Verhalten im Trainingsdatensatz idealerweise etwa 1.000 Mal vorhanden sein soll. Möchten Sie z. B. vorhersagen, ob eine Lieferung verspätet ankommt, wäre es wünschenswert, im Trainingsdatensatz 1.000 verspätete Lieferungen und eine höhere Anzahl von pünktlichen Lieferungen zu haben. Diese Anzahl ist eine grobe Richtgröße, sehr gute Modelle können oft auch mit deutlich weniger Daten erstellt werden.

Für die Zielvariable (pünktlich oder nicht) muss im Trainingsdatensatz für alle Entitäten (hier die bereits durchgeführten Lieferungen) die tatsächlich eingetretene Situation bekannt sein. In den beschreibenden Variablen (Prädiktoren) dürfen Werte fehlen, die APL kann mit solchen fehlenden Werten umgehen. So werden die fehlenden Werte in einer Spalte als zusätzliche, gemeinsame Ausprägung betrachtet. Wenn für Fahrzeuge z. B. die Farbe nicht bekannt ist, gibt es neben den Kategorien Schwarz, Weiß und Blau auch die Kategorie Unbekannt (oder KxMissing, um exakt zu sein). Sie müssen sich nicht wie bei anderen Algorithmen selbst um solche Fälle kümmern. Dennoch sollten Sie fehlende Werte im Datensatz nicht ignorieren und mit dem Subject Matter Expert darüber besprechen, warum diese Informationen fehlen und ob vorangegangene Prozesse angepasst werden können, um die Datenqualität zu erhöhen.

Einführung eines praktischen Beispiels

Als praktisches Beispiel einer binären Klassifizierung versetzen wir uns in eine Bank, die mittels Machine Learning ihre Kundenkommunikation verbessern möchte. Man möchte erkennen, welche Bestandskund*innen das größte Interesse an einem zusätzlichen Festgeldvertrag haben. Ziel des Machine-Learning-Modells ist zweierlei:

- Das Machine-Learning-Modell kann zur Personalisierung der Kommunikation genutzt werden. Nur Kontakte mit einer hohen Wahrscheinlichkeit, sich für das Produkt zu interessieren, werden kontaktiert.
- Ebenso kann eine Interpretation des Machine-Learning-Modells helfen zu erkennen, welche Faktoren sich auf die Wahrscheinlichkeit, sich für das Produkt zu interessieren, auswirken. Oft lassen sich so interessante Konstellationen finden, die helfen, die bestehenden Prozesse weiter zu verfeinern.

Datenbeschreibung

Der erste Schritt ist die Datenbeschreibung. Grundlage für das praktische Beispiel sind Bestandskund*innen einer Bank, denen per Telefon ein Festgeldvertrag angeboten wurde. Über die Personen sind gewisse Informationen zum Finanzstatus bekannt, z. B. wann sie kontaktiert wurden und ob aufgrund des Telefonats ein Vertrag zustande kam.

Diese Informationen sind in den Spalten der Datei **BANKMARKETING.csv** festgehalten (siehe Tabelle 5.1). Damit Sie das Beispiel nachvollziehen können, finden Sie die besagte Datei auch in den Download-Materialien zu diesem Buch.

Spalte	Beschreibung
CUSTOMER_ID	Kunden-ID
BALANCE	Guthaben auf dem bestehenden Konto
HOUSING	Vorhandensein einer Hypothek
LOAN	Vorhandensein eines Privatkredits
DEFAULT	Eventueller Rückstand bei der Rückzahlung eines Kredits
MONTH	Monat, in dem die Kundin beziehungsweise der Kunde kontaktiert wurde
DAY	Tag des Monats, an dem die Kundin beziehungsweise der Kunde kontaktiert wurde
POUTCOME	Verhalten der Kundin beziehungsweise des Kunden, falls sie oder er bereits zu einem anderen Produkt kontaktiert wurde
PURCHASE	Abschluss eines Sparplans aufgrund des Anrufs

Tabelle 5.1 Spalten der Tabelle »BANKMARKETING.csv«

Herkunft und Anpassung der verwendeten Daten

Die Daten in der Datei **BANKMARKETING.csv** basieren auf dem *Bank Repository Data Set* des UCI Machine Learning Repository. Um eine ungewollte Diskriminierung von Personen durch das Machine-Learning-Modell zu vermeiden, sind für dieses Beispiel eventuell sensitive Informationen wie Alter und Arbeitsstatus entfernt worden: *https://archive.ics.uci.edu/ml/datasets/bank+marketing*.

Daten laden

Überführen Sie die Daten der Datei **BANKMARKETING.csv** in Ihr SAP-HANA-System. Laden Sie zuerst die CSV-Datei als Pandas-DataFrame in Ihrer lokalen Python-Umgebung hoch und zeigen Sie zur Sicherheit, dass dies korrekt funktioniert hat, die ersten Zeilen an, indem Sie folgenden Code ausführen:

```
import pandas as pd
df_data = pd.read_csv('BANKMARKETING.csv', sep=',')
df_data.head(5)
```

Erstellen Sie nun eine Verbindung zu SAP HANA. In diesem Beispiel nutzen wir die in Abschnitt 3.1.2, »Verbindung zu SAP HANA«, hinterlegten Login-Daten. In Kapitel 3, »Erste Schritte«, finden Sie auch eine Beschreibung, wie Sie die Login-Daten direkt eingeben können. Verbinden Sie sich nach dem bekannten Prinzip mit SAP HANA:

```
import hana_ml.dataframe as dataframe
conn = dataframe.ConnectionContext(userkey='MYHANA')
conn.connection.isconnected()
```

Bei einer erfolgreichen Verbindung wird Ihnen `True` angezeigt. Nun können die Daten nach SAP HANA geladen werden. Mit dem folgenden Befehl werden direkt mehrere Schritte ausgeführt:

1. Eine eventuell bereits bestehende Tabelle mit dem gleichen Namen wird gelöscht.
2. Die neue Tabelle wird mit Spalten, deren Namen und Datentypen auf dem Pandas-DataFrame basieren, angelegt.
3. Die Daten des Pandas-DataFrames werden in die Tabelle geladen.

```
df_remote = dataframe.create_dataframe_from_pandas(connection_context=conn,
                                                   pandas_df=df_data,
                                                   table_name='BANKMARKETING',
                                                   force=True,
                                                   drop_exist_tab=True,
                                                   replace=False)
```

Sie können die Tabelle jetzt in Ihrem SAP-HANA-Frontend sehen, z. B. im SAP HANA Database Explorer, der in Kapitel 2, »SAP HANA als Data-Science-Umgebung«, vorgestellt wurde.

Explorative Datenanalyse

Der nächste Schritt ist die explorative Datenanalyse, die Sie bereits in Kapitel 4, »Explorative Datenanalyse und Datenvorbereitung«, kennengelernt haben. Das Objekt `df_remote` von Typ `hana_ml`-DataFrame verweist bereits auf die neue SAP-HANA-Tabelle BANKMARKETING. Mit diesem Objekt könnten Sie auch sofort die nächsten Schritte implementieren. Es repräsentiert eine Datenabfrage (engl. Query), die in SAP HANA ausgeführt wird, die Daten sind jedoch weiterhin in SAP HANA.

Wenn Sie auch später mit derselben Tabelle arbeiten möchten, ist es jedoch unpraktisch, wenn Sie die Daten immer wieder neu hochladen müssen. Mit dem folgenden Code erstellen Sie einen identischen `hana_ml`-DataFrame, der auf die bereits geladene Tabelle verweist:

```
df_remote = conn.table('BANKMARKETING')
```

Alternativ können Sie als Grundlage des `hana_ml`-DataFrames ein beliebiges `SELECT`-Statement verwenden, wie Sie hier sehen:

```
df_remote = conn.sql('SELECT * FROM BANKMARKETING')
```

Oft ist es hilfreich, sich schnell einige wenige Zeilen des `hana_ml`-DataFrames anzeigen zu lassen. Über die `head(n)`-Methode wird das Datenvolumen auf die ersten n Zeilen des `hana_ml`-DataFrames gefiltert, ohne dass die Tabelle in SAP HANA dadurch bewusst verändert wird. Die `head()`-Methode alleine zeigt die Daten aber noch nicht an. Der `hana_ml`-DataFrame ist im Kern ein `SELECT`-Statement, das nur bei Bedarf ausgeführt wird. Das heißt, dass die Daten in SAP HANA bleiben. Um diese Daten anzuzeigen, müssen Sie zusätzlich noch die `collect()`-Methode aufrufen. Erst zu diesem Zeitpunkt wird das `SELECT`-Statement ausgeführt, das den durch die `head()`-Methode reduzierten Datensatz als Pandas-DataFrame in Ihre Python-Umgebung lädt, wie in dem folgenden Beispiel:

```
df_remote.head(5).collect()
```

Mit dem `hana_ml`-DataFrame können Sie nun ein besseres Verständnis der Daten erhalten. Nutzen Sie hierfür beispielsweise einige der in Kapitel 4, »Explorative Datenanalyse und Datenvorbereitung«, beschriebenen Möglichkeiten.

Eine wichtige Voraussetzung für die binäre Klassifizierung ist es, zu wissen, wie viele Datensätze vorhanden sind und welche Werte wie oft in der Zielvariablen vorkommen. Da es sich um eine binäre Klassifizierung handelt, dürfen nur exakt zwei unterschiedliche Werte in der Zielvariablen vorkommen. Gibt es nur einen Wert, können die Daten nicht klassifiziert werden. Gibt es mehr als zwei Werte, handelt es sich um eine Multiclass-Klassifizierung (siehe Abschnitt 5.2.2, »Multiclass-Klassifizierung mit der APL«).

Wir möchten nun herausfinden, wie das bei unserem Beispiel ist. Wenn Sie den folgenden Code in Python eingeben, wird Ihnen angezeigt, dass der Datensatz in unserem Beispiel aus 45.211 Zeilen beziehungsweise Kontakten besteht:

```
df_remote.count()
```

Die value_counts()-Methode lässt SAP HANA die Häufigkeit der einzelnen Werte einer Spalte berechnen. In unserem Beispiel berechnen wir die Häufigkeit für die Spalte PURCHASE.

```
df_remote.value_counts(['PURCHASE']).collect()
```

VALUES	NUM_PURCHASE
no	39922
yes	5289

Abbildung 5.2 Häufigkeit der Einträge in der Zielvariablen PURCHASE

Es sind wie für die binäre Klassifizierung erforderlich nur zwei Werte in der Zielvariablen vorhanden, 5.289 der insgesamt 45.211 Kontakte haben sich für den Sparvertrag entschieden (siehe Abbildung 5.2). Die von SAP HANA aggregierten Werte lassen sich auch einfach lokal in einer Grafik anzeigen (siehe Abbildung 5.3), indem Sie den folgenden Code ausführen:

```
import seaborn as sns
sns.set_style('darkgrid')
df_data = df_remote.value_counts(['PURCHASE']).collect()
sns.barplot(x=df_data.columns[0],
            y=df_data.columns[1], data=df_data);
```

Nutzen Sie weitere Möglichkeiten der Datenanalyse, wie z. B. die describe()-Methode:

```
df_remote.describe().collect()
```

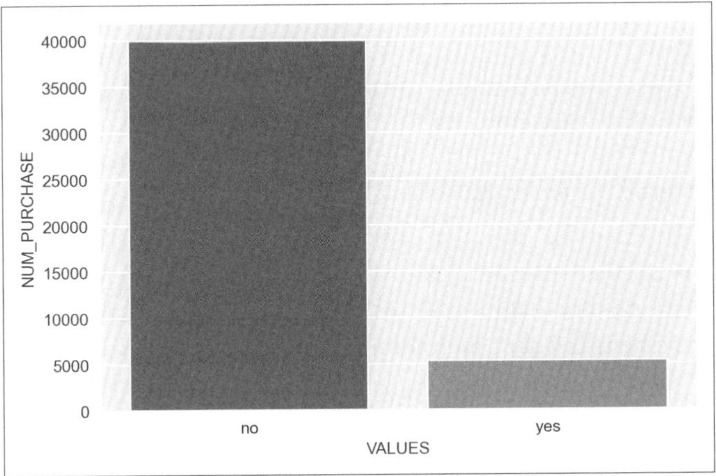

Abbildung 5.3 Häufigkeit der Einträge in der Spalte PURCHASE als Grafik

Trainieren und Debriefen eines Modells

Mit dem Verständnis der Daten kann ein erstes Klassifizierungsmodell zur Vorhersage des Kundenverhaltens erstellt werden. Sie müssen zum Trainieren mit der APL nur die Namen der Zielvariablen und der ID-Spalte im Code angeben. In dieser Minimalkonfiguration beziehen sich künftige Wahrscheinlichkeitsvorhersagen auf die kleinere Subpopulation. Konkret gesprochen, werden sich die Wahrscheinlichkeiten darauf beziehen, ob ein bestehender Kontakt den Vertrag abschließen wird. Viele weitere Einstellungen können gesetzt werden, weitere Informationen hierzu finden Sie im weiteren Verlauf des Kapitels.

```
col_target = 'PURCHASE'
col_id = 'CUSTOMER_ID'
from hana_ml.algorithms.apl.gradient_boosting_classification \
    import GradientBoostingBinaryClassifier
classapl = GradientBoostingBinaryClassifier()
classapl.fit(data=df_remote.sort(col_id, desc=False),
             key=col_id,
             label=col_target)
```

[!]

Richtige Klasse wählen

Achten Sie drauf, dass Sie die Klasse `hana_ml.algorithms.apl.gradient_boosting_classification.GradientBoostingBinaryClassifier` nutzen. Diese kann leicht mit der Klasse `hana_ml.algorithms.apl.classification` verwechselt werden, die aus Kompatibilitätsgründen weiterhin angeboten wird.

Sortierung der Daten

Der `hana_ml`-DataFrame wird bewusst sortiert übergeben, um reproduzierbare Ergebnisse zu erzielen. Ohne explizite Sortierung wäre es dem Zufall überlassen, in welcher Reihenfolge die Daten eintreffen. Unterschiede in der Reihenfolge der Daten können zu unterschiedlichen Machine-Learning-Modellen führen.

Die APL durchläuft nun verschiedenste Schritte, um ein Machine-Learning-Modell zu finden. So wird beispielsweise innerhalb der APL der Datensatz aufgeteilt, damit verschiedenste Modelle auf einem Teil der Daten trainiert und auf einem weiteren validiert werden können.

Das Default-Verhalten der APL teilt den Datensatz in zwei Pakete auf:

- Training: 75 % der Daten
- Validation: 25 % der Daten

Im weiteren Verlauf dieses Abschnitts lernen Sie auch, wie Sie andere Optionen zum Aufteilen der Daten festlegen können.

Nachdem das Modell trainiert wurde, rufen Sie einen Bericht auf (siehe Abbildung 5.4), der einen Überblick über das Modell gibt. Nutzen Sie dazu diesen Code:

```
from hana_ml.visualizers.unified_report import UnifiedReport
UnifiedReport(classapl).build().display()
```

Model Report

- Statistic
- Parameter
- Optimal Parameter
- Confusion Matrix
- Variable Importance
- Metrics

Unified Classification Model — Created Time: 2021-12-27 14:30:41

Statistic

SCORING TABLE

CLASS	PRECISION	RECALL	F1-SCORE	SUPPORT
yes	0.409	0.476	0.44	1339.0

STATS TABLE

STAT NAME	STAT VALUE	CLASS
Population Ratio	0.135	None
Specificity	0.91	None
Threshold	-1.396	None
False Positive Rate	0.09	None
Log loss	0.294	None
Predictive Power	0.518	None
Prediction Confidence	0.946	None
AUC	0.759	None

Abbildung 5.4 Report über das trainierte Modell

Der Bericht beinhaltet viele Informationen, aber zuerst sollten Sie sich die Modellgüte ansehen, um zu verstehen, ob Sie mit dem Modell arbeiten möchten. Die wichtigsten Informationen sind:

- **AUC**
  Die Area under the Curve (AUC) gibt an, wie gut das Modell die Kund*innen nach absteigender Wahrscheinlichkeit sortieren konnte. Im Marketing geht es nicht zwingend darum, perfekt die einzelnen Interessent*innen vorherzusagen, sondern eher darum, die x % der wahrscheinlichsten Interessent*innen zu finden, für die dann eine Marketingkampagne gefahren werden kann. Dieser Wert skaliert zwischen 0.5 und 1, wobei ein nutzloses Modell den Wert 0.5 und das perfekte Modell den Wert 1 erhält. Der AUC von 0.75 weist auf ein gutes Modell hin, das die an einem Vertragsabschluss Interessierten gut identifizieren kann.
- **PRECISION**
  Der Wert **Precision** (dt. Präzision) gibt an, wie viel Prozent von den Personen im Validierungsdatensatz, die das Modell konkret als Interessent*innen vorhergesagt hat, tatsächlich einen Vertrag abgeschlossen haben. Der Wert liegt zwischen einer wertlosen 0 und der perfekten 1.
- **RECALL**
  Der Wert Recall (dt. Rückruf) gibt an, wie viele der Personen, die einen Vertrag abgeschlossen haben, zuvor vom System als Interessent*innen vorhergesagt wurden. Der Wert liegt zwischen einer wertlosen 0 und der perfekten 1.
- **F1-SCORE**
  Im F1-Score werden die Werte Precision und Recall miteinander vereint. Auch dieser Wert skaliert zwischen 0 bis 1.
- **SUPPORT**
  Der Support-Wert gibt an, wie viele Personen im Validierungsdatensatz einen Vertrag abgeschlossen haben.

[«]

AUC, Precision, Recall, F1-Score

Precision und Recall stehen in direktem Konflikt zueinander und sollten daher nicht allein betrachtet werden. Würde ein Modell z. B. alle Entitäten als positiv vorhersagen, hätte das Modell einen perfekten Recall-Wert, aber einen sehr schlechten Precision-Wert. Der F1-Score vereint beide Werte in einer Kennzahl. Der F1-Score ist das harmonische Mittel aus Precision und Recall und wird mit folgender Formel berechnet.

F1-Score = 2 × Precision × Recall ÷ (Precision + Recall)

Die AUC ist sehr hilfreich, auch weil sie sich visualisieren lässt, wie in diesem Kapitel noch beschrieben.

Sehen Sie sich auch die weiteren Menüs des erstellten Berichts an, Sie finden dort:

- **Parameter**
  Dieses Menü zeigt die Einstellungen, mit denen das Machine-Learning-Modell trainiert wurde. Die Parameter, die die Erstellung des Modells beeinflussen, aber nicht Teil des trainierten Modells sind, werden oft *Hyperparameter* genannt.
- **Optimal Parameter**
  Dieses Menü zeigt die Anzahl der Iterationen, die zur Modellfindung durchlaufen wurden.
- **Confusion Matrix**
  Diese Menü liefert eine detailliertere Ansicht in Form einer Konfusionsmatrix (engl. Confusion Matrix), wie die Vorhersagen des Modells mit dem bekannten tatsächlichen Verhalten übereinstimmen.
- **Variable Importance**
  In diesem Menü sehen Sie, welche Variablen vom Machine-Learning-Modell ausgewählt wurden und wie stark diese das Modell beeinflussen. Die prozentualen Werte der einzelnen Variablen summieren sich auf 100 %. Die erste Ansicht zeigt diese Informationen als Kuchengrafik, wählen Sie die Option **Bar Chart**, um einen besseren Überblick zu erhalten.
- **Metrics**
  In diesem Menü finden Sie Grafiken, die die Modellgüte visualisieren. Die ROC-Kurve ist eine sehr häufig genutzte Darstellung (siehe Abbildung 5.5). Die y-Achse entspricht darin dem prozentualen Anteil der positiven Fälle eines Datensatzes, die x-Achse dem prozentualen Anteil der fälschlicherweise als positive vorhergesagten Entitäten. Das trainierte Modell wurde auf Daten angewendet, für die die tatsächlichen Werte bekannt sind. Diese Vorhersagen sind in absteigender Reihenfolge sortiert, sodass sich die Entitäten mit den höchsten Wahrscheinlichkeiten am Anfang befinden. Jede Entität wird nun einzeln angesehen, in der sortierten Reihenfolge. Wurde ein positiver Fall korrekt vorhergesagt, entspricht dies einem *True Positive*. Die blaue Kurve, die das Modell repräsentiert, geht entsprechend nach oben. Sollte es sich hingegen um einen negativen Fall handeln, spricht man von einem *False Positive*. Die blaue Kurve bewegt sich eine Einheit nach rechts. Ein Modell, das ohne Logik rein zufällig arbeiten würde, ist mit der roten Linie in der Grafik angezeigt. Der Bereich unter der roten Linie deckt die Hälfte der Fläche ab und entspricht einem AUC von 0.5. Ein gutes Machine-Learning-Modell erkennt frühzeitig die positiven Fälle, womit die blaue Kurve schnell ansteigt. Die Fläche unter der blauen Linie entspricht dem AUC des Machine-Learning-Modells.

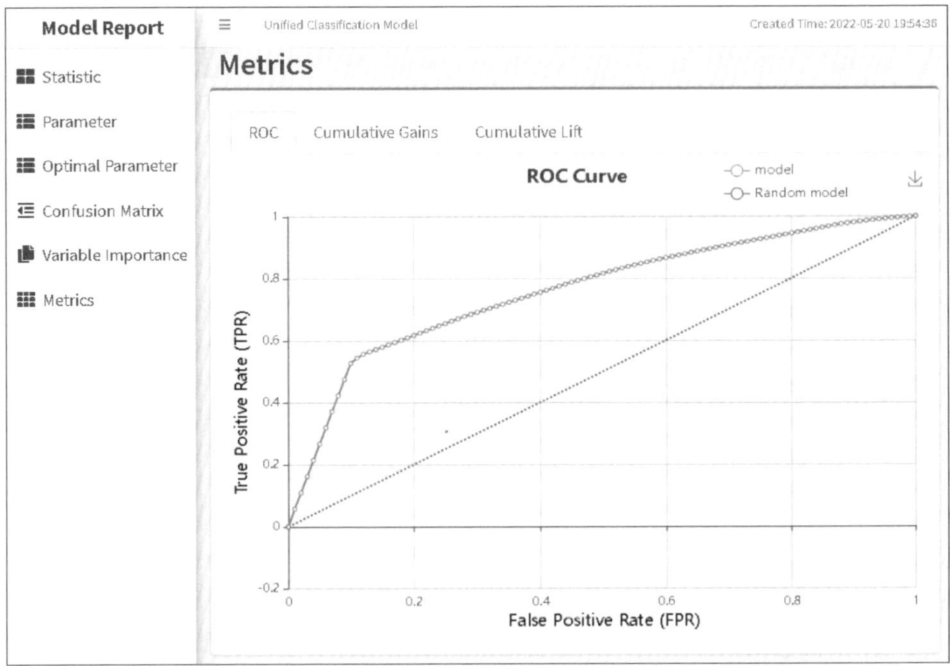

Abbildung 5.5 ROC-Kurve

Das genannte Menü **Variable Importance** zeigt zwar an, welche Variablen im Modell genutzt werden. Der Report zeigt hingegen nicht, welche Werte der einzelnen Variablen zu hohen oder tiefen Wahrscheinlichkeiten führen. Sie können diese Informationen jedoch vom Modell extrahieren und anzeigen. Der Einfluss der Werte einer Variablen kann mit dem Code in Listing 5.1 als Pandas-DataFrame aufbereitet werden.

```
variable_name = 'MONTH'
df_category_profit = classapl.get_indicators() \
   .filter("KEY = 'GroupNormalProfit' \
           and VARIABLE = '" + variable_name + "'").collect()
df_category_profit = df_category_profit[
     ['VARIABLE', 'TARGET', 'DETAIL', 'VALUE']]
df_category_profit['VALUE'] = df_category_profit['VALUE'].astype(float)
df_category_profit.columns = \
     ['Predictor', 'Target','Category','Profit']
df_category_profit = df_category_profit \
    .sort_values(by = ['Profit'], ascending = False)
df_category_profit.style.format({'Profit':'{0:,.2%}'}) \
    .hide(axis='index')
```

Listing 5.1 Einfluss der Werte einer Variablen

Nun können Sie sich die Werte als Grafik anzeigen lassen (siehe Abbildung 5.6). Der Einfluss beziehungsweise Profit gibt an, um wie viel Prozent sich das angezeigte Segment über oder unter der durchschnittlichen Erfolgsquote befindet. Führen Sie dafür den folgenden Code aus:

```
import seaborn as sns
import matplotlib.pyplot as plt
from matplotlib.ticker import PercentFormatter
f = plt.figure()
bplot = sns.barplot(data=df_category_profit,
                    x='Category', y='Profit', color='#1f77b4')
bplot.set_title(variable_name)
bplot.set_xticklabels(bplot.get_xticklabels(), rotation = 45);
bplot.yaxis.set_major_formatter(PercentFormatter(1))
```

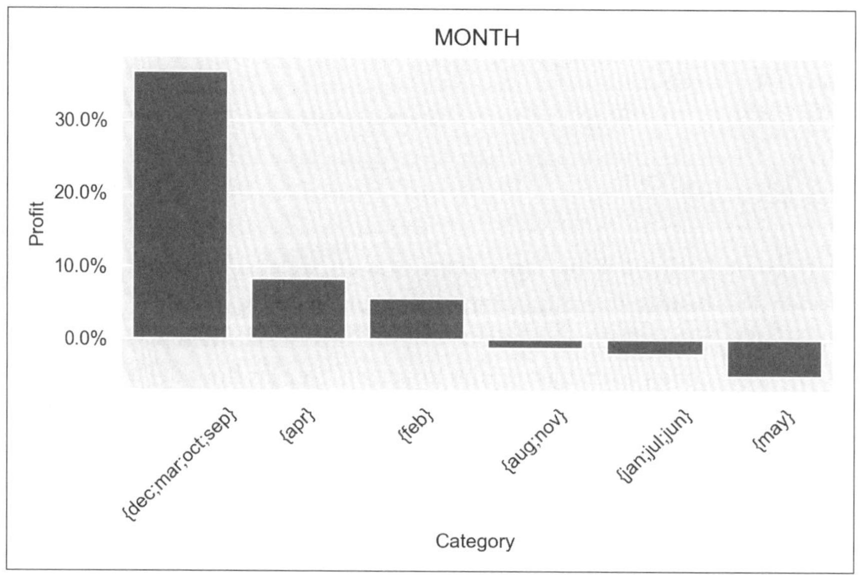

Abbildung 5.6 Einfluss der Werte einer ausgewählten Variablen auf die Vorhersage

Auf der x-Achse sehen Sie unterschiedliche Wertebereiche, für die das Modell unterschiedliche Einflüsse auf die Vorhersage erkannt hat. Der linke Bereich hat den stärksten Einfluss auf eine positive Vorhersage. Absteigend nach rechts sinkt der Einfluss, aber die Tendenz ist für die ersten drei Wertebereiche (von links gesehen) weiterhin zu einer positiven Vorhersage. Sobald der Balken einen negativen Einfluss aufweist, wechselt der Einfluss der Variablen und trägt nun eher zu einer negativen Vorhersage bei. Der Bereich des Balkens ganz rechts weist den höchsten Beitrag für eine negative Vorhersage auf.

In unserem Fall sagt die Grafik aus, dass Personen, die im März, September, Oktober oder Dezember kontaktiert wurden, die höchste Wahrscheinlichkeit für einen Vertragsabschluss aufweisen. Personen, die im Mai kontaktiert wurden, haben die geringste Wahrscheinlichkeit. Mit dieser Information kann die Bank z. B. entscheiden, dass das Produkt nur in den Monaten mit positivem Einfluss beworben werden soll. In den anderen Monaten könnten andere Informationen für die Kund*innen relevanter sein.

In diesem Beispiel ist die Wirkungsweise der Variablen deutlich und einfach zu interpretieren. Es kann aber durchaus vorkommen, dass die Wirkungsweise einer Variablen von einem Wert einer anderen Variablen abhängt. Angenommen, Personen mit einem hohen Kontostand haben eine hohe Kaufaffinität im Mai, die Personen mit geringerem Kontostand im März. Die beiden Variablen Kontostand und Monat interagieren, man spricht von einer *Interaktion*. Sollte eine Variable Teil einer Interaktion sein, lässt sich die Grafik wie oben beschrieben nicht anzeigen.

Darstellung von Interaktionen

Möchten Sie Interaktionen visualisieren, empfehlen wir den in diesem Blogeintrag beschrieben Ansatz: *https://blogs.sap.com/2021/12/08/shap-explained-models-with-automated-predictive-apl/.*

Das trainierte Modell stellt weitere Details als tabellarische Berichte zur Verfügung. In der Grundeinstellung teilt die APL bei einer binären Klassifizierung den Datensatz in zwei Teile. Auf den Estimation-Daten werden die Modelle trainiert, auf den Validierungsdaten werden sie verifiziert. Folgender Bericht zeigt beispielsweise an, wie viele Datensätze in Estimation und Validation enthalten sind und wie viele positive Fälle (in Prozent) sich in den Teilen befinden (siehe Abbildung 5.7). Diese Art von Bericht wird auch *Debrief Report* genannt und gibt einen Einblick in den Prozess der Modellerstellung. Erstellen Sie den Bericht mit folgendem Code:

```
classapl.get_debrief_report('BinaryTarget_Statistics').collect()
```

Target	Partition	Target Key	% Positive Weight	% Negative Weight	Weight
PURCHASE	Estimation	yes	11.731	88.269	33671.0
PURCHASE	Validation	yes	11.603	88.397	11540.0

Abbildung 5.7 Beispiel für einen Debrief Report

Einen Überblick über die verschiedenen Debrief-Berichte und weiterführende Informationen dazu finden Sie im SAP Help Portal unter: *http://s-prs.de/v903323*

Erstellen von Vorhersagen auf einer Tabelle

Das trainierte Modell kann nun auf Kund*innen angewendet werden, die bislang noch nicht wegen des Sparplans kontaktiert wurden. Bei welchen Kund*innen ist die Wahrscheinlichkeit, interessiert zu sein, am höchsten? Wer sollte zuerst kontaktiert werden?

Laden Sie zwei beispielhafte Kund*innen als weitere Tabelle nach SAP HANA und zeigen Sie die Daten an (siehe Abbildung 5.8), indem Sie den Code in Listing 5.2 ausführen:

```
import pandas as pd
df_topredict = pd.read_csv('BANKMARKETING_TOPREDICT.csv', sep=',')
df_remote_topredict = dataframe.create_dataframe_from_pandas(
                            connection_context=conn,
                            pandas_df=df_topredict,
                            table_name='BANKMARKETING_TOPREDICT',
                            force=True,
                            drop_exist_tab=True,
                            replace=False)
df_remote_topredict.head(5).collect()
```

Listing 5.2 Erstellung von Vorhersagen

CUSTOMER_ID	BALANCE	HOUSING	LOAN	DEFAULT	MONTH	DAY	POUTCOME
50000	2100	no	no	no	feb	5	success
50001	500	yes	yes	no	feb	5	unknown

Abbildung 5.8 Die zwei Kund*innen, deren Interesse vorhergesagt werden soll

[+]

Filtern auf wenige Zeilen

Die bereits bekannte `head()`-Methode filtert den `hana_ml`-DataFrame. Ohne einen Parameter zu übergeben, wird auf eine einzelne Zeile gefiltert. Möchten Sie mehr Zeilen sehen, geben Sie einfach die gewünschte Menge an. Oft bieten sich die ersten fünf Zeilen an, weswegen im Code der Einfachheit halber wie gewohnt fünf Zeilen angegeben sind, obwohl nur zwei Zeilen vorhanden sind.

Wenden Sie das trainierte Modell auf die beiden Kund*innen an und zeigen Sie die Vorhersagen an, indem Sie diesen Code ausführen:

```
classapl.set_params(extra_applyout_settings =
                    {'APL/ApplyExtraMode': 'Advanced Apply Settings',
                     'APL/ApplyDecision': 'true',
```

```
                    'APL/ApplyProbability': 'true',
                    'APL/ApplyPredictedValue': 'true'
                  })
df_remote_predicted = classapl.predict(df_remote_topredict)
df_remote_predicted.head(5).collect()
```


Das Ergebnis sehen Sie in Abbildung 5.9.

CUSTOMER_ID	PREDICTED	gb_score_PURCHASE	gb_proba_PURCHASE
50000	yes	0.283537	0.570413
50001	no	-3.111717	0.042627

Abbildung 5.9 Vorhersage des Kundeninteresses

Die Vorhersagen können mit diesem Code direkt in einer SAP-HANA-Tabelle gespeichert werden:

```
df_remote_predicted.save("BANKMARKETING_PREDICTED", force=True)
```

Für beide Kund*innen wurden sehr unterschiedliche Wahrscheinlichkeiten erkannt. Die Spalte **gb_proba_PURCHASE** gibt die Wahrscheinlichkeit in Prozent an. Bei Kundin beziehungsweise Kunde 50000 liegt die Wahrscheinlichkeit bei 57 %, was zu einer positiven Vorhersage führte (siehe Spalte **PREDICTED**). Für Kundin beziehungsweise Kunde 50001 hingegen ist die Wahrscheinlichkeit deutlich geringer, was zu einer negativen Vorhersage führt. Die Spalte **gb_score_PURCHASE** gibt einen internen Wert an, aus dem die Wahrscheinlichkeit abgeleitet wurde. Dieser Wert ist ein sogenannter *SHAP-Wert* (SHapley Additive exPlanations), der sich aus den Beiträgen der einzelnen Prädiktoren zusammensetzt. Anhand eines Beispiels ist dieser Wert einfach zu verstehen.

Wichtig ist vorab noch, den Schwellwert zu kennen, der zwischen positiver und negativer Vorhersage entscheidet. Dieser Wert kann vom Modell abgefragt werden (siehe Abbildung 5.10):

```
classapl.get_indicators().filter("KEY = 'Threshold'") \
    .select(['KEY', 'VALUE']).collect()
```

KEY	VALUE
Threshold	-1.3957269668579102

Abbildung 5.10 Schwellwert für Vorhersage

Liegt der geschätzte Wert einer Vorhersage wie in diesem Fall unter dem Schwellwert von etwa –1.39, wird eine negative Vorhersage ausgesprochen. Über diesem Wert ist die Vorhersage, ob die Kundin beziehungsweise der Kunde einen Kauf tätigen wird, positiv.

Wie haben die einzelnen Werte der Variablen aber nun konkret die Vorhersage für die einzelne Kundin oder den einzelnen Kunden beeinflusst? Mit dieser Frage beschäftigt sich Local Explainable AI. Für die Kundin beziehungsweise den Kunden mit der ID 50000 sehen wir uns genauer an, wie die einzelnen Variablen zur positiven Vorhersage geführt haben. Führen Sie dafür den Code in Listing 5.3 aus.

```
df_remote_topredict = conn.table('BANKMARKETING_TOPREDICT') \
     .filter('CUSTOMER_ID = 50000')
classapl.set_params(extra_applyout_settings =
                   {'APL/ApplyExtraMode': 'Advanced Apply Settings',
                    'APL/ApplyPredictedValue': 'true',
                    'APL/ApplyProbability': 'true',
                    'APL/ApplyDecision': 'true',
                    'APL/ApplyContribution': 'all'
                   })
df_remote_predict = classapl.predict(df_remote_topredict)
df_predicted = df_remote_predict.collect()
df_predicted
```

Listing 5.3 Vorhersage mit Local Explainable AI

Zusätzlich zu den bereits bekannten Informationen gibt das Modell nun auch die SHAP-Werte der einzelnen Variablen aus. Die letzte Spalte **gb_contrib_constant_bias** ist der Basiswert des Modells. Falls keine weiteren Informationen zur Verfügung stünden, wäre dieser Wert die Grundlage der Vorhersage (siehe Abbildung 5.11).

CUSTOMER_ID	PREDICTED	gb_score_PURCHASE	gb_proba_PURCHASE	gb_contrib_BALANCE	gb_contrib_HOUSING	gb_contrib_LOAN
50000	yes	0.283537	0.570413	0.066124	0.274881	0.06272

gb_contrib_DEFAULT	gb_contrib_MONTH	gb_contrib_DAY	gb_contrib_POUTCOME	gb_contrib_constant_bias
-0.00087	0.277413	-0.419299	2.067235	-2.044668

Abbildung 5.11 Detaillierte SHAP-Werte

Aber natürlich stehen die weiteren Variablen zur Verfügung. Wenn Sie alle Spalten, die mit »gb_contrib« anfangen, addieren, erhalten Sie den gerundeten Wert 0.284, wie er auch schon als **gb_score_PURCHASE** für Kundin beziehungsweise Kunde 50000 angezeigt wurde. Jeder positive Einzelwert erhöht den SHAP-Wert und damit die Wahrscheinlichkeit einer positiven Vorhersage. Negative Werte reduzieren entsprechend die Wahrscheinlichkeit. Die einzelnen SHAP-Werte können zur Überprüfung aufaddiert werden:

```
contrib_list = [col for col in df_predicted.columns \
                if col.startswith('gb_contrib')]
df_predicted[contrib_list].sum(axis=1)
```

Welche Informationen der einzelnen Person haben nun die Vorhersage wie beeinflusst? In welche Richtung und wie stark? Diese Fragen lassen sich mit einem Diagramm der SHAP-Werte gut beantworten (siehe Abbildung 5.12). Führen Sie dazu den Code in Listing 5.4 aus.


```
from shap.plots import waterfall
from shap._explanation import Explanation
# Entfernen des Prefixes "gb_contrib_" aus Spaltenname
predictors_names = [c[11:] for c in contrib_list[:-1]]
xpl = Explanation(
    values=df_predicted[contrib_list[:-1]].values,
    base_values=df_predicted['gb_contrib_constant_bias'].values,
    data=df_remote_topredict.select(predictors_names) \
                           .collect().values,
    feature_names=predictors_names)
waterfall(xpl[0])
```

Listing 5.4 Diagramm mit SHAP-Werten einer Vorhersage

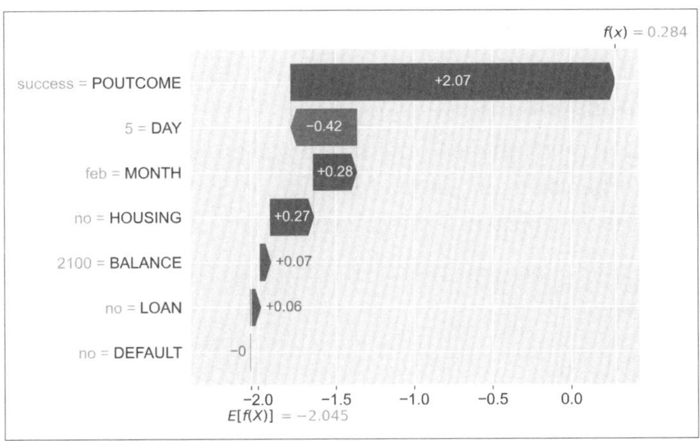

Abbildung 5.12 Erklärung der Vorhersage für Kundin oder Kunde 50000

Dieses Wasserfalldiagramm kann sowohl von oben nach unten als auch in von unten nach oben interpretiert werden. Oben rechts wird mit 0.284 das Ergebnis der Vorhersage angezeigt, die bereits bekannte 0.28. Unten sehen Sie den Basiswert des Modells, wie er auch schon in der Spalte **gb_contrib_constant_bias** angezeigt wurde (–2.045). Links in der Grafik sehen Sie die einzelnen Variablen, die das Ergebnis beeinflusst haben, sortiert absteigend nach ihrem Einfluss auf die Vorhersage. Positive Einflüsse werden rot mit einem Pfeil nach rechts angezeigt. Negative Einflüsse sind in Blau mit einem Pfeil nach links dargestellt. Es lässt sich somit gut nachvollziehen, wie die einzelnen Werte zur konkreten Vorhersage geführt haben, welche Informationen wie stark positiv oder negativ gewichtet wurden. Mit dieser detaillierten Sicht soll sichergestellt werden, dass die Vorhersagen nachvollziehbar sind.

[»]

Farben des Wasserfalldiagramms

Die Farben des Wasserfalls sind an Temperaturen angelehnt, rot steht für hohe Werte/Temperaturen, blau für niedrige Werte/Temperaturen. Die Farbgebung lässt sich momentan nicht anpassen. Achten Sie daher bei der Analyse auf die richtige Interpretation.

Echtzeitvorhersagen

Im vorherigen Beispiel wurden Vorhersagen auf bereits in SAP HANA vorhandenen Daten erstellt. Ebenso können Vorhersagen aber auch in Echtzeit auf neuen Daten erstellt werden, die nicht in SAP HANA gespeichert sind. Durch diese *Echtzeitvorhersagen* erweitern sich die Einsatzmöglichkeiten der Vorhersagen wie folgt beschrieben. Zwei Methoden werden hierfür vorgestellt:

- Vorhersage über temporäre Tabelle in SAP HANA
- Vorhersage über eine JavaScript Runtime, ohne SAP-HANA-Anbindung

Die erste Option ist die Vorhersage über eine temporäre Tabelle, die auch Dummy-Tabelle genannt wird. Sie können die Werte der zu scorenden Person in dieser Tabelle an SAP HANA geben und darauf wie gewohnt die Vorhersage erstellen. Um ein trainiertes Modell zu testen oder um Vorhersagen zu simulieren, müssen Sie somit die Daten nicht in einer permanenten Tabelle ablegen. Dafür nutzen Sie den Code in Listing 5.5.

```
df_remote_topredict = conn.sql('''SELECT
        50002 AS CUSTOMER_ID,
        2000 AS BALANCE,
        'no' AS HOUSING,
        'no' as LOAN,
        'no' as DEFAULT,
        'oct' as MONTH,
        1 as DAY,
        'unknown' as POUTCOME
        FROM DUMMY''')
df_remote_predict = classapl.predict(df_remote_topredict)
df_remote_predict.collect()
```

Listing 5.5 Vorhersage über eine Dummy-Tabelle

Wenn hingegen Vorhersagen erstellt werden sollen, ohne dass eine Verbindung zu SAP HANA gegeben ist, bietet sich die *JavaScript Runtime* der APL an. Sie können das trainierte Modell in ein JSON-Format exportieren und in einer JavaScript-Runtime-Umgebung der APL anwenden. Ein großer Vorteil dieser Variante ist, dass das Modell überall eingesetzt werden kann, wo JavaScript ausgeführt wird. Ein gängiges Beispiel hierfür ist der Einsatz in einer IoT-Edge-Umgebung, nahe an der Stelle, die die Daten generiert. So kann ein produzierendes Unternehmen beispielsweise auf der Grundlage von neu eingetroffenen Sensordaten sofort Vorhersagen erstellen.

Das Modell im JSON-Format erhalten Sie über die `export_apply_code()`-Methode. Der folgende Code speichert die Logik als **.json**-Datei.

```
model_equation = classapl.export_apply_code('JSON')
text_file = open("./bank_marketing_model.json", "w")
text_file.write(model_equation)
text_file.close()
```

Zur detaillierten Nutzung der JavaScript Runtime verweisen wir auf die Produktdokumentation. In den Download-Materialien zu diesem Buchs finden Sie aber auch das kleine JavaScript-Programm *score_json.js*, das exemplarisch mit dem Modell in der Datei **bank_marketing_model.json** eine neue Vorhersage erstellt. Die wichtigsten Schritte zur Nutzung sind:

1. Laden Sie sich die JavaScript Runtime herunter. Die APL-Version 2213 erhalten Sie z. B. über *https://launchpad.support.sap.com/#/softwarecenter/search/SAPPAAPL4_2213*.
2. Öffnen Sie die Download-Materialien und folgen Sie dem Dateipfad **\samples\runtimes**. Kopieren Sie zunächst den Ordner **runtimes** auf Ihren Rechner und anschließend die Datei **score_json.js** in denselben Ordner, in dem sich auch der **runtimes**-Ordner befindet. Auch die von Ihnen erstellte Datei muss sich in demselben Ordner befinden (siehe Abbildung 5.13).

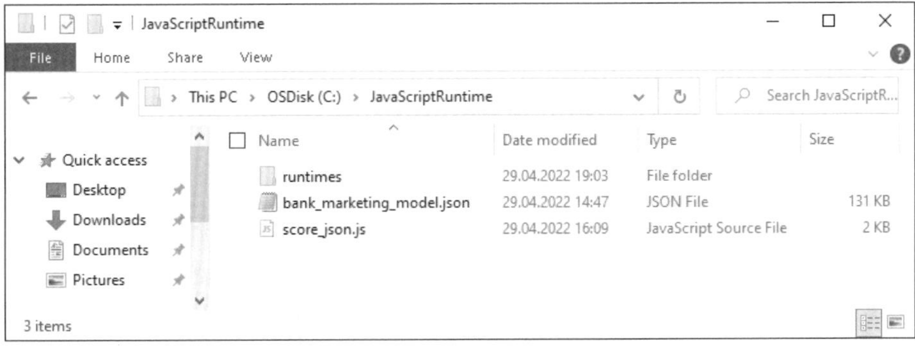

Abbildung 5.13 Dateien für Vorhersage in JavaScript

3. Beachten Sie die Hinweise aus der **README.md**-Datei, die sich im Unterordner **javascript** befindet. Am wichtigsten ist die Installation des `amdefine`-Pakets. Wenn Sie mit Visual Studio Code und der zusätzlich installierten Node.js-Umgebung arbeiten, können Sie z. B. im Terminal diesen Befehl ausführen: `npm install amdefine`.
4. Führen Sie die Datei **score_json.js** aus, z. B. in Visual Studio Code, mit dem Befehl im Terminal `node score_json.js`. Das kleine Skript lädt das Modell im JSON-Format (**bank_marketing_model.json**) und nutzt die JavaScript Runtime der APL, um exemplarisch die Kaufwahrscheinlichkeit für eine im Code hinterlegte Person zu schätzen und auszugeben. Es handelt sich um die Kundin beziehungsweise den Kunden 50000. Sie sollten die identische Vorhersage wie auch im Jupyter Notebook erhalten (siehe Abbildung 5.14).

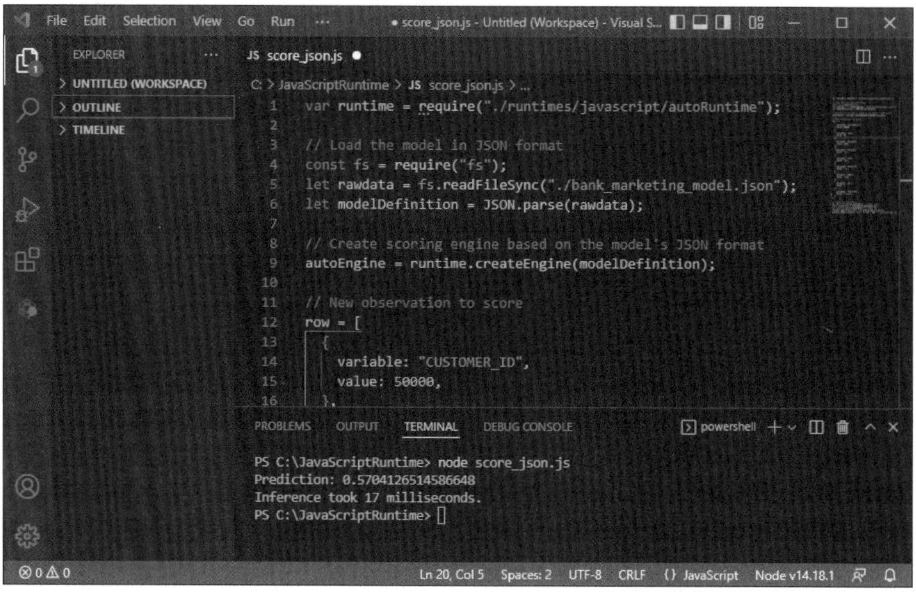

Abbildung 5.14 Vorhersage in JavaScript

[»]

JavaScript Runtime

Mehr Informationen zur JavaScript Runtime finden Sie im SAP Help Portal unter: *http://s-prs.de/v903324*.

Außerdem können Sie bei Interesse auch noch einen Blick in einen Blogeintrag werden, in dem gezeigt wird, wie die JavaScript Runtime in SAP Data Intelligence genutzt werden kann, um in Echtzeit massenhaft Vorhersagen auszuspielen:

https://blogs.sap.com/2020/12/08/mlops-in-practice-applying-and-updating-machine-learning-models-in-real-time-and-at-scale/

Speichern und Laden des Modells

Falls zu einem späteren Zeitpunkt weitere Vorhersagen vom selben Modell benötigt werden, kann dieses zur künftigen Verwendung einfach über die `ModelStorage`-Klasse in SAP HANA gespeichert werden.

Mit der Option `if_exists='upgrade'` wird ein Modell beim erneuten Speichern mit einer neuen Versionsnummer gespeichert, ältere Modelle mit dem gleichen Namen bleiben somit erhalten:

```
from hana_ml.model_storage import ModelStorage
model_storage = ModelStorage(connection_context=conn)
classapl.name = 'APL class Bank Marketing'
model_storage.save_model(model=classapl, if_exists='upgrade')
```

Lassen Sie sich mit dem folgenden Code die gespeicherten Modelle anzeigen:

```
from hana_ml.model_storage import ModelStorage
model_storage = ModelStorage(connection_context=conn)
model_storage.list_models()
```

Um das gerade gespeicherte Modell zu laden, führen Sie den folgenden Code aus. Wenn Sie keinen `version`-Parameter übergeben, wird die neueste Version geladen.

```
from hana_ml.model_storage import ModelStorage
model_storage = ModelStorage(connection_context=conn)
classapl = model_storage.load_model(name='APL class Bank Marketing',
                                    version=1)
classapl.get_model_info()
```

Die `get_model_info()`-Methode ist notwendig, damit Sie auch vom geladenen Modell Details wie die `GroupSignificance` abfragen können. Nur die `get_fit_operation_log()`-Methode, die einen Log des Trainingsprozesses ausgibt, steht Ihnen für ein geladenes Modell nicht zur Verfügung. Diese Methode kann nur auf ein frisch trainiertes Modell angewendet werden.

Parametertypen

Bei der Anwendung der APL durch das `hana_ml`-Paket ist es wichtig, die drei verschiedenen Python-Parameter-Typen der APL zu kennen.

Die *Trainingsparameter* können Sie beim Instanziieren einer Klasse folgendermaßen übergeben:

```
from hana_ml.algorithms.apl.gradient_boosting_
classification import GradientBoostingBinaryClassifier
```

```
classapl = GradientBoostingBinaryClassifier(learning_rate=0.1,
                                            max_depth=5)
```

Alternativ können Sie auch erst die Klasse instanziieren und anschließend die Parameter im gleichen Format über die `set_params()`-Methode übergeben.

```
from hana_ml.algorithms.apl.gradient_boosting_
classification import GradientBoostingBinaryClassifier
classapl = GradientBoostingBinaryClassifier()
classapl.set_params(learning_rate=0.1, max_depth=7)
```

Die für dieses Format unterstützten Trainingsparameter finden Sie im Eintrag des SAP Help Portal zum Python-Paket `hana_ml` unter dieser URL: *http://s-prs.de/v903325*.

Die *technischen Trainingsparameter* sind ein weiterer Parametertyp. Die APL bietet mehr Parametrisierungsmöglichkeiten als die obige Variante über Python an. Solche Parameter, die das Training des Modells beeinflussen, können gesammelt über den `other_train_apl_aliases`-Parameter übergeben werden.

Entweder bereits bei der Instanziierung des Objekts, wie Sie hier sehen:

```
from hana_ml.algorithms.apl.gradient_boosting_
classification import GradientBoostingBinaryClassifier
classapl = GradientBoostingBinaryClassifier(
    other_train_apl_aliases={'APL/TargetKey': 'yes',
                             'APL/Interactions': 'true',
                             'APL/InteractionsMaxKept': '3'})
```

Oder nach der Instanziierung, wie hier dargestellt:

```
from hana_ml.algorithms.apl.gradient_boosting_
classification import GradientBoostingBinaryClassifier
classapl = GradientBoostingBinaryClassifier()
classapl.set_params(
         other_train_apl_aliases={'APL/TargetKey': 'yes',
                                  'APL/Interactions': 'true',
                                  'APL/InteractionsMaxKept': '3'})
```

Eine Übersicht der technischen Trainingsparameter finden Sie in der Dokumentation der APL: *http://s-prs.de/v903326*.

Technische Vorhersageparameter, die die Vorhersage beeinflussen, können über den `extra_applyout_settings`-Parameter übergeben werden. Auch dies geschieht entweder bei der Instanziierung der Klasse, wie Sie in diesem Listing zu sehen:

```
from hana_ml.algorithms.apl.gradient_boosting_
classification import GradientBoostingBinaryClassifier
classapl = GradientBoostingBinaryClassifier(
    extra_applyout_settings =
           {'APL/ApplyExtraMode': 'Advanced Apply Settings',
            'APL/ApplyDecision': 'true',
            'APL/ApplyProbability': 'true',
            'APL/ApplyPredictedValue': 'true'
            })
```

Alternativ kann dies aber auch nach der Instanziierung passieren, wie hier zu sehen:

```
from hana_ml.algorithms.apl.gradient_boosting_
classification import GradientBoostingBinaryClassifier
classapl = GradientBoostingBinaryClassifier()
classapl.set_params(
    extra_applyout_settings =
            {'APL/ApplyExtraMode': 'Advanced Apply Settings',
             'APL/ApplyDecision': 'true',
             'APL/ApplyProbability': 'true',
             'APL/ApplyPredictedValue': 'true'
             })
```

Auch zu den technischen Vorhersageparametern finden Sie im SAP Help Portal mehr Informationen über diese URL: *http://s-prs.de/v903327*.

Ausgewählte Parametereinstellungen

Das Verhalten des Modells kann durch diverse optionale Parameter beeinflusst werden, wie in diesem Kapitel auch bereits häufig geschehen. Einige wichtige Optionen möchten wir Ihnen in diesem Abschnitt vorstellen.

[+]

Dokumentation zur binären Klassifizierung

Sie erhalten einen Überblick der umfangreichen Einstellungsmöglichkeiten in der Dokumentation: *http://s-prs.de/v903328*

Die erste Option, die wir Ihnen vorstellen möchten, ist die *Datenaufteilung*. Dabei wird der Datensatz in drei Teile für Training (60 %), Validation (20 %) und Testing (20 %) geteilt. Auf diese Weise werden unterschiedliche Modelle auf dem Trainingsset trainiert und anhand der Vorhersagegüte auf dem Validierungsdatensatz ausgewählt. Das final ausgewählte Modell wird danach auf dem noch unbenutzten Testset getestet. Die Gütemerkmale des Modells beziehen sich auf die Vorhersagegüte auf diesem Testset und sind somit sehr realistisch, weil das Modell in keiner Weise von den Testdaten beeinflusst wurde. Die Datenaufteilung initiieren Sie über den Befehl:

```
classapl.set_params(cutting_strategy='random with test at end')
```

Partition Strategys

Die Dokumentation der APL erwähnt das Aufteilen der Daten unter dem Begriff *Partition Strategies*. Weitere Details hierzu finden Sie im SAP Help Portal unter dieser URL: *http://s-prs.de/v903329*

Mit der Default-Einstellung **random with no test** werden die Daten in Training (75 %) und Validation (25 %) aufgeteilt.

Eine weitere Möglichkeit zur Anpassung ist es, zusätzlich zur Zielvariablen auch den *Zielwert* explizit festzulegen. In der Grundeinstellung bezieht sich die vorhergesagte Wahrscheinlichkeit auf den selteneren Wert der Zielvariablen. Im obigen Beispiel entspricht dies dem Wert **yes** in der Purchase-Spalte. Auch wenn genau diese Konstellation der Anforderung eines Projekts entsprechen sollte, ist es dennoch ratsam, den Wert explizit zu setzen, um Überraschungen zu vermeiden.

```
classapl.set_params(other_train_apl_aliases=
                    {'APL/TargetKey': 'yes'})
```

Die APL hat außerdem die sehr nützliche Option, bei der Modellerstellung eine *Variablenselektion* durchzuführen. Gerade bei Datensätzen mit sehr vielen Spalten/Variablen, kann es hilfreich sein, sich nur auf die wichtigsten Variablen zu beschränken. Wenn Sie z. B. mit 20 Variablen ein Modell erhalten, das fast so gut ist wie ein Modell mit 100 Variablen, ist oft das einfachere Modell zu bevorzugen. Unnötig komplexe Modelle werden somit ausgeschlossen, z. B. um ein Overfitting zu vermeiden, dass sich das Modell also nicht zu sehr auf die Daten optimiert hat. Führen Sie dafür folgenden Code aus:

```
classapl.set_params(
    variable_selection_max_nb_of_final_variables = '20',
    other_train_apl_aliases={'APL/VariableAutoSelection':'true'})
```

Auch die Anzahl der Iterationen können Sie individuell anpassen. In den Grundeinstellungen durchläuft die APL maximal 1.000 Iterationen, um das bestmögliche Modell zu finden. Im UnifiedReport (siehe Abbildung 5.4) wird im Menüeintrag **Optimal Parameter** angegeben, welche Iteration als bestes Modell gewählt wurde. Sollte dies bei 1.000 Iterationen oder nah daran liegen, können Sie versuchen, das Modell über eine höhere Anzahl von Iterationen zu verbessern.

```
classapl.set_params(
    other_train_apl_aliases={'APL/MaxIterations': 5000})
```

Auch das Ausschließen bestimmter Prädiktoren, ist eine Option. Falls der Datensatz Spalten beinhalten sollte, die nicht als Prädiktor genutzt werden sollen, können Sie eine Liste der erlaubten Prädiktoren übergeben. Oft ist es einfacher, aus der Liste alle Spalten die unerwünschten Spalten zu löschen. Beachten Sie, dass Sie auch die Zielvariable und die ID-Spalte herausnehmen müssen. Im folgenden Beispiel in Listing 5.6 wird der Prädiktor DAY ausgeschlossen. Natürlich können Sie beliebig viele weitere Prädiktoren ausschließen:


```
col_target = 'PURCHASE'
col_id = 'CUSTOMER_ID'
col_predictors = df_remote.columns
col_predictors.remove(col_target)
col_predictors.remove(col_id)
col_predictors.remove('DAY')
classapl.fit(data=df_remote.sort(col_id, desc=False),
             key=col_id,
             features=col_predictors,
             label=col_target)
```

Listing 5.6 Ausschließen von Prädiktoren beim Modell-Training

Die verschiedenen Parameter können auch gemeinsam genutzt werden. So wird hier z. B. unter Nutzung eines Testsets ein Modell erstellt, das maximal 20 Variablen verwendet und dessen Wahrscheinlichkeiten sich auf den Wert yes beziehen. Das entsprechende Coding sehen Sie hier:

```
classapl = GradientBoostingBinaryClassifier()
classapl.set_params(cutting_strategy='random with test at end')
classapl.set_params(
    variable_selection_max_nb_of_final_variables='20',
    other_train_apl_aliases={'APL/VariableAutoSelection':'true',
                             'APL/TargetKey': 'yes'})
classapl.fit(data=df_remote.sort(col_id, desc=False),
               key=col_id,
               label=col_target)
```

[+]

Parallelisierte Klassifizierung

In diesem Abschnitt wurde eine einzelne Klassifizierung durchgeführt. Es ist geplant, dass Sie ab der APL Version 2211 in Kombination mit einem künftigen Release des Python-Pakets hana_ml mehrere Klassifizierungen gleichzeitig in SAP HANA trainieren und anwenden können. Diese Parallelisierung kann das Ausführen des Codes deutlich beschleunigen. Beachten Sie hierzu die Dokumentation im SAP Help Portal z. B. unter dieser URL: *http://s-prs.de/v903330*

5.2.2 Multiclass-Klassifizierung mit der APL

Bei der binären Klassifizierung im vorherigen Abschnitt wurden Entitäten in genau zwei Klassen unterteilt. Falls die Entitäten in mehr als zwei Klassen unterteilt werden müssen, handelt es sich um eine *Multiclass-Klassifizierung*.

Die Multiclass-Klassifizierung kommt oft zum Einsatz, wenn z. B. lückenhafte Stammdaten aufgefüllt werden sollen. Gerade vor der Migration von Stammdaten bei einem Systemwechsel bietet es sich an, die Qualität der Stammdaten zu verbessern. Wenn Sie z. B. die Daten Ihrer Internet of Things (IoT) Devices in ein neues System überführen, ist eventuell nicht für alle Assets der Name des Herstellers bekannt. Wenn mehr als zwei Hersteller infrage kommen, können Sie mit einer Multiclass-Klassifizierung versuchen, den fehlenden Namen vorherzusagen.

Es gibt viele weitere Einsatzmöglichkeiten für Multiclass-Klassifizierungen, wie z. B.:

- Klassifizierung von Kund*innen in verschiedene vorgegebene Segmente, wie Familie, Single, Senior etc.
- Vorhersage im Marketing, für welche Produktgruppen sich ein neuer Kontakt am stärksten interessiert, wie etwa Kleidung, Möbel, Elektronik oder Sport
- Einordnung von physischen, technischen Anlagen (Assets) in vorgegebene Stufen des Ausfallrisikos (z. B. gering, mittel, hoch)

Aber auch komplett andersartige Anforderungen können bedient werden. So wurde die Multiclass-Klassifizierung z. B. von einer Reederei eingesetzt, um den Zielhafen von Frachtschiffen anderer Reedereien vorherzusagen. Der Bedarf an Transportkapazität in den verschiedenen Häfen ließ sich hierdurch besser abschätzen, und die Routen der eigenen Schiffe konnten darauf angepasst werden.

Die Multiclass-Klassifizierung der APL kann bis zu 100 unterschiedliche Klassen verarbeiten.

Einführung eines praktischen Beispiels

Wir nutzen die Multiclass-Klassifizierung, um fehlende Stammdaten zu ergänzen. Ein Datensatz mit zum Verkauf angebotenen Fahrzeugen dient uns dafür als Beispiel. Nicht für alle Fahrzeuge ist der Fahrzeugtyp bekannt. Das Machine-Learning-Modell versucht, die fehlenden Informationen zu schätzen.

Hierbei sind wir nicht an der Arbeitsweise des trainierten Modells interessiert. Der Fokus liegt ausschließlich auf dem Finden der fehlenden Informationen. Die Modellgüte ist also ausschlaggebend, weswegen im praktischen Beispiel die Qualität des Modells genauer beleuchtet wird.

Datenbeschreibung

Der Datensatz beinhaltet 263.178 Fahrzeuge, die im März und April 2016 auf eBay von deutschen Kunden zum Verkauf angeboten wurden. Diese Informationen sind in den Spalten der Datei **USEDCARS.csv** festgehalten (siehe Tabelle 5.2). Damit Sie das Beispiel nachvollziehen können, finden Sie die besagte Datei auch in den Download-Materialien zu diesem Buch.

Spalte	Beschreibung
CAR_ID	Fahrzeug-ID
BRAND	Marke
MODEL	Modell
VEHICLETYPE	Fahrzeugtyp
YEAROFREGISTRATION	Jahr der Erstzulassung
HP	Pferdestärke
FUELTYPE	Motortyp (Benzin oder Diesel)
GEARBOX	Schaltung (Hand oder Automatik)
KILOMETER	gefahrene Kilometer
PRICE	Preis

Tabelle 5.2 Spalten der Tabelle »USEDCARS.csv«

Herkunft und Anpassung der verwendeten Daten

Diese Daten basieren auf dem *Ebay Used Car Sales Data* der Online-Community Kaggle (siehe *https://www.kaggle.com/bozungu/ebay-used-car-sales-data*). Zur Vereinfachung des Beispiels haben wir diverse Spalten des Datensatzes entfernt. Ebenso wurden reparaturbedürftige Fahrzeuge aus dem Datensatz ausgeschlossen. Der Preis gibt hier den vom Verkäufer gewünschten Betrag an, nicht den tatsächlich gezahlten. Der eigentliche Verkaufswerte dürfte oftmals niedriger sein.

Daten laden

Überführen Sie die Daten der Datei **USEDCARS.csv** in Ihr SAP-HANA-System. Laden Sie zuerst die CSV-Datei als Pandas-DataFrame in Ihrer lokalen Python-Umgebung und zeigen Sie mit diesem Befehl die ersten Zeilen an.

```
import pandas as pd
df_data = pd.read_csv('USEDCARS.csv', sep=',')
df_data.head(5)
```

Erstellen Sie, wie Sie es bereits gelernt haben, eine Verbindung zu SAP HANA:

```
import hana_ml.dataframe as dataframe
conn = dataframe.ConnectionContext(userkey='MYHANA')
conn.connection.isconnected()
```

Laden Sie nun mit der folgenden Anweisung die Daten nach SAP HANA.

```
df_remote = dataframe.create_dataframe_from_pandas(connection_context=conn,
                                    pandas_df=df_data,
                                    table_name='USEDCARS',
                                    force=True,
                                    drop_exist_tab=True,
                                    replace=False)
```

Explorative Datenanalyse

Der hier genutzte Datensatz haben wir bereits in Kapitel 4, »Explorative Datenanalyse und Datenvorbereitung«, genauer untersucht. In diesem Abschnitt beschränkt sich die Analyse der Daten daher vor allem auf die Anforderungen, die fehlenden Fahrzeugtypen zu schätzen.

Das Objekt `df_remote` von Typ `hana_ml`-DataFrame verweist bereits auf die neue SAP-HANA-Tabelle USEDCARS. Mit dem folgenden Befehl können Sie später auf die bereits geladene Tabelle verweisen:

```
df_remote = conn.table('USEDCARS')
```

Die `describe()`-Methode zeigt in der **unique**-Spalte dass es acht unterschiedliche Fahrzeugtypen gibt, und die **nulls**-Spalte zeigt, dass für 13.212 Fahrzeuge der Fahrzeugtyp fehlt (siehe Abbildung 5.15):

```
df_remote.describe('VEHICLETYPE').collect()
```

column	count	unique	nulls	mean	std	min	max	median	25_percent_cont	25_percent_disc	50_percent_cont	50_percent_disc	75_percent_cont	75_percent_disc
VEHICLETYPE	249966	8	13212	None	None	None	None	None	None	None	None	None	None	None

Abbildung 5.15 Anzahl der fehlenden Werte in »VEHICLETYPE«

Sie können auch explizit nur die fehlenden Werte in der Spalte zählen, z. B. mit diesem Befehl:

```
df_remote.filter('VEHICLETYPE is null').count()
```

Finden Sie heraus, was die verschiedenen Fahrzeugtypen sind und wie oft diese vorkommen. Die fehlenden Werte müssen mit einem beliebigen Wert ersetzt werden (hier `unknown`), damit die Zeilen über diese Methode gezählt werden können:

```
df_remote.select('VEHICLETYPE') \
     .fillna('unknown') \
     .value_counts() \
     .sort('NUM_VEHICLETYPE', desc=True).collect()
```

Das Ergebnis sehen Sie in Abbildung 5.16.

VALUES	NUM_VEHICLETYPE
limousine	73111
kleinwagen	56072
kombi	49993
bus	23567
cabrio	18857
coupe	14481
unknown	13212
suv	12190
andere	1695

Abbildung 5.16 Die verschiedenen Fahrzeugtypen und deren Häufigkeit

Bevor wir damit beginnen, die fehlenden Fahrzeugtypen aufzufüllen, möchten wir noch genauer verstehen, ob für gewisse Fahrzeugmarken der Typ deutlich häufiger fehlt. Sollte dies der Fall sein, könnten wir beim Schätzen der fehlenden Information auf diese Marken besonders achten. Um die Logik des Codes besser nachvollziehen zu können, bauen wir die Berechnung schrittweise auf.

Zunächst berechnen wir die Anzahl der Fahrzeuge nach Marke mit folgendem Befehl:

```
df_remote.agg([('count', 'BRAND', 'TOTAL')], group_by='BRAND') \
        .sort_values("TOTAL", ascending=False).head(10).collect()
```

Volkswagen und BMW sind die häufigsten Marken im Datensatz. Im nächsten Schritt erweitern wir die Berechnung mit der Anzahl der bekannten Fahrzeugtypen pro Marke (siehe Abbildung 5.17):

```
df_remote.agg([('count', 'BRAND', 'TOTAL'),
               ('count', 'VEHICLETYPE', 'TYPEKNOWN')],
              group_by='BRAND') \
        .sort_values("TOTAL", ascending=False).head(10).collect()
```

BRAND	TOTAL	TYPEKNOWN
volkswagen	55486	52092
bmw	30385	29322
mercedes_benz	26900	25899
opel	26319	24522
audi	24492	23572
ford	16883	15936
renault	11506	10722
peugeot	7728	7370
fiat	6173	5824
seat	5066	4732

Abbildung 5.17 Die häufigsten Fahrzeugmarken

Aus den bereits berechneten Kennzahlen kann abgeleitet werden, für wie viele Fahrzeuge in Prozent pro Marke der Fahrzeugtyp fehlt (siehe Abbildung 5.18).

```
df_remote.agg([('count', 'BRAND', 'TOTAL'),
               ('count', 'VEHICLETYPE', 'TYPEKNOWN')],
              group_by='BRAND') \
        .select('*',('(TOTAL-TYPEKNOWN)/TOTAL*100',
                     'MISSINGPERCENT')) \
        .sort_values("MISSINGPERCENT", ascending=False) \
        .head(10).collect()
```

BRAND	TOTAL	TYPEKNOWN	MISSINGPERCENT
rover	265	238	10.1886
daewoo	323	294	8.9783
daihatsu	507	469	7.495
sonstige_autos	2369	2202	7.0493
opel	26319	24522	6.8277
renault	11506	10722	6.8138
seat	5066	4732	6.5929
honda	1949	1824	6.4135
trabant	243	228	6.1728
volkswagen	55486	52092	6.1168

Abbildung 5.18 Fahrzeugmarken, bei denen prozentual am häufigsten der Fahrzeugtyp fehlt

Die absteigende Sortierung zeigt, dass für die Marken Rover und Daewoo am häufigsten der Wert fehlt. Aber wie ist das im Vergleich zu den anderen Marken? Könnte die Häufigkeit der Marke im Datensatz einen Einfluss haben? Ein Streudiagramm aus der Häufigkeit der Marke und dem Prozentwert der fehlenden Typen könnte Aufschluss geben. Führen Sie das Coding in Listing 5.7 aus, das Ergebnis sehen Sie in Abbildung 5.19.

```
df_data = \
df_remote.agg([('count', 'BRAND', 'TOTAL'),
               ('count', 'VEHICLETYPE', 'TYPEKNOWN')],
              group_by='BRAND') \
          .select('*',('(TOTAL-TYPEKNOWN)/TOTAL*100',
                       'MISSINGPERCENT')) \
          .collect()
%matplotlib inline
import seaborn as sns
sns.jointplot(x='TOTAL', y='MISSINGPERCENT', data=df_data);
```

Listing 5.7 Streudiagramm der Fahrzeugmarken

Für die sieben häufigsten Marken fehlen etwa zwischen 3 und 8 % der Fahrzeugtypen. Für die weniger häufig vorkommenden Marken (im linken Bereich des Diagramms) gibt es eine breite Streuung der prozentualen Werte. Wir können nun mit der Vorhersage der fehlenden Fahrzeugtypen beginnen.

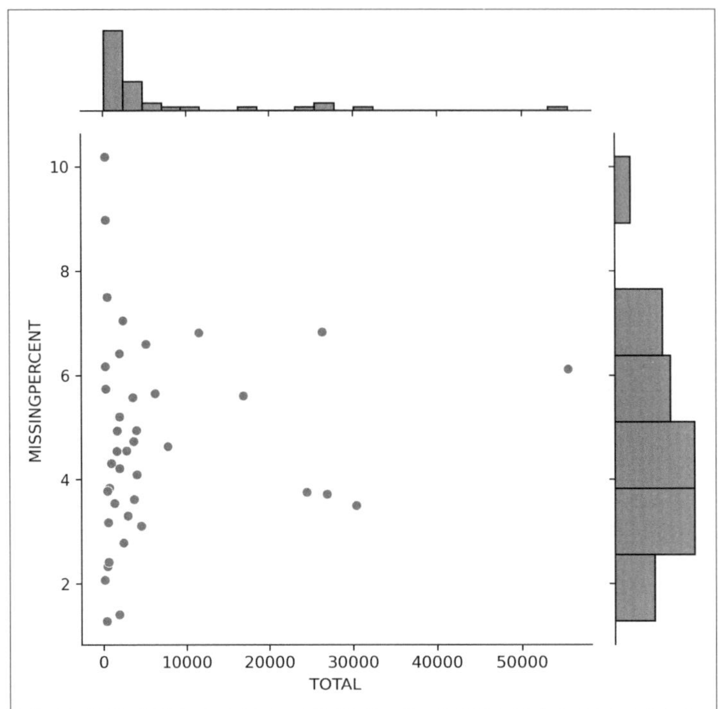

Abbildung 5.19 Streudiagramm aus Häufigkeit der Fahrzeugmarke und dem Prozent an fehlenden Fahrzeugtypen

Trainieren eines Modells

In diesem Szenario möchten wir das Modell und die fehlerhaften Vorhersagen über die Informationen des UnifiedReports hinaus analysieren. Daher teilen wir die Daten auf. Aus zufällig ausgewählten 70 % der Daten mit bekanntem Fahrzeugtyp kann die APL die Trainings- und Evaluationssets bilden. Auf dem Trainingsset werden verschiedene Modelle trainiert, die auf dem Evaluationsset angewendet werden. Mit den verbliebenen, noch nicht benutzten, 30 % können wir das von der APL erstellte Modell selbst testen, indem wir den Inhalt aus Listing 5.8 in Python ausführen:

```
from hana_ml.algorithms.pal import partition
df_remote = conn.sql(
    'SELECT * FROM USEDCARS WHERE VEHICLETYPE IS NOT NULL')
df_remote_train, df_remote_test, df_remote_ignore = \
partition.train_test_val_split(
                                random_seed=1972,
                                data=df_remote.sort('CAR_ID', desc=False),
                                training_percentage=0.7,
```

```
                              testing_percentage=0.3,
                              validation_percentage=0)
```

Listing 5.8 Aufteilen der Daten

Geben Sie die 70 % der Daten an die APL und lassen Sie das Modell mit diesem Code erstellen.


```
from hana_ml.algorithms.apl.gradient_boosting_classification \
import GradientBoostingClassifier
classmultiapl = GradientBoostingClassifier()
col_target = 'VEHICLETYPE'
col_id = 'CAR_ID'
classmultiapl.fit(data=df_remote_train.sort('CAR_ID', desc=False),
                  key=col_id,
                  label=col_target)
```

Lassen Sie sich die Details des trainierten Modells in einem Bericht anzeigen (siehe Abbildung 5.20):

```
from hana_ml.visualizers.unified_report import UnifiedReport
UnifiedReport(classmultiapl).build().display()
```

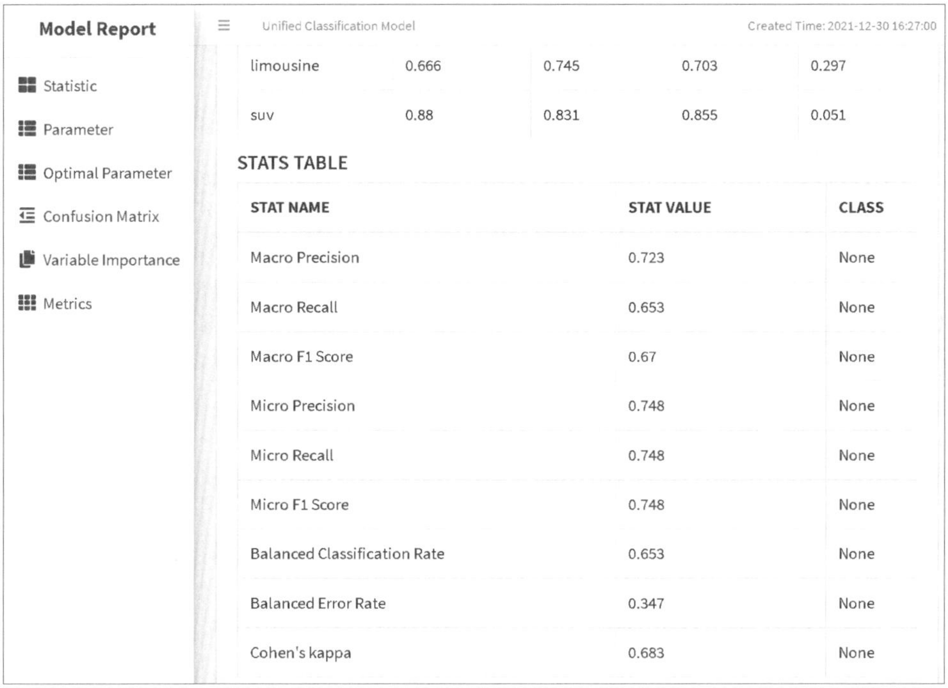

Model Report

- Statistic
- Parameter
- Optimal Parameter
- Confusion Matrix
- Variable Importance
- Metrics

Unified Classification Model

Created Time: 2021-12-30 16:27:00

limousine	0.666	0.745	0.703	0.297
suv	0.88	0.831	0.855	0.051

STATS TABLE

STAT NAME	STAT VALUE	CLASS
Macro Precision	0.723	None
Macro Recall	0.653	None
Macro F1 Score	0.67	None
Micro Precision	0.748	None
Micro Recall	0.748	None
Micro F1 Score	0.748	None
Balanced Classification Rate	0.653	None
Balanced Error Rate	0.347	None
Cohen's kappa	0.683	None

Abbildung 5.20 Report über das trainierte Modell

Der Bericht zeigt ähnlich wie bei der binären Klassifizierung für jeden Fahrzeugtyp individuelle Statistiken, berechnet auf dem Validierungsdatensatz, Werte wie Precision, Recall, F1-Score und Support. Der Support ist allerdings nicht in absoluten Zahlen angegeben, sondern in Prozent vom Evaluationsdatensatz. Die Größe der Datensätze können Sie als Debrief Report anzeigen lassen:

```
classmultiapl.get_debrief_report('Statistics_Partition').collect()
```

[»]

Begriffserklärungen zur Modellgüte

Die wichtigsten Begriffe zur Modellgüte werden in der Dokumentation erläutert: *http://s-prs.de/v903331*

Für unseren Anwendungsfall ist vor allem der Wert Precision entscheidend. Wenn das Modell einen Wert schätzt, möchten wir relativ sicher sein, dass dieser Wert auch stimmt. Falsche Informationen in den Stammdaten können negative Auswirkung haben. Die Präzision pro Fahrzeugtyp reicht von 0.423 für die seltenen Klasse »andere« bis 0.88 für die deutlich häufigeren Kleinwagen und SUV.

Des Weiteren werden auch Multiclass-spezifische Statistiken angezeigt. Die *Macro Precision* ist ein ungewichteter Durchschnitt der Precision-Werte der einzelnen Klassen. Sie können diesen Wert auch selbst nachrechnen:

```
import numpy as np
np.average(list(classmultiapl \
              .get_metrics_per_class()['Precision'].values()))
```

Hierbei werden aber alle Precision-Werte der einzelnen Klassen gleichwertig berücksichtigt. So zieht der geringe Precision-Wert der seltenen Klasse »andere« den gesamten Durchschnitt herunter. Die Macro Precision ist daher nur zu empfehlen, wenn die einzelnen Klassen ähnlich häufig vorkommen. Bei der *Micro Precision* wird die Häufigkeit mitberücksichtigt. Sie ergibt sich aus der Summe der Produkte von klassenspezifischer Precision und prozentualem Support der jeweiligen Klasse.

Wenden Sie das Modell an, um auf dem zurückbehaltenen Datensatz (30 % der Daten) den Fahrzeugtyp zu schätzen:

```
df_rem_predict = classmultiapl.predict(df_remote_test)
```

Nutzen Sie den bekannten Wert des Fahrzeugtyps, um die Qualität des Modells zu analysieren (siehe Abbildung 5.21).

```
from hana_ml.algorithms.pal.metrics import confusion_matrix
df_rem_confmat = confusion_matrix(data=df_rem_predict,
                                  key=col_id,
                                  label_true='TRUE_LABEL',
                                  label_pred='PREDICTED')
df_rem_confmat[1].collect()
```

CLASS	RECALL	PRECISION	F_MEASURE	SUPPORT
andere	0.053950	0.400000	0.095076	519
bus	0.890150	0.838615	0.863614	7046
cabrio	0.685927	0.772609	0.726692	5642
coupe	0.501253	0.678065	0.576404	4391
kleinwagen	0.886982	0.878555	0.882749	16785
kombi	0.643108	0.670585	0.656559	14814
limousine	0.739952	0.666776	0.701460	22069
suv	0.837809	0.880858	0.858794	3724

Abbildung 5.21 Modellqualität auf zurückbehaltenen Daten

Anhand der Daten können Sie auch die Micro Precision mit folgendem Befehl berechnen:

```
df_rem_confmat[1].select('*', ('PRECISION * SUPPORT', 'WEIGHTED')) \
                .select('WEIGHTED').sum() \
/ df_rem_confmat[1].select('SUPPORT').sum()
```

Beim Auffüllen von fehlenden Stammdaten möchten wir allerdings typischerweise nicht alle Vorhersagen übernehmen, sondern nur die vertrauenswürdigsten. Ein fehlender Wert soll oft eher weiterhin als fehlend verbleiben, als dass ein falscher Wert eingesetzt wird.

Wir machen es uns zunutze, dass die vorhergesagten Werte der APL mit einer Wahrscheinlichkeit versehen sind (**PROBABILITY**-Spalte; siehe Abbildung 5.22). Lassen Sie sich exemplarisch für fünf Zeilen diese Wahrscheinlichkeiten anzeigen:

```
df_rem_predict.head(5).collect()
```

CAR_ID	TRUE_LABEL	PREDICTED	PROBABILITY
184543	kombi	cabrio	0.420213
184546	bus	bus	0.842035
184550	limousine	limousine	0.790324
184554	limousine	limousine	0.827352
184557	cabrio	cabrio	0.390131

Abbildung 5.22 Vorhersagen mit den jeweiligen Wahrscheinlichkeiten

Je höher der Wert in der Spalte **PROBABILITY**, desto sicherer ist sich die APL, dass der richtige Wert vorhergesagt wird. Wir können einen Grenzwert für die Spalte **PROBABILITY** festlegen, über dem die Vorhersagen übernommen werden. Je höher der Schwellwert, desto besser wird die Präzision für die ausgewählten Vorhersagen sein. Desto kleiner wird aber auch die Anzahl der Vorhersagen, die über dem Schwellwert liegen. Wir spielen in Listing 5.9 verschiedene Grenzwerte durch, um uns eine Meinung über den zu nutzenden Wert bilden zu können.

```
data = []
for ii in [0.25, 0.3, 0.35, 0.4, 0.45, 0.5, 0.55, 0.6, 0.65, 0.7,
           0.75, 0.8, 0.85, 0.9, 0.95, 0.99]:
    df_rem_predict_sub = df_rem_predict.filter(
                                    'PROBABILITY >= ' + str(ii))
    df_rem_confmat = confusion_matrix(data=df_rem_predict_sub,
                                    key=col_id,
                                    label_true='TRUE_LABEL',
                                    label_pred='PREDICTED')[1]
    micro_prec = df_rem_confmat \
              .select('*', ('PRECISION * SUPPORT', 'WEIGHTED')) \
              .select('WEIGHTED').sum() \
              / df_rem_confmat.select('SUPPORT').sum()
    data.append((ii,
                round(micro_prec, 3),
                df_rem_predict_sub.count()))
df_data = pd.DataFrame(data)
df_data.columns = ['THRESHOLD', 'MICRO_PRECISION', 'SUPPORT']
df_data
```

Listing 5.9 Testen verschiedener Grenzwerte zur Akzeptanz der Vorhersagen

Sie können sich die exakten Werte auch als Pandas-DataFrame anzeigen lassen (siehe Abbildung 5.23).

THRESHOLD	MICRO_PRECISION	SUPPORT
0.25	0.749	74918
0.30	0.751	74593
0.35	0.757	73536
0.40	0.765	71718
0.45	0.778	68808
0.50	0.797	64283
0.55	0.825	57883
0.60	0.852	51778
0.65	0.877	46228
0.70	0.899	40977
0.75	0.919	36252
0.80	0.934	31657
0.85	0.948	26825
0.90	0.963	21368
0.95	0.978	13537
0.99	0.993	2262

Abbildung 5.23 Grenzwertanalyse

Die Darstellung in einem Diagramm kann Ihnen dabei helfen, die Werte miteinander zu vergleichen (siehe Abbildung 5.24). Führen Sie dafür den Code in Listing 5.10 aus.

```
import matplotlib.pyplot as plt
fig, ax1 = plt.subplots(figsize = (12,8))
ax2 = ax1.twinx()
sns.set(font_scale=1.8)
sns.set_style('darkgrid')
l1 = sns.lineplot(data=df_data, x='THRESHOLD', y='MICRO_PRECISION',
                  ax=ax1, linestyle='dashed', color='red',
                  label='Micro Precision')
l2 = sns.lineplot(data=df_data, x='THRESHOLD', y='SUPPORT',
                  ax = ax2, linestyle='dotted', color='blue',
                  label='Support')
l1.set_xlabel("Grenzwert Probability")
l1.set_ylabel("Micro Precision", color='red')
l2.set_ylabel("Support", color='blue')
ax1.legend(loc='center left')
ax2.legend(loc='center right');
```

Listing 5.10 Diagramm-Erstellung zur Analyse der Grenzwerte

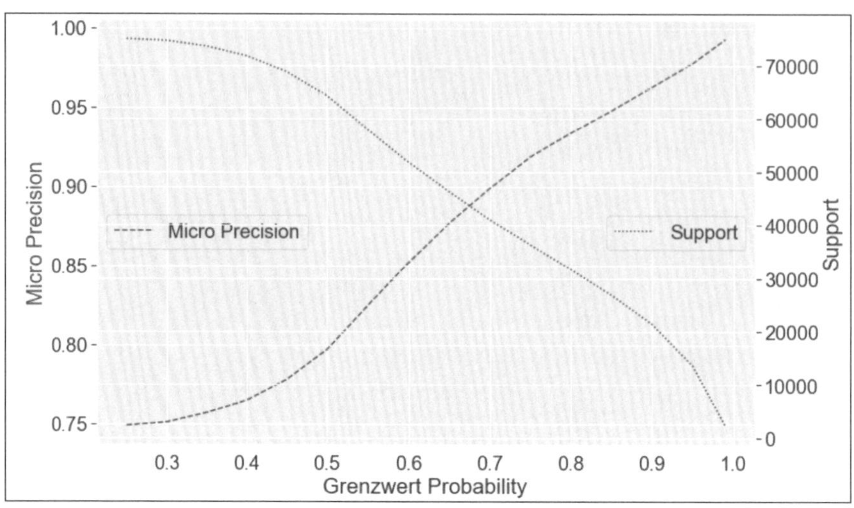

Abbildung 5.24 Auswirkung unterschiedlicher Grenzwerte

Ab einem Grenzwert von etwa 0.5 für die Probability steigt die Micro Precision nahezu linear an. Allerdings fällt damit auch entsprechend fast linear der Support. Mit erhöhtem Grenzwert und Micro Precision werden also immer mehr Vorhersagen aufgrund der strengeren Kriterien ausgeschlossen.

Je nach Anforderung könnten Sie z. B. für eine automatische Übernahme der Vorhersage mit einem Grenzwert von 0.75 arbeiten, der knapp die Hälfte der fehlenden Werte einfängt und zu einer Micro Precision von über 0.9 führt. Vorhersagen mit einer Wahrscheinlichkeit von 0.5 bis 0.75 können beispielsweise manuell verifiziert werden. Obwohl die Überprüfung natürlich einen erheblichen Aufwand bedeuten kann, ist die Arbeit trotzdem hoffentlich erleichtert, da das System bereits einen Wert vorgeschlagen hat.

Erstellen von Vorhersagen

Wenden wir das Modell also auf die Fahrzeuge an, für die tatsächlich der Fahrzeugtyp unbekannt ist. Führen Sie diesen Code aus:

```
df_rem_topredict = conn.sql(
    'SELECT * FROM USEDCARS WHERE VEHICLETYPE IS NULL')
df_rem_predicted = classmultiapl.predict(df_rem_topredict \
                                .drop('VEHICLETYPE'))
```

Berechnen Sie nun, wie viele der Vorhersagen mindestens den gewählten Grenzwert von 75 % erreicht haben.

```
df_rem_accepted = df_rem_predicted.filter('PROBABILITY >= 0.75')
df_rem_accepted.count() / df_rem_predicted.count()
```

Sie sehen, dass für gut 26 % der Fahrzeuge die Wahrscheinlichkeit der Vorhersage über den ausgewählten 75 % liegt.

Sollten Sie einen größeren Anteil der Datensätze komplett automatisiert schätzen lassen wollen, können Sie eine Stichprobe der Vorhersagen überprüfen. Nehmen Sie z. B. 100 Fahrzeuge, deren Fahrzeugtyp geschätzt wurde, und lassen Sie parallel den tatsächlichen, richtigen Wert von einem Subject Matter Expert ermitteln. Mit diesen Informationen können Sie konkret berechnen, wie viel Prozent der Vorhersagen in der Stichprobe korrekt sind, und abhängig vom Ergebnis den Schwellwert anpassen. Bei guten Ergebnissen können Sie den Schwellwert z. B. reduzieren und so die Anzahl der akzeptierten Vorhersagen erhöhen.

Nutzen Sie die ausgewählten Vorhersagen, um den bestehenden Datensatz zu ergänzen (siehe Listing 5.11). Speichern Sie die angereicherten Daten als neue Tabelle in SAP HANA.

```
df_remote = conn.table('USEDCARS').set_index('CAR_ID') \
            .join(df_rem_accepted.select(['CAR_ID', 'PREDICTED']) \
            .set_index('CAR_ID'), how='left')
df_remote = df_remote.rename_columns(
                      {'VEHICLETYPE': 'VEHICLETYPE_ORG'})
df_remote = df_
remote.select('*', ('CASE WHEN PREDICTED IS NULL THEN VEHICLETYPE_
ORG ELSE PREDICTED END', 'VEHICLETYPE'))
df_remote = df_remote.drop(['VEHICLETYPE_ORG', 'PREDICTED'])
df_remote = df_remote.select(['CAR_ID', 'BRAND', 'MODEL',
                              'VEHICLETYPE', 'YEAROFREGISTRATION',
                              'HP', 'FUELTYPE', 'GEARBOX',
                              'KILOMETER', 'PRICE'])
df_remote.save("USEDCARS_IMPUTED")
```

Listing 5.11 Speichern der angereicherten Daten als Tabelle

Selbst bei einem scheinbar sehr guten Modell ist es zu empfehlen, wenigstens stichprobenartig die Vorhersagen zu verifizieren. Überprüfen Sie beim Schätzen von fehlenden Stammdaten mit einem Subject Matter Expert (siehe Abschnitt 1.1.5, »CRISP-DM«), ob die Vorhersagen die Werte korrekt vorhersagen konnten.

Echtzeitvorhersagen

Wie bei der binären Klassifizierung der APL kann auch das Multiclass-Modell in Echtzeit angewendet werden. Sowohl mittels Dummy-Tabelle in SAP HANA wie auch über die JavaScript Runtime außerhalb von SAP HANA (siehe Abbildung 5.25). Führen Sie dazu den Code in Listing 5.12 aus.

```
df_rem_topredict = conn.sql('''SELECT
        1000000 AS CAR_ID,
        'audi' AS BRAND,
        'a5' AS MODEL,
        '2010' as YEAROFREGISTRATION,
        170 as HP,
        'benzin' as FUELTYPE,
        'manuell' as GEARBOX,
        50000 as KILOMETER,
        13000 as PRICE
       FROM DUMMY''')
df_rem_predicted = classmultiapl.predict(df_rem_topredict)
df_rem_predicted.collect()
```

Listing 5.12 Echtzeit-Vorhersage des Fahrzeugtyps

CAR_ID	PREDICTED	PROBABILITY
1000000	coupe	0.771535

Abbildung 5.25 Vorhersage

Speichern und Laden des Modells

Das trainierte Modell kann zur weiteren Verwendung wie bekannt in SAP HANA gespeichert werden. Mit der Option `if_exists='upgrade'` wird ein Modell beim erneuten Speichern mit einer neuen Versionsnummer gespeichert, ältere Modelle mit dem gleichen Namen bleiben erhalten. Führen Sie zum Speichern folgenden Code aus:

```
from hana_ml.model_storage import ModelStorage
model_storage = ModelStorage(connection_context=conn)
classmultiapl.name = 'APL multiclass Vehicletype'
model_storage.save_model(model=classmultiapl, if_exists='upgrade')
```

Mit diesem Code lassen Sie sich die gespeicherten Modelle anzeigen:

```
from hana_ml.model_storage import ModelStorage
model_storage = ModelStorage(connection_context=conn)
model_storage.list_models()
```

Laden Sie nun das gerade gespeicherte Modell. Wenn Sie keinen `version`-Parameter übergeben, wird die neueste Version mit diesem Code geladen:

```
from hana_ml.model_storage import ModelStorage
model_storage = ModelStorage(connection_context=conn)
```

```
classmultiapl = model_storage.load_model(
    name='APL multiclass Vehicletype')
classmultiapl.get_model_info()
```

5.3 Regression mit der APL

Mit einer *Regression* können numerische Werte geschätzt werden. Oft handelt es sich im Geschäftsumfeld um Geldbeträge, Mengen, Häufigkeiten oder die Dauer gewisser Aktivitäten. Regressionen werden sehr häufig genutzt. Einige konkretere Beispiele aus der Geschäftswelt sind:

- Absatzzahlen für einen speziellen Zeitraum
- Kosten verschiedener Aktivitäten wie Einkaufspreise oder Reparaturen
- Lieferdauer einer Bestellung
- verbleibende Zeit bis zum Ausfall einer technischen Komponente

Gerade bei der Regression werden oftmals bereits bekannte Informationen geschätzt. Der Vergleich zwischen bekannter und geschätzter Information erlaubt es, außergewöhnliche Konstellationen zu identifizieren, wie z. B.:

- Analyse von Einkaufspreisen, ob der vom Lieferanten angebotene Preis günstig erscheint oder ob nachverhandelt werden sollte
- Auditing von Finanztransaktionen, zum Erkennen von nicht-regelkonformen Aktivitäten

Einführung eines praktischen Beispiels

In diesem Beispiel möchten wir die Regression einsetzen, um den Preis von Gebrauchtfahrzeugen zu schätzen. Dies kann es Fahrzeughändlern ermöglichen, schnell eine grobe Preisschätzung für ein angebotenes Fahrzeug zu erstellen. Die angebotenen Fahrzeuge können so vielfältig und unterschiedlich sein, dass ein einfaches manuelles Regelwerk nicht ausreichen würde.

Im praktischen Beispiel nutzen wir den bereits aus dem Abschnitt 4.2.2, »Kategorische Variablen«, bekannten Datensatz mit Verkaufspreisen von Gebrauchtfahrzeugen. Wir versuchen also, den Verkaufspreis vorherzusagen, um den Preis von weiteren, neu eingetroffenen Fahrzeugen schätzen zu können.

Das Erstellen einer Regression mit der APL ist von den technischen Schritten her sehr ähnlich der binären Klassifizierung. Daher ist dieser Abschnitt der Regression etwas kürzer gehalten. Zur Vertiefung können Sie Konzepte aus dem Abschnitt der binären Klassifizierung auch in der Regression nutzen, wie die Interpretation einer Vorhersage durch SHAP-Werte oder das Setzen von weiteren Parametern.

Datenbeschreibung und Datenladen

Wir arbeiten mit demselben Datensatz wie in Abschnitt 5.2.2, »Multiclass-Klassifizierung mit der APL«, beschrieben. Die Datei **USEDCARS.csv** beinhaltet für 263.178 Fahrzeuge, die zum Verkauf angeboten wurden, den Preis und diverse Informationen zum Fahrzeug. Für detaillierte Informationen zum Datensatz und zum Laden der Datei nach SAP HANA nutzen Sie bitte die Informationen in Abschnitt 5.2.2.

Explorative Datenanalyse

Erstellen Sie einen hana_ml-DataFrame auf die Tabelle USEDCARS und sehen wir uns den Preis der Fahrzeuge genauer an, indem wir den folgenden Code ausführen:

```
import hana_ml.dataframe as dataframe
conn = dataframe.ConnectionContext(userkey='MYHANA')
df_remote = conn.table('USEDCARS')
df_remote.describe('PRICE').collect()
```

Abbildung 5.26 zeigt, dass der Median der Preise bei 3.999 EUR liegt. Allerdings wird auch wenigstens ein Fahrzeug mit 0 EUR angeboten. Und für wenigstens ein Fahrzeug ist ein Preis von fast 100 Millionen EUR hinterlegt. Höchstwahrscheinlich handelt es sich um ein Datenqualitätsproblem. Handelt es sich hier um Einzelfälle, oder kommt dies häufiger vor?

column	count	unique	nulls	mean	std	min	max	median	25_percent_cont
PRICE	263178	5260	0	9130.201647	396101.314635	0	99999999	3999	1700.0

25_percent_disc	50_percent_cont	50_percent_disc	75_percent_cont	75_percent_disc
1700	3999.0	3999	8900.0	8900

Abbildung 5.26 Verteilung der Fahrzeugpreise

Ein Box-Plot (siehe Abbildung 5.27) kann helfen, dies zu klären, wie schon in Abschnitt 4.2.1, »Numerische Variablen«, beschrieben. Führen Sie den Code aus:

```
from hana_ml.visualizers.eda import EDAVisualizer
import matplotlib.pyplot as plt
f = plt.figure()
ax1 = f.add_subplot(111)
eda = EDAVisualizer(ax1)
ax, bar_data = eda.box_plot(data=df_remote,
                            column='PRICE',
                            outliers=True)
```

Der Box-Plot zeigt, dass es zwar weitere Ausreißer im Bereich von etwa 100 Millionen EUR gibt, aber die Masse der Werte ist deutlich kleiner. Der extrem große Ausreißer staucht den Box-Plot so weit zusammen, dass die ersten, zweiten und dritten Quartile nicht ersichtlich sind. Erstellen Sie den Box-Plot erneut, diesmal ohne die Ausreißer (siehe Abbildung 5.28):

```
from hana_ml.visualizers.eda import EDAVisualizer
import matplotlib.pyplot as plt
f = plt.figure()
ax1 = f.add_subplot(111)
eda = EDAVisualizer(ax1)
ax, bar_data = eda.box_plot(data=df_remote,
                            column='PRICE',
                            outliers=False)
```


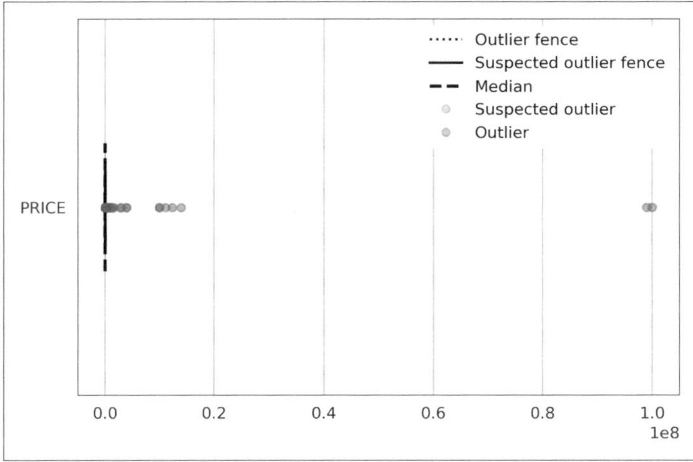

Abbildung 5.27 Datenverteilung »PRICE« mit Ausreißern

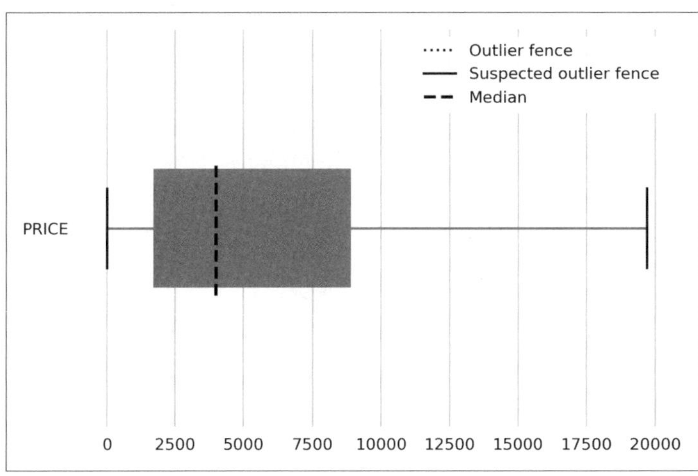

Abbildung 5.28 Datenverteilung »PRICE« ohne Ausreißer

Ohne die Ausreißer ist die Verteilung gut zu verstehen. Es gibt durchaus viele Fahrzeuge unter etwa 2.000 EUR.

Mit diesen Erkenntnissen entfernen wir nun wie folgt über einen Filter aus dem `hana_ml`-DataFrame die Fahrzeuge mit einem Preis von unter 1.000 EUR oder über 20.000 EUR mit dem Ziel, fehlerhafte Daten und die ungewöhnlichsten Fahrzeuge auszuschließen.

```
df_remote = df_remote.filter('PRICE >= 1000 AND PRICE <= 20000')
```

Die physische Tabelle bleibt unverändert. Ähnlich wie mit dem Preis analysieren Sie die Spalten **HP** (Pferdestärke) und **YEAROFREGISTRATION**. Es gibt Fahrzeuge mit 0 und 20.000 Pferdestärken. Aber auch Fahrzeuge aus dem Jahr 1910 beziehungsweise aus dem Jahr 6000? Schließen Sie die extremen Werte wie gehabt aus:

```
df_remote = df_remote.filter('HP >= 50 AND HP <= 300')
df_remote = df_remote.filter(
    'YEAROFREGISTRATION >= 1995 AND YEAROFREGISTRATION <= 2015')
```

Erstellen Sie einen Überblick des reduzierten Datensatzes mit dem folgenden Code:

```
df_remote.describe().collect()
```

Sie sehen z. B., dass 182.385 Fahrzeuge verbleiben.

Beim Erstellen des ersten Modells kann es hilfreich sein, sich anfangs auf einen etwas einfacheren Bereich zu konzentrieren. Die Komplexität und die Schwierigkeit können später noch erhöht werden. In unserem Beispiel ist anzunehmen, dass es dem Machine-Learning-Modell hilft, eine größere Anzahl von Fahrzeugen eines einzelnen Modells im Datensatz zu haben. Erstellen Sie daher das Machine-Learning-Modell, das nur Fahrzeugmodelle berücksichtigt, für die wenigstens 500 Datensätze vorhanden sind. Später können Sie diesen Wert natürlich anpassen: nach unten, wenn Sie weitere Fahrzeugmodelle berücksichtigen möchten, oder nach oben, falls Sie mit der Güte des Machine-Learning-Modells nicht zufrieden sind und sich nur auf die gängigsten Fahrzeuge fokussieren möchten. Im folgenden Code identifizieren Sie die häufigsten Fahrzeuge, von denen ein Auszug (Top 10) in Abbildung 5.29 gezeigt wird.

```
import pandas as pd
df_remote_topn = df_remote.agg([('count', 'CAR_ID', 'COUNT')],
                               group_by=['BRAND', 'MODEL']) \
                          .sort_values('COUNT', ascending=False)
df_remote_topn = df_remote_topn \
                 .filter('''MODEL != 'andere' AND COUNT >= 500''') \
                 .sort_values('COUNT', ascending=False)
pd.set_option('display.max_rows', None)
df_remote_topn.collect()
```

BRAND	MODEL	COUNT
volkswagen	golf	14729
bmw	3er	11423
audi	a4	6199
volkswagen	passat	5884
volkswagen	polo	5454
opel	astra	5362
mercedes_benz	c_klasse	5285
bmw	5er	5157
opel	corsa	4582
audi	a3	3948

Abbildung 5.29 Die zehn häufigsten Fahrzeugmodelle im Datensatz

Im Datensatz sind insgesamt 63 Modelle mit wenigstens 500 Fahrzeugen enthalten. Durch einen Inner-Join können wir die detaillierte Fahrzeugliste auf diese gängigen Modelle reduzieren, wie Sie hier sehen:

```
df_remote = df_remote.set_index(['BRAND', 'MODEL']) \
                 .join(df_remote_topn.set_index(['BRAND', 'MODEL']),
                     how='inner')
df_remote = df_remote.drop(['COUNT'])
df_remote.count()
```

Es verbleiben 138.387 Fahrzeuge.

Trainieren eines Modells

Zum Trainieren eines Regressionsmodells teilen wir vorab den Datensatz auf, um auf 70 % der Daten das Modell zu erstellen und auf den verbleibenden 30 % der Daten das Modell zu testen. Führen Sie dafür diesen Code aus:

```
from hana_ml.algorithms.pal import partition
df_remote_train, df_remote_test, df_remote_ignore = \
partition.train_test_val_split(
                        random_seed=1972,
                        data=df_remote.sort('CAR_ID', desc=False),
                        training_percentage=0.7,
                        testing_percentage=0.3,
                        validation_percentage=0)
```

Trainieren Sie das Modell mit den 70 % der Daten wie in Listing 5.13 angegeben.

```
col_target = 'PRICE'
col_id = 'CAR_ID'
from hana_ml.algorithms.apl.gradient_boosting_regression \
     import GradientBoostingRegressor
regapl = GradientBoostingRegressor()
regapl.set_params(
    other_train_apl_aliases={'APL/MaxIterations': 5000})
regapl.fit(data=df_remote_train.sort(col_id, desc=False),
                key=col_id,
                label=col_target)
```

Listing 5.13 Trainieren des Regressionsmodells

Sehen Sie sich das Modell im bereits bekannten Bericht an (siehe Abbildung 5.30).

```
from hana_ml.visualizers.unified_report import UnifiedReport
UnifiedReport(regapl).build().display()
```

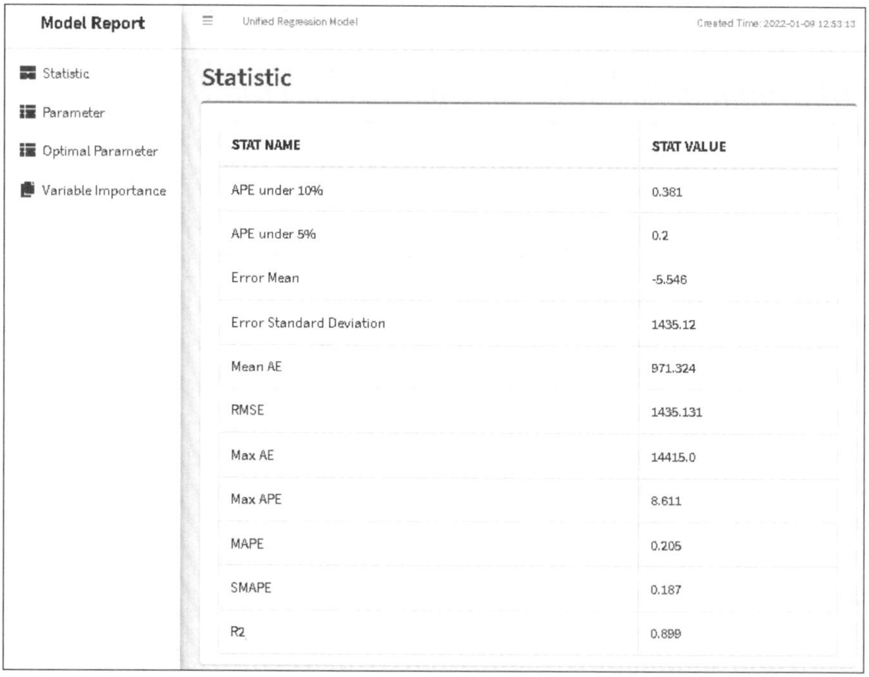

Model Report

Statistic
Parameter
Optimal Parameter
Variable Importance

Unified Regression Model

Created Time: 2022-01-09 12:53:13

Statistic

STAT NAME	STAT VALUE
APE under 10%	0.381
APE under 5%	0.2
Error Mean	-5.546
Error Standard Deviation	1435.12
Mean AE	971.324
RMSE	1435.131
Max AE	14415.0
Max APE	8.611
MAPE	0.205
SMAPE	0.187
R2	0.899

Abbildung 5.30 Report über das trainierte Modell

Der Bericht zeigt diverse Kennzahlen über die Güte des Modells. Einige ausgewählte Kennzahlen sind:

- **APE under 10%**
  Der Wert **APE under 10%** (Absolute Percentage Error unter 10 %) gibt an, für wie viel

Prozent der Entities die prozentuale Abweichung unter 10 % liegt. Für unser Beispiel gibt der Bericht an, dass für 38 % der Vorhersagen der absolute Fehler unter 10 % liegt.

- **Error Mean**
  Der Wert **Error Mean** ist der durchschnittliche Fehler der Vorhersage. Dieser Wert ist sehr vorsichtig zu nutzen. Positive und negative Fehler können sich ausgleichen, sodass trotz eines schlechten Modells ein geringer durchschnittlicher Fehler ausgewiesen wird.
- **RMSE**
  Der Wert **RMSE** (Root Mean Square Error) gibt die Wurzel des Durchschnitts der quadrierten Fehler an. Der RMSE ist ein sehr häufig genutztes Maß für die Güte einer Regression. Die Quadratur des Fehlers stellt sicher, dass sich positive und negative Fehler nicht gegenseitig ausgleichen. Hierbei werden durch die Quadratur große Fehler stärker berücksichtigt. Die Wurzel des Durchschnitts bringt das Gütemaß zurück auf die Einheit der zu schätzenden Information, hier der Betrag in EUR.
- **R2**
  R2 (R-Quadrat) ist ein häufig genutzter, prozentualer Indikator dafür, wie gut die trainierte Regression die Varianz in der Zielvariablen auf den Trainingsdaten beschreibt. Dieses Gütemaß ist nicht auf die Testdaten anwendbar, weswegen wir die Kennzahl nicht weiter vertiefen.

Testen wir das Modell mit den aufgehobenen Testdaten. Schätzen Sie den Preis, der ja bekannt ist:

```
df_remote_predict = regapl.predict(df_remote_test)
```

Vergleichen Sie die geschätzten Preise mit den tatsächlichen Preisen und berechnen Sie erste Gütekennzahlen.

```
df_remote_predict = df_remote_predict.select(
    '*', ('PREDICTED - TRUE_LABEL', 'ERROR'))
df_remote_predict = df_remote_predict.select(
    '*', ('ABS(ERROR)', 'ERROR_ABS'))
df_remote_predict = df_remote_predict.select(
    '*', ('ERROR_ABS / TRUE_LABEL', 'APE'))
df_remote_predict = df_remote_predict.select(
    '*', ('ERROR * ERROR', 'ERROR_SQUARED'))
df_remote_predict.head(5).collect()
```

Verknüpfen Sie diese Kennzahlen mit dem gesamten Datensatz der Fahrzeuge, um die Fehler besser analysieren zu können. Zeigen Sie die Vorhersagen mit dem geringsten absoluten Fehler an, indem Sie diesen Code ausführen:

```
df_remote_predict = \
    df_remote_test.set_index('CAR_ID') \
                .join(df_remote_predict.set_index('CAR_ID'))
df_remote_predict.sort('ERROR_ABS').head(5).collect()
```

Für die in Abbildung 5.31 angezeigten Fahrzeuge wurde der tatsächliche Preis fehlerfrei geschätzt. Der absolute Fehler ist 0. Um Fahrzeuge zu finden, die mit einem unerwarteten Preis angeboten werden, muss die obige Liste nur absteigend sortiert werden.

CAR_ID	BRAND	MODEL	VEHICLETYPE	YEAROFREGISTRATION	HP	FUELTYPE	GEARBOX	KILOMETER	PRICE	TRUE_LABEL	PREDICTED	ERROR	ERROR_ABS	APE	ERROR_SQUARED
178540	nissan	micra	kleinwagen	2001	60	benzin	manuell	125000	1399	1399	1399	0	0	0	0
102192	opel	corsa	kleinwagen	2010	101	benzin	manuell	80000	6800	6800	6800	0	0	0	0
3338	bmw	5er	kombi	1999	170	lpg	automatik	150000	2600	2600	2600	0	0	0	0
221679	bmw	3er	limousine	1997	102	benzin	manuell	150000	1500	1500	1500	0	0	0	0
336481	ford	ka	kleinwagen	2002	60	benzin	manuell	125000	1199	1199	1199	0	0	0	0

Abbildung 5.31 Vorhersagen mit geringster Abweichung pro Fahrzeug

Führen Sie dazu diesen Befehl aus:

```
df_remote_predict.sort('ERROR_ABS', desc=True).head(5).collect()
```

CAR_ID	BRAND	MODEL	VEHICLETYPE	YEAROFREGISTRATION	HP	FUELTYPE	GEARBOX	KILOMETER	PRICE	TRUE_LABEL	PREDICTED	ERROR	ERROR_ABS	APE	ERROR_SQUARED
188273	bmw	5er	limousine	2013	192	diesel	automatik	150000	3300	3300	19858	16558	16558	5.017575	274167364
1804	mercedes_benz	vito	andere	2002	122	diesel	automatik	5000	16900	16900	2180	-14720	14720	0.871005	216678400
55254	audi	tt	coupe	1999	265	benzin	manuell	30000	17900	17900	3239	-14661	14661	0.81905	214944921
147859	bmw	x_reihe	suv	2014	184	diesel	automatik	30000	2500	2500	15226	12726	12726	5.0904	161951076
123219	volkswagen	transporter	bus	1999	102	diesel	manuell	150000	19200	19200	6680	-12520	12520	0.652083	156750400

Abbildung 5.32 Vorhersagen mit größter Abweichung pro Fahrzeug

Für die obigen Fahrzeuge (siehe Abbildung 5.32) waren die Vorhersagen von den tatsächlichen Preisen weit entfernt. Dies kann mehrere Gründe haben. Eventuell gibt es wichtige Informationen, die den Preis beeinflussen, die nicht im Datensatz enthalten sind und daher in der Regression nicht berücksichtigt werden konnten. Oder die Daten sind fehlerhaft, der Preis könnte z. B. einen Eingabefehler haben. Wenn Sie die Regression etwa zu Auditing-Zwecken einsetzen, sollten Sie hier aufmerksam werden. Es könnte sich um einen Verdachtsfall handeln, den Sie genauer ansehen möchten.

Wie gut aber hat das Modell denn eigentlich die Preise erkennen können? Berechnen Sie diverse Kennzahlen mit Listing 5.14 (siehe Abbildung 5.33).

```
df_rem_errorstats = df_remote_predict.agg([
                    ('avg', 'PRICE', 'PRICE_AVG'),
                    ('avg', 'ERROR', 'ERROR_AVG'),
```

```
                  ('min', 'ERROR', 'ERROR_MIN'),
                  ('max', 'ERROR', 'ERROR_MAX'),
                  ('avg', 'ERROR_ABS', 'ERROR_ABS_AVG'),
                  ('avg', 'ERROR_SQUARED', 'MEAN_SQUARED_ERROR'),
                  ('avg', 'APE', 'APE_AVERAGE'),
                  ('median', 'APE', 'APE_MEDIAN'),
                  ('count', 'CAR_ID', 'COUNT')])
df_rem_errorstats = df_rem_errorstats \
                .select('*', ('SQRT(MEAN_SQUARED_ERROR)', 'RMSE'))
df_rem_errorstats.collect()
```

Listing 5.14 Berechnung der Vorhersagegüte über alle Fahrzeuge

PRICE_AVG	ERROR_AVG	ERROR_MIN	ERROR_MAX	ERROR_ABS_AVG	MEAN_SQUARED_ERROR	APE_AVERAGE	APE_MEDIAN	COUNT	RMSE
6205.159023	-5.329126	-14720	16558	976.783312	2098991.961942	0.205751	0.14	41516	1448.789827

Abbildung 5.33 Modellgüte auf Testdaten

Der durchschnittliche absolute Fehler liegt bei 976 EUR. Der Median des absoluten Fehlers in Prozent ist bei 14 %. Für 50 % der Fahrzeuge ist der absolute prozentuale Fehler also unter 14 %. Der RMSE ist bei 1.448 EUR und somit höher, aber auch realistischer berechnet als auf den Trainingsdaten.

Wie gut konnte das Machine-Learning-Modell die Preise der einzelnen Fahrzeugmodelle vorhersagen? Führen Sie den Code in Listing 5.15 aus, und Sie erhalten Abbildung 5.34.

```
df_rem_errorstats = df_remote_predict.agg([
                  ('avg', 'PRICE', 'PRICE_AVG'),
                  ('avg', 'ERROR', 'ERROR_AVG'),
                  ('min', 'ERROR', 'ERROR_MIN'),
                  ('max', 'ERROR', 'ERROR_MAX'),
                  ('avg', 'ERROR_ABS', 'ERROR_ABS_AVG'),
                  ('avg', 'ERROR_SQUARED', 'MEAN_SQUARED_ERROR'),
                  ('avg', 'APE', 'APE_AVERAGE'),
                  ('median', 'APE', 'APE_MEDIAN'),
                  ('count', 'CAR_ID', 'COUNT')],
                  group_by=['BRAND', 'MODEL'])
df_rem_errorstats = df_rem_errorstats \
                .select('*', ('SQRT(MEAN_SQUARED_ERROR)', 'RMSE'))
df_rem_errorstats.sort_values('APE_MEDIAN', ascending=True).head(5).collect()
```

Listing 5.15 Berechnung der Modellgüte pro Fahrzeugmodell

BRAND	MODEL	PRICE_AVG	ERROR_AVG	ERROR_MIN	ERROR_MAX	ERROR_ABS_AVG	MEAN_SQUARED_ERROR	APE_AVERAGE	APE_MEDIAN	COUNT	RMSE
audi	a1	13971.292207	-66.792207	-4096	7647	1013.298701	1869664.740259	0.08195	0.056769	154	1367.356845
fiat	500	8533.461904	-86.595238	-4804	3355	848.880952	1396786.166666	0.0987	0.080412	210	1181.857084
volkswagen	tiguan	14941.617647	-403.6	-6630	8594	1502.094117	3849869.470588	0.104364	0.085067	170	1962.108425
mini	cooper	10355.308008	-56.505133	-4975	6034	1004.767967	1789908.316221	0.11091	0.086567	487	1337.874552
hyundai	i_reihe	8942.577507	-62.55927	-11757	3077	966.036474	1915241.6231	0.123566	0.088508	329	1383.922550

Abbildung 5.34 Modellgüte pro Fahrzeugmodell

Basierend auf dem Median des prozentualen absoluten Fehlers konnte das Modell wie in Abbildung 5.34 gezeigt am besten den Preis für die Modelle Audi A1, Fiat 500 und Volkswagen Tiguan vorhersagen. Sie können die Modellgüte nach verschiedenen Kriterien genauer analysieren. Mit dem Code in Listing 5.16 erhalten Sie z. B. den RMSE nach Fahrzeugtyp. Dieser ist nicht überraschend am geringsten für die (günstigen) Kleinwagen und am höchsten für die teureren SUV.

```
df_rem_errorstats = df_remote_predict.agg([
                        ('avg', 'PRICE', 'PRICE_AVG'),
                        ('avg', 'ERROR', 'ERROR_AVG'),
                        ('min', 'ERROR', 'ERROR_MIN'),
                        ('max', 'ERROR', 'ERROR_MAX'),
                        ('avg', 'ERROR_ABS', 'ERROR_ABS_AVG'),
                        ('avg', 'ERROR_SQUARED', 'MEAN_SQUARED_ERROR'),
                        ('avg', 'APE', 'APE_AVERAGE'),
                        ('median', 'APE', 'APE_MEDIAN'),
                        ('count', 'CAR_ID', 'COUNT')],
                        group_by=['VEHICLETYPE'])
df_rem_errorstats = df_rem_errorstats \
                    .select('*', ('SQRT(MEAN_SQUARED_ERROR)', 'RMSE'))
df_rem_errorstats.sort_values('RMSE', ascending=True) \
                    .select(['VEHICLETYPE', 'RMSE']) \
                    .head(10).collect()
```

Listing 5.16 Berechnung der Vorhersagegüte pro Fahrzeugtyp

Wie bereits im Abschnitt 4.2.1, »Numerische Variablen«, gesehen, können Sie die Logik des Modells vertiefter analysieren. Mit dem Code in Listing 5.17 sehen Sie beispielsweise, wie erhöhte Kilometerstände den Wert des Fahrzeugs reduzieren. Über 150.000 Kilometer fällt der Preis rapide.

```
variable_name = 'KILOMETER'
df_category_profit = regapl.get_indicators() \
    .filter("KEY = 'GroupNormalProfit' \
            and VARIABLE = '" + variable_name + "'").collect()
df_category_profit = df_category_profit[
    ['VARIABLE', 'TARGET', 'DETAIL', 'VALUE']]
```

```
df_category_profit['VALUE'] = df_category_profit['VALUE'].astype(float)
df_category_profit.columns = \
    ['Predictor', 'Target','Category','Profit']
df_category_profit = df_category_profit \
    .sort_values(by=['Profit'], ascending=False)
df_category_profit.style.format({'Profit':'{0:,.2%}'}) \
    .hide(axis='index')
```

Listing 5.17 Berechnung des Einflusses einer Variablen auf die Vorhersage

Abbildung 5.35 stellt den Einfluss anschaulicher dar. In Abschnitt 4.2.1, »Numerische Variablen«, finden Sie eine genauere Erläuterung zu der Interpretation dieser Visualisierung. Aber je höher der Profit, desto höher der geschätzte Preis, beziehungsweise je tiefer der Profit, desto geringer der Preis. Führen Sie zur Erstellung der Grafik diesen Code aus:

```
import seaborn as sns
import matplotlib.pyplot as plt
from matplotlib.ticker import PercentFormatter
f = plt.figure()
bplot = sns.barplot(data=df_category_profit,
                    x='Category', y='Profit', color='#1f77b4')
bplot.set_title(variable_name)
bplot.set_xticklabels(bplot.get_xticklabels(), rotation = 45);
bplot.yaxis.set_major_formatter(PercentFormatter(1))
```

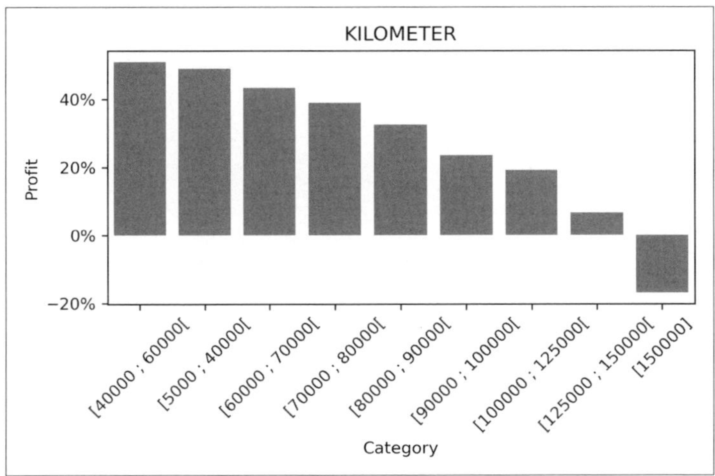

Abbildung 5.35 Modellanalyse Kilometerstand

Erstellen von Vorhersagen

Wie Sie schon bei der Klassifizierung gesehen haben, kann das trainierte Modell auf eine Tabelle mit weiteren Fahrzeugen angewendet werden. Laden Sie einen exemplarischen Datensatz mit fünf Fahrzeugen als zusätzliche Tabelle nach SAP HANA (siehe Listing 5.18).

```
import pandas as pd
df_topredict = pd.read_csv('USEDCARS_TOPREDICT.csv', sep=',')
df_rem_topredict = dataframe.create_dataframe_from_pandas(
                        connection_context=conn,
                        pandas_df=df_topredict,
                        table_name='USEDCARS_TOPREDICT',
                        force=True,
                        drop_exist_tab=True,
                        replace=False)
df_rem_topredict.head(5).collect()
```

Listing 5.18 Erstellung von Vorhersagen

Und erstellten Sie die Vorhersage der Preise auf die frisch geladene Tabelle mit diesem Code:

```
df_rem_predicted = regapl.predict(df_rem_topredict)
df_rem_predicted.head(5).collect()
```

Sie erhalten die ID der Fahrzeuge mit den geschätzten Preisen angezeigt. Möchten Sie die weiteren Details/Spalten mit dem Preis ergänzen, können Sie einen Join durchführen (siehe Abbildung 5.36):

```
df_rem_topredict.set_index('CAR_ID') \
        .join(df_rem_predicted.set_index('CAR_ID')) \
        .head(5).collect()
```

CAR_ID	BRAND	MODEL	VEHICLETYPE	YEAROFREGISTRATION	HP	FUELTYPE	GEARBOX	KILOMETER	PREDICTED
1	audi	a5	coupe	2010	160	benzin	manuell	50000	16870
2	audi	a5	coupe	2011	354	benzin	automatik	70000	20814
3	audi	a5	coupe	2009	211	benzin	manuell	140000	16599
4	audi	a5	cabrio	2011	354	benzin	automatik	60000	23693
5	audi	a5	cabrio	2009	211	benzin	manuell	125000	16633

Abbildung 5.36 Vorhersagen auf Basis einer Tabelle

Echtzeitvorhersagen

Auch mit einer Regression in der APL ist es möglich, wie bei den Klassifizierungen, Vorhersagen in Echtzeit auf temporären Daten in SAP HANA oder über eine JavaScript

Runtime außerhalb von SAP HANA zu erstellen. Der folgende Code in Listing 5.19 schätzt den Preis eines Fahrzeugs, ohne dass dies in einer Tabelle dauerhaft gespeichert ist.

```
df_rem_topredict = conn.sql('''SELECT
        1000000 AS CAR_ID,
        'audi' AS BRAND,
        'a5' AS MODEL,
        'coupe' as VEHICLETYPE,
        '2010' as YEAROFREGISTRATION,
        170 as HP,
        'benzin' as FUELTYPE,
        'manuell' as GEARBOX,
        50000 as KILOMETER
        FROM DUMMY''')
df_rem_predicted = regapl.predict(df_rem_topredict)
df_rem_predicted.collect()
```

Listing 5.19 Vorhersage über eine Dummy-Tabelle

Speichern und Laden des Modells

Speichern Sie, wie Sie es bereits von den Klassifizierungsabschnitten kennen, das Modell in SAP HANA, indem Sie den folgenden Code ausführen:

```
from hana_ml.model_storage import ModelStorage
model_storage = ModelStorage(connection_context=conn)
regapl.name = 'APL reg Car Price'
model_storage.save_model(model=regapl, if_exists='upgrade')
```

Laden Sie das Modell nun in SAP HANA nach bekannter Methode:

```
from hana_ml.model_storage import ModelStorage
model_storage = ModelStorage(connection_context=conn)
regapl = model_storage.load_model(name='APL reg Car Price')
regapl.get_model_info()
```

[+]

Parallelisierte Regression

In diesem Abschnitt wurde eine einzelne Regression durchgeführt. Es ist geplant, dass Sie ab der APL Version 2211 in Kombination mit einem künftigen Release des Python-Pakets `hana_ml` mehrere Regressionen gleichzeitig in SAP HANA trainieren und anwenden können. Diese Parallelisierung kann das Ausführen des Codes deutlich beschleunigen. Beachten Sie hierzu die Dokumentation im SAP Help Portal, z. B. unter dieser URL: *http://s-prs.de/v903332*

5.4 Zeitreihen mit der APL

Zeitreihen beinhalten zeitbezogene Messgrößen. Das Machine Learning kann in diesen Zeitreihen nach wiederkehrenden Mustern suchen, um das Muster in die Zukunft fortzuführen und somit künftige Messwerte vorherzusagen. Alles, was sich wiederkehrend messen lässt, kann eine Zeitreihe sein. Entsprechend häufig werden diese auch für Vorhersagen genutzt. Sie werden sehen, dass bereits mit einigen wenigen Datenpunkten Vorhersagen erstellt werden können.

Damit die APL solche Zeitreihen vorhersagen kann, müssten die Daten auf das gewünschte Zeitintervall aggregiert sein, z. B. täglich oder monatlich.

Arbeitsweise der Zeitreihenvorhersage der APL

Die Zeitreihenvorhersage der APL wird intensiv in der SAP Analytics Cloud genutzt. Der Blogeintrag, den Sie unter folgender URL finden, beinhaltet viele Details zur Arbeitsweise dieser Vorhersagen, die auch auf die APL wie in diesem Kapitel genutzt zutreffen: *https://blogs.sap.com/2019/10/07/time-series-forecasting-in-sap-analytics-cloud-in-detail/*

5.4.1 Einzelne Zeitreihe

Zur Erstellung einer ersten Zeitreihe nutzen wir einen einfachen Fall, in dem der Datensatz nur aus einem Datum und einer Messgröße besteht.

Einführung eines praktischen Beispiels

Als praktisches Beispiel möchten wir eine Bedarfsvorhersage erstellen. In der Stadt London können Fahrräder an etwa 800 Docking-Stationen für bis zu 24 Stunden gemietet werden. Als Beispiel einer Bedarfsvorhersage schätzen wir in diesem Abschnitt, wie viele Fahrräder in London in den nächsten 14 Tagen gemietet werden.

Umbrüche in Zeitreihen durch COVID-19

Zeitreihen suchen nach einem Muster in der Vergangenheit und führen dieses Muster in die Zukunft fort. Wenn nun aber ein fundamentaler Umbruch stattfindet, wie mit COVID-19, können die Daten der Vergangenheit nicht einfach fortgeführt werden. Ein Blogeintrag, den Sie unter der folgenden URL finden, beschreibt, wie die Automated Predictive Library versucht, mit solchen fundamentalen Umbrüchen umzugehen und diese bei einer Vorhersage entsprechend zu berücksichtigen:

https://blogs.sap.com/2021/06/11/piecewise-linear-trend-with-automated-time-series-forecasting-apl/

Datenbeschreibung und Datenladen

Der Datensatz ist in diesem Beispiel sehr einfach gehalten und beinhaltet nur das Datum und die Anzahl der vermieteten Räder. Diese Informationen sind in den Spalten der Datei **BICYCLE_HIRES.csv** festgehalten (siehe Tabelle 5.3). Damit Sie das Beispiel nachvollziehen können, finden Sie die besagte Datei auch in den Download-Materialien zu diesem Buch.

Spalte	Beschreibung
DATE	Tag der Vermietung, vom 1. Januar 2015 bis zum 30. Juni 2019
HIRES	Anzahl der gemieteten Fahrräder

Tabelle 5.3 Spalten der Tabelle »BICYCLE_HIRES.csv«

Herkunft der verwendeten Daten

Die historischen Daten über die Anzahl der vermieteten Fahrräder stammen aus dem Datensatz *Number of Bicycle Hires* im London Datastore (siehe *https://data.london.gov.uk/dataset/number-bicycle-hires*).

In diesem Abschnitt nutzen wir nur das Datum und die Anzahl der vermieteten Fahrräder. Im Abschnitt 5.4.2, »Einzelne Zeitreihe mit Prädiktoren«, wird die Vorhersage anhand weiterer Informationen, wie dem Wetter, verfeinert.

Laden Sie die Daten zunächst in einen Pandas-DataFrame.

```
import pandas as pd
df_data = pd.read_csv('BICYCLE_HIRES.csv', sep=';')
df_data.DATE = pd.to_datetime(df_data.DATE)
df_data.head(5)
```

Hierbei wird die Spalte **DATE** bereits im Pandas-DataFrame explizit in ein `datetime`-Format gewandelt, wodurch die Spalte in SAP HANA automatisch mit dem Typ `TIMESTAMP` angelegt wird. Dieses Format ist wichtig, damit die APL die Daten auch als Zeitreihe korrekt erkennen und interpretieren kann. Erstellen Sie nun mit dem folgenden Code eine Verbindung zu SAP HANA.

```
import hana_ml.dataframe as dataframe
conn = dataframe.ConnectionContext(userkey='MYHANA')
conn.connection.isconnected()
```

Laden Sie die Daten nach SAP HANA:

```
df_remote = dataframe.create_dataframe_from_pandas(connection_context=conn,
                                pandas_df=df_data,
                                table_name='BICYCLE_HIRES',
                                force=True,
                                drop_exist_tab=True,
                                replace=False)
```

Explorative Datenanalyse

Nun beginnt die explorative Datenanalyse. Lassen Sie sich zunächst einige Zeilen des Datensatzes anzeigen. Das Ergebnis sehen Sie in Abbildung 5.37.

```
df_remote = conn.table('BICYCLE_HIRES')
df_remote.head(5).collect()
```

DATE	HIRES
2015-01-01	9615
2015-01-02	15389
2015-01-03	5779
2015-01-04	9367
2015-01-05	20566

Abbildung 5.37 Historische Daten der vermieteten Fahrräder

Überprüfen Sie, dass die Spalte **DATE** korrekt als `TIMESTAMP` angelegt wurde (siehe Abbildung 5.38), indem Sie den folgenden Befehl ausführen:

```
df_remote.dtypes()
```

```
[('DATE', 'TIMESTAMP', 27, 27, 27, 0), ('HIRES', 'INT', 10, 10, 10, 0)]
```

Abbildung 5.38 Spaltentypen

Sehen Sie sich im Anschluss den Verlauf der Fahrradvermietungen über den Zeitraum hinweg an. Laden Sie hierfür die Daten als sortierten Pandas-DataFrame herunter und erstellen Sie eine Grafik:

```
df_data = df_remote.sort("DATE").collect()
import seaborn as sns
import matplotlib.pyplot as plt
plt.figure(figsize=(20,5))
sns.set_theme(style='darkgrid')
```

```
sns.lineplot(x='DATE', y='HIRES', data=df_data)
plt.ylabel('Bike hires');
```

Natürlich schwanken die Zahlen stark von Tag zu Tag (siehe Abbildung 5.39), aber man sieht bereits ein klares Muster, dass die Zahl der Vermietungen – nicht ganz überraschend – im Sommer am höchsten und im Winter an niedrigsten ist. An zwei Tagen im Jahr 2015 wurden überraschend viele Fahrräder genutzt.

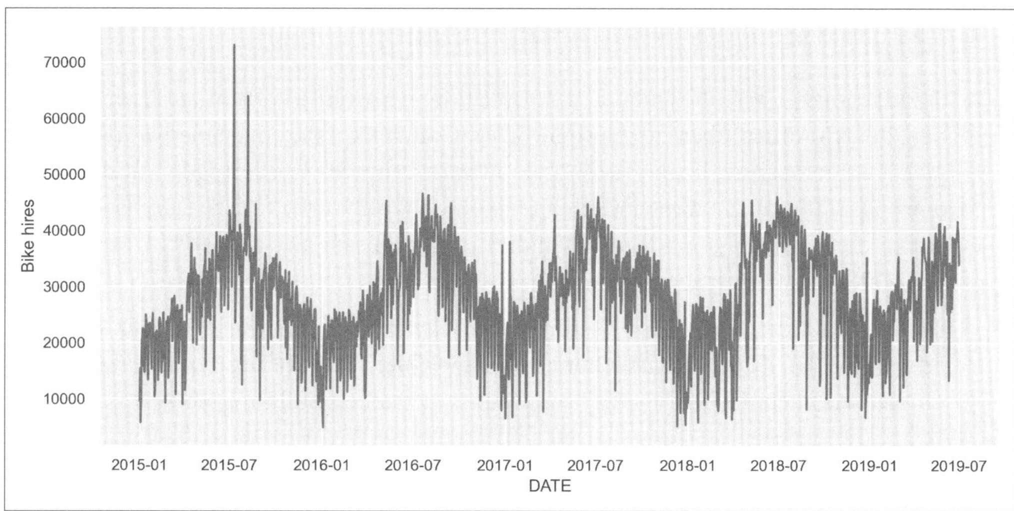

Abbildung 5.39 Zeitlicher Verlauf der Vermietungen

Trainieren eines Modells

Im nächsten Schritt trainieren wir ein Modell mit der APL, das die nächsten 14 Tage vorhersagt. Da die Daten auf Tageswerte aggregiert sind und wir 14 Tage vorhersagen möchten, wird dem `horizon`-Parameter der Wert 14 übergeben. Weil für dieses Beispiel mit vermieteten Fahrrädern keine negativen Werte möglich sind, ist der Parameter `force_positive_forecast` auf `True` gesetzt. Dies führt dazu, dass negative Vorhersagen mit dem Wert 0 ersetzt werden.

```
from hana_ml.algorithms.apl.time_series import AutoTimeSeries
tsapl = AutoTimeSeries(time_column_name='DATE',
                       target='HIRES',
                       horizon=14,
                       force_positive_forecast=True)
tsapl.fit(data=df_remote)
```

Beachten Sie, dass der Datensatz `df_remote` ohne Sortierung übergeben werden sollte. Die APL stellt bereits sicher, dass die Daten anhand des Datums sortiert werden. Eine doppelte Sortierung ist überflüssig.

Auch bei einer Zeitreihenvorhersage teilt die APL die Daten intern in unterschiedliche Bereiche (Partitionen) auf, um das beste Modell zu finden. In der Grundeinstellung, wie hier genutzt, greift die Option *sequential with no test*. Hierbei werden die ersten 75 % der Daten für das Training genutzt (auch Estimation genannt) und die restlichen 25 % für die Validierung. Die Qualität der Vorhersage wird auf dem Validierungsdatensatz berechnet und kann mit der Ausführung dieses Codes direkt vom Modell abgefragt werden:

```
tsapl.get_horizon_wide_metric(metric_name='MAPE')
```

Standardmäßig wird die Qualität als MAPE (Mean Absolute Percentage Error) angegeben, der im Aufruf oben zur Verdeutlichung auch explizit angegeben wurde. MAPE gibt die durchschnittliche prozentuale Abweichung der Vorhersagen auf dem Validierungsdatensatz an. Unser Modell zeigt einen Wert von etwa 0.17. Durchschnittlich haben die Vorhersagen auf dem Validierungsdatensatz also um etwa 17 % von den tatsächlichen Werten abgewichen.

Die Qualität lässt sich nach weiteren Merkmalen berechnen, wie z. B. Mean Absolute Error (MAE, dt. durchschnittlicher absoluter Fehler), sowohl für den Estimation-Datensatz wie auch für den Validierungsdatensatz (siehe Abbildung 5.40).

```
tsapl.get_debrief_report('TimeSeries_Performance').collect()
```

Partition	MAE	MAPE	SMAPE	MPE	RMSE	R2	Error Mean	Error Standard Deviation
Estimation	4014.715	19.011	16.185	-6.799	5608.585	0.608	-24.036	5608.533
Validation	3976.008	17.398	15.026	-5.574	5298.670	0.599	67.789	5298.237

Abbildung 5.40 Modellgüte auf den Partitionen

Erstellen von Vorhersagen

Bevor wir das Modell noch genauer untersuchen, können wir bereits die Vorhersage für die nächsten 14 Tage anfordern:

```
df_rem_predicted = tsapl.forecast(forecast_length=14)
```

Das Modell gibt praktischerweise nicht nur die Vorhersage zurück. Sie erhalten stattdessen die Trainingsdaten erweitert mit den Vorhersagen des Modells. Die Vorhersagen sind sowohl für die bekannte Vergangenheit als auch für die unbekannte Zukunft erstellt. Die Daten können somit sehr gut verglichen werden (siehe Abbildung 5.41).

```
df_rem_predicted.tail(n=21, ref_col='DATE').collect()
```

Die bekannten Daten enden mit dem 30. Juni 2019, dem Ende der historischen Daten. Die Vorhersage des Modells wird für die Vergangenheit aber natürlich auch für die angefragten künftigen 14 Tage erstellt. Zusätzlich wird für jede Vorhersage mit **LOWER_INT_95PCT** und **UPPER_INT_95PCT** ein Vorhersageintervall angezeigt. Dies entspricht zwei Standardabweichungen des Fehlers auf dem Validierungsdatensatz.

DATE	ACTUAL	PREDICTED	LOWER_INT_95PCT	UPPER_INT_95PCT
2019-06-24	38617.0	38413.600025	NaN	NaN
2019-06-25	38200.0	40585.690914	NaN	NaN
2019-06-26	39620.0	40235.974111	NaN	NaN
2019-06-27	41692.0	40640.915427	NaN	NaN
2019-06-28	39986.0	39143.570418	NaN	NaN
2019-06-29	38616.0	34032.616097	NaN	NaN
2019-06-30	33990.0	35440.346397	NaN	NaN
2019-07-01	NaN	41222.635347	30837.241196	51608.029499
2019-07-02	NaN	43394.726236	33009.332085	53780.120388
2019-07-03	NaN	43045.009433	32659.615281	53430.403585
2019-07-04	NaN	43449.950749	33064.556598	53835.344901
2019-07-05	NaN	41952.605741	31567.211589	52337.999893
2019-07-06	NaN	36841.651419	26456.257268	47227.045571
2019-07-07	NaN	35453.551350	25068.157198	45838.945502
2019-07-08	NaN	41235.840300	30850.446149	51621.234452
2019-07-09	NaN	43407.931189	33022.537038	53793.325341
2019-07-10	NaN	43058.214386	32672.820234	53443.608538
2019-07-11	NaN	43463.155702	33077.761551	53848.549854
2019-07-12	NaN	41965.810694	31580.416542	52351.204846
2019-07-13	NaN	36854.856372	26469.462221	47240.250524
2019-07-14	NaN	33228.044389	22842.650237	43613.438541

Abbildung 5.41 Vorhersage der Fahrradvermietungen

Visualisieren Sie die historischen Daten gemeinsam mit der Vorhersage (siehe Abbildung 5.42), indem Sie den folgenden Code ausführen:

```
df_predicted = df_rem_predicted \
    .sort_values('DATE', ascending=True).collect()
import seaborn as sns
import matplotlib.pyplot as plt
plt.figure(figsize=(20,5))
ax = sns.lineplot(x='DATE', y='ACTUAL', data=df_predicted)
ax1 =sns.lineplot(x='DATE', y='PREDICTED', data=df_predicted)
plt.ylabel('Bike hires')
plt.legend(labels=['Actuals', 'Predicted'], loc='upper left');
```

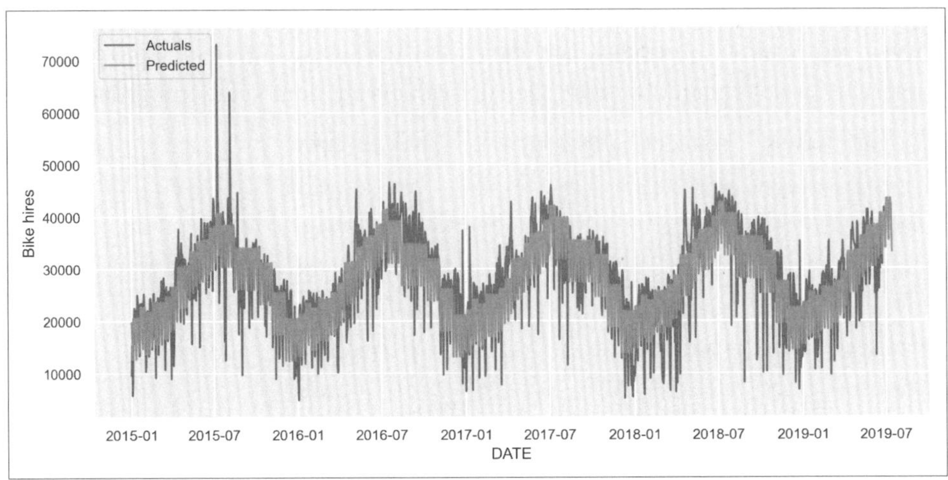

Abbildung 5.42 Historische und vorhergesagte Fahrradvermietungen

Das Zeitreihenmodell hat die jährlichen Trends erkannt, aber auch einen Wochenrhythmus. Eine Sicht nur auf die letzten Monate zeigt dies deutlicher (siehe Abbildung 5.43). Führen Sie dafür diesen Code aus:

```
df_predicted_focus = \
   df_predicted[df_predicted['DATE'].dt.year == 2019]
plt.figure(figsize=(20,5))
ax = sns.lineplot(x='DATE', y='ACTUAL', data=df_predicted_focus)
ax1 =sns.lineplot(x='DATE', y='PREDICTED', data=df_predicted_focus)
plt.ylabel('Bike hires')
plt.legend(labels=['Actuals', 'Predicted'], loc='upper left');
```

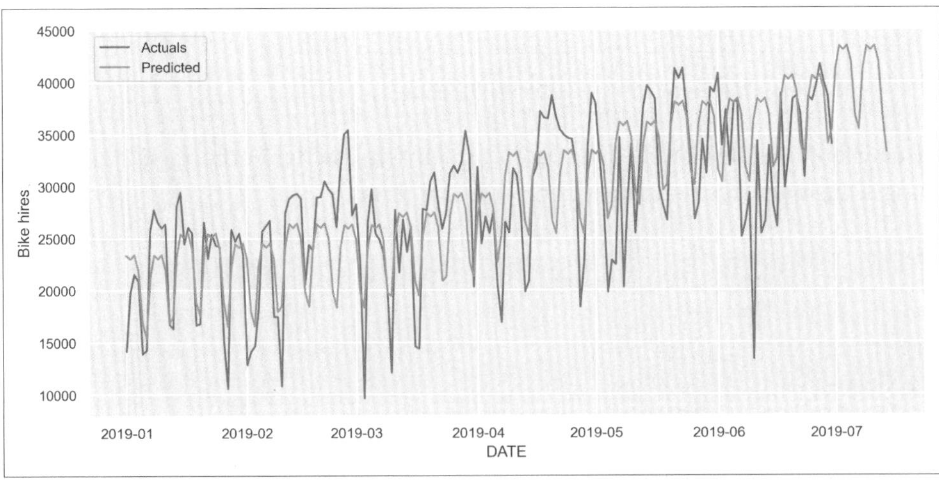

Abbildung 5.43 Historische und vorhergesagte Fahrradvermietungen nur für 2019

Speichern Sie die Vorhersagen als Tabelle in SAP HANA mit dem Befehl:

```
df_rem_predicted.save('BICYCLE_HIRES_PREDICTED')
```

Weiteres Debriefen des Modells

Über die Python-Schnittstelle können weitere Debriefing-Details angefordert werden. Ein Überblick über das Modell und dessen Konfiguration sehen Sie in Abbildung 5.44. Die Zusammenfassung zeigt z. B. das Ende der Trainingsdaten (30. Juni 2019) und den Vorhersagehorizont (14 Tage). Erstellen Sie den Bericht mit dem folgenden Befehl:

```
tsapl.get_debrief_report('TimeSeries_ModelOverview').collect()
```

Build Date	Learn Time (sec)	Engine Name	Date Variable	Target Variable	First Date	Last Date	Horizon	Granularity
2022-05-01 12:14:23	35	Kxen.TimeSeries	DATE	HIRES	2015-01-01 00:00:00	2019-06-30 00:00:00	14	dayAmplitude

Abbildung 5.44 Überblick des Time-Series-Modells

Die Komponentensicht in Abbildung 5.45 gibt in der **Cycles**-Zeile an, dass, wie auch schon optisch gesehen, das Modell einen Jahres- und Wochenrhythmus erkannt hat. Führen Sie dazu diesen Code aus:

```
tsapl.get_debrief_report('TimeSeries_Components').collect()
```

Component Type	Component Value
Trend	Linear(DATE)
Cycles	Sum(weekOfYear,dayOfWeek)
Fluctuations	None

Abbildung 5.45 Komponenten des Modells

Den Einfluss des Trends und der Zyklen können Sie mit dem folgenden Code separat anzeigen lassen (siehe Abbildung 5.46). Die Vorhersage entspricht der Summe des langfristigen Trends, der sich über die gesamte Dauer der Zeitreihe hinweg zieht, und der Zyklen. Der Trend ist hierbei positiv und entspricht etwa zwei zusätzlichen Fahrrädern pro Tag (berechnet aus der Differenz des Trends zweier aufeinanderfolgender Tage).

```
tsapl.set_params(extra_applyout_settings={'ExtraMode': True})
df_rem_predicted = tsapl.forecast(forecast_length=14)
df_predicted = df_rem_predicted.tail(n=14,
                                    ref_col='DATE') \
```

```
                                   .select(['DATE', 'PREDICTED_1',
                                            'Trend_1', 'Cycles_1']) \
                                   .collect()
df_predicted
```

DATE	PREDICTED_1	Trend_1	Cycles_1
2019-07-01	41222.635347	29676.987227	11545.648121
2019-07-02	43394.726236	29678.873648	13715.852588
2019-07-03	43045.009433	29680.760070	13364.249363
2019-07-04	43449.950749	29682.646492	13767.304257
2019-07-05	41952.605741	29684.532914	12268.072827
2019-07-06	36841.651419	29686.419336	7155.232083
2019-07-07	35453.551350	29688.305758	5765.245592
2019-07-08	41235.840300	29690.192180	11545.648121
2019-07-09	43407.931189	29692.078601	13715.852588
2019-07-10	43058.214386	29693.965023	13364.249363
2019-07-11	43463.155702	29695.851445	13767.304257
2019-07-12	41965.810694	29697.737867	12268.072827
2019-07-13	36854.856372	29699.624289	7155.232083
2019-07-14	33228.044389	29701.510711	3526.533678

Abbildung 5.46 Vorhersage aus Trend und Zyklen

Eine Grafik zeigt, wie der Trend die Grundlage setzt und durch die Zyklen verfeinert wird (siehe Abbildung 5.47). Sie wird erstellt, wenn Sie diesen Code in Python ausführen:

```
plt.figure(figsize=(16,5))
ax = sns.lineplot(x='DATE', y='PREDICTED_1', data=df_predicted)
ax1 =sns.lineplot(x='DATE', y='Trend_1', data=df_predicted)
ax2 =sns.lineplot(x='DATE', y='Cycles_1', data=df_predicted)
plt.ylabel('Bike hires')
plt.legend(labels=['PREDICTED_1', 'Trend_1', 'Cycles_1'],
           loc='upper left');
```

Wenn Sie wissen möchten, an welchen vergangenen Tagen die Vorhersage am stärksten von den tatsächlichen Werten abgewichen ist, führen Sie den folgenden Code aus. Das Ergebnis sehen Sie in Abbildung 5.48.

```
tsapl.get_debrief_report('TimeSeries_Outliers') \
    .sort('Date').collect()
```

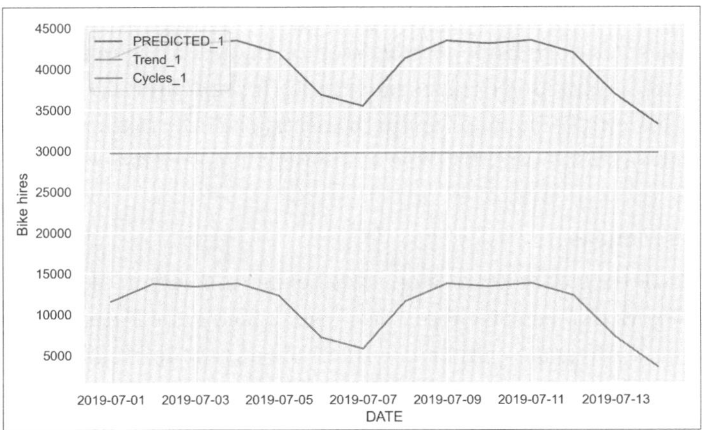

Abbildung 5.47 Vorhersage aus Trend und Zyklen

Partition	Date	Signal	Forecast
Estimation	2015-05-14 00:00:00	15657.0	33466.438
Estimation	2015-07-09 00:00:00	73094.0	40705.207
Estimation	2015-07-24 00:00:00	16135.0	36995.560
Estimation	2015-07-26 00:00:00	12497.0	30496.506
Estimation	2015-08-06 00:00:00	63963.0	38519.315
Estimation	2015-08-22 00:00:00	44724.0	27508.695
Estimation	2015-08-31 00:00:00	9709.0	31916.089
Estimation	2016-05-07 00:00:00	44532.0	24800.203
Estimation	2016-05-08 00:00:00	45301.0	26142.831
Estimation	2016-05-31 00:00:00	16227.0	36021.126
Estimation	2016-08-14 00:00:00	44648.0	26792.883
Estimation	2016-12-25 00:00:00	37401.0	13147.744
Estimation	2017-01-09 00:00:00	38042.0	19849.626
Estimation	2017-04-08 00:00:00	38878.0	21345.329
Estimation	2017-04-09 00:00:00	42854.0	23895.276
Estimation	2017-06-06 00:00:00	17387.0	36958.971
Estimation	2017-07-22 00:00:00	16392.0	33256.034
Estimation	2017-08-09 00:00:00	11525.0	39499.007
Estimation	2018-03-01 00:00:00	8744.0	25652.923
Estimation	2018-03-30 00:00:00	6362.0	27129.736
Estimation	2018-04-02 00:00:00	7998.0	26412.970
Validation	2018-08-09 00:00:00	20574.0	40590.606
Validation	2018-08-26 00:00:00	8177.0	28191.886
Validation	2018-09-22 00:00:00	12376.0	29478.978
Validation	2018-10-06 00:00:00	10043.0	29505.388
Validation	2019-06-10 00:00:00	13358.0	36173.400

Abbildung 5.48 Historische Ausreißer

An den aufgelisteten Tagen lagen die Vorhersagen am weitesten von den eingetretenen Werten entfernt. Etwas uns noch Unbekanntes könnte an diesen Tagen passiert sein, das einen Einfluss auf die Nutzung der Fahrräder hatte. Im Abschnitt 5.4.2, »Einzelne Zeitreihe mit Prädiktoren«, versuchen wir durch zusätzliche Informationen, die Vorhersagen zu verbessern und so hoffentlich die Ausreißer zu reduzieren.

Speichern und Laden des Modells

Anders als bei der Klassifizierung oder Regression ist es bei den Zeitreihen nicht notwendig, das trainierte APL-Modell zu speichern. Wenn Sie täglich neue Daten erhalten und täglich eine neue Vorhersage erstellen, würden Sie das Modell täglich neu trainieren, damit die neuesten Informationen berücksichtigt werden können. Es muss also kein altes Modell für eine neue Vorhersage genutzt werden.

Sollten Sie dennoch die Notwendigkeit haben, ein Zeitreihenmodell der APL zu speichern, so ist dies, wie von der Klassifizierung oder Regression her bekannt, auch möglich:

```
from hana_ml.model_storage import ModelStorage
model_storage = ModelStorage(connection_context=conn)
tsapl.name = 'APL ts London Bicycles'
model_storage.save_model(model=tsapl, if_exists='upgrade')
```

Auch das Laden des gespeicherten Modells erfolgt in bekannter Manier:

```
from hana_ml.model_storage import ModelStorage
model_storage = ModelStorage(connection_context=conn)
tsapl = model_storage.load_model(name='APL ts London Bicycles')
tsapl.get_model_info()
```

Dokumentation

Einen Überblick über weitere Einstellungsmöglichkeiten finden Sie in der Dokumentation des SAP Help Portal, das Sie unter folgender URL aufrufen: *http://s-prs.de/v903333*

5.4.2 Einzelne Zeitreihe mit Prädiktoren

Zeitreihenvorhersagen können oft über eine Anreicherung mit weiteren Informationen im Datensatz verbessert werden. Diese zusätzlichen Spalten werden auch *Prädiktoren* genannt.

Einführung eines praktischen Beispiels

In Abschnitt 5.4.1, »Einzelne Zeitreihe«, haben wir die tägliche Anzahl von vermieteten Fahrrädern in London vorhergesagt. Hierfür wurden ausschließlich der Tag der Vermietung und die Menge der vermieteten Räder genutzt.

In diesem praktischen Beispiel verbessern wir die Vorhersage, indem weitere Informationen wie das Wetter in der Vorhersage berücksichtigt werden.

Datenbeschreibung und Datenladen

Im Vergleich zum vorherigen Kapitel beinhaltet der Datensatz nun auch verschiedene numerische Informationen über das Wetter des jeweiligen Tages (gemessen am Flughafen Heathrow) sowie auch zwei nicht numerische Spalten mit Informationen über Feiertage und Streiks der Londoner U-Bahn.

Wir möchten weiterhin die folgenden 14 Tage vorhersagen, weswegen die zusätzlichen Informationen, die die Tage beschreiben, auch für diese folgenden Tage im Datensatz vorhanden sein müssen. Sollten Sie Wetterdaten nutzen, können Sie diese Informationen von einer Wettervorhersage erhalten.

Herkunft der verwendeten Daten

Das historische Wetter in diesem Beispiel kommt von Meteostat, das diese Daten freundlicherweise unter einer *Creative Commons Attribution-NonCommercial 4.0 International Public License* (CC BY-NC 4.0) zur Verfügung stellt (siehe *https://meteostat.net/*).

Diese Informationen sind in den Spalten der Datei **BICYCLE_HIRES_WITHCONTEXT.csv** festgehalten (siehe Tabelle 5.4). Damit Sie das Beispiel nachvollziehen können, finden Sie die besagte Datei auch in den Download-Materialien zu diesem Buch.

Spalte	Beschreibung
DATE	Tag der Vermietung, von 1. Januar 2015 bis 14. Juli 2019
TAVG	durchschnittliche Temperatur (Celsius)
TMIN	tiefste Temperatur (Celsius)
TMAX	höchste Temperatur (Celsius)
PRCP	Regenmenge (Millimeter)
WDIR	Windrichtung (Grad)
WSPD	Windgeschwindigkeit (km/h)

Tabelle 5.4 Spalten der Tabelle »BICYCLE_HIRES_WITH_CONTEXT.csv«

Spalte	Beschreibung
PRES	Luftdruck (Hektopascal)
BANKHOLIDAY	Namen von Feiertagen (z. B. New Year's Day oder Easter Monday, sonst None)
TUBESTRIKE	Angabe von Streiktagen (je nach Ausmaß Partial oder Full, sonst None)
HIRES	Anzahl der gemieteten Fahrräder

Tabelle 5.4 Spalten der Tabelle »BICYCLE_HIRES_WITH_CONTEXT.csv« (Forts.)

Laden Sie die Daten im ersten Schritt in Ihr System (siehe Listing 5.20).

```
import pandas as pd
df_data = pd.read_csv('BICYCLE_HIRES_WITHCONTEXT.csv', sep=';')
df_data.DATE = pd.to_datetime(df_data.DATE)
import hana_ml.dataframe as dataframe
conn = dataframe.ConnectionContext(userkey='MYHANA')
df_remote = dataframe.create_dataframe_from_pandas(connection_context=conn,
                                pandas_df=df_data,
                                table_name='BICYCLE_HIRES_WITHCONTEXT',
                                force=True,
                                drop_exist_tab=True,
                                replace=False)
```

Listing 5.20 Laden der Daten nach SAP HANA

Explorative Datenanalyse

Sehen Sie sich nun einige Zeilen des erweiterten Datensatzes zur Fahrradvermietung an (siehe Abbildung 5.49). Führen Sie dafür diesen Code aus:

```
df_remote = conn.table('BICYCLE_HIRES_WITHCONTEXT')
df_remote.head(5).collect()
```

DATE	TAVG	TMIN	TMAX	PRCP	WDIR	WSPD	PRES	BANKHOLIDAY	TUBESTRIKE	HIRES
2015-01-01	8.7	4.7	11.9	0.3	200.0	24.1	1027.6	New Year's Day	None	9615.0
2015-01-02	8.6	3.9	12.6	1.0	254.3	21.0	1029.0	None	None	15389.0
2015-01-03	4.7	2.8	6.2	3.8	19.0	10.4	1024.0	None	None	5779.0
2015-01-04	1.5	-1.4	3.5	7.1	226.7	6.6	1035.3	None	None	9367.0
2015-01-05	6.8	2.3	10.0	0.0	186.7	10.9	1029.1	None	None	20566.0

Abbildung 5.49 Historische Daten der vermieteten Fahrräder mit weiteren Details zu den einzelnen Tagen

Die bereits bekannten Daten sind durch die zusätzlichen Spalten angereichert worden. Der 1. Januar 2015 ist als Feiertag markiert. Die `describe()`-Methode gibt einen Überblick über den Inhalt dieser Spalten (siehe Abbildung 5.50).

```
df_remote.describe().collect()
```

column	count	unique	nulls	mean	std	min	max	median
TAVG	1656	251	0	11.794022	5.473034	-4.1	27.9	11.6
TMIN	1643	239	13	8.082897	5.173038	-8.2	21.0	8.2
TMAX	1638	279	18	15.810989	6.398045	-1.2	36.7	15.4
PRCP	1652	74	4	1.545944	3.684979	0.0	48.0	0.0
WDIR	1568	1205	88	198.704528	92.849314	1.1	359.9	222.3
WSPD	1624	283	32	14.806527	6.302407	0.0	43.4	13.7
PRES	1535	425	121	1016.169837	10.185763	979.1	1043.8	1017.1
HIRES	1642	1591	14	28178.548112	8869.530072	4894.0	73094.0	28253.5
DATE	1656	1656	0	NaN	NaN	NaN	NaN	NaN
BANKHOLIDAY	1656	14	0	NaN	NaN	NaN	NaN	NaN
TUBESTRIKE	1656	3	0	NaN	NaN	NaN	NaN	NaN

Abbildung 5.50 Überblick der Spalteninhalte (Ausschnitt)

In der analysierten **HIRES**-Spalte (vierte Zeile von unten) fehlen die Werte der vorherzusagenden, letzten 14 Tage. Für diese noch vorherzusagenden Tage von 1. bis 14. Juli 2019 beinhaltet der Datensatz wie erfordert nur die Prädiktoren, wie Wetterinformationen. Die Zielvariable `HIRES` soll natürlich geschätzt werden und ist dementsprechend leer für diese zwei Wochen.

Die gemessene Minimaltemperatur in dem Zeitraum liegt bei –8.2 Grad Celsius, die maximale Temperatur bei eventuell überraschend hohen 36.7 Grad. Für einige Tage fehlen Werte in den Prädiktoren, die Zeitreihenvorhersage der APL kann hiermit jedoch umgehen. Fehlende kategorische Werte werden durch den am häufigsten vorkommenden Wert der Spalte ersetzt. Fehlende numerische Werte werden durch den zeitlich gesehen nächstgelegenen, bekannten Wert ersetzt. Keine größeren Datenqualitätsprobleme sind ersichtlich, alle Wetterdaten erscheinen aber plausibel.

Trainieren eines Modells

Erstellen Sie ein neues Zeitreihenmodell, nun unter Einbezug der weiteren Spalten. Der Parameter `with_extra_predictable` ist zur Verdeutlichung explizit auf `True` gesetzt, obwohl dessen Default-Wert bereits `True` ist:

```
from hana_ml.algorithms.apl.time_series import AutoTimeSeries
tsapl = AutoTimeSeries(time_column_name='DATE',
                       target='HIRES',
```

```
                              horizon=14,
                              force_positive_forecast=True,
                              with_extra_predictable=True)
tsapl.fit(data=df_remote)
```

Analysieren Sie das Modell wie im vorherigen Kapitel beschrieben mit diesem Befehl:

```
tsapl.get_horizon_wide_metric(metric_name='MAPE')
```

Der Fehler ist von etwa 17 % auf etwa 13 % gesunken. Der zusätzliche Kontext konnte das Modell verbessern.

Erstellen von Vorhersagen

Erstellen Sie die Vorhersage für die nächsten 14 Tage, um die Verbesserung auch optisch zu sehen. Die Syntax unterscheidet sich in diesem Fall etwas von der bei der einfachen Zeitreihe ohne weiteren Prädiktor. Durch einen Filter übergeben Sie nur die Zeilen der 14 Tage, die vorherzusagen sind. Diese Zeilen beinhalten nur das Datum und die Prädiktoren, die vorherzusagende Zielvariable ist leer.

```
df_rem_predicted = \
    tsapl.forecast(data=df_remote.filter('HIRES IS NULL'))
```

In der schon genutzten Liniengrafik lassen sich die Werte wieder vergleichen (siehe Abbildung 5.51).

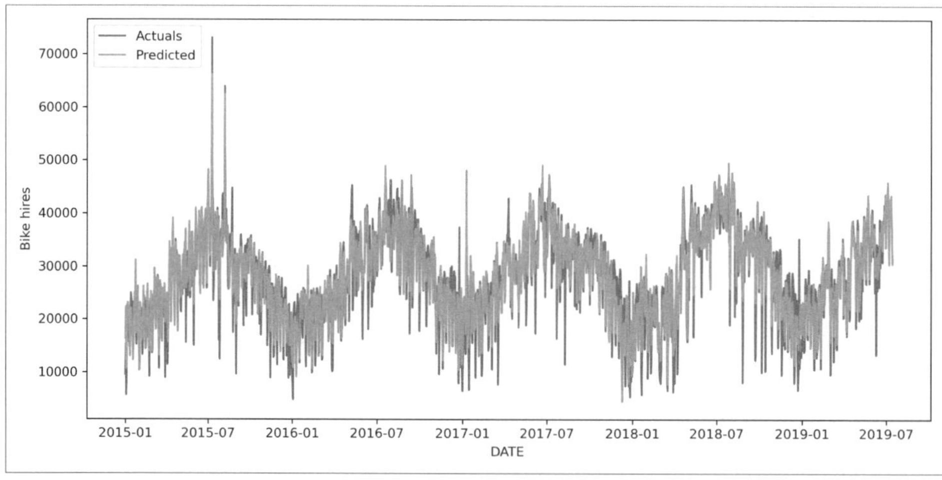

Abbildung 5.51 Historische und vorhergesagte Fahrradvermietungen

Führen Sie dafür den folgenden Code aus:

```
df_predicted = df_rem_predicted.sort_values('DATE', ascending=True).collect()
import seaborn as sns
import matplotlib.pyplot as plt
plt.figure(figsize=(20,5))
ax = sns.lineplot(x='DATE', y='ACTUAL', data=df_predicted)
ax1 =sns.lineplot(x='DATE', y='PREDICTED', data=df_predicted)
plt.ylabel('Bike hires')
plt.legend(labels=['Actuals', 'Predicted'], loc='upper left');
```

Wie Sie sehen, sind die Vorhersagewerte nun tatsächlich individueller. Die beiden großen Ausreißer Mitte 2015 z. B., die bereits im vorherigen Abschnitt aufgefallen sind, werden nun erkannt. An diesen Tagen gab es Streiks auf der Londoner U-Bahn, eine Information, die im Datensatz enthalten und vom Modell offensichtlich genutzt wurde.

Sehen wir uns auch hier die tatsächlichen und vorhergesagten Werte für 2019 genauer an (siehe Abbildung 5.52).

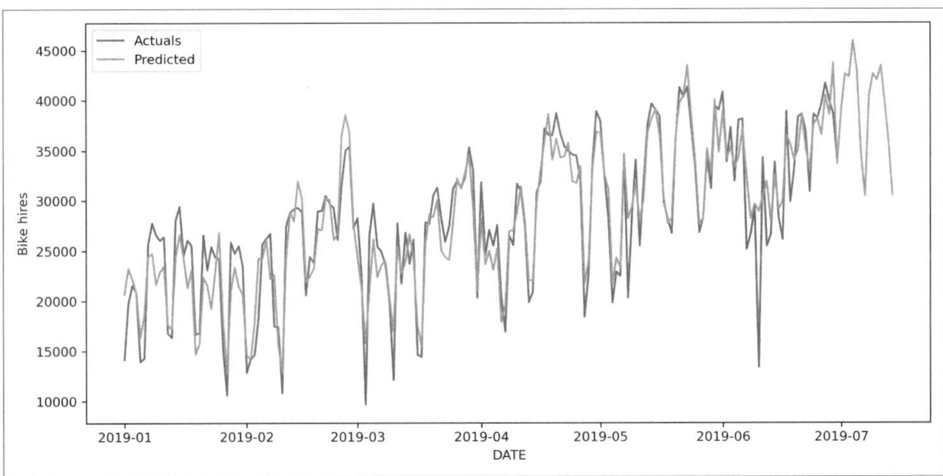

Abbildung 5.52 Historische und vorhergesagte Fahrradvermietungen nur für 2019

Nutzen Sie dafür den Code in Listing 5.21.

```
df_predicted_focus = \
    df_predicted[df_predicted['DATE'].dt.year == 2019]
plt.figure(figsize=(20,5))
ax = sns.lineplot(x='DATE', y='ACTUAL',
                  data=df_predicted_focus)
ax1 = sns.lineplot(x='DATE', y='PREDICTED',
                   data=df_predicted_focus)
```

```
plt.ylabel('Bike hires')
plt.legend(labels=['Actuals', 'Predicted'],
          loc='upper left');
```

Listing 5.21 Anzeige tatsächlicher und vorhergesagter Werte

Die Detailsicht zeigt noch anschaulicher, wie die Vorhersagewerte nun deutlich besser die Realität abbilden. Speichern Sie die Vorhersagen nach SAP HANA als Tabelle:

```
df_rem_predicted.save('BICYCLE_HIRES_WITHCONTEXT_PREDICTED')
```

Debriefen des Modells

Auch für dieses Modell können Sie Berichte zum Debriefen aufrufen (siehe Abbildung 5.53). Nutzen Sie die bereits im vorherigen Kapitel vorgestellten Berichte. Nur auf drei Berichte gehen wir hier genauer ein: Zeitreihenkomponenten, Prädiktoren und Ausreißer.

```
tsapl.get_debrief_report('TimeSeries_Components').collect()
```

Component Type	Component Value
Trend	Polynom(ExtrasPredictables)
Cycles	Sum(dayOfWeek)
Fluctuations	None

Abbildung 5.53 Komponenten des Modells

Der Wochenrhythmus ist weiterhin im Modell vorhanden. Aber der Jahresrhythmus entfällt, da jetzt die Wetterdaten die Schwankungen über das Jahr hinweg besser beschreiben als das blanke Kalenderdatum. Aber welche Prädiktoren wurden gewählt? Das sehen Sie in Abbildung 5.54, wenn Sie den folgenden Befehl ausführen:

```
tsapl.get_debrief_report('TimeSeries_VariablesContribution') \
    .sort('Rank').collect()
```

Variable	Rank	Contribution	Cumulative
TMAX	1	0.575	0.575
TUBESTRIKE	2	0.102	0.677
BANKHOLIDAY	3	0.100	0.777
WSPD	4	0.096	0.873
PRES	5	0.070	0.943
TMIN	6	0.057	1.000

Abbildung 5.54 Prädiktoren des Modells

Die Höchsttemperaturen waren am wichtigsten für die Vorhersage, gefolgt von den Informationen über Streiks der Londoner U-Bahn und den Feiertagen. Auch die Windgeschwindigkeit, der Luftdruck und die minimale Temperatur fließen in die Vorhersage ein. Die Windrichtung oder die Durchschnittstemperatur hingegen konnte keine weiteren Erklärungen geben und wurde während des Trainings ausgeschlossen.

Wenn Sie versuchen möchten, weitere Prädiktoren zu erstellen, die die Vorhersage verbessern, hilft die Liste der verbliebenen Ausreißer, die Tage an denen die Vorhersage am weitesten von den tatsächlichen Zahlen entfernt ist. Rufen Sie diese mit dem Befehl auf:

```
tsapl.get_debrief_report('TimeSeries_Outliers') \
     .sort('Date').collect()
```

Bei Nutzung im geschäftlichen Umfeld kann ein Subject Matter Expert eventuell schnell auf besondere Ereignisse an den ungewöhnlichen Tagen hinweisen. Die Ausreißer in Abbildung 5.55 beinhalten den 24. Juli 2015, an dem ein Diamond-League-Athletik-Wettbewerb in London stattfand.

Partition	Date	Signal	Forecast
Estimation	2015-07-24 00:00:00	16135.0	30721.356
Estimation	2015-11-14 00:00:00	8983.0	22437.125
Estimation	2016-05-07 00:00:00	44532.0	31015.590
Estimation	2016-07-30 00:00:00	46251.0	30797.646
Estimation	2016-07-31 00:00:00	46276.0	29720.256
Estimation	2016-08-14 00:00:00	44648.0	30923.941
Estimation	2016-12-25 00:00:00	37401.0	12176.259
Estimation	2016-12-27 00:00:00	11003.0	25692.519
Estimation	2016-12-28 00:00:00	12530.0	27415.104
Estimation	2016-12-29 00:00:00	14206.0	28421.064
Estimation	2017-05-17 00:00:00	18926.0	33043.904
Estimation	2017-08-09 00:00:00	11525.0	29219.519
Estimation	2017-12-27 00:00:00	5426.0	20132.345
Validation	2018-07-28 00:00:00	41145.0	28037.493
Validation	2018-08-26 00:00:00	8177.0	24640.579
Validation	2018-10-14 00:00:00	10292.0	26391.808
Validation	2018-12-23 00:00:00	6748.0	20598.305
Validation	2018-12-25 00:00:00	35267.0	19707.262
Validation	2019-06-10 00:00:00	13358.0	27020.449

Abbildung 5.55 Historische Ausreißer

Und am Wochenende des 30. und 31. Juli 2016 fand RideLondon statt, eine große Veranstaltung inklusive Fahrradwettrennen und für Autos gesperrte Straßen, sodass Privatpersonen ohne störenden Verkehr durch die Stadt radeln konnten. Es könnte sich also anbieten, in einer weiteren Spalte große Sportveranstaltungen festzuhalten.

Nicht zu vergessen sind natürlich auch eher offensichtliche Faktoren, die die Kennzahlen beeinflussen können, wie in diesem Fall Schulferien. Solch ein iteratives Vorgehen, um eine Vorhersage zu verbessern, ist sehr typisch. Wie gut ist die Vorhersage auf der blanken Zeitreihe (Datum und Kennzahl)? Gibt es weitere Muster, die mittels Prädiktor-Spalte die Vorhersage verbessern könnten?

Speichern und Laden des Modells

Die Vorhersagen wurden bereits als Tabelle in SAP HANA gespeichert. Sollten Sie auch die Notwendigkeit haben, das Modell zu speichern, schauen Sie sich bitte den vorherigen Abschnitt an.

5.4.3 Mehrere Zeitreihen

In den beiden vorherigen Kapiteln haben wir einzelne Zeitreihen vorhergesagt. Häufig muss jedoch zum selben Zeitpunkt nicht nur eine einzelne, sondern es müssen viele Zeitreihen gleichzeitig vorhergesagt werden. Möchten Sie z. B. die Absatzmengen einzelner Produkte vorhersagen, benötigen Sie für jedes einzelne Produkt eine eigene Vorhersage. In diesem Abschnitt stellen wir daher vor, wie Sie die Anzahl der erstellten Vorhersagen entsprechend skalieren können.

Einführung eines praktischen Beispiels

Wir stellen dieses Konzept vor, indem wir vorhersagen, wie viele Pkw pro Antriebsart monatlich in der Schweiz im folgenden Jahr neu zugelassen werden. Die historischen Daten für dieses Szenario enden im Dezember 2019. Die Vorhersage für das kommende Jahr bezieht sich also auf das Jahr 2020.

Das Beispiel mit fünf unterschiedlichen Antriebsarten ist klein gehalten (Benzin, Diesel, Hybrid, Elektrisch, Gas). Sie können mit dem vorgestellten Ansatz aber auch Tausende verschiedener Zeitreihen vorhersagen.

Datenbeschreibung und Datenladen

In diesem Beispiel arbeiten wir mit monatlichen Daten aber wie gehabt wird weiterhin eine Datumsspalte benötigt. Für den jeweiligen Monat ist der erste Tag des Monats angegeben. Beispielsweise ist der Juni 2016 mit dem Datum 2016-06-01 versehen. Es ist wichtig, dass dieses Muster für alle Monate angewendet wurde. Sonst würde die APL nicht wissen, dass es sich um Monatswerte handelt und stattdessen Tageswerte vorhersagen.

Die Daten sind in den Spalten der Datei **SWISS_CAR_REGISTRATIONS.csv** festgehalten (siehe Tabelle 5.5). Damit Sie das Beispiel nachvollziehen können, finden Sie die besagte Datei auch in den Download-Materialien zu diesem Buch.

Spalte	Beschreibung
DATE	Monat der Fahrzeugregistrierung, von Januar 2016 bis Dezember 2019
ENGINES	Motortyp des Fahrzeugs (Benzin, Diesel, Elektrisch, Hybrid und Gas)
REGISTRATIONS	Anzahl der monatlichen Fahrzeugregistrierungen

Tabelle 5.5 Spalten der Tabelle »SWISS_CAR_REGISTRATIONS.csv«

[+]

Herkunft der verwendeten Daten

Die historischen Daten über die Anzahl der neu registrierten Fahrzeuge stammen vom Schweizer Bundesamt für Statistik (siehe *https://www.bfs.admin.ch/bfs/de/home/statistiken/mobilitaet-verkehr/verkehrsinfrastruktur-fahrzeuge/fahrzeuge/strassen-neu-inverkehrsetzungen.assetdetail.20884560.html*).

Laden Sie die Daten in einen Pandas-DataFrame. Hierbei wird die Spalte **DATE** bereits im Pandas-DataFrame explizit in ein `datetime`-Format gewandelt, wodurch die Spalte in SAP HANA automatisch mit dem Typ `TIMESTAMP` angelegt wird. Laden Sie die Daten mit diesem Code:

```
import pandas as pd
df_data = pd.read_csv('CAR_REGISTRATIONS.csv', sep=',')
df_data.DATE = pd.to_datetime(df_data.DATE)
```

Erstellen Sie eine Verbindung zu SAP HANA und laden Sie die Daten über diese in eine Tabelle:

```
import hana_ml.dataframe as dataframe
conn = dataframe.ConnectionContext(userkey='MYHANA')
df_remote = dataframe.create_dataframe_from_pandas(
                    connection_context=conn,
                    pandas_df=df_data,
                    table_name='CAR_REGISTRATIONS',
                    force=True,
                    drop_exist_tab=True,
                    replace=False)
```

Zeigen Sie mit diesem Code einige Zeilen der Tabelle an (siehe Abbildung 5.56).

```
df_remote.sort("DATE").head(10).collect()
```

DATE	ENGINE	REGISTRATIONS
2016-01-01	Benzin	11128
2016-01-01	Diesel	8898
2016-01-01	Hybrid	647
2016-01-01	Elektrisch	239
2016-01-01	Gas	39
2016-02-01	Benzin	12879
2016-02-01	Diesel	9338
2016-02-01	Hybrid	738
2016-02-01	Elektrisch	160
2016-02-01	Gas	63

Abbildung 5.56 Registrierte Fahrzeuge pro Monat und Motortyp

Explorative Datenanalyse

Visualisieren Sie in einer Grafik (siehe Abbildung 5.57), wie sich die Registrierungszahlen über den Zeitraum hinweg je Motortyp entwickelt haben, indem Sie den folgenden Code ausführen:

```
import seaborn as sns
import matplotlib.pyplot as plt
plt.figure(figsize=(20,5))
ax = sns.lineplot(x='DATE', y='REGISTRATIONS',
                  hue='ENGINE', data=df_remote.collect())
```

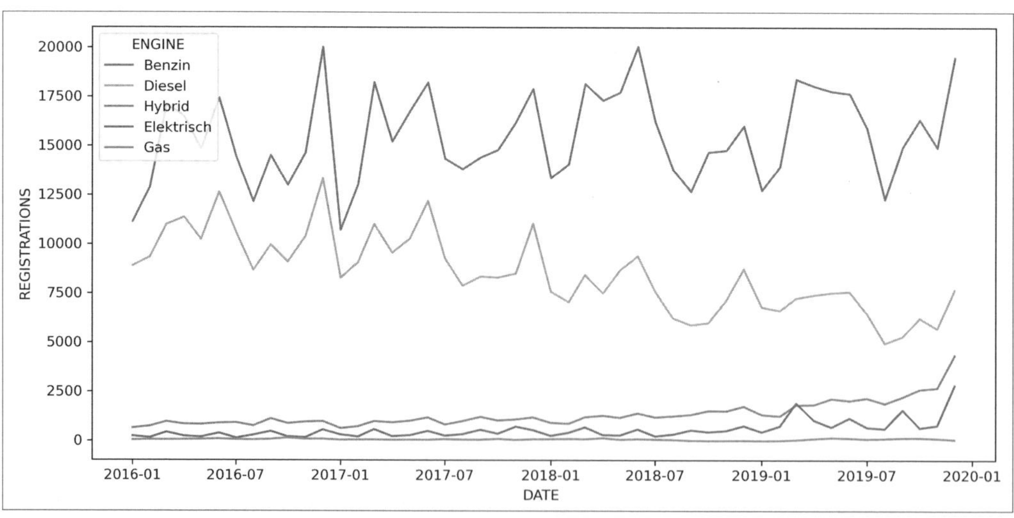

Abbildung 5.57 Zeitlicher Verlauf der Fahrzeugregistrierungen

Es zeigt sich z. B., wie im Jahr 2019 die Registierungen für Elektrofahrzeuge ansteigen. Hybrid-Registrierugen haben im Laufe der gesamten Zeit durchweg zugenommen. Diesel-Registierungen gehen eher zurück.

Mehrfache Vorhersagen

Die Registrierungen jedes Motortyps einzeln vorherzusagen, wäre mit dem fünf Typen zwar recht aufwendig, aber noch machbar. Stellen Sie sich jedoch vor, Sie haben die Anforderung, Dutzende oder gar Tausende ähnliche Zeitreihen vorherzusagen. Entsprechend automatisieren wir die automatische Vorhersage einzelner Zeitreihen.

Beginnend mit der Version 2209 der APL ist es möglich, die Erstellung mehrerer Zeitreihenvorhersagen in SAP HANA über mehrere Rechenkerne hinweg zu parallelisieren. Das zeitgleiche Bearbeiten verschiedener Zeitreihen kann den Prozess enorm beschleunigen. Die Zeitreihen müssen sich in derselben Tabelle (oder im selben View) befinden, und eine zusätzliche Spalte muss angeben, zu welcher Zeitreihe jede einzelne Zeile gehört. In unserem Fall werden die Zeitreihen über die Spalte **ENGINE** identifiziert, welche dem Parameter `segment_column_name` übergeben wird.

Über den Parameter `max_tasks` können Sie die gewünschte Anzahl von Rechenkernen benennen. Die tatsächlich zugewiesene Anzahl unterliegt jedoch der Kontrolle des SAP-HANA-Workload-Managers. Wenn Sie dem `max_tasks`-Parameter den Wert 0 zuweisen, überlassen Sie es SAP HANA, die größtmögliche Anzahl an Rechenkernen zu verwenden. Es ist wichtig, den `max_tasks`-Parameter zu setzen, da ansonsten mit den Grundeinstellungen keine Parallelisierung vorgenommen würde. Weitere Details zur Parallelisierung finden Sie im SAP Help Portal, das Sie unter folgendem Link aufrufen können: *http://s-prs.de/v903334*

Führen Sie den Code nun aus, um die Zeitreihen für alle Antriebsarten der Fahrzeuge vorherzusagen:

```
from hana_ml.algorithms.apl.time_series import AutoTimeSeries
tsapl = AutoTimeSeries(time_column_name='DATE',
                       target='REGISTRATIONS',
                       segment_column_name='ENGINE',
                       horizon=12,
                       force_positive_forecast=True,
                       max_tasks=0)
df_rem_predicted = tsapl.fit_predict(data=df_remote)
```

Lassen Sie sich einen Status der einzelnen Zeitreihen anzeigen, ob die Vorhersagen wie erwartet erstellt wurden (siehe Abbildung 5.58):

```
tsapl.get_summary().filter("KEY = 'AplTaskStatus'").collect()
```

OID	KEY	VALUE
Benzin	AplTaskStatus	Succeed
Diesel	AplTaskStatus	Succeed
Elektrisch	AplTaskStatus	Succeed
Gas	AplTaskStatus	Succeed
Hybrid	AplTaskStatus	Succeed

Abbildung 5.58 Status der einzelnen Zeitreihen

Alle Zeitreihen wurden erfolgreich erstellt. Wie akkurat konnten die Zeitreihen die künftigen Werte vorhersagen? Lassen Sie sich den aus den vorherigen Abschnitten schon bekannten MAPE anzeigen (siehe Abbildung 5.59):

```
tsapl.get_horizon_wide_metric(metric_name='MAPE')
```

ENGINE	Value
Benzin	0.041436
Diesel	0.075004
Elektrisch	0.330838
Gas	0.583722
Hybrid	0.133685

Abbildung 5.59 Modellgüte der einzelnen Zeitreihen

Für Fahrzeuge mit Benzinmotor waren die Vorhersagen gemessen am MAPE am besten. Für die einzelnen Zeitreihen können Sie sich die identifizierten Komponenten anzeigen lassen. Fordern Sie die Komponenten für die Diesel-Zeitreihe an (siehe Abbildung 5.60):

```
df_modelcomp = tsapl.get_model_components()
df_modelcomp[df_modelcomp.ENGINE=='Diesel']
```

ENGINE	Component	Value
Diesel	Trend	Linear(DATE)
Diesel	Cycles	Sum(quarterOfYear)
Diesel	Fluctuations	

Abbildung 5.60 Komponenten der Diesel-Zeitreihe

Die Vorhersage der Dieselfahrzeuge besteht aus einem linearen Trend sowie einem jährlich wiederkehrenden Muster, das die Schwankungen innerhalb eines Jahres beschreibt. Diese Schwankungen bestehen aus vier verschiedenen Drei-Monatsintervallen (**quarterOfYear**), wobei in jedem der vier Intervalle die Anpassung über die drei Monate hinweg identisch ist. Im Laufe des Abschnitts werden die Daten auch visualisiert, Sie werden dieses Muster später in Abbildung 5.63 sehen. Die Kombination aus dem negativen Trend und den Drei-Monatszyklen führt zu dem zackenähnlichen Muster, das sich alle zwölf Monate wiederholt.

Speichern Sie nun alle Vorhersagen in eine zentrale Tabelle:

```
df_rem_predicted.save('CAR_REGISTRATIONS_PRED', force=True)
```

Zeigen Sie die Vorhersagen für den ersten Monat an (siehe Abbildung 5.61):

```
df_remote_pred = conn.table('CAR_REGISTRATIONS_PRED') \
        .filter('ACTUAL IS NULL')
df_remote_pred.sort('DATE').head(5).collect()
```

ENGINE	DATE	ACTUAL	PREDICTED	LOWER_INT_95PCT	UPPER_INT_95PCT
Elektrisch	2020-01-01	None	2035.986601	1211.534895	2860.438306
Gas	2020-01-01	None	36.592496	-16.997537	90.182530
Benzin	2020-01-01	None	12960.485466	11517.453372	14403.517561
Diesel	2020-01-01	None	5685.132359	4548.563531	6821.701188
Hybrid	2020-01-01	None	2588.298809	1451.674035	3724.923582

Abbildung 5.61 Vorhersage des ersten Monats

Bringen Sie nun die Vorhersagen gemeinsam in eine Grafik (siehe Abbildung 5.62):

```
df_remote_pred = conn.table('CAR_REGISTRATIONS_PRED') \
        .filter('ACTUAL IS NULL')
df_data = df_remote_pred.collect()
import seaborn as sns
import matplotlib.pyplot as plt
plt.figure(figsize=(20,5))
ax = sns.lineplot(x='DATE', y='PREDICTED',
                  hue='ENGINE', data=df_data)
```

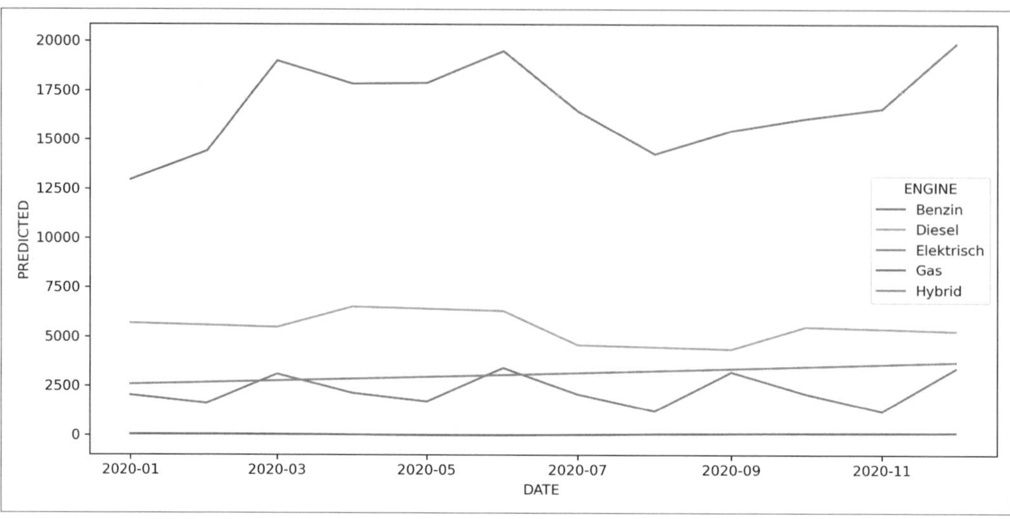

Abbildung 5.62 Vorhersage der Fahrzeugregistrierungen

Die Vorhersage gibt an, dass Hybrid- und Elektrofahrzeuge weiter zum Diesel aufschließen, der auch künftig leicht abfällt. Die tatsächlichen und geschätzten Werte für Dieselfahrzeuge sehen wir uns abschließend noch genauer an. Führen Sie dafür den Code in Listing 5.22 aus.

```
df_rem_pred = conn.table('CAR_REGISTRATIONS_PRED') \
                .filter(''' ENGINE = 'Diesel' ''')
df_predicted = df_rem_pred.collect()
import seaborn as sns
import matplotlib.pyplot as plt
plt.figure(figsize=(20,5))
ax = sns.lineplot(x='DATE', y='ACTUAL', data=df_predicted)
ax1 =sns.lineplot(x='DATE', y='PREDICTED', data=df_predicted)
plt.ylabel('Registrations')
plt.legend(labels=['Actuals', 'Predicted'], loc='upper left');
```

Listing 5.22 Code zum Anzeigen der tatsächlichen und geschätzten Registrierungen für Dieselfahrzeuge

Abbildung 5.63 zeigt, wie das Zeitreihenmodell zwei wiederkehrende jährliche Spitzen bei den Registrierungen für Dieselfahrzeuge erkannt hat. Ebenso fallen die Zahlen deutlich ab im Laufe der Zeit. Beachten Sie bei der Grafik nur, dass die y-Achse nicht bei 0 beginnt und der Trend optisch noch stärker aussieht. Das jährliche Muster in Kombination mit dem abfallenden Trend bildet die Vorhersage.

Sie haben in diesem Kapitel nun unterschiedliche Einsatzmöglichkeiten für ein automatisiertes Vorhersagen von Zeitreihen kennengelernt. Von einer einzelnen Zeitreihe über eine mit weiteren Informationen angereicherte Zeitreihe bis zum automatisierten Vorhersagen mehrerer Zeitreihen.

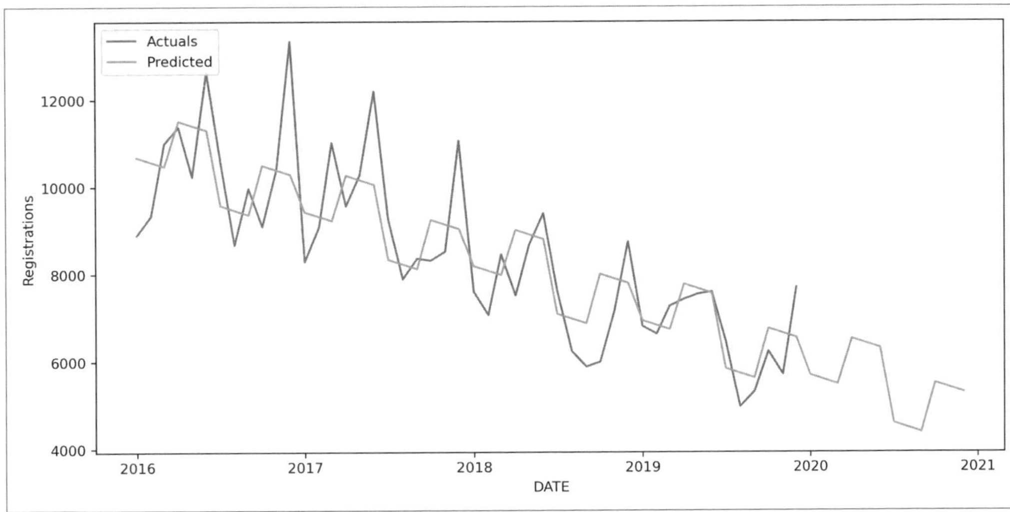

Abbildung 5.63 Vorhersage der Dieselfahrzeuge

5.5 Weitere Informationen

Um den Einsatz der APL weiter zu vertiefen, empfehlen wir Ihnen folgende Quellen:

- Dokumentation der APL: *https://help.sap.com/viewer/product/apl/latest/en-US*
- Dokumentation der APL im Python-Paket `hana_ml`: *http://s-prs.de/v903335*
- Beispiel-Notebooks der SAP Product Group: *https://github.com/SAP-samples/hana-ml-samples/tree/main/Python-API/apl*
- Blogs über APL: *https://blogs.sap.com/tag/APL*
- SAP Community für den Austausch mit anderen Anwender*innen und mit SAP: *https://answers.sap.com/*

APL für Entwickler*innen

Falls Sie als Entwicklerin oder Entwickler die Funktionalität der APL über SQL in Ihre Applikation einbinden möchten, stehen Ihnen dazu drei Varianten zur Verfügung:

- Direct Technique
- Stored Procedure
- ANY Procedure

Da in diesem Buch vor allem die Arbeitsweise der Data Scientists mit Python im Vordergrund steht, wird der Aufruf per SQL nicht weiter vertieft. Falls Sie an den Unterschieden zwischen den Methoden interessiert sein sollten, empfehlen wir diesen Vergleich in der Dokumentation im SAP Help Portal: *http://s-prs.de/v903336*.

Darüber hinaus ist festzuhalten, dass die *Direct Technique* zuerst veröffentlicht wurde. Die *Stored Procedure* hat die Aufrufe vereinfacht. Danach wurde mit der *ANY Procedure*, die von dem `hana_ml`-Paket eingesetzt wird, die Nutzung weiter erleichtert.

Kapitel 6
Predictive Analysis Library

*Die Predictive Analysis Library (PAL) ist eine umfangreiche Sammlung von Algorithmen in SAP HANA, mit denen komplexe Anforderungen adressiert werden können. Um die Algorithmen anwenden zu können, ist ein gutes Machine-Learning-Verständnis erforderlich, weswegen sich die PAL hauptsächlich an fortgeschrittene Anwender*innen richtet.*

Mit der *Predictive Analysis Library* (PAL) erhalten Sie Zugriff auf über 100 verschiedene Algorithmen, die Sie direkt auf die Daten in SAP HANA anwenden können. Im Unterschied zur proprietären APL werden in der PAL allgemein bekannte Algorithmen genutzt. Über Hyperparameter haben Sie als Expertin oder Experte volle Kontrolle und Transparenz über die Algorithmen und deren Konfiguration. Sie können hierbei für diese entweder hinterlegte Standardwerte nutzen oder das Verhalten an Ihre Anforderungen über eigene Hyperparameterwerte anpassen.

Die PAL bietet jedoch auch an mehreren Stellen Möglichkeiten der Automatisierung. Sie werden in Abschnitt 6.4, »Zeitreihen mit der PAL« sehen, wie z. B. Muster in Zeitreihen automatisch erkannt und für eine Vorhersage genutzt werden können. Die PAL bietet hierfür sogar mehrere Algorithmen und Sie, als Expert*in, können entscheiden, welche dieser Optionen Sie nutzen möchten. Darüber hinaus wurde im Jahr 2022 eine erste Automated-ML-Erweiterung (AutoML) der PAL veröffentlicht. Mit dieser Komponente lassen sich weitere Schritte eines Data-Science-Projekts mit der PAL automatisieren. Sie lernen diese AutoML-Komponente in Abschnitt 6.8, »Automated Machine Learning«, kennen. Wir empfehlen, dass Sie die künftige Weiterentwicklung dieser AutoML-Komponente der PAL mit dem Ziel verfolgen, die PAL noch effizienter nutzen zu können.

Wenn Sie ein neues Projekt beginnen, könnte es vorteilhaft sein, zuerst den Einsatz der APL zu berücksichtigen. Die Qualität des APL-Modells kann dann ein Benchmark sein, an dem Sie Ihre PAL-Modelle messen.

In diesem Kapitel geben wir Ihnen eine praktische Einführung in exemplarisch ausgewählte Methoden aus den Bereichen der Klassifizierung, der Regression, Zeitreihenvorhersagen und -analyse, Clustern, Survival Analysis und Ausreißeranalyse und wie deren Deployment beschleunigt werden kann.

In den Download-Materialien zu diesem Buch, die Sie unter *www.sap-press.de/5539* herunterladen können, finden Sie den ausführbaren Code dieses Kapitels im Ordner **Kapitel 6** (siehe auch Abbildung 6.1). Bei der Ausführung des Notebooks könnten Ihre Ergebnisse sich marginal unterscheiden, z. B. wenn Sie mit anderen Versionen der Software arbeiten.

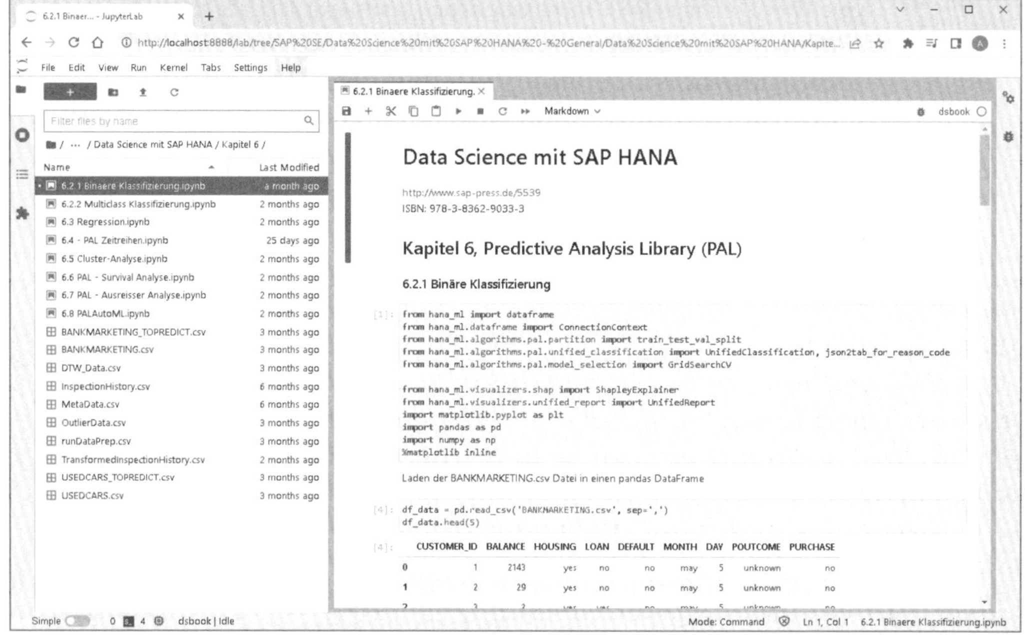

Abbildung 6.1 Notebook mit ausführbarem Code

6.1 Einführung in die PAL

Die PAL kann sowohl in SAP HANA Cloud, SAP Data Warehouse Cloud wie auch in einer On-Premise-Umgebung von SAP HANA eingesetzt werden. Technisch haben Sie zum Aufrufen der PAL verschiedene Möglichkeiten:

- direkt über SQL
- über das Python-Paket `hana_ml`, das die notwendigen SQL-Befehle erstellt
- über das R-Paket `hana.ml.r`, das ebenso die notwendigen SQL-Befehle erstellt

Unserer Erfahrung nach bevorzugen Data Scientists die Python-Schnittstelle, weswegen die Beispiele in den folgenden Abschnitten diese Python-Schnittstelle anwenden. Für die Nutzung aus R finden Sie ein Beispiel in Kapitel 9, »Tipps und Tricks«.

Die folgende Liste der momentan vorhandenen PAL-Algorithmen gibt Ihnen einen Überblick der breiten Abdeckung von Themen:

- **Clustering**: Affinity Propagation, Agglomerate Hierarchical Clustering, DBSCAN und Geometry DBSCAN, Gaussian Mixture Model (GMM), K-Means und Accelerated K-Means, K-Medians, K-Medoids, Self-Organizing Maps, Slight Silhouette, Spectral Clustering
- **Klassifizierung**: Entscheidungsbäume (C45, CHAID und CART), Hybrid Gradient Boosting Tree, K-Nearest Neighbor (KNN), Linear Discriminant Analysis, Logistic Regression (mit Elastic Net Regularization), Multiclass Logistic Regression, Multilayer Perceptron, Naive Bayes, Online Multiclass Logistic Regression, Random Decision Trees und Support Vector Machine
- **Regression**: Bi-Variate Geometric Regression, Bi-Variate Natural Logarithmic Regression, Cox Proportional Hazard Model, Exponential Regression, Generalised Linear Models, Multiple Linear Regression, Online Linear Regression, Polynomial Regression
- **Association Analysis**: Apriori, FP-Growth, K-Optimal Rule Discovery (KORD), Sequential Pattern Mining
- **Zeitreihen**: Additive Model Time Series Analysis, ARIMA, Auto ARIMA und Online ARIMA, Attention, Exponential Smoothing (Single, Double, Tripe, Auto, Brown), Bayesian Change Point Detection, Bayesian Structural Time Series, Change-Point Detection, Croston's Method, Croston TSB Method, Discrete Wavelet Packet Transform, Discrete Wavelet Transform, Fast Dynamic Time Warping, Dynamic Time Warping, Fast Fourier Transform, GARCH, Hierarchical Forecast, Intermittent Time Series Forecast (ITSF), Linear Regression with Damped Trend and Seasonal Adjust, Long Short-Term Memory, Seasonality Test, Stationarity Test, Trend Test, VARMA und White Noise Test
- **Datenvorbereitung**: Discretize, Isolation Forest, Inter-Quartile Range, Markov Chain Monte Carlo (MCMC) Sampling, Missing Value Handling, Multidimensional Scaling (MDS), Partition (Random und Stratified), Principal Component Analysis (PCA) und Categorical Principal Component Analysis, Random Distribution Sampling, Sampling (diverse), Scale, Scale with Model, SMOTE, SMOTETomek, Tomek's Links, Variance Test
- **Feature Selection**: ANOVA, Chi-squared, Gini Index, Fisher Score, Information Gain, Minimum Redundancy Maximum Relevance (MRMR), Joint Mutual Information (JMI), Interaction Weight Based Feature Selection (IWFS), Fast Correlation Based Filter (FCBF), Laplacian Score, Spectral Feature Selection (SPEC), Relief, ADMM und Competitive Swarm Optimizer (CSO)
- **Statistik**: ANOVA, Chi-Square Goodness-of-Fit Test, Chi-Squared Test of Independence, Condition Index, Correlation Function, Cumulative Distribution Function, Distribution Fitting, Distribution Quantile, Entropy, Equal Variance Test, Factor Analysis, Grubbs' Test, Kaplan-Meier Survival Analysis, Kernel Density, Multivaria-

te Analysis, One-Sample Median Test, T-Test, Univariate Analysis und Wilcox Signed Rank Test

- **Soziale Netzwerkanalyse**: Link Prediction und PageRank
- **Recommender**: Alternating Least Squares, Factorized Polynomial Regression Models und Field-Aware Factorization Machine
- **Verschiedenes**: ABC Analysis, Model Visualization, T-distributed Stochastic Neighbor Embedding und Weighted Score Table

In den folgenden Abschnitten stellen wir Ihnen ausgewählte Algorithmen vor, die einen breiten Überblick über die Funktionalität geben.

6.2 Klassifizierung mit der PAL

Wie bereits in Abschnitt 5.1, »Einführung in die APL«, erläutert wurde, handelt es sich bei der Klassifizierung um eine Methode, mit deren Hilfe Sie Entitäten zuvor definierten Gruppen oder Klassen zuordnen können. In den folgenden Abschnitten werden Sie die zwei Formen der Klassifizierung die Sie mit der APL kennengelernt haben, auch mit der PAL implementieren – die binäre und die Multiclass-Klassifizierung.

6.2.1 Binäre Klassifizierung mit der PAL

Bei der binären Klassifizierung wird versucht, Entitäten (Kunden, Maschinen, Benutzer etc.) jeweils einer von zwei vorhandenen Klassen zuzuweisen. Diese Form der Klassifizierung eignet sich sehr gut für Ja/Nein-Fragestellungen (z. B. Wird meine Kundin oder mein Kunde abwandern? Wird die Maschine ausfallen? Wird die Benutzerin oder der Benutzer mehr Zeit auf der Webseite verbringen?).

Einführung eines praktischen Beispiels

Um eine gewisse Vergleichbarkeit zu ermöglichen, werden Sie hier den Datensatz aus Abschnitt 5.1, »Einführung in die APL«, betrachten. Dabei handelt es sich um eine Liste von Bankkund*innen, denen ein Festgeldvertrag angeboten wurde. Dazu existieren auch Informationen über vorhandene Kredite, Kontostände, Kundennummer etc. für jede Kundin beziehungsweise Kunden. In der Liste ist ebenso festgehalten, ob die Kund*innen sich für das Produkt entschieden haben oder nicht. Die Bank möchte aus diesem Verhalten der Kund*innen lernen, welche der noch nicht hierzu kontaktierten Kund*innen am wahrscheinlichsten an dem Festgeldvertrag interessiert sind. Dadurch kann die Marketingabteilung ihre Aktivitäten fokussierter planen und gleichzeitig vermeiden, nicht interessierte Kund*innen unnötig hiermit zu kontaktieren.

Zusätzlich ist für die Bank auch sehr wichtig, welche Faktoren sich positiv beziehungsweise negativ auf die Kaufwahrscheinlichkeit der Kund*innen auswirken, weil sie dadurch ein besseres Verständnis für ihre Kund*innen und deren Verhalten ableiten kann.

Datenbeschreibung und Laden der Daten

Sie finden die Datei **BANKMARKETING.csv** im Ordner mit den Download-Materialien, die Sie mit diesem Buch herunterladen können. Wir nehmen an, dass Sie die Datei bereits, wie in Kapitel 5, »Automated Predictive Library«, beschrieben, nach SAP HANA geladen haben. Wie gehabt erstellen Sie nun einen `hana_ml`-DataFrame, der auf die Tabelle BANKMARKETING zeigt:

```
import hana_ml.dataframe as dataframe
conn = dataframe.ConnectionContext(userkey='MYHANA')
df_remote = conn.table('BANKMARKETING')
```

Explorative Datenanalyse

Bevor Sie mit dem Trainieren des Modells anfangen, empfiehlt sich eine detaillierte Datenanalyse, um mit den Daten und deren Eigenschaften vertraut zu werden. Da eine solche Datenanalyse in Abschnitt 5.1, »Einführung in die APL«, bereits behandelt und durchgeführt wurde, wird diese hier nicht wiederholt, sondern auf diesen Abschnitt verwiesen.

Trainieren und Debriefen eines Modells

Nun können Sie mit dem Trainieren des Models beginnen. Dafür werden Sie die `UnifiedClassification`-Klasse von `hana_ml` benutzen. Diese Klasse bietet eine vereinheitlichte Schnittstelle, um verschiedene Klassifizierungsalgorithmen der PAL-Bibliothek aufzurufen. Dabei muss bei der Initialisierung des Objekts der Name des gewünschten Algorithmus angegeben werden. Für die binäre Klassifizierung in diesem Abschnitt werden Sie den Algorithmus *Hybrid Gradient Boosting Tree* benutzen, wie Sie in folgendem Listing sehen:

```
from hana_ml.algorithms.pal.unified_
classification import UnifiedClassification
uc_hgbt = UnifiedClassification(func='HybridGradientBoostingTree')
```

Als Nächstes können Sie entweder mit festcodierten Hyperparametern arbeiten oder die PAL nach optimalen Hyperparametern suchen lassen. In diesem Beispiel werden Sie einen sogenannte *Grid Search* als Suchstrategie für die besten Hyperparameter auswählen. Dabei müssten Sie Wertebereiche für die zu optimierenden Parameter spezifizieren. Die zu testenden Werte können Sie als einfache Liste spezifizieren (siehe `split_threshold` oder `learning_rate` in Listing 6.1).

```
from hana_ml.algorithms.pal.model_selection import GridSearchCV
gscv = GridSearchCV(estimator=uc_hgbt,
                    param_grid={'learning_rate': [0.001, 0.01, 0.1],
                                'n_estimators': [5, 10, 20, 50],
                                'split_threshold': [0.1, 0.5, 1]},
                    train_control=dict(fold_num=3,
                                       resampling_method='cv',
                                       random_state=1,
                                       ref_metric=['auc']),
                    scoring='error_rate')
```

Listing 6.1 Hyperparameter-Suche über die Grid-Search-Methode

`GridSearch` wird beim Aufruf der `fit()`-Methode für jeden Hyperparameter iterativ alle Werte aus der Liste einstellen und das Modelltraining jedes Mal neu durchführen. Am Ende werden die Parameter aus der Iteration mit dem besten Modell ausgewählt. Es ist wichtig, hier zu erwähnen, dass mit dem Parameter `partition_method='stratified'` spezifiziert ist, dass PAL die Daten aus dem `df_remote`-DataFrame selbst in Trainings- und Validierungsdatensatz aufteilt. Wenn Sie dies nicht wünschen, können Sie den Parameter auf `'user_defined'` abändern. In diesem Fall müssen Sie in dem `hana_ml`-DataFrame `df_remote` eine Spalte definieren, die Zeilen für Training (mit dem Wert 1) und Validierung (mit dem Wert 2) kennzeichnet. Weiterhin müssen Sie den Namen dieser Spalte in dem Parameter `purpose` angeben.

Starten Sie nun das Modelltraining, indem Sie den folgenden Code ausführen:

```
gscv.fit(data=df_remote, key='CUSTOMER_ID', label='PURCHASE',  partition_
method='stratified', partition_random_state=1, stratified_column=
'PURCHASE', build_report=False)
```

Nachdem das Trainieren beendet ist, können Sie sich die Details des Trainings sowie die Performanz des Modells im UnifiedReport ansehen:

```
from hana_ml.visualizers.unified_report import UnifiedReport
UnifiedReport(gscv.estimator).build().display()
```

In den verschiedenen Registerkarten des Berichts können Sie die optimalen Parameter erfahren, die durch den Grid Search festgestellt wurden, die Konfusionsmatrix ansehen sowie Angaben über die Modellgüte erfahren. Mehr Informationen über die Bedeutung dieser Parameter finden Sie in Abschnitt 5.2, »Klassifizierung mit der APL«.

In der Anzeige der Precision- und Recall-Werte ist die Zeile des »yes«-Wertes für uns relevant, da sich unsere Vorhersagen auf diese Information beziehen (Precision 0,66 und Recall 0,18). Sie können mit verschiedenen Werten für die Hyperparameter experimentieren, um eventuell eine bessere Performanz zu erzielen.

Als Letztes werden wir uns anschauen, welche Variablen für das Modell wichtig sind und wie stark deren Einfluss auf die Vorhersage ist. Wenn Sie die wichtigsten Variablen im Report anzeigen (Option **Variable Importance**), sehen Sie, dass die Variable **POUTCOME** den größten Einfluss hatte (siehe Abbildung 6.2). Diese Variable beschreibt, ob die Kundin oder der Kunde bei vergangenen Kontakten positiv reagiert hat. Das Guthaben auf dem bestehenden Konto (Variable **BALANCE**) ist hier nur die drittwichtigste Variable.

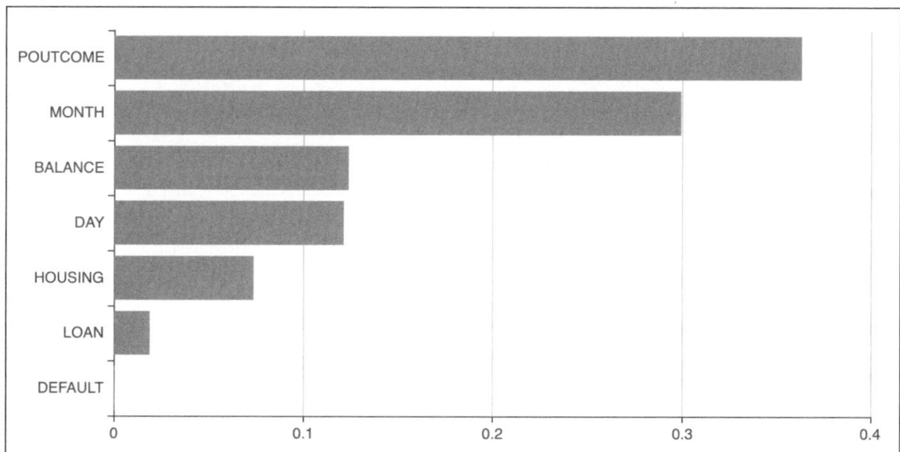

Abbildung 6.2 Faktoren und ihr Einfluss auf die Modellentscheidung

Erstellen von Vorhersagen auf einer Tabelle

Das trainierte Modell kann nun auf Kund*innen angewendet werden, die bislang noch nicht bezüglich eines Sparplans kontaktiert wurden. Diese finden Sie in einer Tabelle, die bereits in Abschnitt 5.2.1, »Binäre Klassifizierung mit der APL«, aus der CSV-Datei **BANKMARKETING_TOPREDICT.csv** angelegt wurde. Falls Sie dies noch nicht getan haben, können Sie es jetzt mit folgendem Code nachholen:

```
import pandas as pd
df_topredict = pd.read_csv('BANKMARKETING_TOPREDICT.csv', sep=',')
df_remote_topredict = dataframe.create_dataframe_from_pandas(
                            connection_context=conn,
                            pandas_df=df_topredict,
                            table_name='BANKMARKETING_TOPREDICT',
                            force=True,
                            drop_exist_tab=True,
                            replace=False)
```

Nun erstellen Sie einen hana_ml-DataFrame, der auf die Tabelle zeigt:

```
df_remote_topredict = conn.table('BANKMARKETING_TOPREDICT')
```

Die Tabelle beinhaltet nur zwei Kund*innen, für die das Modell nun die Wahrscheinlichkeit, dass sie sich für einen Festgeldvertrag interessieren, berechnen wird.

```
features = df_remote_topredict.columns
features.remove('CUSTOMER_ID')
pred_res = gscv.predict(data=df_remote_topredict,
                        attribution_method='tree-shap',
                        key='CUSTOMER_ID',
                        features=features)
```

CUSTOMER_ID	SCORE	CONFIDENCE
50000	yes	0.639412
50001	no	0.936087

Abbildung 6.3 Ergebnis der binären Klassifizierung für zwei neue Kund*innen

Wie Sie in Abbildung 6.3 sehen, hat das Modell für die Kundin beziehungsweise den Kunden mit der ID 50000 den Score **yes** vorhergesagt, während für die andere Kundin beziehungsweise den anderen Kunden ein **no** vorhergesagt wurde. Es ist interessant zu verstehen, warum das Modell diese Entscheidungen getroffen hat. Dafür kann man die SHAP-Visualisierung benutzen, die Sie auch aus Abschnitt 5.2.1, »Binäre Klassifizierung mit der APL«, kennen, um den Einfluss der einzelnen Variablen auf die Modellentscheidung für die beiden untersuchten Kund*innen besser zu verstehen (siehe Abbildung 6.4 und Abbildung 6.5).

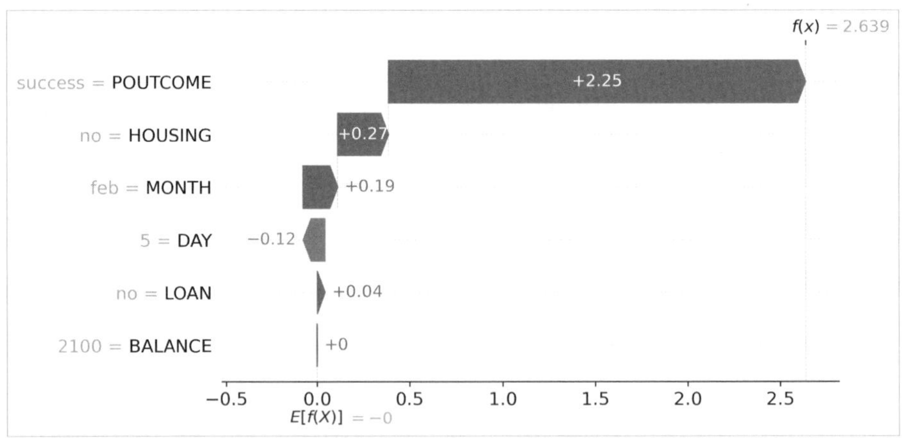

Abbildung 6.4 Einfluss der einzelnen Variablen auf die Entscheidung des Modells für Kundin beziehungsweise Kunde 50000

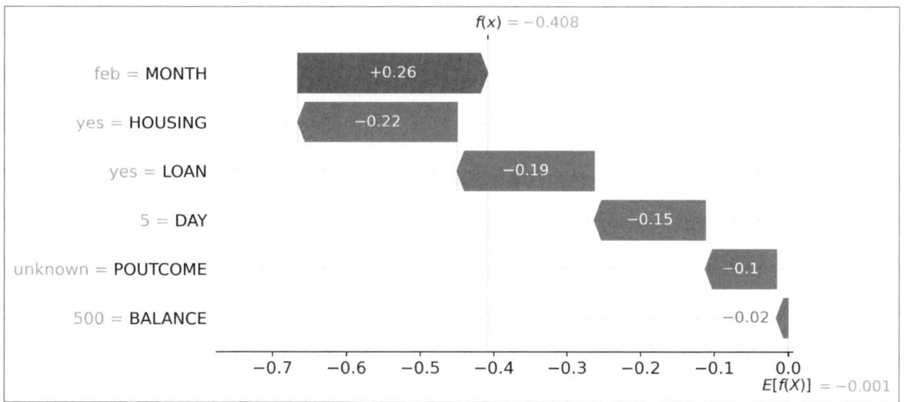

Abbildung 6.5 Einfluss der einzelnen Variablen auf die Entscheidung des Modells für Kundin beziehungsweise Kunde 50001

Dabei gilt, dass Werte, die nach links zeigen, einen negativen Einfluss auf die Vorhersage haben (blau), während Werte, die nach rechts zeigen, einen positiven Einfluss haben (rot).

So sehen Sie z. B., dass für die Kundin beziehungsweise den Kunden 50000 (siehe Abbildung 6.4) und Kundin beziehungsweise Kunde 50001 (siehe Abbildung 6.5) die Werte der Variablen eine unterschiedliche Wirkung auf die Vorhersage hatten. So hatte z. B. die Variable **Housing** für Kundin beziehungsweise Kunde 50000 (Wert **no**, es wurde also keine Hypothek abgeschlossen) eine positive Wirkung (das heißt, es hat die Wahrscheinlichkeit, dass die Kundin beziehungsweise der Kunde sich für einen Festgeldvertrag entscheidet, erhöht), während der Wert **Housing** für Kundin beziehungsweise Kunde 50001 (Wert **yes**, es existiert also eine Hypothek) eine negative Wirkung auf die Vorhersage hatte (das heißt, es hat die Wahrscheinlichkeit, dass die Kundin beziehungsweise der Kunde sich für einen Festgeldvertrag entscheidet, reduziert).

Speichern und Laden des Modells

Falls zu einem späteren Zeitpunkt weitere Vorhersagen vom selben Modell benötigt werden, kann dieses zur künftigen Verwendung einfach über die `ModelStorage`-Klasse in SAP HANA gespeichert werden. Eine Besonderheit ist, dass Sie das `UnifiedClassification`-Objekt benutzen sollten und nicht das Objekt vom Grid Search.

```
from hana_ml.model_storage import ModelStorage
model_storage = ModelStorage(connection_context=conn)
uc_hgbt.name = 'PAL HGBT class Bank Marketing'
uc_hgbt.version = 1
model_storage.save_model(model=uc_hgbt)
```

```
# Erneutes Laden des Modells
uc_hgbt_loaded = model_storage.load_model(name=
'PAL HGBT class Bank Marketing')
```

6.2.2 Multiclass-Klassifizierung mit der PAL

Wie bei der binären Klassifizierung ist es die Aufgabe der Multiclass-Klassifizierung, Entitäten in vordefinierte Gruppen zuzuordnen. Der Unterschied der beiden Methoden besteht darin, dass es sich bei der Multiclass-Klassifizierung um drei oder mehr Gruppen handelt. Gehört ein Kunde zum unteren, mittleren oder Premium-Segment? Oder wird die Handykundin ihre Prepaid-Karte mit 5, 10 oder 20 EUR aufladen? Solche Fragestellungen sind gut geeignet für eine Multiclass-Klassifizierung.

Einführung praktisches Beispiel

Das praktische Beispiel für die Multiclass-Klassifizierung mit der PAL entspricht dem Multiclass-Klassifizierungsbeispiel mit der APL in Abschnitt 5.2.2, »Multiclass-Klassifizierung mit der APL«. Sie werden denselben Stammdatendatensatz vervollständigen. Durch Verwendung des gleichen Use Case können Sie die APL- und PAL-Methoden und ihre Vorgehensweisen besser vergleichen.

Beim verwendeten Datensatz handelt es sich um Details von Gebrauchtfahrzeugen, die zum Verkauf stehen. Sie werden sehen, dass der Fahrzeugtyp nicht für alle Fahrzeuge bekannt ist. Daher versuchen Sie, mit dem Machine-Learning-Modell genau diese fehlenden Informationen zu schätzen.

Datenbeschreibung und Laden der Daten

Für die detaillierte Beschreibung der Daten und das Laden des Datensatzes verweisen wir auf Abschnitt 5.2.2, »Multiclass-Klassifizierung mit der APL«. Sobald die Daten in SAP HANA geladen sind, können Sie mit einem `hana_ml`-DataFrame auf die Tabelle zeigen:

```
df_remote = conn.table('USEDCARS')
```

Der Datensatz beinhaltet die Fahrzeugdaten von über 250.000 Fahrzeugen. Mit der `describe()`-Funktion sehen Sie, dass bei 13.212 Fahrzeugen kein Wert für den Fahrzeugtyp angegeben ist (siehe Abbildung 6.6).

```
df_remote.describe('VEHICLETYPE').collect()
```

column	count	unique	nulls	mean	std	min	max	median
VEHICLETYPE	249966	8	13212	None	None	None	None	None

Abbildung 6.6 Bei 13.212 Fahrzeugen im Datensatz ist der Fahrzeugtyp nicht angegeben.

Trainieren und Debriefen eines Modells

Für das Trainieren des Modells ist es nicht zwingend notwendig, einen Teil der Daten zurückzuhalten, da die Trainingsprozedur dies automatisch durchführen kann. Dafür müssen Sie einfach den Parameter `partition_method` auf `stratified` setzen. Die Stratifizierung ist notwendig, damit in den erstellten Trainings- und Validierungsdatensätzen die Fahrzeugtypen prozentual gesehen ähnlich häufig vorkommen wie im gesamten Datensatz. Es ist aber auch möglich, eine benutzerdefinierte Aufteilung anzugeben, mit schon im Voraus aufgeteilten Trainings- und Validierungsdatensatz. Zum Trainieren des Modells sollten Sie allerdings nur Datensätze heranziehen, für die die zu schätzende Information vorhanden ist. Dies können Sie mithilfe der `filter()`-Methode erreichen:

```
df_remote = df_remote.filter('VEHICLETYPE is not null')
```

Nun können Sie, wie bei der binären Klassifizierung, über die `UnifiedClassification`-Schnittstelle den Algorithmus auswählen und das Modell trainieren. Und wie bei der binären Klassifizierung können Sie auch wiederum über die `GridSearchCV`-Klasse während der Ausführung der `fit()`-Methode nach den optimalen Hyperparametern suchen lassen. Führen Sie dafür den Code in Listing 6.2 aus.

```
from hana_ml.algorithms.pal.unified_
classification import UnifiedClassification
from hana_ml.algorithms.pal.model_selection import GridSearchCV
uc_hgbt = UnifiedClassification(func='HybridGradientBoostingTree')
gscv = GridSearchCV(estimator=uc_hgbt,
                    param_grid={'learning_rate': [ 0.01, 0.1],
                                'n_estimators': [10, 20 ],
                                'split_threshold': [0.1, 0.5]},
                    train_control=dict(fold_num=3,
                                       resampling_method='cv',
                                       random_state=1,
                                       ref_metric=['auc']),
                    scoring='error_rate')

gscv.fit(data=df_remote,
         key= 'CAR_ID',
         label='VEHICLETYPE',
         partition_method='stratified',
         partition_random_state=1,
         stratified_column='VEHICLETYPE',
         build_report=False)
```

Listing 6.2 Hyperparameter-Suche und Modell-Training

Massiv-Modus-Klassifizierung

Die UnifiedClassification in der PAL unterstützt einen sogenannten *Massiv-Modus*. Damit können Sie verschiedene, individuelle Modelle für einzelne Gruppen, die eventuell in den Daten vorhanden sind, erstellen. Für das Beispiel, in dem der Fahrzeugtyp geschätzt wird, könnten dies die verschiedenen Fahrzeugmarken sein. Somit erstellt die PAL durch den einmaligen Aufruf der `fit()`-Methode intern individuelle Modelle für jede Fahrzeugmarke. Die Nutzung dieser individuellen ML-Modelle kann die Güte der Vorhersagen eventuell im Vergleich zu einem generischen ML-Modell verbessern. Mehr Details finden Sie unter folgenden Links:

`hana_ml`-Paket: *http://s-prs.de/v903337*

SQL: *http://s-prs.de/v903338*

Die Performanz des Modells können Sie mithilfe eines UnifiedReport untersuchen. Da in der Zielvariablen mehrere Klassen vorkommen, sind die Modellgüteparameter sowie die Konfusionsmatrix etwas umfangreicher als im Fall der binären Klassifizierung (siehe Abbildung 6.7).

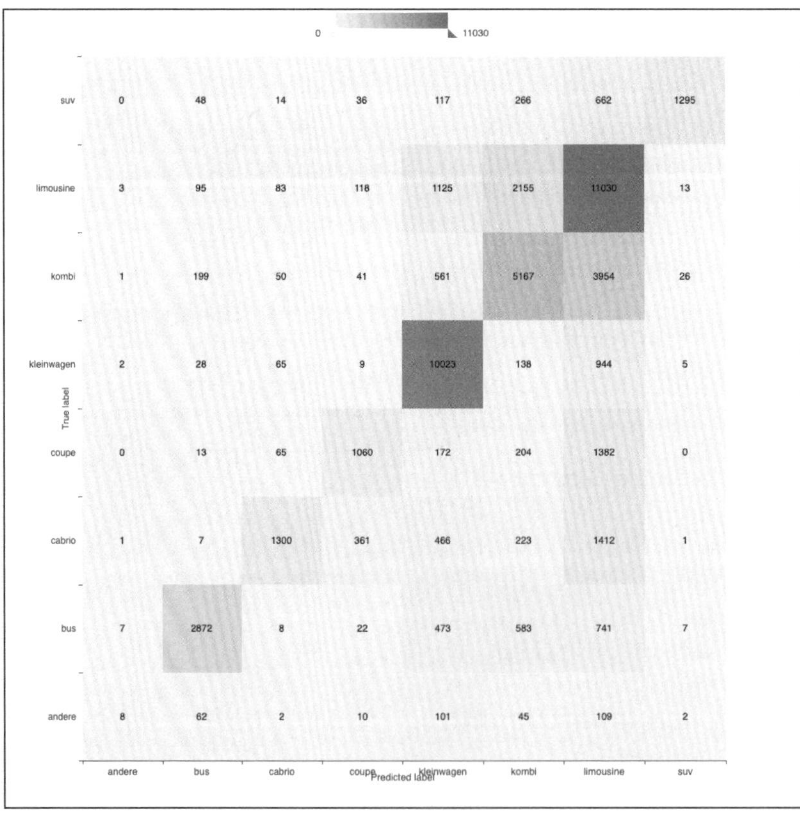

Abbildung 6.7 Konfusionsmatrix für die Multiclass-Klassifizierung

Aus der Konfusionsmatrix kann man z. B. ablesen, dass die Klassen **limousine** und **kleinwagen** sehr präsent sind, während **coupe**, **cabrio** und **suv** sehr selten vorkommen. Es fällt auch auf, dass das Modell **kombi** und **limousine** oft falsch klassifiziert.

Eine andere Information aus dem UnifiedReport, die Ihnen ein Gefühl geben kann, wie gut das Modell auf die verschiedenen Klassen vorbereitet ist, sind die F1-Scores mit den dazugehörigen Support-Werten (siehe Abbildung 6.8). Der F1-Score gibt Informationen über die Genauigkeit des Modells für die Klassen, siehe auch Abschnitt 5.2.1, »Binäre Klassifizierung mit der APL«. Sie sehen, dass dieser Wert bei Fahrzeugtypen mit einem hohen Support (viele Beispiele im Trainingsdatensatz) tendenziell höher ist. Die besten F1-Scores hat das Modell erzielt bei den Klassen **kleinwagen**, **bus** und **suv**.

SCORING TABLE

CLASS	PRECISION	RECALL	F1-SCORE	SUPPORT
andere	0.36363636363636365	0.02359882005899705	0.0443213296398892	339
bus	0.8640192539109507	0.6093783152981116	0.7146945377628467	4713
cabrio	0.8191556395715186	0.34473614425881727	0.48525569242254574	3771
coupe	0.6397103198551599	0.3660220994475138	0.4656270590819239	2896
kleinwagen	0.7687528762080074	0.8937934724451578	0.8265710044532408	11214
kombi	0.5884295638309988	0.5167516751675167	0.5502662406815761	9999
limousine	0.5451220717604033	0.7543427711667351	0.6328896029378014	14622
suv	0.9599703484062269	0.5311730926989335	0.6839186691312383	2438

Abbildung 6.8 Scoring-Tabelle für die Multiclass-Klassifizierung

Sie können noch zusätzlich die Variablen mit dem größten Einfluss für die Klassifizierung aus dem Bericht erfahren. In Abbildung 6.9 sehen Sie, dass das Fahrzeugmodell sowie die Pferdestärke die größte Bedeutung für das trainierte Machine-Learning-Modell besitzen.

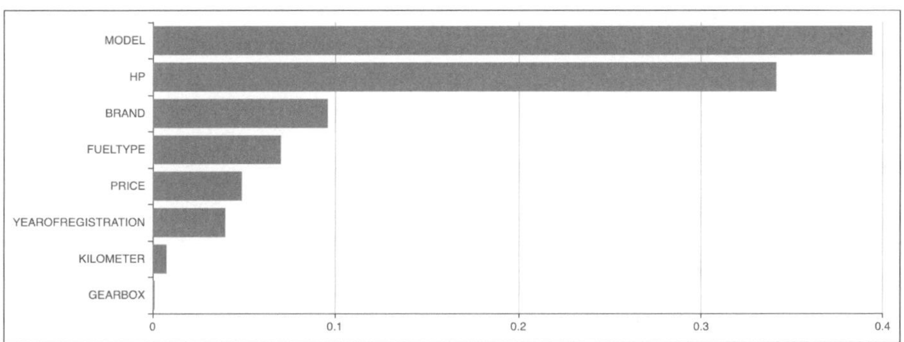

Abbildung 6.9 Einflussvariablen für die Multiclass-Klassifizierung

Die Informationen aus dieser Abbildung können z. B. benutzt werden, um weitere Variablen zu erzeugen und die Modellperformanz zu verbessern oder aber auch Variablen mit kleinem Einfluss aus dem Datensatz auszuschließen.

Erstellen von Vorhersagen auf einer Tabelle

Nachdem das Modell trainiert wurde, können Sie es jetzt anwenden, um die fehlenden Fahrzeugtypen in den Daten vorherzusagen. Dafür sollten Sie als Erstes die Einträge selektieren, in denen der Fahrzeugtyp fehlt. Diese lassen sich über einen Filter des Werts null identifizieren.

```
df_rem_empty_vehicletype_data =
 conn.table('USEDCARS').filter('VEHICLETYPE is null')
df_rem_empty_vehicletype_data.describe().collect()
```

Wenn Sie einen Blick auf die Anzahl der leeren Werte in den Daten werfen (siehe Abbildung 6.10, Spalte **nulls**), sehen Sie, dass zusätzlich zu den 13.212 Nullwerten für **VEHICLETYPE** auch die Spalten **MODEL**, **FUELTYPE** und **GEARBOX** Nullwerte besitzen. Dies ist kein Problem für die PAL, Sie sollten nur spezifizieren, wie mit den fehlenden Werten umgegangen wird. Wir werden hier einen Ansatz benutzen, der fehlende numerische Werte anhand der vorhandenen Informationen der anderen Spalten vervollständigt. Bei den nicht numerischen Werten wird einfach der am häufigsten vorkommenden Wert übernommen. Diese Methode wird mit den beiden Parametern `impute=True` und `strategy='most-frequent-als'` spezifiziert.

column	count	unique	nulls
CAR_ID	13212	13212	0
YEAROFREGISTRATION	13212	51	0
HP	13212	288	0
KILOMETER	13212	13	0
PRICE	13212	1003	0
BRAND	13212	40	0
MODEL	11403	234	1809
VEHICLETYPE	0	0	13212
FUELTYPE	7847	7	5365
GEARBOX	12201	2	1011

Abbildung 6.10 Auszug aus dem Ergebnis der »describe«-Funktion mit der Anzahl der Nullwerte in jeder Spalte

[»]

Fehlende Werte

Mehr Informationen über die Möglichkeiten, einen fehlenden Wert zu schätzen, finden Sie im SAP Help Portal unter folgendem Link: *http://s-prs.de/v903339*

Nun können Sie den Fahrzeugtyp der Einträge im vorbereiteten Datensatz mit der predict()-Methode des Modells/Grid-Search-Objekts vorhersagen:

```
features = df_rem_empty_vehicletype_data.columns
features.remove('CAR_ID')
features.remove('VEHICLETYPE')
df_rem_pred_res = gscv.predict(data=df_rem_empty_vehicletype_data,
                               attribution_method='tree-shap',
                               key='CAR_ID',
                               features=features,
                               impute=True,
                               strategy='most_frequent-als')
```

6

Wenn Sie die Verteilung der Vorhersagen sehen möchten, schauen Sie auf die Aggregationstabelle (siehe Abbildung 6.11). Führen Sie dafür diesen Code aus:

```
df_rem_pred_res.agg([('count', 'SCORE', 'cnt')], group_by='SCORE').sort_
values('cnt', ascending=False).collect()
```

SCORE	cnt
kleinwagen	5268
limousine	4963
kombi	1689
bus	850
coupe	160
suv	133
cabrio	114
andere	35

Abbildung 6.11 Vorhergesagte Fahrzeugtypen im Testdatensatz

Ähnlich wie bei der APL-Klassifizierung können Sie sich hier auch die Erklärbarkeit des Models anschauen und verstehen, wie sich die einzelnen Variablen bei jeder Vorhersage auswirken. Dafür können Sie die Klasse ShapleyExplainer aus hana_ml benutzen. Die Besonderheit bei der Multiclass-Klassifizierung ist, dass jede Klasse einen eigenen Plot benötigen wird. Um z. B. den Einfluss der Variablen auf die Vorhersage **limousine** zu visualisieren, können Sie wie in Listing 6.3 vorgehen:

```
import matplotlib.pyplot as plt
from hana_ml.visualizers.shap import ShapleyExplainer
df_rem_reas_dat = df_rem_pred_res.filter('''SCORE='limousine' ''')
df_rem_reas_dat.set_index('CAR_ID')
df_rem_empty_vehicletype_data.set_index('CAR_ID')
df_rem_feat_dat = df_rem_empty_vehicletype_data.join(df_rem_reas_dat)
plt.figure(figsize=(10,10))
```

```
shapley_explainer = ShapleyExplainer(feature_data=df_rem_feat_
dat.select(features),
reason_code_data=df_rem_reas_dat.select('REASON_CODE'))
shapley_explainer.summary_plot()
```

Listing 6.3 Analyse der Modelllogik (Global Explainable AI)

In Abbildung 6.12 sehen Sie die Variablen, die im Datensatz vorhanden sind. Die Farbe deutet auf einen hohen oder einen tiefen Wert jeder einzelnen Variablen. Die x-Achse zeigt den Einfluss der Variablen auf die Vorhersage. Sie sehen, dass viele der roten Punkte für das Jahr der Erstanmeldung (YEAROFREGISTRATION) auf der linken Seite (negative SHAP-Werte) sind, während für HP (Pferdestärke) sich viele der roten Punkte auf der rechten Seite akkumuliert haben (positive SHAP-Werte). Dies bedeutet, dass eine hohe Pferdestärke tendenziell die Wahrscheinlichkeit steigert, dass ein Fahrzeug vom Typ **limousine** vorhergesagt wird, genauso wie ein niedriger Wert für das Jahr der Erstzulassung. Sie können den Filter in dem Python-Code anpassen und die gleiche Analyse für die anderen Klassen durchführen, um den Einfluss der Variablen und deren Bedeutung für diese besser zu verstehen.

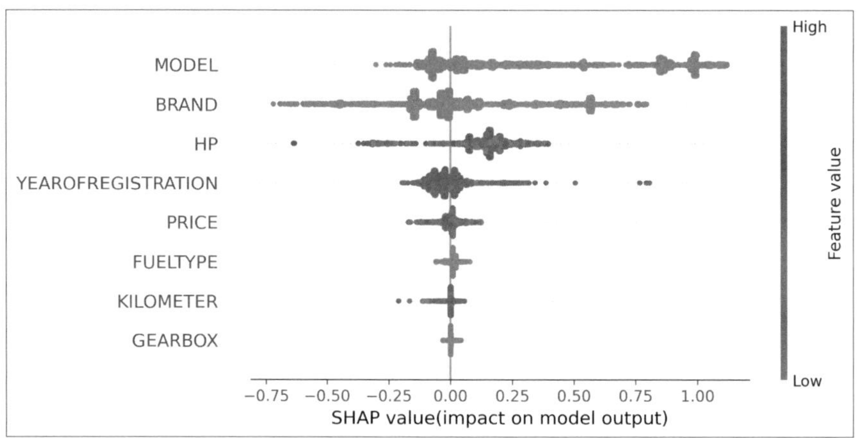

Abbildung 6.12 Einfluss der Variablen auf die Vorhersage für Fahrzeugtyp »limousine«

Speichern und Laden des Modells

Ähnlich wie bei der binären Klassifizierung können Sie das Modell mithilfe der `ModelStorage`-Klasse in SAP HANA für einen späteren Zeitpunkt speichern und wieder laden (siehe Listing 6.4).

```
from hana_ml.model_storage import ModelStorage
model_storage = ModelStorage(connection_context=conn)
uc_hgbt.name = 'PAL HGBT multiclass Vehicletype'
uc_hgbt.version = 1
```

```
model_storage.save_model(model=uc_hgbt)
# Erneutes Laden des Modells
uc_hgbt_loaded = model_storage.load_model(name=
 'PAL HGBT multiclass Vehicletype')
```

Listing 6.4 Speichern und Laden des Modells

6.3 Regression mit der PAL

Wie Sie in Abschnitt 5.3, »Regression mit der APL«, gelernt haben, ist es die Aufgabe der Regression, numerische Werte zu schätzen. Gleichzeitig lässt sich mit der Regressionsanalyse auch untersuchen, welche unabhängigen Variablen zur Erklärung der Zielvariablen beitragen und wie stark dieser Einfluss ist. In den folgenden Abschnitten werden Sie das Beispiel aus Abschnitt 5.3, »Regression mit der APL« mithilfe der PAL-Regression adressieren.

Einführung eines praktischen Beispiels

Beim Beispiel handelt es sich um die Preisvorhersage von Gebrauchtfahrzeugen, die Sie bereits aus vorherigen Beispielen kennen. Bei einer großen Menge an Fahrzeugtypen mit vielen Merkmalkombinationen ist es eine Herausforderung, einen realistischen Preis eines einzelnen Wagens zu bestimmen. Deshalb werden Sie anhand von historischen Daten ein Regressionsmodell trainieren, das den Preis eines Fahrzeugs mithilfe von Fahrzeugeigenschaften modelliert und vorhersagt.

Datenbeschreibung und Laden der Daten

Der Datensatz wurde bei der Multiclass-Klassifizierung bereits verwendet und nach SAP HANA als Tabelle geladen. Bitte sehen Sie in Abschnitt 5.2.2, »Multiclass-Klassifizierung mit der APL«, nach, wie Sie die CSV-Datei **USEDCARS.csv** mit 263.178 Einträgen (Fahrzeugen) hochladen können sowie welche Informationen über die Fahrzeuge darin enthalten sind.

Explorative Datenanalyse

Wie Sie aus Kapitel 4, »Explorative Datenanalyse und Datenvorbereitung«, bereits wissen, gibt es bei dem Datensatz einige Besonderheiten, wenn es um den Preis der Fahrzeuge geht. Um ein Gefühl über die vorhandenen Preise zu bekommen, können Sie einen Box-Plot benutzen (siehe Abschnitt 5.3, »Regression mit der APL«).

Eine weitere Möglichkeit für die Analyse der Preise bietet das *Histogramm* an. Dabei werden auf der x-Achse alle Werte einer Variablen, die im Datensatz vorkommen, in

Gruppen aufgetragen, während die y-Achse die Häufigkeit dieser Werte zeigt. Wenn Sie ein Histogramm der Preise berechnen und anzeigen wollen, können Sie die EDA-Visualizer-Klasse von hana_ml wie folgt benutzen. Dabei werden wir spezifizieren, dass der Wertebereich der Preise in 100 Gruppen aufgeteilt wird (x-Achse).

```
import matplotlib.pyplot as plt
from hana_ml.visualizers.eda import EDAVisualizer
df_remote = conn.table('USEDCARS')
f = plt.figure(figsize=(10, 5))
ax1 = f.add_subplot(111)
eda = EDAVisualizer(ax1)
ax1, dist_data = eda.distribution_plot(data=df_remote.filter('PRICE<=
20000'), column='PRICE', bins=100, title='Distribution of PRICE')
```

Wie Sie im Code sehen, wurden alle Fahrzeuge mit Preisen über 20.000 EUR herausgefiltert, da diese nur sehr selten vorkommen. Diese Erkenntnis können Sie selbst gewinnen, wenn Sie einige Plot-Iterationen durchlaufen und dabei die Limits der Filterung einstellen. Das Ergebnis des Aufrufs ist in Abbildung 6.13 dargestellt.

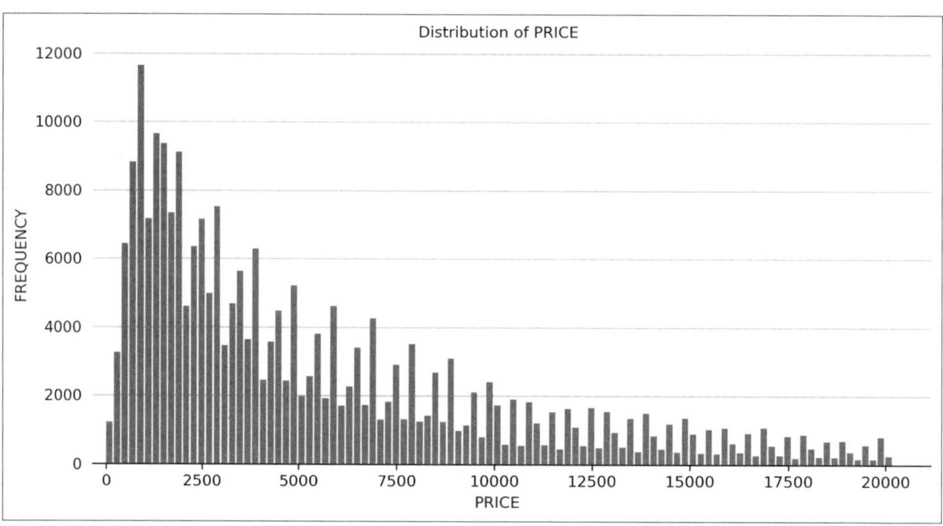

Abbildung 6.13 Histogramm der Preise in dem Datensatz, eingegrenzt auf bis zu 20.000 EUR

Das Herausfiltern der extremen Werte wird die Performanz des Modells verbessern. Generell sollten Sie aber mit solchen Filtern sehr vorsichtig sein, da hierdurch nicht unbedingt nur fehlerhafte Werte herausgenommen werden, sondern auch z. B. Ereignisse, die durch ihre Natur bedingt sehr selten im Datensatz vorkommen. Auf unser Beispiel übertragen, könnte das bedeuten, dass die Extremwerte (z. B. Preis von 99.999.999) nicht fehlerhaft sind, sondern, dass es sich um ein sehr teures Auto handelt. Ob solch ein Fall als fehlerhaft interpretiert werden sollte oder ob Sie vielleicht genau diese Werte vorhersagen wollen, hängt von der Aufgabe ab. Deshalb sollten Sie solche Datentransformationen immer erst nach Rücksprache mit dem Fachbereich und den Subject Matter Experts vornehmen.

Trainieren eines Modells

Nachdem Sie die erste Vorbereitung der Daten durchgeführt haben, können Sie das Regressionsmodell erstellen. Damit die Qualität des Modells verbessert wird, sollten, wie auch in Kapitel 5, »Automated Predictive Library«, folgende weitere Einschränkungen vorgenommen werden:

- Preis zwischen 1.000 und 20.000 EUR
- Pferdestärke zwischen 50 und 300
- Erstzulassung zwischen 1995 und 2015

Nun werden wir nach der Vorverarbeitung der Daten mit einem Trainingsdatensatz von 182.385 Fahrzeugen arbeiten.

Die PAL bietet eine vereinheitlichte Schnittstelle für die verschiedenen Regressionsalgorithmen. Dabei wird von den Anwender*innen erwartet, dass sie den gewünschten Algorithmus vorgeben und die notwendigen Einstellungen selbst vornehmen. Für das aktuelle Beispiel werden wir als Algorithmus Hybrid Gradient Boosting Tree benutzen. Sie können bequem auch eine Hyperparametersuchstrategie wählen, um die optimalen Hyperparameter mittels eines Grid-Search-Verfahrens finden zu lassen.

Regression in SAP HANA 2.0 SPS05

Die in diesem Kapitel genutzte UnifiedRegression ist in SAP HANA Cloud, SAP Data Wareouse Cloud und ab SAP HANA 2.0 SPS06 enthalten. Wenn Sie mit SAP HANA 2.0 SPS05 arbeiten, haben Sie aber dennoch die Möglichkeit, die einzelnen Regressionsalgorithmen direkt zu nutzen.

Rufen Sie dafür die Dokumentation der Regressionsalgorithmen in SAP HANA 2.0 SPS05 im SAP Help Portal unter folgender URL auf: *http://s-prs.de/v903340*

Mehr Informationen zu Regressionen im `hana_ml`-Paket finden Sie unter dieser URL: *http://s-prs.de/v903341*

Nun können Sie das Regressionsobjekt erstellen. Nutzen Sie den Hybrid Gradient Boosting Tree mit dem folgenden Code:

```
from hana_ml.algorithms.pal.unified_regression import UnifiedRegression
ur_hgbt = UnifiedRegression(func='HybridGradientBoostingTree')
```

Definieren Sie die Strategie der Hyperparametersuche:

```
from hana_ml.algorithms.pal.model_selection import GridSearchCV
gscv = GridSearchCV(estimator=ur_hgbt,
                    param_grid={'learning_rate': [0.001, 0.01, 0.1],
                                'n_estimators': [5, 10, 20, 50],
                                'split_threshold': [0.1, 0.5, 1]},
                    train_control=dict(fold_num=3,
                                       resampling_method='cv',
                                       random_state=1,
                                       ref_metric=['rmse']),
                    scoring='rmse')
```

Zuletzt trainieren Sie das Regressionsmodell, indem Sie folgenden Code ausführen:

```
gscv.fit(data=df_remote,
         key='CAR_ID',
         label='PRICE',
         partition_method='random',
         partition_random_state=42,
         output_partition_result=True,
         build_report=False)
```

[»]

Massiv-Modus in der UnifiedRegression

Die UnifiedRegression in der PAL unterstützt einen sogenannten Massiv-Modus. Damit können Sie verschiedene, individuelle Modelle für einzelne Gruppen, die eventuell in den Daten vorhanden sind, erstellen. Für das Beispiel, in dem der Fahrzeugpreis geschätzt wird, könnten dies die verschiedenen Fahrzeugmarken sein. Somit erstellt die PAL durch den einmaligen Aufruf der `fit()`-Methode intern individuelle Modelle für jede Fahrzeugmarke. Die Nutzung dieser individuellen ML-Modelle kann die Güte der Vorhersagen eventuell im Vergleich zu einem generischen ML-Modell verbessern. Mehr Details zum `hana_ml`-Paket finden Sie im SAP Help Portal unter folgender URL: *http://s-prs.de/v903342*

Informationen zur Unified Massive Regression gibt es im SAP Help Portal unter folgender URL: *http://s-prs.de/v903343*

Wir haben spezifiziert, dass die Daten nach dem Zufallsprinzip intern in Trainings- und Testdatensätze aufgeteilt werden sollten. Zusätzlich haben wir angefordert, dass erkennbar wird, welche Autos dem Trainings- und welche dem Testset angehören (`output_partition_result=True`). Diese Information wird später noch im Laufe des Projekts genutzt.

STAT NAME	STAT VALUE
TEST_EVAR	0.8707469209731995
TEST_MAE	1146.9461518033436
TEST_MAPE	0.24670797985681178
TEST_MAX_ERROR	16145.803107591186
TEST_MSE	2783931.601882492
TEST_R2	0.870733340594514
TEST_RMSE	1668.511792551222
TEST_WMAPE	0.18500706791127478

Abbildung 6.14 Modellperformanz, gemessen auf den internen Testdatensatz

Nachdem die `fit()`-Methode erfolgreich beendet ist, ist das Modell fertig trainiert. In dem UnifiedReport können Sie Details über die Modellgüte (siehe Abbildung 6.14), die optimalen Parameter, die gefunden wurden (wenn eine Parametersuche angegeben wurde), sowie über den Einfluss der einzelnen Variablen auf die Vorhersage (siehe Abbildung 6.15) finden:

```
from hana_ml.visualizers.unified_report import UnifiedReport
UnifiedReport(gscv.estimator).build().display()
```

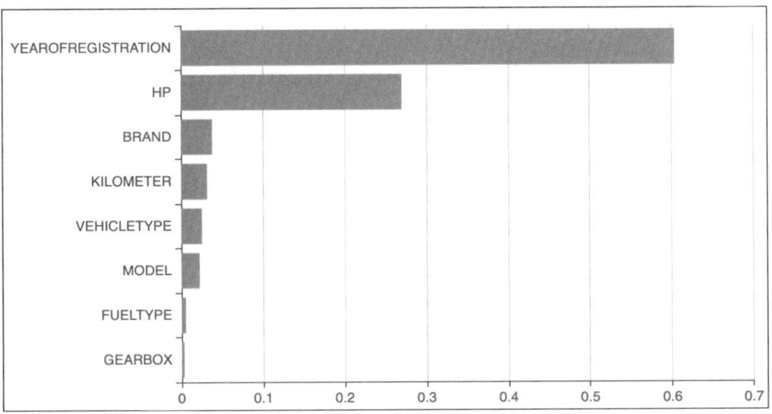

Abbildung 6.15 Einfluss der einzelnen Variablen auf die Vorhersage des Modells

Lassen Sie uns hier das trainierte Modell weiter untersuchen. Sie können z. B. die Testdaten (aus dem `ur_hgbt`-Objekt) nutzen, um darauf eine Vorhersage zu erstellen und den vorhergesagten mit dem tatsächlichen Wert zu vergleichen. Wählen Sie dazu nur Autos, die sich im Testdatensatz (`TYPE=2`) befinden. Es sind 36.477 Fahrzeuge darin enthalten.

```
df_remote_test = ur_hgbt.partition_.filter('TYPE=2').set_index('CAR_
ID').join(df_remote.set_index('CAR_ID')).drop(['TYPE'])
```

Nutzen Sie nun das trainierte Modell, um den Preis dieser Fahrzeuge vorherzusagen und um den durchschnittlichen Fehler pro Fahrzeugmodell zu berechnen. Führen Sie dafür den Code in Listing 6.5 aus.

```
df_rem_test_predicted = gscv.predict(data=df_remote_test, key='CAR_ID')
df_rem_joined_data = df_remote_test.set_index('CAR_ID').join(df_rem_test_
predicted.set_index('CAR_ID')).select('CAR_ID', 'BRAND', 'MODEL',
'YEAROFREGISTRATION', ('abs(PRICE-SCORE)', 'DIFF'))
df_rem_joined_data.agg([('median','DIFF','MDIF')], group_by=['BRAND',
'MODEL']).sort_values('''MDIF''', ascending=
False).head(5).collect()
df_rem_joined_data.agg([('median','DIFF','MDIF')], group_by=['BRAND',
'MODEL']).sort_values('''MDIF''', ascending=
True).head(5).collect()
```

Listing 6.5 Erstellung der Vorhersagen und Aggregation nach Fahrzeugmodell

In Abbildung 6.16 und Abbildung 6.17 sehen Sie die Fahrzeugmodelle mit den kleinsten und größten Vorhersagefehlern für den Preis. Beim angegebenen Fehlerwert handelt es sich um den Medianwert der absoluten Differenz zwischen tatsächlichem und geschätztem Preis für jedes Fahrzeugmodell.

BRAND	MODEL	MDIF
renault	r19	118.368683
renault	None	244.235077
seat	arosa	249.500000
lancia	andere	251.499710
mini	None	272.369138

Abbildung 6.16 Fahrzeugmodelle mit den kleinsten Vorhersagefehlern

BRAND	MODEL	MDIF
bmw	m_reihe	5956.746579
bmw	6er	5894.465720
mercedes_benz	g_klasse	5613.793637
volkswagen	amarok	4499.108689
volkswagen	kaefer	4135.131144

Abbildung 6.17 Fahrzeugmodelle mit den größten Vorhersagefehlern

Erstellen von Vorhersagen

Um das Modell auf neue Daten anzuwenden, können Sie die Tabelle USEDCARS_TOPREDICT benutzen. Diese beinhaltet Einträge mit Fahrzeugen, für die der Preis noch nicht bekannt ist. Diesen können Sie mit dem trainierten PAL-Modell schätzen (siehe Abbildung 6.18) und auch mit den Vorhersagen aus Kapitel 5, »Automated Predictive Library«, vergleichen. Führen Sie dazu den Code in Listing 6.6 aus.


```
import pandas as pd
df_data = pd.read_csv('USEDCARS_TOPREDICT.csv', sep=',')
df_remote_topredict = dataframe.create_dataframe_from_pandas(connection_
context=conn,
                                    pandas_df=df_data,
                                    table_name='USEDCARS_TOPREDICT',
                                    force=True,
                                    drop_exist_tab=True,
                                    replace=False)
df_remote_topredict = conn.table('USEDCARS_TOPREDICT')
df_remote_predicted = gscv.predict(df_remote_topredict, key='CAR_ID')
df_result = df_remote_topredict.set_index('CAR_ID').join(df_remote_
predicted.set_index('CAR_ID'))
df_result = df_result.select('CAR_ID', 'BRAND', 'MODEL',
 'YEAROFREGISTRATION', 'HP', 'FUELTYPE', 'GEARBOX', 'KILOMETER',
 ('SCORE', 'PREDICTED_PRICE'))
```

Listing 6.6 Vorhersage auf neue Daten in einer Tabelle

CAR_ID	BRAND	MODEL	YEAROFREGISTRATION	HP	FUELTYPE	GEARBOX	KILOMETER	PREDICTED_PRICE
1	audi	a5	2010	160	benzin	manuell	50000	15261.516937
2	audi	a5	2011	354	benzin	automatik	70000	17671.473754
3	audi	a5	2009	211	benzin	manuell	140000	16164.291166
4	audi	a5	2011	354	benzin	automatik	60000	18057.658415
5	audi	a5	2009	211	benzin	manuell	125000	16958.849284

Abbildung 6.18 Vorhergesagte Preise für den Testdatensatz

Speichern und Laden des Modells

Das Modell können Sie in SAP HANA über die `ModelStorage`-Klasse speichern. Bitte beachten Sie, dass Sie hier das `UnifiedRegression`-Objekt benutzen und nicht das GridSearch-Objekt.

```
from hana_ml.model_storage import ModelStorage
model_storage = ModelStorage(connection_context=conn)
ur_hgbt.name = 'PAL HGBT Regression car price'
model_storage.save_model(model=ur_hgbt)
```

Das Laden funktioniert ähnlich und liefert das gespeicherte `UnifiedRegression`-Objekt zurück:

```
from hana_ml.model_storage import ModelStorage
model_storage = ModelStorage(connection_context=conn)
ur_hgbt_loaded = model_storage.load_model(name=
'PAL HGBT Regression car price')
```

Dieses gespeicherte Modell wird auch in Abschnitt 6.7.3, »Regressions- und Klassifizierungsmethoden«, in einer Ausreißeranalyse genutzt.

6.4 Zeitreihen mit der PAL

Viele Daten, die gesammelt werden, beinhalten zusätzlich zu den tatsächlich gemessenen Werten einen Zeitstempel, der den Zeitpunkt der Messung/Erfassung angibt. Solche geordneten Folgen an Daten werden auch *Zeitreihen* genannt. Wenn Sie an einen Sensor, der die Temperatur einer Anlage täglich erfasst, denken oder an den Umsatz pro Zeiteinheit, die Anzahl aktiver Kund*innen nach Datum oder die Preisentwicklung in einer Zeitperiode, bei allen diesen Beispielen handelt es sich um Zeitreihen.

Das Spezialgebiet der Zeitreihenanalyse befasst sich mit der Beschreibung von Zeitreihen mit dem Ziel, künftige Werte der Reihe vorherzusagen. Zusätzlich kann man mit den Methoden der Zeitanalyse auch saisonale und regelmäßige Muster und Trends in den Zeitreihen erkennen. Wenn die Zeitreihe in ihre Komponenten zerlegt wird, z. B. in den langfristigen Trend und wiederkehrende saisonale Faktoren, können Ausreißerwerte (ungewöhnlich kleine oder große Werte) einfacher identifiziert und herausgefiltert werden.

In den folgenden Abschnitten werden Sie sich anhand eines Beispieldatensatzes eine Zeitreihe anschauen, diese zerlegen und einige Methoden der Zeitreihenanalyse aus der PAL darauf anwenden, um verlässliche Vorhersagen über ihre Werte in der Zukunft zu erstellen.

Der Datensatz für diesen Abschnitt beinhaltet die tägliche Anzahl an vermieteten Fahrrädern in London für die Zeitperiode von 2015 bis Mitte 2019 (siehe Abbildung 6.19).

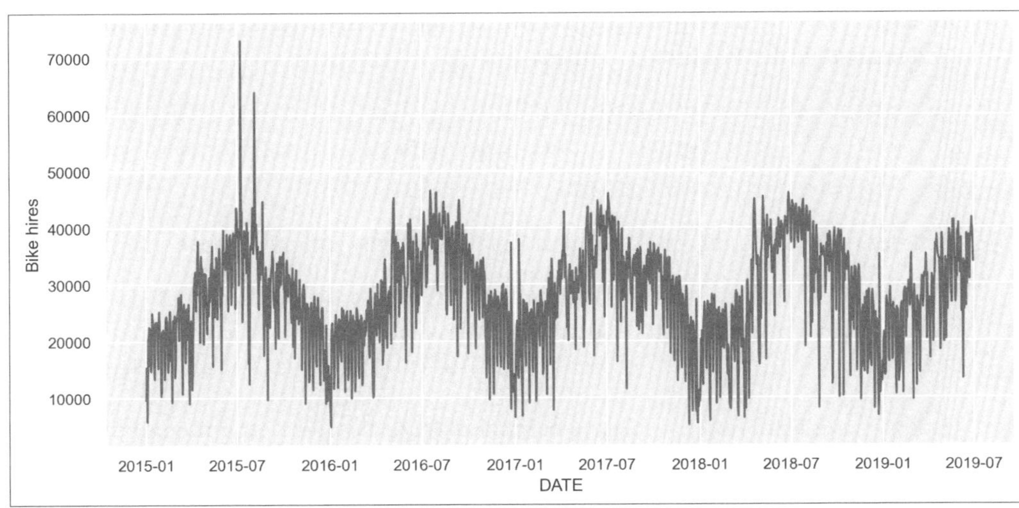

Abbildung 6.19 Die Anzahl vermieteter Fahrräder pro Tag für eine Periode von vier Jahren

Die BICYCLE_HIRE.csv-Datei finden Sie im Ordner mit den Zusatzinformationen und Notebooks. Dieselbe Datei wurde bereits in Abschnitt 5.4, »Zeitreihen mit der APL«, benutzt, wo Sie auch eine detailliertere Beschreibung zu den Daten finden. Falls Sie die Tabelle noch nicht nach SAP HANA geladen haben sollten, holen Sie dies jetzt nach. Die wichtigsten Befehle finden Sie in Listing 6.7:

```
import pandas as pd
import hana_ml.dataframe as dataframe
df_data = pd.read_csv('BICYCLE_HIRES.csv', sep=';')
df_data.DATE = pd.to_datetime(df_data.DATE)
conn = dataframe.ConnectionContext(userkey='MYHANA')
df_remote = dataframe.create_dataframe_from_pandas(
                            connection_context=conn,
                            pandas_df=df_data,
                            table_name='BICYCLE_HIRES',
                            force=True,
                            drop_exist_tab=True,
                            replace=False)
```

Listing 6.7 Laden der Daten nach SAP HANA

6.4.1 Zeitreihenzerlegung

Sie können die Zeitanalyse beginnen, indem Sie überprüfen, ob sich die Zeitreihe zerlegen lässt, ob also ein Trend oder eine saisonale Komponente vorhanden ist. Bevor die entsprechende Methode der PAL aufgerufen werden kann, müssen wir jedoch noch eine neue Index-Spalte generieren. Der Algorithmus nutzt diesen numerischen Index anstelle des konkreten Datums:

```
df_remote = conn.table('BICYCLE_HIRES')
df_remote_id = df_remote.sort('DATE').add_id()
df_remote_id.head(5).collect()
```

Mit der nun vorhandenen ID können Sie die Zeitreihe zerlegen lassen:

```
from hana_ml.algorithms.pal.tsa.seasonal_decompose import seasonal_decompose
stats, decompose = seasonal_decompose(data=df_remote_
id.select('ID', 'HIRES'), endog='HIRES', alpha=0.2, thread_ratio=0.5)
```

Der `hana_ml`-DataFrame `decompose` beinhaltet jetzt die drei Komponenten der Zerlegung – den Trend, die saisonale Komponente (periodischer Teil) und das übrig bleibende Signal. Im Notebook, das Sie für diesen Abschnitt herunterladen können, finden Sie den Code, um die Komponenten grafisch darzustellen (siehe Abbildung 6.20).

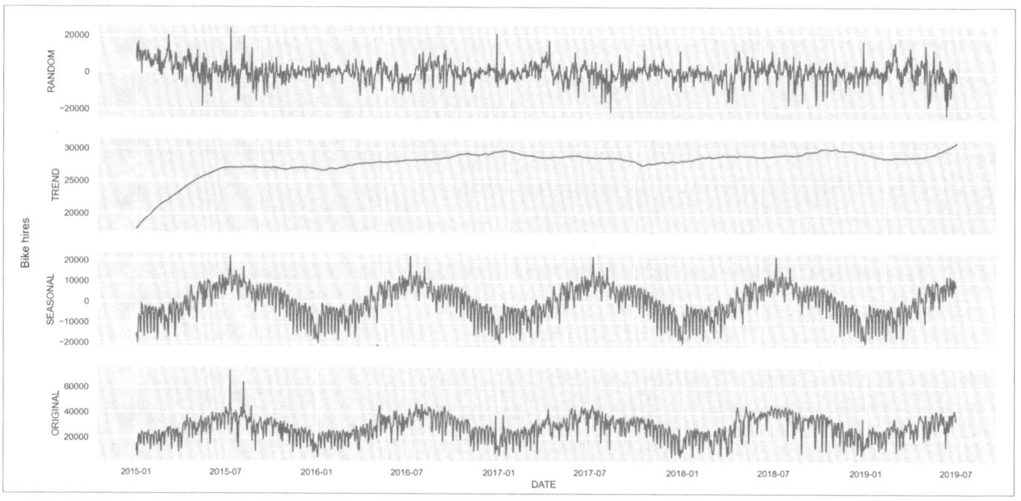

Abbildung 6.20 Ergebnis der Zeitreihenzerlegung für das Eingangszeitsignal

Die unterste Liniengrafik beinhaltet die ursprünglichen Daten. Die Liniengrafik darüber zeigt die wiederkehrenden saisonalen Komponenten. Die zweite Grafik von oben zeigt den Trend, und auf der obersten Grafik sind die verbleibenden Daten zu sehen, die sich nicht durch den Trend oder die Saisonalität erklären lassen.

6.4.2 Vorhersagemethoden in der Zeitreihenanalyse

Es existieren einige mathematische Methoden, die benutzt werden können, um Zeitreihen zu modellieren. Diese Instrumente versuchen, die Eigenschaften einer Reihe zu schätzen (wie Saisonalität und Trend etc.), um damit zukünftige Werte vorhersagen zu können. Dabei kommen sowohl Ansätze aus der Statistik als auch aus der Signalverarbeitung (Teilgebiet der Elektrotechnik, das sich speziell mit der Analyse von Signalen beschäftigt) zum Einsatz. In der PAL-Bibliothek stehen sowohl einfachere Methoden zur Verfügung, die auf Saisonbereinigung und Filtern setzen (wie ARIMA und Exponential Smoothing), als auch stochastisch-basierte Algorithmen und neuronale Netze.

Exponential Smoothing

Sie können mit einer der einfachsten Methoden anfangen – *Exponential Smoothing*. Beim Exponential Smoothing (dt. exponentielle Glättung) wird davon ausgegangen, dass Zukunftswerte einer Zeitserie von Vergangenheitswerten abhängig sind. Dabei werden die historischen Werte unterschiedlich gewichtet. Die Veränderung der Gewichtung folgt einer exponentiellen Funktion, daher der Name. Aktuellere Werte haben eine höhere Gewichtung, während ältere Werte einen sehr kleinen Einfluss besitzen. SAP HANA stellt auch einen automatisierten Exponential-Smoothing-Algorithmus zur Verfügung. Dabei können die wichtigsten Parameter, wie z. B. die Art des zugrunde liegenden Exponential Smoothing (single, double oder triple) automatisch gesetzt werden. Wenn Sie das Exponential-Smoothing-Modell auf die Fahrradanmietungsdaten vom vorherigen Abschnitt anwenden möchten, fokussieren Sie sich auf die letzten 1.000 Werte. Behalten Sie hiervon wiederum die letzten 20 Werte der Zeitreihe als Testdatensatz.

```
df_rem_train = df_remote_id.tail(n=1000, ref_col='DATE') \
                           .sort('DATE').head(980)
df_rem_test = df_remote_id.tail(n=20, ref_col='DATE')
df_rem_test = df_rem_test.drop('ID').add_id(id_col='ID')
```

Jetzt können Sie eine Instanz der Klasse erzeugen (wobei Sie bereits den Vorhersagehorizont von 20 Tagen mit dem `forecast_num`-Parameter angeben) und die `fit_predict()`-Methode aufrufen, um das Modell zu trainieren und gleichzeitig Vorhersagen zu erstellen. Dabei geben Sie noch an, dass ein Triple Exponential Smoothing benutzt werden soll (`forecast_model_name='TESM'`) und die Saisonalität 365 Tage betragen soll (`seasonal_period=365`):

```
from hana_ml.algorithms.pal.tsa.exponential_
smoothing import AutoExponentialSmoothing
autoexpsmooth = AutoExponentialSmoothing(model_selection=True, forecast_model_
name='TESM', seasonal_period=365, forecast_num=20)
autoexpsmooth.fit_predict(df_rem_train.to_tail('DATE'),
                          key='ID')
```

Im stats_-Element des autoexpsmooth-Objekts finden Sie die statistischen Eigenschaften des Modells:

```
autoexpsmooth.stats_.collect()
```

Um die Modellgüte zu berechnen, extrahieren Sie die 20 vorhergesagten Werte und verknüpfen diese mit den tatsächlichen Werten:

```
df_rem_predicted = autoexpsmooth.forecast_.tail(20, ref_col='TIMESTAMP')
df_rem_predicted = df_rem_predicted.add_id()
df_rem_predicted = df_rem_test.set_index('ID').join(df_rem_predicted.set_
index('ID'))
df_rem_predicted = df_rem_predicted.rename_columns({'VALUE': 'FORECAST'})
```

Auf diesen Daten lässt sich nun der MAPE berechnen (Median Absolute Percentage Error, wie auch schon in Abschnitt 5.4, »Zeitreihen mit der APL«, erläutert):

```
from hana_ml.algorithms.pal.tsa.accuracy_measure import accuracy_measure
accuracy_measure(df_rem_predicted.select(['HIRES', 'FORECAST']),
                 evaluation_metric='mape').collect()
```

In unserem Beispiel ist der MAPE 18,22 %. In den folgenden Abschnitten zeigen wir Ihnen, wie Sie die Qualität der Vorhersage weiter verbessern.

Auto Regressive Integrated Moving Average

Als Nächstes werden wir ein *ARIMA*-Modell (Auto Regressive Integrated Moving Average) anwenden und schauen, wie die Qualität der Vorhersage aussieht. Die Methode verwendet eine Kombination aus drei Komponenten:

- eine autoregressive Komponente (die die Zukunftswerte als Funktion der vergangenen Werte modelliert)
- eine Integrationskomponente, die durch die Differenz einzelner Werte z. B. einen Trend abbilden kann
- eine Komponente, die einen gleitenden Mittelwert berechnet

Benutzen Sie wieder die Trainingsdaten vom vorherigen Abschnitt, um ein ARIMA-Modell zu trainieren. Dies können Sie am einfachsten mithilfe der AutoARIMA-Funktion in der PAL durchführen, damit Sie die besten ARIMA-Parameter für diesen Datensatz automatisch suchen lassen:

```
from hana_ml.algorithms.pal.tsa.auto_arima import AutoARIMA
autoarima = AutoARIMA()
autoarima.fit(df_rem_train.to_tail('DATE'), key='ID')
```

Es wird am deutlichsten, wie gut die Schätzung der Parameter war, wenn Sie eine Vorhersage für die nächsten 20 Perioden erstellen und diese mit den zurückbehaltenen Werten im Testdatensatz vergleichen. Erstellen Sie die Vorhersage der 20 künftigen Werte und verknüpfen Sie diese mit den bekannten Werten:

```
df_rem_predicted = autoarima.predict(forecast_method='innovations_
algorithm', forecast_length=20)
df_rem_predicted = df_rem_predicted.add_id()
df_rem_predicted = df_rem_test.set_index('ID').join(df_rem_predicted.set_
index('ID'))
```

Vergleichen Sie die tatsächlichen mit den geschätzten Werten mit dem folgenden Code, und Sie erhalten die Grafik in Abbildung 6.21.

```
from hana_ml.visualizers.visualizer_base import forecast_line_plot
ax = forecast_line_plot(
    actual_data=df_rem_predicted.select('ID', 'HIRES').set_index('ID'),
    pred_data=df_rem_predicted.select('ID', 'FORECAST').set_index("ID"),
    max_xticklabels=10, figsize=(20,5))
```

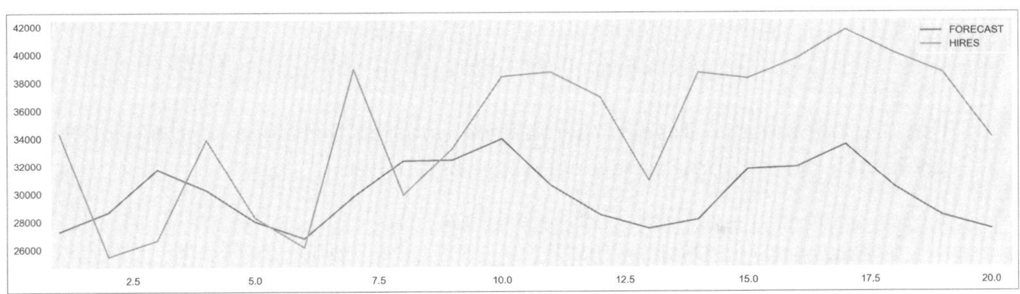

Abbildung 6.21 Vergleich tatsächlicher (orange) und vorhergesagter (blau) Werte

Abschließend können Sie wieder die Modellgüte anhand der vorhergesagten und tatsächlichen Werte berechnen lassen, als sogenannten MAPE wie bei der exponentiellen Glättung:

```
from hana_ml.algorithms.pal.tsa.accuracy_measure import accuracy_measure
accuracy_measure(df_rem_predicted.select(['HIRES', 'FORECAST']),
                 evaluation_metric='mape').collect()
```

Der MAPE der Vorhersage ist in diesem Fall 16,049 %. In Kapitel 9, »Tipps und Tricks«, finden Sie ein Beispiel, wie die gleiche Zeitreihenvorhersage aus R heraus – anstelle von Python – angestoßen werden kann.

In den nächsten Abschnitt werden Sie ein additives Modell anwenden, um die Zeitreihe vorherzusagen.

Additives Modell

Die bislang in diesem Kapitel genutzten Methoden Zeitreihenzerlegung, Exponential Smoothing und ARIMA liefern tendenziell schlechte Ergebnisse bei Zeitreihen mit komplizierten Trends, mehreren Saisonalitätskomponenten oder zyklischen Mustern (z. B. Feiertage oder andere Events). Dies sieht anders aus bei dem hier vorgestellten *additiven Modell*. Das Modell ist auch unter dem Namen *Prophet* bekannt und versucht, nicht-lineare Trends in den Daten als eine Summe von jährlicher, wöchentlicher und täglicher Saisonalität sowie mit einer Komponente speziell für Feiertage abzubilden. Das additive Modell liefert bei sich ändernden Trends oft gute Ergebnisse und ist robuster gegen Ausreißer. Das Algorithmus erwartet eine Tabelle mit den Feiertagen, um die Vorhersagen zu verbessern. Damit wir die Leistung des Modells mit den anderen Algorithmen vergleichen können, werden wir hier eine leere Tabelle übergeben (`df_rem_holiday`). Das additive Modell können Sie nun wie folgt in SAP HANA erstellen und trainieren:

```
from hana_ml.algorithms.pal.tsa.additive_model_forecast import
AdditiveModelForecast
amf = AdditiveModelForecast(growth='linear')
df_rem_holiday = conn.sql('''select to_timestamp('2022-01-01', 'YYYY-MM-DD')
as "ts", null as "holiday" from dummy''').dropna()
amf.fit(data=df_rem_train.drop('ID'), holiday=df_rem_holiday)
```

Um die kommenden Tage vorherzusagen, müssen Sie einen `hana_ml`-DataFrame übergeben, der die vorherzusagenden Tage beinhaltet:

```
df_rem_toforecast = df_rem_test.select('DATE') \
    .add_constant('DUMMY', '0') \
    .cast('DUMMY', 'DOUBLE')
```

Mit dieser Liste können Sie nun die Vorhersagen anfordern und mit den tatsächlichen Daten verknüpfen:

```
df_rem_predicted = amf.predict(data=df_rem_toforecast)
df_rem_predicted = df_rem_test.set_index('DATE').join(df_rem_predicted.set_
index('DATE'))
df_rem_predicted = df_rem_predicted.rename_columns({'YHAT': 'FORECAST'})
```

Nun können Sie wie auch schon bei der exponentiellen Glättung und ARIMA die Vorhersagegüte als MAPE berechnen.

```
from hana_ml.algorithms.pal.tsa.accuracy_measure import accuracy_measure
accuracy_measure(df_rem_predicted.select(['HIRES', 'FORECAST']),
                evaluation_metric='mape').collect()
```

Der MAPE-Wert des additiven Modells ist 15.9 %.

Rückgekoppelte neuronale Netzwerke (RNNs)

Das Thema neuronale Netzwerke hat in den letzten Jahren an Bedeutung gewonnen. Der Versuch, alle Beispiele und Anwendungsfälle zu beschreiben, könnte wohl ein separates Buch füllen. In diesem Abschnitt werden wir ein einfaches Zeitreihenbeispiel betrachten, in dem ein *rückgekoppeltes neuronales Netzwerk* (engl. recurrent neural Network, RNN) zum Einsatz kommt. Die PAL bietet die Möglichkeit, ein sogenanntes Long-Short-Term-Memory-Modell (LSTM-Modell) zu erstellen. LSTM-Modelle werden oft benutzt, um basierend auf Vergangenheitswerten Vorhersagen von Zeitreihen zu erstellen.

[«]

Neuronale Netzwerke

SAP HANA bietet einige Methoden, mit denen ein neuronales Netzwerk-Modell aufgebaut werden kann, z. B. MLPClassifier und MLPRegressor. Darüber hinaus, wie im folgenden Beispiel gezeigt, bietet die PAL auch Unterstützung bei der Realisierung von rückgekoppelten neuronalen Netzwerken (z. B. LSTM). Mehr Informationen dazu finden Sie im SAP Help Portal unter der folgenden URL: *http://s-prs.de/v903344*

Mehr Informationen zum mehrlagigen Perzeptron (engl. Multilayer Perceptron, MLP) finden Sie im SAP Help Portal unter folgender URL: *http://s-prs.de/v903345*

Auch in diesem Abschnitt werden wir mit den letzten 1.000 Werten aus der Fahrradanmietung-Zeitreihe arbeiten und diese wie folgt für Trainings- und Testzwecke verwenden:

- die ersten 980 Werte für das Training
- die restlichen 20 Werte zum Testen des trainierten Modells. Das Modell wird diese Werte schätzen und mit diesen, tatsächlichen Werten vergleichen (mit dem bereits mehrfach genutzten MAPE).

Die Test- und Trainingsdaten können Sie mit dem Python-Code in Listing 6.8 generieren. Dabei werden wir zwei Konstanten definieren:

- `HORIZON = 20`
- `TIME_DIM=32`

Die `HORIZON`-Konstante gibt an, wie viele Punkte in der Zukunft durch iteratives Anwenden des Modells geschätzt werden sollen. Mit der Konstante `TIME_DIM` spezifizieren wir, dass jeweils 32 Vergangenheitswerte benutzt werden sollen, um den nächsten Punkt vorherzusagen.

```
import hana_ml.dataframe as dataframe
conn = dataframe.ConnectionContext(userkey='MYHANA')
df_remote = conn.table('BICYCLE_HIRES').sort_values('DATE')
HORIZON = 20
```

```
TIME_DIM = 32
df_rem_train = df_remote.tail(1000, ref_col='DATE').sort('DATE').head(1000-
HORIZON).drop('DATE').add_id(starting_point=0)
df_rem_test = df_remote.tail(HORIZON+TIME_DIM, ref_col='DATE')
df_rem_test = df_rem_test.add_id(id_col='ID', starting_point=1000-HORIZON-
TIME_DIM+1).drop('DATE')
```

Listing 6.8 Trainings- und Testdaten generieren

Sie können das Modell, wie Listing 6.9 zeigt, erstellen und trainieren:

```
from hana_ml.algorithms.pal.tsa import lstm
lstm = lstm.LSTM(gru='lstm',
                    bidirectional=False,
                    time_dim=TIME_DIM,
                    max_iter=1000,
                    learning_rate=0.01,
                    batch_size=32,
                    hidden_dim=128,
                    num_layers=1,
                    interval=100,
                    stateful=False,
                    optimizer_type='Adam')
lstm_model = lstm.fit(df_rem_train)
```

Listing 6.9 LSTM-Modell erstellen

Wir haben hier ein Modell gewählt, das aus den letzten 32 Vergangenheitswerten den nachfolgenden Wert berechnet (Parameter `TIME_DIM`). Sie können weitere Hyperparameter einstellen, wie z. B. die Anzahl der Batches, die Anzahl der versteckten Schichten, die Lernrate sowie die Art des Optimierungsalgorithmus. Mehr Informationen zu diesen Parametern finden Sie im SAP Help Portal unter dem Link im Hinweiskasten zu den neuronalen Netzwerken.

Damit das Modell die Vorhersagen auf die Testdaten erstellen kann, müssen diese noch umformatiert werden. Dabei wird erwartet, dass die Eingangstabelle für jeden vorherzusagenden Wert die letzten N Vergangenheitswerte (N=TIME_DIM) in N Spalten beinhaltet. Das heißt, wenn Sie z. B. den Wert für die ID 981 vorhersagen möchten, müssen Sie eine Tabelle erstellen, die eine ID-Spalte mit dem Wert 981 beinhaltet sowie 32 weitere Spalten mit den letzten 32 Werten der Zeitreihe (TIME_DIM=32). In diesen 32 Spalten befindet sich der älteste Wert in der Spalte 1, der neueste Wert in der Spalte 32.

Mit dieser einen Zeile können Sie den Wert 981 schätzen. Die predict()-Methode sagt hier nur den einen Wert für die ID 981 voraus. Um nun den Wert für die ID 982 zu schätzen, müssen Sie die Daten wiederum in das beschriebene Format bringen, mit der ID 982 und den 32 vergangenen Werten. Hierbei nutzen Sie nun nur die letzten 31 bekannten Werte und den geschätzten Wert der ID 981 als letzten Datenpunkt.

Diesen Ansatz verfolgen Sie iterativ, um die 20 künftigen Werte zu schätzen. Bei der Vorhersage des 20. Werts beinhaltet der Datensatz noch die letzten 13 bekannten Werten und die folgenden 19 Werte, die bereits geschätzt wurden. In Tabelle 6.1 sehen Sie einen Auszug aus dem vorbereiteten hana_ml-DataFrame für die Anwendung des Modells, um den Punkt mit der ID=1000 vorherzusagen (den 20. Wert).

ID	Target_T1	Target_T2	...	Target_T14	...	Target_T32
1000	Historischer Wert ID968	Historischer Wert ID969	...	Vorhersage ID981	...	Vorhersage ID999

Tabelle 6.1 Schematische Darstellung der Struktur des hana_ml-DataFrames für die Schätzung des Wertes mit der ID 1000

Diese Umformatierung können Sie mit der folgenden Python-Funktion durchführen (siehe Listing 6.10).

```
def prepareLSTMinput(df_rem_input, startIdx, stopIdx, prevValues):
    # Extrahiere die historischen Werte aus den Daten
    df_rem_current_sample = df_rem_input.filter('ID >%d and ID <=
%d'%(startIdx, stopIdx) ).select(('ID - %d'%(startIdx),'IDD'),'HIRES')
    df_rem_res = df_rem_current_sample.add_constant('ID',stopIdx).pivot_
table(columns = 'IDD', values = 'HIRES', index='ID').cast('ID', 'Integer')
    colnames = ['Target_T%d'%x for x in range(1,TIME_DIM + 1)]
    rename_dict={}
    newcols = []
    counter = 1
    newc_cntr = 0
    # Spaltennamen-Umbenennung
    for i in colnames:
        rename_dict[str(counter)] = i
        if (counter >TIME_DIM-len(prevValues)):
            newcols.append((prevValues[newc_cntr],i))
            newc_cntr = newc_cntr+1
        else:
            newcols.append(i)
        counter = counter + 1
    df_rem_apply = df_rem_res.rename_columns(rename_dict)
```

```
    df_rem_apply = df_rem_apply.select('ID', newcols)
    return df_rem_apply
```

Listing 6.10 Testdaten umformatieren

Danach kann die Python-Funktion benutzt werden, um die Vorhersagen iterativ für die 20 Punkte zu erstellen (siehe Listing 6.11).

```
prevVals = []
# Erstelle die erste Vorhersage
startIdx = 1000 - TIME_DIM-HORIZON
stopIdx = 1000 - HORIZON
df_rem_apply = prepareLSTMinput(df_rem_test, startIdx, stopIdx, prevVals)
# Iteriere durch alle Schritte im HORIZON, um die Vorhersagen zu erstellen
for cntr in range(1,HORIZON+1):
    print('Processing:%d'%cntr)
    df_rem_pred = lstm.predict(df_rem_apply)
    prevVals.append(df_rem_pred.collect().VALUE.values[0])

    startIdx = 1000 - TIME_DIM-HORIZON + cntr
    stopIdx = 1000 - HORIZON + cntr
    df_rem_apply = prepareLSTMinput(df_rem_test, startIdx, stopIdx, prevVals)
```

Listing 6.11 Vorhersagen erstellen

Die Vorhersagen können Sie in einem Pandas-DataFrame speichern. Laden Sie danach den Pandas-DataFrame in SAP HANA in eine temporäre Tabelle:

```
import pandas as pd
df_loc = pd.DataFrame(prevVals, columns = ['PRED'])
df_loc['ID'] = range(1,21)

df_rem_predres = dataframe.create_dataframe_from_pandas(conn, df_loc,
                            '#TEMP_RNN', force=True,
                            drop_exist_tab=True,
                            replace=False)
```

Joinen Sie die `#TEMP_RNN`-Tabelle mit der Eingangstabelle, um den tatsächlichen und den vorhergesagten Wert für die Testdaten zu sehen:

```
df_rem_predres = conn.table('#TEMP_RNN')
df_rem_predres = df_rem_predres.select(('ID+%d'%(1000-
HORIZON), 'ID'),  'PRED')
df_rem_joined = df_rem_predres.set_index('ID').join(df_rem_test.set_
index('ID'))
```

In Abbildung 6.22 sehen Sie eine Gegenüberstellung der tatsächlichen und vorhergesagten Werte für die Anmietung der Fahrräder.

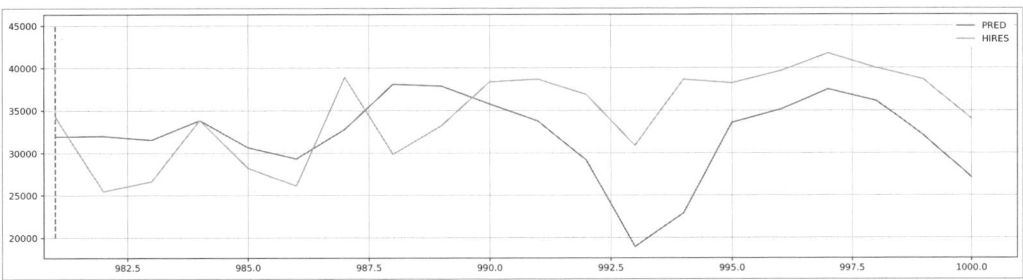

Abbildung 6.22 Vorhergesagte vs. tatsächliche Anzahl vermieteter Fahrräder

Der MAPE-Wert für die Vorhersage beträgt hier 16,4 %. Es muss allerdings erwähnt werden, dass wir mit einem kleinen TIME_DIM-Wert gearbeitet haben. Damit eventuell vorhandene Saisonalitätseffekte vom Modell erfasst werden und einen besseren MAPE-Wert erreicht werden kann, könnte man mit einem viel höheren Wert das Training wiederholen, z. B. 365 (1 Jahr) oder mehr.

```
from hana_ml.algorithms.pal.tsa.accuracy_measure import accuracy_measure
accuracy_measure(df_rem_joined.select(['HIRES', 'PRED']),
                evaluation_metric='mape').collect()
```

Speichern und Laden des Modells

Um die Zeitreihenmodelle in SAP HANA zu speichern (hier das additive Modell), benutzen Sie die ModelStorage-Klasse.

```
from hana_ml.model_storage import ModelStorage
model_storage = ModelStorage(connection_context=conn)
amf.name = 'PAL ts additive London bicycles'
model_storage.save_model(model=amf)
```

Das Laden funktioniert wie folgt:

```
from hana_ml.model_storage import ModelStorage
model_storage = ModelStorage(connection_context=conn)
amf_loaded = model_storage.load_model(name='PAL ts additive London bicycles')
```

6.4.3 Dynamische Zeitverzerrung

Nachdem wir uns einige Beispiele für Zeitreihenvorhersagen angeschaut haben, werden wir in diesem Abschnitt eine Methode kennenlernen, die uns erlaubt, Zeitreihen miteinander zu vergleichen, auch wenn diese unterschiedlich lang sind. *Dynamic Time Warping* (DTW) ist eine Berechnungsmethode, die es ermöglicht, Zeitsignale, die mit unterschiedlicher Abtastfrequenz erfasst wurden, aneinander anzugleichen. DTW entscheidet mithilfe eines sogenannten Differenzmaßes über die Ähnlichkeit zweier Werte der beiden Signale.

Betrachten wir ein intuitives Beispiel. Die Methode ist weit verbreitet in Signalverarbeitungsfragestellungen wie z. B. bei Audio-, Video- oder Bildverarbeitung. Denken Sie an Sprache. Wenn der Sprecher oder die Sprecherin einen Satz einmal langsam und einmal sehr schnell ausspricht, ist zwar die Form der Zeitsignale sehr ähnlich, nur das Signal der schnellen Aussprache ist von sehr kurzer Dauer und gestaucht. DTW erlaubt es, das »gestauchte« Signal so zu entzerren, dass es die gleiche Dauer wie das Signal der langsamen Aussprache erhält. Wenn die zeitliche Auflösung einander angepasst ist, kann man die Amplituden der zwei Signale vergleichen, um z. B. Schwankungen zu identifizieren.

Ein anderes Beispiel ist aus dem Bereich der Inspektion von Zuggleisen. Dabei wird die Oberfläche von Gleisen mit einem Sensor erfasst. Der Sensor ist auf der Unterseite eines speziellen Waggons befestigt und nimmt jede Sekunde eine Messung vor. Diese Messung gibt Informationen über die Besonderheiten der Gleisoberfläche und dadurch über die Integrität des Gleises. So entsteht eine Zeitreihe mit Zeitstempeln der Messung und den tatsächlich gemessenen Werten. Ähnlich wie bei dem Sprachsignal hängt die Länge dieser Zeitreihe ab von der Geschwindigkeit, mit der sich der Messzug bewegt. Wenn der Zug die Strecke ein zweites Mal erfasst (z. B. nach mehreren Monaten) und dabei mit einer anderen Geschwindigkeit fährt, wird es ohne Nachbearbeiten der Daten unmöglich sein, die zwei Signale zu vergleichen. Und genau diese Herausforderung wird durch die dynamische Zeitverzerrung gelöst.

Lassen Sie uns diese nun konkret anwenden. In Abbildung 6.23 sehen Sie zwei Zeitsignale aufgenommen in Januar 2020 (blau) und Februar 2020 (orange). Um das Beispiel einfach zu halten, handelt es sich bei den Daten um synthetische Daten. Dies könnten aber z. B. Messungen sein, die an verschiedenen Zeitpunkten für zwei Anlagen gemacht wurden. Man sieht, dass die Zeitreihe auf der linken Seite einen etwas längeren Verlauf hat (zehn Zeitpunkte links vs. sieben Zeitpunkte rechts).

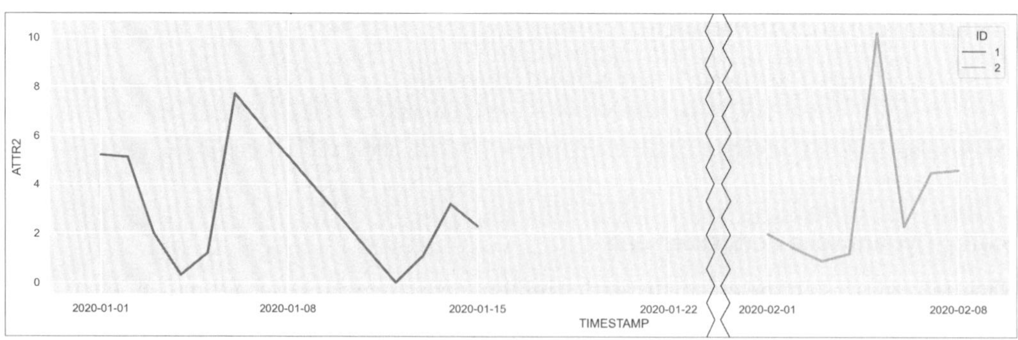

Abbildung 6.23 Zwei Zeitreihen aufgenommen in verschiedenen Monaten (Januar 2020 in Blau und Februar 2020 in Orange)

Wenn Sie die zwei Signale vergleichen wollen, müssen diese zuerst zeitlich angeglichen werden. Und dabei geht es nicht nur um eine reine Verschiebung des einen Signals auf das andere, sondern auch um die Anpassung der zeitlichen Auflösung.

Im Jupyter Notebook für dieses Kapitel (siehe den Ordner **Kapitel 6** im Download-Material, das Sie mit diesem Buch erhalten) finden Sie den Code, um die Daten nach SAP HANA zu laden und die Abbildung 6.23 zu erstellen. Eine Erklärung der Spalten der Tabelle finden Sie in Tabelle 6.2.

Spalte	Bedeutung
ID	ID der Zeitreihen. In der einen Tabelle sind beide Zeitreihen enthalten.
TIMESTAMP	Zeitstempel der Messung
ATTR1	laufende ID der Messung in der jeweiligen Zeitreihe
ATTR2	Messwert

Tabelle 6.2 Erklärung der Spalten der DTW-Tabelle

Wenn Sie das blaue Signal in Abbildung 6.23 als die Referenz betrachten und das orangefarbene als das anzupassende Signal, können Sie die Tabelle durch Filtern in zwei hana_ml-DataFrames unterteilen:

```
dtw_data = conn.table('DTW_DATA')
refer_d = dtw_data.filter('ID=1')
query_d = dtw_data.filter('ID=2')
```

Die beiden neuen hana_ml-DataFrames lassen sich jetzt als Input für den DTW-Algorithmus verwenden, um den Versatz zu berechnen.

```
from hana_ml.algorithms.pal.tsa.dtw import dtw
result, align, stats = dtw(query_d, refer_d, step_pattern=[((1,1,1),(1,0,1)),
(1,1,1), ((1,1,0.5),(0,1,0.5))], save_alignment=True)
```

Dieser Aufruf liefert drei hana_ml-DataFrames (siehe Tabelle 6.3).

hana_ml-DataFrame	Erläuterung
result	Enthält Informationen über die ermittelte Distanz zwischen den Signalen und den Gewichtungsfaktor.
align	Beinhaltet das Mapping von den Abfrage- und Referenzindizes, das benutzt werden kann, um die Signale zu überlagern.
stats	statistische Kenngrößen des DTW-Modells (optional)

Tabelle 6.3 Ergebnistabellen der dynamischen Zeitverzerrung

[»]

Parameter »step_pattern«

Die Suchfolge und Richtung lassen sich über den `step_pattern`-Parameter einstellen. Mehr Informationen darüber, welche Werte sinnvoll sind, finden Sie im SAP Help Portal unter folgendem Link: *http://s-prs.de/v903346*

Nachdem Sie DTW ausgeführt haben, befindet sich in dem `hana_ml`-DataFrame `align` (siehe Tabelle 6.3) eine Spalte **QUERY_INDEX**, die benutzt werden kann, um das untersuchte Signal neu zu indizieren. Dadurch wird das Signal zeitlich neu sortiert und somit verschoben. Durch diese Neuindizierung hat das untersuchte Signal jetzt die gleiche zeitliche Auflösung wie das Referenzsignal, und somit können beide Signale übereinandergelegt werden.

```
local_align = align.collect()
local_q = query_d.collect()
local_r = refer_d.collect()
transformed_local_q = local_q.loc[local_align['QUERY_INDEX'], :]
transformed_local_q.reset_index(inplace=True)
```

Wenn Sie jetzt die drei Signale ausgeben lassen, sollten Sie eine Grafik wie in Abbildung 6.24 sehen. Das untersuchte Signal (orange auf der rechten Seite) wurde auf das Referenzsignal (grüne untere Linie auf der linken Seite) überlagert. Die resultierende Zeitreihe ist blau dargestellt.

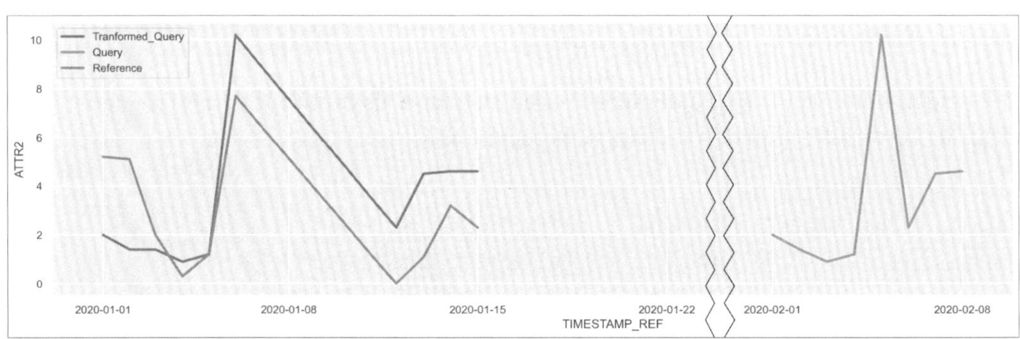

Abbildung 6.24 Ergebnis des DTW-Algorithmus

In dieser Darstellung lassen sich die Amplituden der Zeitreihen sehr einfach automatisiert vergleichen, da sie jetzt übereinandergelegt wurden. Dies ist sehr vorteilhaft bei komplexen und langen Zeitreihen. Dadurch können Sie z. B. detektieren, an welcher Stelle in der Zeitreihe sich die größte Differenz zwischen den zwei Signalen befindet. Das heißt, Sie wissen nun, an welcher Stelle sich seit der letzten Messung die größte Abweichung ergeben hat.

6.4.4 Spektralanalyse

Oft betrachtet man Zeitreihen in einem sogenannten Frequenzbereich. Das bedeutet, dass nicht die zeitliche Abfolge der Messwerte angesehen wird, sondern die Komponenten des Frequenzspektrums des Signals werden untersucht. Dadurch lassen sich neue Informationen aus dem Signal extrahieren. Zum Beispiel lassen sich durch *Spektralanalyse* unerwünschte Vibrationen in Ventilatoren oder Pumpen leicht erkennen.

Betrachten wir folgendes Szenario: Ein Metallteileproduzent, der Produkte für die Automobilindustrie anfertigt, würde gerne die Integrität und Konsistenz von produzierten Metallstäben im Rahmen der Qualitätsanalyse überprüfen. Dabei wird jeder Metallstab zum Vibrieren gebracht, und das damit erzeugte akustische Signal wird aufgenommen. Mit der Spektralanalyse wird dann analysiert, welche Frequenzanteile im Messsignal enthalten sind. Falls unerwartete oder verbotene Resonanzfrequenzen auftreten, könnten diese auf Imperfektionen in der Produktion des untersuchten Metallstabs hindeuten.

Die PAL in SAP HANA bietet einige Werkzeuge, um Zeitsignale in Frequenzbereiche zu transformieren, wie etwa die schnelle Fourier-Transformation (engl. Fast Fourier Transform, FFT). Um zu veranschaulichen, wie FFT zu benutzen ist, werden Sie als Erstes ein Zeitsignal generieren, das aus zwei Sinussignalen unterschiedlicher Frequenzen besteht. Abbildung 6.25 zeigt in den beiden oberen Grafiken zwei einzelne Zeitreihen mit den Sinussignalen von jeweils 20 und 70 Hertz (Hz). In der unteren Zeitreihe sind diese Kurven kombiniert.

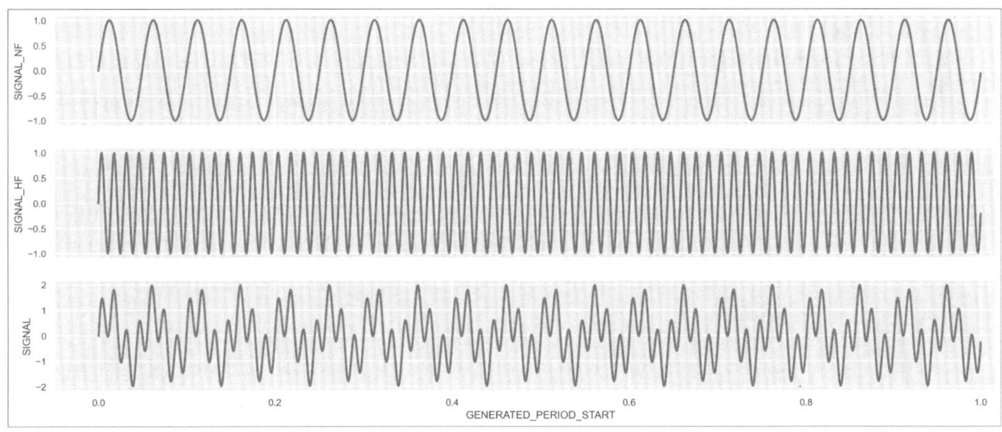

Abbildung 6.25 Erstellung eines Zeitsignals als Summe zweier Sinussignale mit 20- beziehungsweise 70-Hz-Frequenz als Eingang für die FFT

Den Code für die Generierung des Zeitsignals finden Sie in einem Notebook, das in den Download-Materialien zu diesem Buch enthalten ist. Sie erhalten damit die Datenstruktur in Tabelle 6.4.

Spalte	Bedeutung
SIGNAL_NF	das niedrigfrequente Signal (20 Herz)
SIGNAL_HF	das hochfrequente Signal (70 Herz)
SIGNAL	das resultierende Signal als Summe beider _NF und HF_ Signale
GENERATED_PERIOD_START	Zeiteinheit in Sekunden
ELEMENT_NUMBER	ID-Spalte

Tabelle 6.4 Struktur der FFT-Signal-Tabelle

Mit der FFT wird nun versucht, die überlagerten Muster wieder einzeln zu identifizieren. FFT können Sie wie folgt ausführen:

```
from hana_ml.algorithms.pal.tsa.fft import FFT
fft = FFT()
df_rem_combined_signal = conn.table('FFT_INPUT_SIGNAL')
df_rem_input_fft = df_rem_combined_signal.select(('SIGNAL', 'RE')).add_
id(starting_point=0)
df_rem_result = fft.apply(data=df_rem_input_fft, inverse=False)
```

Dabei ist es wichtig, dass die Eingangstabelle eine ID-Spalte besitzt. Der FFT-Algorithmus in der PAL unterstützt als Input auch sogenannte komplexe Zahlen (bestehend aus einem realen und einem imaginären Teil).

Als letzten Schritt haben Sie dann die `apply()`-Methode von FFT aufgerufen, mit dem Parameter `Inverse=False`. Dieser Parameter ist nützlich, wenn Sie aus einem Spektrum wieder das Zeitsignal extrahieren wollen (um eine inverse FFT durchzuführen). Die Funktion liefert die Frequenzkomponenten des Signals als Real- und Imaginärteil. Wenn Sie den Betrag des FFT-Signals ausgeben, sehen Sie eindeutig die zwei Spitzen bei den Frequenzen, die wir benutzt haben, um die Sinussignale zu generieren – 20 Hz und 70 Hz (siehe Abbildung 6.26). FFT hat die einzelnen Frequenzen also korrekt erkennen können.

Wenn wir an unser Beispiel denken, können wir mittels FFT das Spektrum der Schwingungssignale berechnen, um die vorhandenen Frequenzen zu erkennen. Sollten bei der Analyse unerwartete Frequenzen identifiziert werden, könnte dies entsprechend auf Fehler im Material hinweisen.

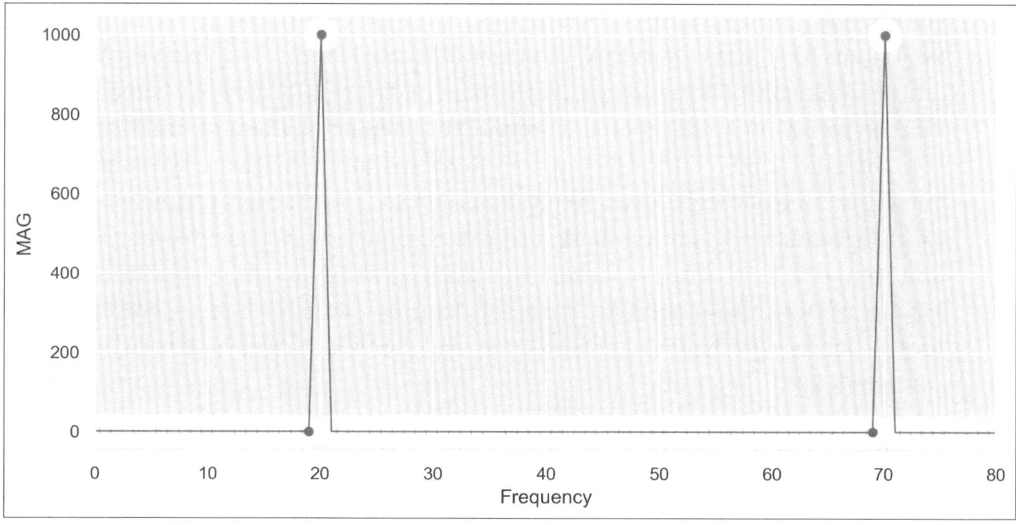

Abbildung 6.26 FFT-Ergebnis mit den Frequenzkomponenten des Zeitsignals

Schnelle Fourier-Transformation

Wir haben hier ein sehr einfaches Beispiel gewählt, um nur die Grundkomponenten der Spektralanalyse zu verdeutlichen. Dabei wurden bewusst viele Themen (wie Aliasing-Effekte, Fensterfunktionen etc.) außen vor gelassen. Mehr Informationen über die FFT-Methode finden Sie im SAP Help Portal unter folgendem Link: *http://s-prs.de/v903347*

6.5 Cluster-Analyse

Wie Sie in Kapitel 1, »Einführung«, gelernt haben, handelt es sich bei der *Cluster-Analyse* um eine Technik aus dem Bereich des unüberwachten Lernens. Bei der Cluster-Analyse fasst der Algorithmus Entitäten anhand ihrer Eigenschaften in Gruppen zusammen. Entitäten, die einander ähnlich sind, werden der gleichen Gruppe (auch *Cluster* genannt) zugeteilt. Dies könnten z. B. Kund*innen sein, die anhand ihres Verhaltens in Cluster aufgeteilt werden sollten, oder Maschinen und Anlagen, die nach Ausfallrisiko geclustert werden.

In den folgenden Abschnitten werden Sie den Datensatz mit zum Verkauf angebotenen Fahrzeugen benutzen, der auch für die Klassifizierung und Regression verwendet wurde. Ziel der Cluster-Analyse wird sein, die vorhandenen Fahrzeuge in Cluster zu gruppieren und pro Cluster die Preise und Margen zu verstehen.

Einführung eines praktischen Beispiels

Der Datensatz wurde bereits in Kapitel 5, »Automated Predictive Library«, vorgestellt und beinhaltet 263.178 Fahrzeuge, die im März und April 2016 auf eBay von deutschen Kunden zum Verkauf angeboten wurden. Die Daten beinhalten Informationen über zum Verkauf angebotener Fahrzeuge in Kombination mit der Preisvorstellung der Verkäufer*innen. In der Cluster-Analyse werden Sie untersuchen, ob und wie sich die Fahrzeuge anhand von ihrem Verkaufspreis, Kilometerstand, Jahr der Erstzulassung und Pferdestärke in Gruppen aufteilen lassen. Was kann man mit dieser Information anfangen? Der Einkauf eines Autohändlers kann besser verstehen, welche Fahrzeugprofile welchem Preisniveau entsprechen und damit auch welche Marge daraus resultieren kann.

Datenbeschreibung und Laden der Daten

Wenn Sie die vorangegangenen Beispiele implementiert haben, befinden sich die Daten bereits in SAP HANA und können direkt für diese Cluster-Analyse weiterverwendet werden. Sie können auf die Daten aus der Tabelle USEDCARS direkt zugreifen und mit diesen arbeiten, ohne dass bei dieser Analyse Daten in der Tabelle verändert werden.

```
df_remote = conn.table('USEDCARS')
```

Eine einfache Ausreißerfilterung, die die extremen und seltenen Werte entfernt, wird wie im vorangegangenen Abschnitt auch hier angewendet.

```
df_remote_cluster =  df_remote.filter('PRICE >= 1000 AND PRICE <= 20000 and
HP >= 50 AND HP <= 300')
```

Wie in der Einleitung beschrieben, werden wir hier nur die Spalten auswählen, die von Interesse für diese Fragestellung sind – **PRICE**, **YEAROFREGISTRATION**, **KILOMETER**, **HP**. Nur Fahrzeuge, für die alle diese Informationen vorhanden sind, können berücksichtigt werden:

```
df_remote_cluster = df_remote_cluster.select('CAR_
ID', 'PRICE', 'YEAROFREGISTRATION', 'KILOMETER', 'HP')
df_remote_cluster = df_remote_cluster.dropna()
```

Vor dem Training können Sie einen Teil der Daten für später zurückhalten, um zu zeigen, wie die Cluster-Logik auf neue Daten angewendet werden kann.

```
from hana_ml.algorithms.pal.partition import train_test_val_split
df_remote_train, df_remote_test, _ = train_test_val_split(data=df_remote_
cluster, random_seed=2, training_percentage=0.8, testing_percentage=0.2,
validation_percentage=0)
```

Erstellen der Cluster-Analyse

Als Erstes ist bei der Cluster-Analyse wichtig, die optimale Anzahl an Clustern für den Algorithmus anzugeben. Es existieren mehrere Verfahren, die es Data Scientists erleichtern, diese optimale Anzahl zu ermitteln. In unserem Beispiel werden wir die *Ellbogen-Methode* verwenden. Dabei werden mehrere Cluster-Analysen mit unterschiedlichen Werten für die Anzahl an Clustern iterativ durchgeführt (z. B. für alle ganzen Zahlen von 2 bis 15). Nach jedem Durchlauf wird die quadratische Summe aller Distanzen der Punkte (also hier Fahrzeuge) zum jeweiligen Clusterzentrum bestimmt. Ist diese Summe groß, deutet sie auf zu wenige Cluster hin, ist die Summe klein, ist dies ein Zeichen dafür, dass zu viele Cluster benutzt wurden. Um den Kompromiss zu finden, wird die Summe gegen die Anzahl der Cluster aufgetragen. Dabei wird nach der Stelle gesucht, an der die Kurve einen Knick aufweist und anfängt, abzuflachen. Dies ist der sogenannte Ellbogen-Punkt und zeigt die Anzahl an Clustern, ab dem das Hinzufügen von weiteren Clustern das Qualitätsmaß nicht deutlich weiter verbessert. Der Wert für die Anzahl an Clustern am Ellbogen-Punkt kann als ein guter Richtwert für die Cluster-Analyse angenommen werden.

Clustering-Blog

Mehr Informationen und eine grafische Darstellung der Ellbogen-Methode finden Sie im Blogpost unter dieser URL: *https://blogs.sap.com/2020/10/16/low-code-clustering-with-sap-hana/*

Für die Cluster-Analyse werden Sie die vereinheitlichte Schnittstelle `UnifiedClustering()` benutzen. Genauso wie bei der Klassifizierung und der Regression stehen mehrere Algorithmen für die Durchführung des Clustering zur Verfügung, wie DBScan, Gaussian Mixture Models, KMeans, Self-Organizing Maps etc. In unserem Beispiel werden wir KMeans als Algorithmus auswählen. Die `UnifiedClustering`-Schnittstelle wird auch bereits in der Ellbogen-Methode angewendet, wie auch später beim finalen Clustern mit der identifizierten Anzahl von Clustern (siehe Listing 6.12).

```
from hana_ml.algorithms.pal.unified_clustering import UnifiedClustering
import matplotlib.pyplot as plt
res=[]
num_cluster_ranges=range(2,15)
for cluster_count in num_cluster_ranges:
    ukmeans = UnifiedClustering(func = 'Kmeans', n_clusters=cluster_count,
init='first_k', max_iter=100,
                         tol=1.0E-6, thread_ratio=0.8, distance_level=
'Euclidean', normalization='l1_norm',
                         category_weights=0.5)
    ukmeans.fit(df_remote_train, key='CAR_ID')
```

```
    df_remote_labels = ukmeans.predict(df_remote_train, key='CAR_ID')
    # Berechnung des quadratischen Euklidischen Abstands
    df_remote_labels = df_remote_labels.select('*', ('DISTANCE*DISTANCE',
'DISTANCE2'))
    count_by_cluster = df_remote_labels.agg([
('avg','DISTANCE2','DISTANCE2')]).collect()
    res.append(count_by_cluster['DISTANCE2'].values[0])
plt.plot(num_cluster_ranges, res, marker='*');
plt.xlabel('Nr Clusters')
plt.ylabel('Summed distance')
```

Listing 6.12 Ellbogen-Methode zur Erkennung der Cluster-Anzahl

In Abbildung 6.27 sehen Sie, dass die Kurve nach dem dritten Cluster deutlich weniger steil abfällt. Dies bedeutet, das mit einer höheren Anzahl von Clustern die Nähe der Entitäten eines Clusters zueinander nur noch weniger stark zunimmt. Wir entscheiden uns deswegen, die nachfolgenden Analysen mit einer Anzahl von drei Clustern durchführen.

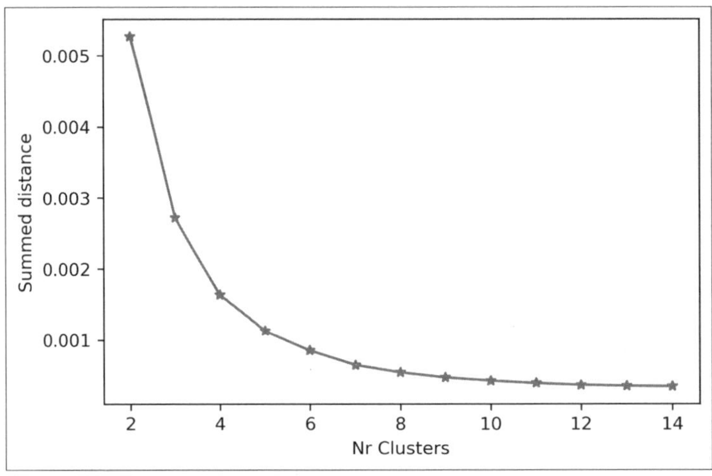

Abbildung 6.27 Elbow-Kurve für die Bestimmung der optimalen Cluster-Anzahl

Sie können nun das KMeans-Modell mit der ermittelten Anzahl an Clustern trainieren. Führen Sie dafür den folgenden Code aus:

```
cluster_count = 3
ukmeans = UnifiedClustering(func='Kmeans', n_clusters=cluster_count, init=
'first_k',max_iter=100,normalization='l1_norm',category_weights=0.5)
ukmeans.fit(df_remote_train.sort_values('CAR_ID',ascending=True), key='CAR_ID')
```

[+]

Clustering

Mehr Informationen über die Clustering-Algorithmen in der PAL sowie die Bedeutung der Parameter finden Sie im SAP Help Portal unter folgendem Link: *http://s-prs.de/v903348*

Nun können Sie das trainierte Clustermodell auf dieselben Trainingsdaten anwenden, um jedem Fahrzeug eine Cluster-ID zuzuweisen. Die Cluster-IDs können Sie mit den Eingangsdaten verbinden, um einen vollständigen Datensatz mit Fahrzeugdaten und den ermittelten Clustern zu erhalten:

```
df_remote_labels = ukmeans.predict(df_remote_train.sort_values('CAR_
ID', ascending=True), key='CAR_ID')
df_remote_train.set_index(['CAR_ID'])
df_remote_labels.set_index(['CAR_ID'])
df_remote_clustered = df_remote_train.join(df_remote_labels).drop([
'DISTANCE'])
```

Es ist interessant zu sehen, wie viele Fahrzeuge den jeweiligen Clustern zugeordnet wurden (siehe Abbildung 6.28). Um diese Verteilung zu berechnen, können Sie eine count()-Aggregation verwenden:

```
df_remote_clustered.agg([('count', 'CLUSTER_ID', 'cnt')], group_by='CLUSTER_
ID').collect()
```

CLUSTER_ID	cnt
2	26873
0	126696
1	4912

Abbildung 6.28 Anzahl der Fahrzeuge im jeweiligen Cluster

Nun haben Sie alle Fahrzeuge in dem Trainingsdatensatz einem Cluster zugeordnet. Jetzt bleibt noch zu analysieren, welche Eigenschaften diese Cluster aufweisen, wie unterscheiden sich die Cluster voneinander? Um dies zu erreichen, können Sie die Box-Plots der untersuchten Variablen (**PRICE**, **KILOMETER**, **YEAROFREGISTRATION**, **HP**) für die jeweilige Cluster-ID visualisieren (siehe Listing 6.13).

```
import matplotlib.pyplot as plt
from hana_ml.visualizers.eda import EDAVisualizer
f = plt.figure(figsize=(12,8))
variables = ['KILOMETER', 'PRICE', 'YEAROFREGISTRATION', 'HP']
subpltID = 221
```

```
for var in variables:
    ax1 = f.add_subplot(subpltID)
    eda = EDAVisualizer(ax1)
    ax, cont = eda.box_plot(data=df_remote_clustered, column=var, groupby=
'CLUSTER_ID', outliers=False, vert=True, legend=False)
    plt.title(var)
    plt.ylabel('CLUSTER_ID')
    ax.legend().set_visible(False)
    subpltID = subpltID+1
```

Listing 6.13 Erstellung der Box-Plots

In Abbildung 6.29 sind die Box-Plots der einzelnen Variablen für jeden Cluster zu sehen (siehe Abschnitt 4.2.1, »Numerische Variablen«, für eine Beschreibung einer Box-Plot-Grafik).

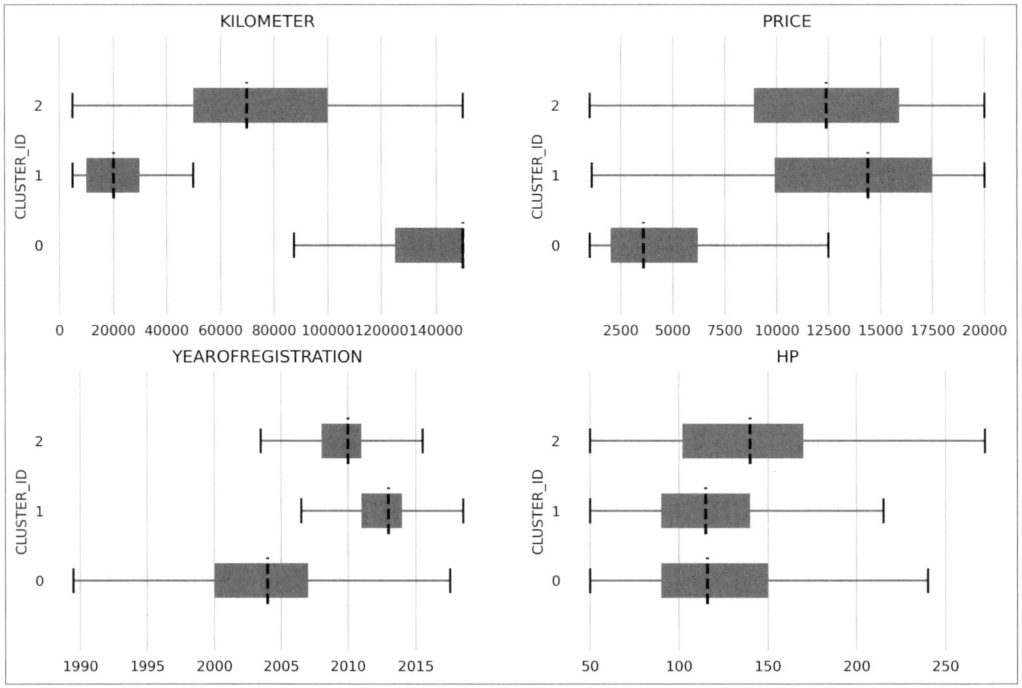

Abbildung 6.29 Cluster-Profile für die vier Variablen

Mithilfe der Grafik kann man versuchen, die Eigenschaften von jedem Cluster verbal zu beschreiben (siehe Tabelle 6.5).

CLUSTER_ID	Bedeutung
2	Fahrzeuge mit 50.000 bis 100.000 Kilometern, eher teuer, mit größerer Preisspanne, relativ neu, mit Erstzulassung um 2010, im Mittel etwas mehr HPs als die anderen Cluster
1	Fahrzeuge mit wenigen Kilometern, einem hohen Preis und Erstzulassung nach 2010
0	Fahrzeuge mit vielen Kilometern, einem niedrigen Preis und Erstzulassung generell vor 2007, Pferdestärke scheint wenig relevant zu sein

Tabelle 6.5 Erklärung der Cluster

Wie Sie in Tabelle 6.5 erkennen, sind die drei Cluster sehr unterschiedlich. Es handelt sich bei Cluster 0 um die alten, günstigen Autos mit vielen Kilometern auf dem Tacho, während Cluster 1 die neuen, teuren Autos mit wenigen Kilometern umfasst. Die Autos in Cluster 2 liegen dazwischen.

Anwenden des Clustermodells auf neue Daten

Das trainierte Modell kann jetzt auf die zurückbehaltenen Testdaten angewandt werden. Dabei können Sie untersuchen, welche Fahrzeugmodelle sich in welchem Cluster befinden, indem Sie folgenden Code ausführen:

```
df_rem_test_results = ukmeans.predict(df_remote_test, key='CAR_ID')
df_remote = conn.table('USEDCARS').set_index(['CAR_ID'])
df_rem_test_results.set_index(['CAR_ID'])
df_remote_test_res_complete = df_remote.join(df_rem_test_results).drop([
'DISTANCE'])
df_remote_test_res_complete.filter('''BRAND='dacia' and MODEL='lodgy'
''').head(20).sort_values('CLUSTER_ID').collect()
```

Wenn Sie z. B. nach der Marke Dacia und dem Modell Lodgy filtern, können Sie die zugewiesenen Cluster sehen (siehe Abbildung 6.30).

Wie in Abbildung 6.30 zu sehen ist, sind die verschiedenen Dacia-Lodgy-Fahrzeuge über alle drei Cluster verteilt. Das Fahrzeug, das zu Cluster 0 gehört, hat die meisten Kilometer (150.000) und den niedrigsten Preis. Andererseits sind die Fahrzeuge mit der Cluster-ID 1 die mit den wenigsten Kilometern (20.000) und dem teuersten Preis. Diese sind auch neuer als die restlichen Fahrzeuge. Cluster 2 gehören alle Autos dazwischen an – mit relativ vielen Kilometern und einem mittleren Preis von ca. 8.000 bis 10.000 EUR.

CAR_ID	BRAND	MODEL	VEHICLETYPE	YEAROFREGISTRATION	HP	FUELTYPE	GEARBOX	KILOMETER	PRICE	CLUSTER_ID
165416	dacia	lodgy	kombi	2012	107	diesel	manuell	150000	7300	0
305341	dacia	lodgy	bus	2015	107	diesel	manuell	20000	13900	1
344697	dacia	lodgy	bus	2015	107	diesel	manuell	20000	13900	1
272144	dacia	lodgy	bus	2014	116	benzin	manuell	20000	13199	1
86295	dacia	lodgy	bus	2012	83	benzin	manuell	60000	7999	2
309775	dacia	lodgy	bus	2012	83	benzin	manuell	70000	8300	2
239333	dacia	lodgy	bus	2013	90	diesel	manuell	40000	9900	2
321217	dacia	lodgy	bus	2013	107	diesel	manuell	40000	9999	2
257589	dacia	lodgy	bus	2014	83	benzin	manuell	40000	8950	2

Abbildung 6.30 Verteilung der Cluster für eine ausgewählte Fahrzeugmarke

Speichern und Laden des Modells

Das Speichern des Modells lässt sich mit der schon bekannten `ModelStorage`-Klasse realisieren:

```
from hana_ml.model_storage import ModelStorage
model_storage = ModelStorage(connection_context=conn)
ukmeans.name = 'PAL KMeans used cars'
model_storage.save_model(model=ukmeans)
```

Um das Modell zu laden, können Sie wie gewohnt auch die `load_model()`-Methode benutzen. So wird dieses gespeicherte Modell auch in Abschnitt 6.7.2, »Clustering-basierte Methoden«, in einer Ausreißeranalyse genutzt.

```
from hana_ml.model_storage import ModelStorage
model_storage = ModelStorage(connection_context=conn)
ukmeans_loaded = model_storage.load_model(name='PAL KMeans used cars')
```

6.6 Survival Analysis

Die *Survival Analysis* (dt. Ereigniszeitanalyse) ist eine Methode, die ursprünglich aus dem medizinischen Umfeld stammt, um die Zeit bis zu einem Ereignis (z. B. Tod eines Patienten) und den Einfluss von Aktivitäten darauf (z. B. Behandlungen und Medikamente) zu schätzen. Dabei können verschiedene Faktoren in der Prognose miteinbezogen werden, um zu erkennen, welche Umstände die Lebensdauer verlängern. Die Methode wird mittlerweile in vielen Bereichen im geschäftlichen Umfeld angewandt, z. B. um die Zuverlässigkeit von Maschinen und Anlagen zu bestimmen.

Die SAP-HANA-PAL stellt zwei Algorithmen aus dem Bereich der Survival Analysis zur Verfügung, den Kaplan-Meier-Schätzer und die Cox-Regression (engl. Cox Proportional Hazard Model):

- Der *Kaplan-Meier-Schätzer* wird benutzt, um die Überlebensfunktion aus Ereignisdaten zu bestimmen. Wenn man die Überlebensfunktion von Anlagen eines bestimmten Typs modellieren möchte, also etwa wie sich die Wahrscheinlichkeit für einen Ausfall bei den Anlagen mit der Zeit ändert, benötigt man historische Daten von Anlagen des gleichen Typs. Dabei ist es wichtig, dass folgende Zeitangaben im Datensatz enthalten sind:
  - Wann wurden die Anlagen in Betrieb genommen?
  - Wann sind die Anlagen ausgefallen?
  - Wann waren die Anlagen zuletzt in Betrieb (in der Beobachtungsperiode)?
- Mit der *Cox-Regression* kann man die Berechnung der Überlebensfunktion um zusätzliche Faktoren erweitern (z. B. Marke der Anlage etc.). Eine wichtige Voraussetzung für die Cox-Regression ist, dass die Faktoren in der beobachteten Periode zeitlich konstant bleiben.

In den folgenden Abschnitten werden wir ein Praxisbeispiel aus dem Bereich der Instandhaltung behandeln und dabei zuerst die Überlebenskurven mit Kaplan-Meier berechnen und danach die Berechnung mit der Cox-Regression um neue Prädiktorvariablen erweitern.

Beispiel: Vorbeugende Instandhaltung

Produzierende Unternehmen führen oft regelmäßige Inspektionen von Komponenten ihrer Fertigungsanlagen nach einem vordefinierten Zeitplan durch. Wenn diese Komponenten eine kritische Rolle für die Produktion spielen, oder wenn keine oder nur wenige Erfahrungswerte über ihre Lebensdauer vorhanden sind, ist die Häufigkeit der Inspektionen oft viel höher als notwendig. Dies wird gemacht, um mögliche Produktionsstillstände zu vermeiden, führt aber zu einem erheblichen Mehraufwand für die Inspektor*innen.

In unserem Beispiel inspiziert ein Unternehmen im Rahmen der vorbeugenden Instandhaltung einmal im Monat eine seiner Pumpen aus der Produktion. Wir werden eine Periode von zwölf Monaten betrachten, in der zwölf Inspektionen stattgefunden haben. Dabei haben die Inspektor*innen bei elf der Inspektionen keine Notwendigkeit für eine Instandhaltungsmaßnahme festgestellt. Nur bei der zwölften Inspektion wurde eine Maßnahme durchgeführt. Da sich mehrere Pumpen im Einsatz befinden, könnte man mehrere Pumpen monatlich inspizieren und eine ähnliche Statistik über die gesamten Aktivitäten (Inspektion/Instandhaltung) sammeln. Mit den gesammelten Beobachtungen kann man die Notwendigkeit einer Instandhaltung besser schätzen sowie die regelmäßigen Aktivitäten optimieren. Zum Beispiel könnte man für die oben genannten Pumpen die Inspektionshäufigkeit auf alle sechs bis neun Monate setzen und somit eventuell Personalkosten optimieren. Natürlich sollten bei solchen Entscheidungen auch produktionsrelevante Informationen (wie kritisch ist die Pumpe für meine Produktion, wie zeitkritisch ist das produzierte Produkt etc.?) miteinbezogen werden.

In diesem Kapitel werden wir die Survival Analysis einsetzen, um anhand von historischen Inspektionsdaten Überlebenskurven von Fertigungsanlagenkomponenten zu bestimmen, damit zukünftige Instandhaltungsaktivitäten datengetrieben optimiert werden können. Dabei werden wir die *Zeit bis Instandhaltung* modellieren. Die Idee ist, mithilfe der Überlebensfunktion zu bestimmen, wie hoch die Wahrscheinlichkeit sein wird, dass bei unseren Anlagen nach einer vordefinierten Zeit eine Instandhaltung notwendig sein wird.

Beschreibung der Datengrundlage

Die Analyse werden wir auf echten, anonymisierten Inspektionsdaten durchführen. Die Struktur der Daten kann Abbildung 6.31 entnommen werden. Die Tabelle enthält Inspektionseinträge mit dem Datum, der Anlagen- und Fabrikidentifikation, einer Messung an der Anlage (z. B. operative Stunden seit der letzten Inspektion etc.) und einer Statusspalte. Obwohl die Struktur sehr vereinfacht ist, ist sie repräsentativ für eine reale Inspektionslogdatei.

Wenn man sich die Datei anschaut, wird deutlich, dass die Inspektionsaktivitäten in unregelmäßigen Abständen durchgeführt wurden. Auch das ist ein Merkmal von realen Daten. Wie der letzten Zeile in Abbildung 6.31 zu entnehmen ist, handelte es sich am 2016-08-25 nicht lediglich um eine reine Inspektion, sondern auch um eine Instandhaltung (Status **Maintained**) für die ausgewählte Anlage (Spalte **Asset**).

Asset	Factory	Status	Date	Total_Hours_In_Operation
5876483483695663518	9922984594130986349	Operational	2015-03-12	45
5876483483695663518	9922984594130986349	Operational	2016-01-05	79
5876483483695663518	9922984594130986349	Operational	2016-02-24	115
5876483483695663518	9922984594130986349	Operational	2016-03-04	147
5876483483695663518	9922984594130986349	Operational	2016-03-20	184
5876483483695663518	9922984594130986349	Operational	2016-04-17	216
5876483483695663518	9922984594130986349	Operational	2016-05-14	246
5876483483695663518	9922984594130986349	Operational	2016-05-29	276
5876483483695663518	9922984594130986349	Operational	2016-06-01	318
5876483483695663518	9922984594130986349	Operational	2016-06-03	353
5876483483695663518	13645405694170747770	Operational	2016-06-26	374
5876483483695663518	13645405694170747770	Operational	2016-07-08	395
5876483483695663518	13645405694170747770	Operational	2016-07-24	415
5876483483695663518	151105596982087394	Maintained	2016-08-25	467

Abbildung 6.31 Datenbeispiel für eine Anlagenkomponente mit den dazugehörenden Inspektionseinträgen, die für die Survival-Analyse benutzt werden

Man kann auch den jeweiligen Standort der Anlage (drei unterschiedliche Fabriken) aus der Datei ermitteln. Die Anlagen sind mobile Elemente, die häufig von einer Fabrik zur nächsten transportiert werden. Um die Analyse zu vereinfachen, werden wir den Standort nicht weiter berücksichtigen. In einem realistischen Fall wären diese Angaben vermutlich von Bedeutung. Die letzte Spalte zeigt einen kumulativen Wert der operativen Stunden der Anlage.

Zusätzlich zu der Inspektionsdatei werden wir auch Masterdaten für die Anlage in der Analyse verwenden, damit wir Informationen über den Anlagentyp miteinbeziehen. Dies wird es uns erlauben, die Überlebenskurven nach Anlageneigenschaften zu segmentieren (z. B. eine Kurve für Anlagen von Typ 1 und eine andere für Anlagen vom Typ 2 etc.). Ein vereinfachtes Beispiel für die Masterdaten sehen wir in Abbildung 6.32. In dieser Tabelle sind Informationen über die Anlagen, wie die Größe, die Marke und der Typ, gespeichert.

Asset	Dimension	Brand	Version
16329958881658498428	Dim7	Brand4	Version27
1637752502534426876	Dim7	Brand4	Version27
13171660963448204649	Dim7	Brand4	Version27
8498504292199036218	Dim7	Brand4	Version27

Abbildung 6.32 Datenbeispiel mit Masterdaten des ausgewählten Asset

Wir werden als Nächstes die Daten nach SAP HANA laden und transformieren, um diese für die Kaplan-Meier-Analyse sowie für die Cox-Regression vorzubereiten.

Daten laden

Erstellen Sie die Verbindung zu SAP HANA wie auch schon in den vorherigen Abschnitten:

```
import hana_ml.dataframe as dataframe
conn = dataframe.ConnectionContext(userkey='MYHANA')
```

Als Nächstes laden Sie die CSV-Dateien in das SAP-HANA-System hoch. Es sind drei Dateien vorhanden, deren Inhalte Tabelle 6.6 beschreibt.

Dateiname	Tabellenname	Beschreibung
InspectionHistory.csv	DSB_EVENTS_DATA	transaktionelle Einträge aller Inspektionen der untersuchten Anlagen

Tabelle 6.6 CSV-Dateien für den Datenimport

Dateiname	Tabellenname	Beschreibung
TransformedInspectionHistory.csv	DSB_TIME_DATA	transformierte Inspektionshistorie, abgeleitet aus der obigen Tabelle, die für jede Anlage einen Eintrag mit dem ersten und letzten Beobachtungsdatum besitzt sowie ein Flag, ob im Beobachtungszeitraum ein Instandhaltungsereignis stattgefunden hat
MetaData.csv	DSB_META_DATA	Masterdaten der Anlagen mit Marke, Typ und Größe

Tabelle 6.6 CSV-Dateien für den Datenimport (Forts.)

Die Dateien werden in einen Pandas-DataFrame und danach über die `hana_ml`-Methode `create_dataframe_from_pandas()` in SAP HANA geladen und in Tabellen gespeichert, wie in Listing 6.14 gezeigt.

```
import pandas as pd
df_IH  = pd.read_csv('InspectionHistory.csv', low_memory=False)
df_TIH = pd.read_csv('TransformedInspectionHistory.csv', low_memory=False)
df_MD  = pd.read_csv('MetaData.csv', low_memory=False)
df_MD['Asset'] = df_MD.Asset.astype(str)
df_TIH['Asset'] = df_TIH.Asset.astype(str)
df_IH['Asset'] = df_IH.Asset.astype(str)
df_IH['Factory'] = df_IH.Factory.astype(str)
dataframe.create_dataframe_from_pandas(conn, df_IH, 'DSB_EVENTS_DATA', force=
True, drop_exist_tab=True, replace=False)
dataframe.create_dataframe_from_pandas(conn, df_TIH, 'DSB_TIME_DATA', force=
True, drop_exist_tab=True, replace=False)
dataframe.create_dataframe_from_pandas(conn, df_MD, 'DSB_META_DATA', force=
True, drop_exist_tab=True, replace=True)
```

Listing 6.14 Laden der Daten nach SAP HANA

Explorative Datenanalyse

Nachdem wir die Tabellen erzeugt haben, werden wir für jede von ihnen eine `hana_ml`-DataFrame-Referenz erstellen, damit wir mit der explorativen Datenanalyse beginnen können. Dies erreichen wir mit folgendem Python-Code:

```
df_remote_event = conn.table('DSB_EVENTS_DATA')
df_remote_time = conn.table('DSB_TIME_DATA')
df_remote_meta = conn.table('DSB_META_DATA')
```

Mit folgendem Code finden Sie heraus, dass sich in der transaktionellen Tabelle, mit insgesamt 75.813 Einträgen, 4.799 Anlagen in 266 unterschiedlichen Fabriken, befinden:

```
df_remote_event.shape
df_remote_event.distinct(['Asset']).shape
df_remote_event.distinct(['Factory']).shape
```


Mit der Aggregationsfunktion schauen wir uns an, wie oft bei der Inspektion der Status der Anlage operativ, instand gehalten oder ersetzt war (siehe Abbildung 6.33):

```
df_remote_event.agg([('count', 'Asset', 'assetCnt')], group_by='Status').sort_
values('assetCnt', ascending=False).collect()
```

Status	assetCnt
Operational	71646
Maintained	2472
Replace	1065

Abbildung 6.33 Anzahl der Anlagen, die bei der Inspektion operativ, instand gesetzt oder ersetzt wurden

Für die weitere Analyse ist es notwendig, mit einer sogenannten Ereignistabelle zu arbeiten. Diese Tabelle haben wir aus der Datei **TransformedInspectionHistory.csv** generiert und in SAP HANA hochgeladen. Den `hana_ml`-DataFrame haben wir `df_remote_time` genannt. Dieser beinhaltet, im Gegensatz zu der transaktionellen Tabelle, nur einen Eintrag pro Anlage sowie Informationen über die Betriebsdauer der Anlage, beschrieben mit zwei Datumsfeldern:

- Der erste Wert ist das Datum der ersten Inspektion aus der Inspektionsgeschichte. Dieses Datum werden wir auch als Datum der Inbetriebnahme für die Anlage betrachten, da in unserem Beispiel die erste Inspektion für jede neue Anlage nach ca. sieben bis zehn Tage erfolgt ist.
- Der zweite Wert entspricht einer dieser Optionen:
  - dem Datum des letzten Eintrags aus der Inspektionsdatei, wenn die Anlage im Beobachtungsraum nicht instand gehalten wurde
  - dem Datum der ersten Instandhaltung, wenn die Anlage instand gehalten wurde

Für die Analyse haben wir die Ereignistabelle aus einer im Voraus vorbereiteten CSV-Datei hochgeladen. Wenn dies nicht der Fall wäre, könnte man selbst die transaktionelle Tabelle in die Ereignistabelle transformieren. Ein Beispiel mit der Logik, wie man die Transformation mithilfe von SQLScript durchführen kann, ist in Listing 6.15 zu sehen:

```
SELECT DISTINCT c."Asset", c."START_DATE",
COALESCE (MAINT_DATE, NMAINT_DATE) AS LAST_RECORDED_DATE,
CASE WHEN "MAINT_DATE" IS NULL THEN 0 ELSE 1 END AS "MAINTENANCE_EVENT",
COALESCE (H_OPERATION, NH_OPERATION) AS H_OPERATION
FROM
   (SELECT a.*, b."MAINT_DATE", b."H_OPERATION"
    FROM
    (
       (
    SELECT DISTINCT *, min("Date") OVER (PARTITION BY "Asset" ORDER BY "Date")
start_date
    FROM MLOPS.DSB_EVENTS_DATA
    ) a
    LEFT JOIN
    (
    SELECT DISTINCT "Asset" AS "bAsset", min("Total_Hours_In_Operation") OVER
(PARTITION BY "Asset" ORDER BY "Date") H_OPERATION,
    min("Date") OVER (PARTITION BY "Asset" ORDER BY "Date") maint_date
    FROM
       (
       SELECT * FROM
       MLOPS.DSB_EVENTS_DATA
       WHERE "Status" = 'Maintained'
       )
    ) b
    ON a."Asset" = b."bAsset"
    )
) c
JOIN
   (
   SELECT  "Asset" AS "dAsset", max("Date") nMaint_Date, max("Total_Hours_In_
Operation") NH_OPERATION
   FROM
   MLOPS.DSB_EVENTS_DATA
   GROUP BY "Asset"
   ) d
ON
c."Asset" = d."dAsset"
```

Listing 6.15 Transformation der Daten durch SQLScript

Die resultierende Ereignistabelle ist in Abbildung 6.34 dargestellt.

Asset	START_DATE	LAST_RECORDED_DATE	MAINTENANCE_EVENT	H_OPERATION
17392338302312434547	2019-02-09	2020-09-07	0	57
8614679427098632068	2015-11-10	2017-06-11	1	93
9575358861622424602	2019-01-06	2020-04-20	1	94
5665632431763720445	2016-12-19	2019-05-01	0	90
8950093728720485244	2015-10-28	2016-08-03	0	62

Abbildung 6.34 Auszug aus der Ereignistabelle für die Analyse

In der Ereignistabelle befinden sich 2.415 Anlagen, die in der Beobachtungsperiode instand gehalten wurden, und 2.384 Anlagen, für die kein Instandhaltungsereignis registriert wurde. Diese Informationen erhalten Sie mit der `count()`-Aggregation auf der **MAINTENANCE_EVENT**-Spalte und dem folgenden Python-Code:

```
df_remote_time.agg([('count', 'Asset', 'cntAsset')], group_by='MAINTENANCE_
EVENT').collect()
```

In Vorbereitung auf die Kaplan-Meier-Analyse benötigen wir noch eine Zeitkomponente. In unserem Fall werden wir diese Zeitperiode definieren als die Zeit zwischen **START_DATE** und **LAST_RECORDED_DATE**. Diese Periode gibt an, wie viele Tage die Anlage in Betrieb war oder wie viele Tage es gedauert hat, bis eine Instandhaltungsaktivität an der Anlage durchgeführt wurde. Die Berechnung der Periode werden wir mit der SAP-HANA-SQLScript-Funktion `DAYS_BETWEEN` in der Aggregation erstellen:

```
df_remote_aggregated = df_remote_time.select('*',
      ('DAYS_BETWEEN(START_DATE,LAST_RECORDED_DATE)', 'DAYS'))
df_remote_aggregated.head(5).filter('DAYS<>0').collect()
```

Der neue `hana_ml`-DataFrame beinhaltet nun eine Spalte (**DAYS**, siehe Abbildung 6.35), die die Dauer in Tagen angibt, die eine Anlage entweder durchgehend in Betrieb war (wenn der Wert in der Spalte **MAINTEANANCE_EVENT** 0 ist) oder die bis zu ihrer Instandhaltung vergangen sind (wenn der Wert in der Spalte **MAINTENANCE_EVENT** 1 ist).

Asset	START_DATE	LAST_RECORDED_DATE	MAINTENANCE_EVENT	H_OPERATION	DAYS
17392338302312434547	2019-02-09	2020-09-07	0	57	576
8614679427098632068	2015-11-10	2017-06-11	1	93	579
9575358861622424602	2019-01-06	2020-04-20	1	94	470
5665632431763720445	2016-12-19	2019-05-01	0	90	863
8950093728720485244	2015-10-28	2016-08-03	0	62	280

Abbildung 6.35 Erweiterter Datensatz mit der Anzahl Tage im Betrieb beziehungsweise Anzahl Tage bis zur Instandhaltung für die Anlagen

Um ein besseres Gefühl für die Überlebensdauer der Anlagen im Betrieb zu bekommen (das heißt die Dauer bis zur ersten Instandhaltung), können wir uns die Verteilung der Werte in der **DAYS**-Spalte in Form eines Histogramms anzeigen lassen. Dafür benutzen Sie die `EDAVisualizer`-Klasse aus dem `hana_ml`-Paket (siehe Listing 6.16).

```
from hana_ml.visualizers.eda import EDAVisualizer
import matplotlib.pyplot as plt
f = plt.figure(figsize=(10,5))
ax1 = f.add_subplot(111)
eda = EDAVisualizer(ax1)
ax1, dist_data = eda.distribution_plot(data=df_remote_
aggregated.filter('MAINTENANCE_EVENT=0'), column="DAYS", bins=50)
ax1, dist_data = eda.distribution_plot(data=df_remote_
aggregated.filter('MAINTENANCE_EVENT=1'), column="DAYS", bins=50)
plt.xlabel('DAYS')
plt.ylabel('Nr Assets')
plt.legend(['Maintenance = 0', 'Maintenance = 1'])
plt.xlim([0,1500])
plt.box(True)
```

Listing 6.16 Erstellung Histogramm für die »DAYS«-Spalte

Wir sehen, dass beide Verteilungen ähnlich sind, mit einem nach rechts verschobenem Peak für die Anlagen, die noch keine Wartung hatten. In beiden Fällen ist es auffallend, dass eine prominente Spitze am Anfang der Verteilungen auftaucht. Dabei handelt es sich um Anlagen, die nach einer sehr kurzen Zeit instand gehalten wurden (erste Spitze in orange in Abbildung 6.36) und um Anlagen, die während der Beobachtungsperiode nur wenige Tage im Betrieb waren (erste Spitze in blau in Abbildung 6.36).

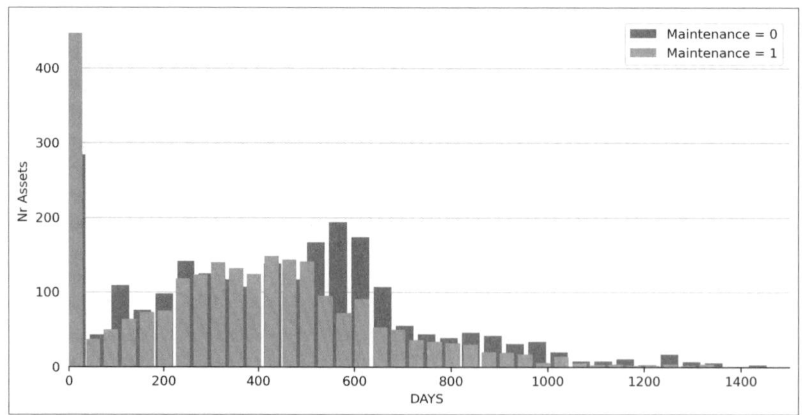

Abbildung 6.36 Die Verteilung der Anzahl Tage im Betrieb beziehungsweise Anzahl Tage bis zur Instandhaltung für die Anlagen im Datensatz

Die Anzahl der Einträge mit DAYS = 0 ist 425 für die instand gehaltenen Anlagen und 217 für die ohne Wartung (siehe Abbildung 6.37).

```
df_remote_aggregated.filter('DAYS=0').agg([
('count', 'Asset', 'assetCnt')], group_by='MAINTENANCE_EVENT').collect()
```

MAINTENANCE_EVENT	assetCnt
0	217
1	425

Abbildung 6.37 Überblick über die Anlagen mit DAYS = 0 im Datensatz

Diese Einträge mit einem Wert DAYS = 0 werden wir für die Survival-Analyse herausfiltern, da es sich dabei um Anlagen handelt, für die die Daten sehr lückenhaft sind und die Beobachtungsperiode nicht passend ausgewählt wurde.

Als letzter Schritt vor der Survival Analysis müssen wir alle Daten zusammenführen. Um dies zu erreichen, benutzen wir die `join()`-Methode der `hana_ml`-DataFrame-Klasse. Dabei dient die Spalte **Asset** als Schlüssel für den Join.

```
df_rem_dataset = df_remote_aggregated.set_index('Asset').join(df_remote_
meta.set_index('Asset'))
df_remote_filtered = df_rem_dataset.select(
    'Asset', 'Dimension', 'Brand', 'Version', ('days_between(START_DATE,LAST_
RECORDED_DATE)', 'DAYS'),
    'MAINTENANCE_EVENT', 'H_OPERATION').filter('DAYS<>0')
df_remote_filtered.head(5).collect()
```

Das Ergebnis dieser Transformation ist eine Tabelle, die nun auch die Metadaten über die Anlagen (wie Typ oder Größe) beinhaltet, wie in Abbildung 6.38 gezeigt. Diese transformierte Tabelle ist noch nicht auf der SAP-HANA-Datenbank gespeichert. Dies können Sie mit folgendem Befehl nachholen:

```
df_remote_filtered.save('DSB_PREP_DATA', force=True)
```

Asset	Dimension	Brand	Version	DAYS	MAINTENANCE_EVENT	H_OPERATION
12948070457643561248	Dim5	Brand8	Version44	101	0	74
14600581118935236526	Dim5	Brand8	Version44	101	0	71
18356859670537813101	Dim5	Brand8	Version44	100	0	74
11056413000317773030	Dim5	Brand8	Version44	100	0	74
713806057138172893	Dim5	Brand4	Version28	100	0	60

Abbildung 6.38 Eingangstabelle für die Survival Analysis

[»]

Rechtszensierte Daten

Die Spalte **MAINTENANCE_EVENT** wird in der Literatur oft auch Flag für rechtszensierte Daten genannt. Die Daten beinhalten Objekte, die zum Zeitpunkt der Analyse noch aktiv sind. Insofern ist für diese Objekte nicht bekannt, wann das Ereignis eintreten wird (z. B. wann die Anlage instand gehalten wird oder wann der Patient verstirbt).

Kaplan-Meier-Survival-Analysis

Wie wir gesehen haben, waren die Zeiten bis zur Instandhaltung für die einzelnen Anlagen sehr unterschiedlich. Mit dem Kaplan-Meier-Schätzer werden wir die Informationen aus allen beobachteten Anlagen und ihren Instandhaltungszeitpunkten nutzen, um Überlebenskurven zu berechnen, die die Wahrscheinlichkeit angeben, dass innerhalb eines Zeitintervalls eine Instandhaltungsaktivität notwendig sein wird.

[»]

Informationen zur Kaplan-Meier-Methode

Weitere Informationen über die Kaplan-Meier-Methode und die dazugehörigen Parameter sind im SAP Help Portal unter folgendem Link zu finden: *http://s-prs.de/v903349*.

Die entsprechende `hana_ml`-Dokumentation ist unter folgendem Link zu finden: *http://s-prs.de/v903350*.

Die Input-Daten für den Algorithmus haben wir vorbereitet – wie im vorherigen Kapitel beschrieben – und müssen nur noch die Spalten umbenennen, wie in Tabelle 6.7 gezeigt, damit sie vom Kaplan-Meier erkannt werden.

Spaltenname	Bedeutung
TIME	Gibt die Zeit seit der ersten Inspektion (= Inbetriebnahme) der Anlage bis zur Instandhaltung oder bis zum Ende des Beobachtungsintervalls an. Entspricht der Spalte **DAYS** in der Eingangstabelle.
STATUS	Gibt an, ob in dem Beobachtungsintervall eine Instandhaltung stattgefunden hat. Entspricht die Spalte **MAINTENANCE_EVENT** in der Eingangstabelle.

Tabelle 6.7 Struktur der Eingangstabelle für die Kaplan-Meier-Survival-Analysis

Spaltenname	Bedeutung
OCCURRENCES	Gibt die Anzahl der Anlagen an, auf die die Informationen der Zeile zutreffen, d. h. wenn der Wert der Spalte STATUS 1 ist, gibt OCCURRENCES an, wie viele der Anlagen der der benannten Anlagen zu diesem Zeitpunkt (**TIME**) eine Instandhaltung hatten. Da in unserem Datensatz jede Zeile exakt einer Anlage entspricht ist der Wert immer gleich 1.
GROUP	Ist eine Gruppenbezeichnung, um die Segmentierung zu ermöglichen. Wir werden hier die **Dimension**-Spalte aus der Eingangstabelle benutzen.

Tabelle 6.7 Struktur der Eingangstabelle für die Kaplan-Meier-Survival-Analysis (Forts.)

Erstellen Sie einen hana_ml-DataFrame, der die Daten wie in Tabelle 6.7 gezeigt aufbereitet:

```
df_remote_data = conn.table('DSB_PREP_DATA')
df_KM_input = df_remote_data.select(('DAYS', 'TIME'), ('MAINTENANCE_
EVENT','STATUS'), (1, 'OCCURRENCES'), ('"Dimension"','GROUP'))
```

Führen Sie die Kaplan-Meier-Berechnung mit dem folgenden Code durch:

```
from hana_ml.algorithms.pal.stats import kaplan_meier_survival_analysis
df_remote_survival_estimates, df_remote_res, df_remote_stats = kaplan_meier_
survival_analysis(df_KM_input)
```

Der Aufruf in der letzten Zeile liefert die gerechnete Überlebensfunktion, einen Log-Rank-Test sowie Statistiken über die Performanz der Kaplan-Meier-Berechnung – wie z. B. einen Chi-Quadrat-Test oder den p-Wert. Für unseren Fall sind die Ergebnisse des Chi-Quadrat-Tests sowie der p-Wert in Abbildung 6.39 zu sehen.

STAT_NAME	STAT_VALUE
chiSqr	39.426878
df	11.000000
p-value	0.000045

Abbildung 6.39 Statistische Auswertung der Kaplan-Meier-Berechnung

Einfach beschrieben, gibt der Chi-Quadrat-Wert an, wie unterschiedlich die Überlebenszeiten (Zeit bis zur Instandhaltung) der untersuchten Gruppen waren (ohne Instandhaltung im Vergleich zu mit Instandhaltung). Der p-Wert erlaubt uns, die statistische Signifikanz der Unterschiede zu beurteilen. Es ist üblich, Unterschiede mit einem p-Wert < 0.05 als statistisch signifikant zu betrachten, wie es auch hier der Fall ist. Die Ergebnistabelle mit der Überlebensfunktion sieht aus wie in Abbildung 6.40 dargestellt.

GROUP	TIME	RISK_NUMBER	EVENT_NUMBER	PROBABILITY	SE	CI_LOWER	CI_UPPER
Dim1	9.0	1178	1	0.999151	0.000849	0.993989	0.999880
Dim1	13.0	1177	1	0.998302	0.001200	0.993229	0.999575
Dim1	14.0	1176	2	0.996604	0.001695	0.990978	0.998724
Dim1	21.0	1173	2	0.994905	0.002075	0.988695	0.997708
Dim1	26.0	1171	1	0.994056	0.002240	0.987572	0.997162
...	...	...	...	...	...	...	...
Dim8	515.0	18	2	0.553676	0.084713	0.374644	0.700490
Dim8	535.0	16	1	0.519071	0.086197	0.340560	0.670883
Dim8	591.0	12	2	0.432559	0.090984	0.253958	0.599049
Dim8	1144.0	8	1	0.378489	0.094319	0.200650	0.555610
Dim9	80.0	80	1	0.987500	0.012422	0.914572	0.998230

Abbildung 6.40 Ergebnistabelle der Kaplan-Meier-Berechnung

Dabei wird die Zeit bis zur Notwendigkeit für Instandhaltung (Spalte **TIME**) berechnet für jede Gruppe (Spalte **GROUP**) und die dazugehörige Überlebenswahrscheinlichkeit (Wahrscheinlichkeit, dass keine Instandhaltung notwendig sein wird). Dabei bezieht sich die Wahrscheinlichkeit auf die gesamten Beobachtungsdaten. Es werden auch die Grenzen für das Konfidenzintervall (Konfidenzniveau 95 %) der Wahrscheinlichkeit mit ausgegeben. Damit lassen sich z. B. mit dem Paket *Matplotlib* die Überlebenskurven darstellen (siehe Abbildung 6.41). Führen Sie dafür den Code in Listing 6.17 aus.

```
import matplotlib.pyplot as plt
# Daten aus SAP HANA herunterladen
se = df_remote_survival_estimates.collect()
# Daten in Gruppen aufsplitten
se_g0 = se[se['GROUP'] == 'Dim7']
se_g1 = se[se['GROUP'] == 'Dim1']
# Plotten der Überlebenskurven
fig, ax = plt.subplots(figsize=(15,5))
ax.plot(se_g0['TIME'], se_g0['PROBABILITY'])
ax.fill_between(se_g0['TIME'], se_g0['CI_LOWER'], se_g0['CI_UPPER'], color=
'b', alpha=.1)
ax.plot(se_g1['TIME'], se_g1['PROBABILITY'])
ax.fill_between(se_g1['TIME'], se_g1['CI_LOWER'], se_g1['CI_UPPER'], color=
'r', alpha=.1)
ax.grid(True)
```

```
plt.xlabel('timeline')
plt.ylabel('probability')
plt.legend(['Dim7', 'Dim1'])
```

Listing 6.17 Anzeige der Überlebenskurven

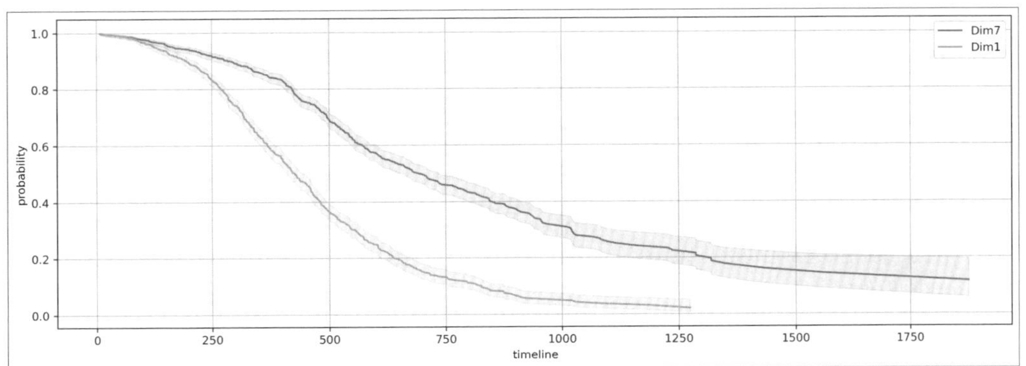

Abbildung 6.41 Überlebenskurven für zwei Gruppen, berechnet mit der Kaplan-Meier-Analyse

Wir haben zwei Anlagengrößen ausgewählt (**Dim1** und **Dim7**), für die die Überlebenskurven einen unterschiedlichen Verlauf ausweisen, wie Abbildung 6.41 zu entnehmen ist. Die Wahrscheinlichkeit, dass die Anlage bei guter Gesundheit ist und keine Instandhaltung notwendig ist, ist für die orangene Linie (Dim1) nach ca. 250 Tagen auf 80 % gefallen und erst nach ca. 400 Tagen für die blaue Linie (Dim7). Diese Beobachtung kann man interpretieren wie folgt: Bei den Anlagen der Größe Dim1 besteht eine 20-prozentige Wahrscheinlichkeit, dass ein ungeplantes Instandhaltungsereignis innerhalb der ersten 250 Tage auftritt. Bei den Anlagen der Größe Dim7 ist diese 20-prozentige Wahrscheinlichkeit erst nach 400 Tagen erreicht. Die 60-prozentige Wahrscheinlichkeit für eine Instandhaltungsnotwendigkeit wird für die Dim7-Anlagen nach 800 Tagen erreicht, während dieser Zustand für die Dim1-Anlagen schon nach 500 Tagen auftritt.

Die berechneten Überlebenskurven können nun als zusätzliches Werkzeug benutzt werden, um die Instandhaltungsstrategie zu optimieren. Da die Kurven nur die Wahrscheinlichkeit angeben, müssen weitere Faktoren, wie Risiko und Nutzen der Anlage miteinbezogen werden. Dies bedeutet, dass man bei Anlagen, die kritisch für die Produktion sind (z. B. von der Größe Dim1 in Abbildung 6.41), tatsächlich eine Inspektion nach spätestens 200 Tagen durchführen will, um die Wahrscheinlichkeit für ungeplante Instandhaltung gering zu halten (im Beispiel unter 10 %). Um herauszufinden, welche Anlagen das tatsächlich sind, und um diese zu warten, könnte man z. B. auf die Inspektionsdaten einen Filter anwenden auf Anlagen vom Typ Dim1, die seit mehr als 200 Tagen im Betrieb sind und noch keine Wartung hatten (siehe Abbildung 6.42), wie folgt:

```
df_remote_data.filter(''' "Dimension"='Dim1' and DAYS>200  and MAINTENANCE_
EVENT=0''').sort_values('DAYS').head(5).collect()
```

Asset	Dimension	Brand	Version	DAYS	MAINTENANCE_EVENT	H_OPERATION
14326623880117105504	Dim1	Brand4	Version23	201	0	54
17897918183084992301	Dim1	Brand4	Version23	201	0	52
13638091632552335889	Dim1	Brand8	Version37	203	0	47
5774719063406573776	Dim1	Brand8	Version37	206	0	34
14882389153016424037	Dim1	Brand8	Version37	222	0	39

Abbildung 6.42 Anlagen in der Inspektionsdatei, die gemäß der Kaplan-Meier-Auswertung eine 10-prozentige Wahrscheinlichkeit für eine Wartung haben

Oft stellt sich in der Analyse die Frage, wie andere Faktoren die Überlebensfunktion beeinflussen. Unklar bleibt auch, wie Kombinationen von Faktoren diese Funktion beeinflussen. Die Antworten dazu kann man mit einer multivariaten Analyse herausfinden. Die Cox-Regression ist als Methode dafür geeignet, und wir werden diese im nächsten Abschnitt anwenden, um den Einfluss der Metadaten auf die Wahrscheinlichkeit, dass es zu einer ungeplanten Instandhaltungsaktivität kommt, zu messen.

Cox Proportional Hazard Model

Mit der *Cox-Regression* werden wir die Zeit bis zum Auftreten eines Instandhaltungsereignisses vorhersagen. Dabei werden im Unterschied zur Kaplan-Meier-Analyse auch die Werte einiger Prädiktorvariablen berücksichtigt. Dafür werden wir die gleiche Eingangstabelle benutzen (siehe Tabelle 6.7) wie bei Kaplan-Meier.

[»]

Informationen zur Cox-Regression-Methode

Informationen über die Cox-Regression-Methode und die dazugehörigen Parameter sind im SAP Help Portal unter folgendem Link zu finden: *http://s-prs.de/v903351*.

Die entsprechende `hana_ml`-Dokumentation ist im SAP Help Portal unter folgendem Link zu finden: *http://s-prs.de/v903352*.

Eine Besonderheit der Cox-Regression in der SAP-HANA-PAL ist, dass die kategorischen String-Prädiktoren numerisch codiert werden müssen, da nur numerische Datentypen akzeptiert werden. Um die Analyse zu vereinfachen, werden wir die Größe, Marke und Version der Anlagen auf die häufigsten Werte filtern, und somit die gewählte Codierung vereinfachen. Eine Übersicht der beibehaltenen Werte (insgesamt sieben) ist in Tabelle 6.8 dargestellt.

Kategorischer Prädiktor	Beibehaltene Werte
Brand	**Brand4, Brand8**
Dimension	**Dim1, Dim7**
Version	**Version23, Version33, Version37**

Tabelle 6.8 Häufigste Werte der Spalten »Brand«, »Dimension«, »Version«

Erstellen Sie einen hana-ml-DataFrame mit der erwähnten Filterung:

```
df_remote_data = conn.table('DSB_PREP_DATA')
df_remote_data = df_remote_data.filter(''' "Brand" in ('Brand4','Brand8')
''').filter('''"Dimension" in ('Dim7','Dim1') ''').filter('''"Version" in
('Version23','Version33', 'Version37') ''').filter(''' "DAYS"<1200 ''')
```

Für die Codierung werden wir die *One-Hot-Codierung* benutzen. Bei der One-Hot-Codierung wird für jeden möglichen Wert einer kategorischen Variablen eine neue Spalte hinzugefügt. Diese Spalte benutzt ein binäres Flag für jede Zeile der Daten, in der die entsprechende Kategorie vorkommt. Das bedeutet, dass nach der One-Hot-Codierung aus der Spalte **Brand** (mit möglichen Werten Brand4 und Brand8) zwei neue Spalten entstehen – **Brand4** und **Brand8** mit Werten 0 oder 1. Die folgende Hilfefunktion implementiert One-Hot-Codierung, dabei erwartet die Funktion einen Spaltennamen (var) sowie den hana_ml-DataFrame (dff):

```
def one_hot_encode_select(var, dff):
    vals = list(dff.distinct(var).collect()[var].values)
    vals = [i for i in vals if i is not None]
    mstr = ''
    cntr = 1
    for i in vals:
        mstr= mstr + 'case when "' + var + '"=\'' + i + '\
' then 1 else 0 end as ' + i +', '
    return mstr[:-2]
```

Die Funktion generiert einen SELECT-String mit der entsprechenden Codierung des kategorischen Prädiktors. Wenden Sie z. B. die Funktion auf die **Brand**-Spalte an:

```
print(one_hot_encode_select('Brand', df_remote_data))
```

Sie erhalten folgendes Ergebnis:

```
case when "Brand"='Brand8' then 1 else 0 end as Brand8, case when "Brand"=
'Brand4' then 1 else 0 end as Brand4
```

Damit kann das Ergebnis der Funktion direkt in einem SELECT-Befehl für die One-Hot-Codierung benutzt werden. Als nächsten Schritt der Datenvorbereitung filtern wir die Daten zusätzlich auf die häufigsten Werte, wie in Tabelle 6.8 gezeigt, für die das One-Hot-Encoding erstellt wurde:

```
df_remote_encoded = conn.sql('select *, ' +
 one_hot_encode_select( 'Brand', df_remote_data) +', ' +
 one_hot_encode_select( 'Version', df_remote_data) + ', '+
 one_hot_encode_select( 'Dimension', df_remote_data) +
 ''' from MLOPS.DSB_PREP_DATA ''')\
 .filter(''' "Brand" in ('Brand4','Brand8') ''') \
 .filter('''"Dimension" in ('Dim7','Dim1') ''')\
 .filter('''"Version" in ('Version23','Version33','Version37') ''')\
 .filter(''' "DAYS"<1200 and "DAYS">100 ''')
```

One-Hot-Encoding

hana_ml bietet in der Preprocessing-Klasse auch eine Methode, um Spalten in One-Hot-Encoding zu codieren. Mehr Informationen dazu finden Sie unter dem folgenden Link und in Kapitel 9, »Tipps und Tricks«: *http://s-prs.de/v903353*.

Nach der One-Hot-Codierung beinhaltet das Ergebnis des Aufrufs (siehe Abbildung 6.43) nun numerische Werte für jede Kategorie als sieben neue Spalten (für die beibehaltenen möglichen Werte der kategorischen Variablen):

```
df_remote_encoded = df_remote_encoded.drop(['Dimension', 'Brand', 'Version'])
df_remote_encoded=df_remote_encoded.dropna()
df_remote_encoded.head(5).collect()
```

Asset	DAYS	MAINTENANCE_EVENT	H_OPERATION	BRAND8	BRAND4	VERSION37	VERSION23	VERSION33	DIM7	DIM1
6779884262268936880	130	0	53	0	1	0	1	0	0	1
16234827692165127881	130	0	52	0	1	0	1	0	0	1
5724078845344228091	130	0	56	0	1	0	1	0	0	1
3256246890238883564	130	0	54	0	1	0	1	0	0	1
14098081342863781258	130	0	55	0	1	0	1	0	0	1

Abbildung 6.43 Konvertierte kategorische Variablen nach der One-Hot-Codierung-Methode für die Benutzung mit der Cox-Regression

Zusätzlich haben wir die Spalte **DAYS** zwischen 100 und 1.200 Tagen eingegrenzt, um die Analyse auf die relevanten Informationen zu fokussieren (z. B. wie auf Abbildung 6.41 zu sehen, waren die Beobachtungen für Dim1 nur bis ca. 1.200 Tage vorhanden). Nachdem wir die Eingangsdaten vorbereitet haben, erstellen wir ein Objekt für die Cox-Regression wie folgt:

```
from hana_ml.algorithms.pal.regression import CoxProportionalHazardModel
cox2 = CoxProportionalHazardModel(thread_ratio=0.8)
```

Dabei ist es ratsam, explizit zu spezifizieren, dass das Modellieren weniger als 100 % der verfügbaren Threads benutzt (hier 80 %), um nicht alle Ressourcen unseres Systems zu blockieren. Mit der fit()-Methode können Sie das Training starten. Dabei spezifizieren wir explizit, welche Spalten als erklärende Variablen benutzt werden sollen (Parameter features im Code) und welche Spalte unser Schlüssel ist (Parameter key im Code).


```
feat = ['MAINTENANCE_EVENT', 'H_OPERATION', 'BRAND8', 'BRAND4', 'VERSION37',
'VERSION23', 'VERSION33', 'DIM7', 'DIM1']
cox2.fit(data=df_remote_encoded, key='Asset', features=feat, label='DAYS',
status_col=True)
```

Nachdem das Trainieren des Modells beendet ist, kann man sich mit folgendem Python-Code die Koeffizienten für die Prädiktoren anschauen:

```
cox2.coefficients_.collect()
```

Das Ergebnis dieses Aufrufs ist in Abbildung 6.44 zu sehen. Wir erhalten für jeden der untersuchen Prädiktoren seinen Mittelwert, Standardfehler, z-Score, die Wahrscheinlichkeit sowie die Grenzen des Konfidenzintervalls. Die Bedeutung der einzelnen Werte finden Sie in der Hilfe zur Cox-Regression (siehe Hinweis-Kasten zur Cox-Regression-Methode am Anfang dieses Abschnitts).

VARIABLE_NAME	MEAN	COEFFICIENT	SE	SCORE	PROBABILITY	CI_LOWER	CI_UPPER
H_OPERATION	929.356699	-0.001551	0.000075	-20.615182	2.005653e-94	-0.001699	-0.001404
BRAND8	0.822499	1.272188	0.031928	39.845233	0.000000e+00	1.209609	1.334766
BRAND4	0.177501	-0.059085	0.031928	-1.850556	6.423342e-02	-0.121663	0.003493
VERSION37	0.317128	-0.609129	0.104148	-5.848700	4.954306e-09	-0.813255	-0.405003
VERSION23	0.177501	0.000000	0.031928	0.000000	1.000000e+00	-0.062578	0.062578
VERSION33	0.505370	-1.529704	0.124785	-12.258736	1.508349e-34	-1.774278	-1.285131
DIM7	0.539853	0.000261	0.105369	0.002478	9.980232e-01	-0.206259	0.206781
DIM1	0.460147	-0.481615	0.105369	-4.570738	4.860106e-06	-0.688134	-0.275095

Abbildung 6.44 Prädiktorkoeffizienten der Cox-Regression

Die Praxis hat gezeigt, dass es sich lohnt, die Tabelle in Abbildung 6.44 zu transformieren und zusätzlich noch die Hazard-Raten zu berechnen. Die *Hazard-Raten* (Spalte **HAZARD_RATIO** in Abbildung 6.45) beinhalten Informationen, wie die einzelnen Prädiktoren zum Allgemeinrisiko, dass das untersuchte Ereignis (ungeplante Wartung) auftritt, beitragen. Dabei tragen Prädiktoren mit Hazard-Raten größer als 1 zur Risikosteigerung und Prädiktoren mit Hazard-Raten kleiner als 1 zur Risikominderung bei. Hazard-Raten gleich 1 zeigen, dass der Prädiktor keinen Effekt auf das Risiko hat. Dazu sollte noch der p-Wert in Betracht bezogen werden, da dabei die statistische Signifikanz des gemessenen Effekts erfasst wird. Wir werden Hazard-Raten mit p-Werten < 0.01 als signifikant betrachten.

Um die Berechnung der Hazard-Raten durchzuführen, benutzen Sie den Python-Code in Listing 6.18. Die resultierende Tabelle finden Sie in Abbildung 6.45:

```
mycoeff = cox2.coefficients_.select(
('VARIABLE_NAME', 'var'),
('COEFFICIENT', 'coef'),
('EXP(COEFFICIENT)', 'HAZARD_RATIO'),
('SE', 'se(coef)'),
('CI_LOWER', 'coef lower 95%'),
('CI_UPPER', 'coef upper 95%'),
('EXP(CI_LOWER)', 'exp(coef) lower 95%'),
('EXP(CI_UPPER)', 'exp(coef) upper 95%'),
('SCORE', 'z'),
('ROUND(PROBABILITY,5)', 'p'),
('case when PROBABILITY = 0 then 0 else -LOG(2, PROBABILITY) end',
'-log2(p)'),
('MEAN', 'mean')
).sort_values('p', ascending=True).collect()
```

Listing 6.18 Berechnung der Hazard-Raten

var	coef	HAZARD_RATIO	se(coef)	coef lower 95%	coef upper 95%	exp(coef) lower 95%	exp(coef) upper 95%	z	p	-log2(p)	mean
VERSION33	-1.529704	0.216600	0.124785	-1.774278	-1.285131	0.169606	0.276614	-12.258736	0.00000	112.352585	0.505370
VERSION37	-0.609129	0.543824	0.104148	-0.813255	-0.405003	0.443412	0.666975	-5.848700	0.00000	27.588670	0.317128
DIM1	-0.481615	0.617785	0.105369	-0.688134	-0.275095	0.502513	0.759500	-4.570738	0.00000	17.650581	0.460147
BRAND4	-0.059085	0.942627	0.031928	-0.121663	0.003493	0.885447	1.003499	-1.850556	0.06423	3.960532	0.177501
H_OPERATION	-0.001551	0.998450	0.000075	-0.001699	-0.001404	0.998303	0.998597	-20.615182	0.00000	311.257169	929.356699
VERSION23	0.000000	1.000000	0.031928	-0.062578	0.062578	0.939340	1.064578	0.000000	1.00000	0.000000	0.177501
DIM7	0.000261	1.000261	0.105369	-0.206259	0.206781	0.813623	1.229713	0.002478	0.99802	0.002855	0.539853
BRAND8	1.272188	3.568651	0.031928	1.209609	1.334766	3.352175	3.799106	39.845233	0.00000	0.000000	0.822499

Abbildung 6.45 Konvertierte Ergebnisse der Cox-Regression mit den Hazard-Raten

Es ist außerdem oft hilfreich, die Koeffizienten in einer Grafik wie in Abbildung 6.46 darzustellen, um besser beurteilen zu können welchen Einfluss diese auf das Risiko haben. Dabei tragen alle Koeffizienten rechts der roten senkrechten Linie zur Risikosteigerung und alle Koeffizienten links der roten Linie zur Risikominimierung bei. Koeffizienten, die die rote Linie überschneiden, sind nicht statistisch signifikant. Es wurden keine Beweise gefunden, dass der Koeffizient einen Einfluss auf die Lebensdauer hat. Die Darstellung in Abbildung 6.46 können Sie mit Matplotlib und dem Python-Code in Listing 6.19 erstellen.

```
import seaborn as sns
sns.set(rc={'figure.figsize':(22,10)})
import matplotlib
import matplotlib.pyplot as plt

mycoeff['viz err'] = mycoeff['coef']- mycoeff['coef lower 95%']

matplotlib.rc('xtick', labelsize=20)
matplotlib.rc('ytick', labelsize=20)
matplotlib.rc('axes', labelsize=20)
plt.errorbar(mycoeff['coef'], mycoeff['var'], xerr=mycoeff['viz err'], fmt=
'o', capsize=5, capthick=3, elinewidth=3, markersize=10)
plt.axvline(x = 0, ymin=0, ymax=len(mycoeff),color='r', linewidth=2)
plt.xlabel('log(HazardRatio) (95% CI)')
```

Listing 6.19 Erstellung der Cox-Regression-Koeffizienten-Grafik

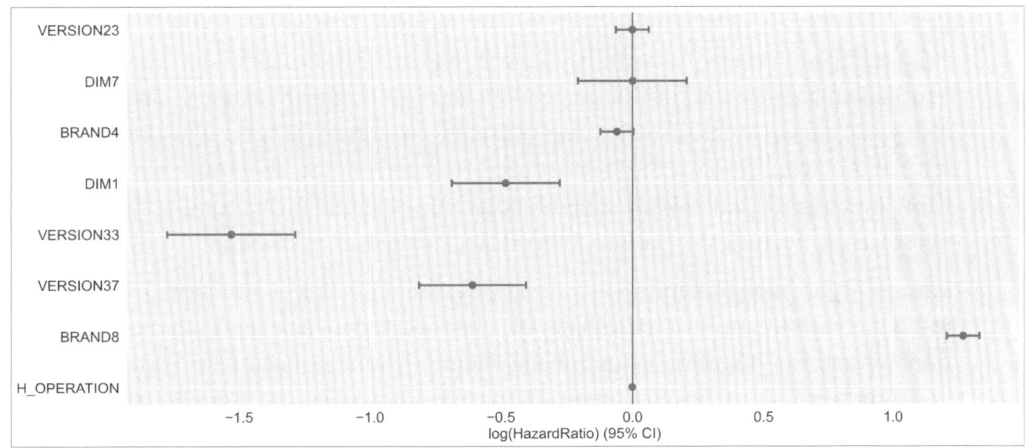

Abbildung 6.46 Koeffizienten der Cox-Regression mit dem dazugehörigen Einfluss auf die Zielvariable

In unserem Beispiel sehen wir (siehe Abbildung 6.45), dass fünf Prädiktoren existieren, die einen p-Wert < 0.01 besitzen, das heißt, ihr Einfluss auf das Risiko ist signifikant. Diese sind in Tabelle 6.9 dargestellt.

Prädiktor Variable	Hazard-Rate	Einfluss auf Risiko
Version33	0,216	↓ Reduktion

Tabelle 6.9 Einfluss der einzelnen Faktoren auf das Risiko für eine ungeplante Instandhaltung, berechnet mit der Cox-Regression

Prädiktor Variable	Hazard-Rate	Einfluss auf Risiko
Dim1	0,616	↓ Reduktion
Version37	0,543	↓ Reduktion
H_OPERATION	0,998	≈ keine Wirkung
Brand8	3,568	↑ Erhöhung

Tabelle 6.9 Einfluss der einzelnen Faktoren auf das Risiko für eine ungeplante Instandhaltung, berechnet mit der Cox-Regression (Forts.)

In der Tabelle sehen wir, dass die Hazard-Rate für Anlagen der Größe Dim1 0,616 ist. Dieser Wert bedeutet, dass bei diesen Anlagen die Wahrscheinlichkeit für eine ungeplante Instandhaltung nur 0,616-mal der allgemeinen Wahrscheinlichkeit für die Anlagen beträgt. Dim7 hatte keinen signifikanten Einfluss auf die Instandhaltungswahrscheinlichkeit der Anlagen. Anders bei der Marke: Anlagen der Marke Brand8 haben wiederum eine 3,5-fache Wahrscheinlichkeit für eine ungeplante Instandhaltung.

In dem Kaplan-Meier-Abschnitt hatten wir gelernt, dass die Kurve der Dim7-Anlagen deutlich langsamer und flacher abgefallen war im Vergleich zu der Kurve der Dim1-Anlagen. Und ein langsamerer Abfall deutet eigentlich auf längere wartungsfreie Zeiten der Anlagen. In der Cox-Proportional-Hazard-Analyse sehen wir aber, dass die Dim1-Anlagen die halbe Wahrscheinlichkeit für eine Instandhaltung aufweisen, das heißt länger wartungsfrei laufen. Wie erklärt sich diese Diskrepanz?

Wie am Anfang dieses Kapitels erwähnt, untersucht die Cox-Regression mehrere Faktoren gleichzeitig auf ihren Einfluss. Dies bedeutet, dass es eigentlich die Kombination der einzelnen Einflüsse aus Tabelle 6.9 ist, die eine Rolle auf das Endrisiko einer Wartung spielt. Zum Beispiel sehen wir, dass Version33 den größten Beitrag zur Risikominimierung hat. Und wenn wir uns die Versionen für die Größen Dim7 und Dim1 ansehen, erfahren wir, dass die meisten Dim7-Anlagen eine Version33 aufweisen (siehe den Python-Code und die Verteilung in Abbildung 6.47). Und umgekehrt, die Version der meisten Anlagen der Größe Dim1 ist Version37.

```
df_remote_meta.filter(''' "Dimension" in ('Dim7', 'Dim1') ''').agg([('count',
'Asset','count')], group_by=['Dimension','Version']).sort_values(['Dimension',
'count'], ascending=False).filter('"count">100').collect()
```

Das heißt, dass wir bei der Kaplan-Meier-Analyse zwar nach Größe gruppiert haben (Dim7 versus Dim1 in Abbildung 6.41), aber da die Versionen nicht gleichmäßig verteilt waren, haben wir indirekt auch nach Version33 versus Version37 gruppiert. Und somit schien es, dass die Dim7-Anlagen eine längere Überlebenszeit aufweisen. Nur die Überlebenszeit wurde aber durch den kombinierten Einfluss aller Faktoren für die

Anlage (Typ, Größe, Version etc.) bestimmt und nicht nur durch ihre Größe (hier war sogar Größe mit Version korreliert). Welchen Einfluss die einzelnen Faktoren haben, haben wir in Tabelle 6.9 gesehen.

Dimension	Version	count
Dim7	Version33	1953
Dim7	Version25	542
Dim7	Version34	383
Dim7	Version28	278
Dim7	Version23	139
Dim1	Version37	1059
Dim1	Version23	623
Dim1	Version45	302
Dim1	Version42	167

Abbildung 6.47 Verteilung des Versionswerts bei Anlagen der Größe Dim7 und Dim1

Dieses Beispiel hat die Wichtigkeit der Cox-Regression gezeigt, da es uns erlaubt hat, einen multivariaten Blick auf die Faktoren zu werfen und ihren kombinierten Einfluss auf die Wahrscheinlichkeit zu untersuchen. Zusätzlich können wir somit auch verborgene Zusammenhänge aufzudecken.

In diesem Abschnitt haben wir gesehen, dass man mithilfe der zwei Methoden aus der Survival-Analyse – Kaplan-Meier und Cox-Regression – viele Erkenntnisse über seine Anlagen gewinnen kann. Nicht nur ist es möglich, die Wahrscheinlichkeit eines Ereignisses zu berechnen, sondern es kann auch der Einfluss der unterschiedlichen Faktoren auf das Risiko eines Ereignisses systematisch untersucht werden. Damit lassen sich in der Regel Erkenntnisse gewinnen, die genutzt werden können, um bessere Instandhaltungs- und Produktionsstrategien für Anlagen zu entwickeln.

Darüber hinaus kann die Methode zum Einsatz bei mehreren Anwendungsfällen verschiedener Industrien kommen – z. B. zur Instandhaltungsoptimierung in der Herstellung und der Öl- und Gasindustrie, zur Kundenabwanderungsanalyse in der Telekommunikation und im Onlinehandel oder zur Risikoberechnung eines Zahlungsausfalls im Finanzsektor.

Speichern und Laden des Modells

Das Modell können Sie in SAP HANA über die `ModelStorage`-Klasse speichern.

```
from hana_ml.model_storage import ModelStorage
model_storage = ModelStorage(connection_context=conn)
cox2.name = 'PAL Cox Regression asset inspection'
model_storage.save_model(model=cox2)
```

Das Laden funktioniert wie folgt:

```
from hana_ml.model_storage import ModelStorage
model_storage = ModelStorage(connection_context=conn)
cox2_loaded = model_storage.load_model(name=
'PAL Cox Regression asset inspection')
```

6.7 Ausreißeranalyse

In diesem Abschnitt werden verschiedene Methoden, die Sie bereits kennengelernt haben, in Hinblick auf Ausreißererkennung vertieft. Ein *Ausreißer*, auch Anomalie genannt, ist ein ungewöhnliches Muster in den Daten, das sehr unterschiedliche Eigenschaften im Vergleich zu der Norm aufweist. Wenn z. B. eine Bank Anomalien in den Kontobewegungen erkennen will oder ungewöhnliche Aktivitäten im Nutzerverhalten eines Computernetzes detektiert werden sollten oder auch unerwartetes Verhalten von Maschinen und Turbinen aufgedeckt werden sollen, sind dies typische Beispiele, die sich mit Methoden aus der Ausreißererkennung lösen lassen.

In den folgenden Abschnitten werden Sie Ausreißererkennungsmethoden aus drei unterschiedlichen Bereichen kennenlernen:

- **Statistische Methoden**
  Diese Methoden basieren auf Untersuchung der statistischen Eigenschaften der Daten, wie Verteilung, Streuung etc.
- **Cluster-basierte Methoden**
  Hierbei handelt es sich um Techniken, die versuchen, die Daten in Cluster zu gruppieren und dabei solche Datenpunkte zu detektieren, die keinem der Cluster zugeordnet werden können.
- **Regressions- und zeitanalysebasierte Methoden**
  Hierbei wird versucht, ein ML-Modell zu finden, das die Datenpunkte so gut wie möglich modellieren und erklären kann. Die Datenpunkte, bei denen das Modell die größten Abweichungen zwischen berechnetem und tatsächlichem Wert zeigt, werden als potenzielle Ausreißer markiert.

Für die Identifizierung von Ausreißern wird ein synthetischer Datensatz mit fiktiven finanziellen Transaktionen verwendet. Laden Sie die CSV-Datei **OutlierData.csv** nach SAP HANA und erstellen Sie einen `hana_ml`-DataFrame, der darauf zeigt.

```
import pandas as pd
import hana_ml.dataframe as dataframe
df_data = pd.read_csv('OutlierData.csv', sep=',')
```

```
df_remote = dataframe.create_dataframe_from_pandas(connection_context=conn,
                                    pandas_df=df_data,
                                    table_name='OUTLIER_TRANSACTIONS',
                                    force=True,
                                    drop_exist_tab=False,
                                    replace=False)
```


Lassen Sie ausgewählte Spalten der Tabelle anzeigen und fügen Sie eine Berechnung des Verhältnisses des überwiesenen Betrags zum Guthaben ein. Diese Ratio werden wir mit Hinblick darauf, ob jemand einen für sein Guthaben ungewöhnlichen Betrag überwiesen hat, genauer analysieren. Das Ergebnis sehen Sie in Abbildung 6.48.

```
df_remote = df_remote.select('ID', 'Origin','Class',
    'Amount', 'Old_Balance_Origin', 'New_Balance_Origin',
    ('"Amount"/(case when "Old_Balance_Origin"= 0 then 1 else "Old_Balance_
Origin" end)', 'Ratio'))
df_remote.head(5).collect()
```

ID	Origin	Class	Amount	Old_Balance_Origin	New_Balance_Origin	Ratio
1	O10016	decrease	2999	2416	-583	1.240794
8	O9991	decrease	2595	1200	-1395	2.160699
35	O10010	decrease	5075	1701	-3374	2.981786
107	O10011	decrease	2445	398	-2047	6.127819
117	O9999	decrease	4289	831	-3458	5.155048

Abbildung 6.48 Eingangstabelle für die Ausreißeranalyse

Die Erklärung der einzelnen Spalten finden Sie in Tabelle 6.10.

Spaltenname	Bedeutung
ID	laufende ID
Origin	Kundenkennung
Class	eingehender oder ausgehender Betrag
Amount	Geldbetrag
Old_Balance_Origin	Kontostand vor der Transaktion
New_Balance_Origin	Kontostand nach der Transaktion
Ratio	Verhältnis zwischen dem überwiesenen Betrag und dem Kontostand

Tabelle 6.10 Bedeutung der einzelnen Spalten

6.7.1 Statistische Methoden

Es existieren viele Methoden in der Statistik, die ungewöhnliche Werte in einer Datensammlung erkennen können. Wir werden hier die Interquartile-Range-Methode (IQR-Methode) sowie eine auf z-Score basierte Filterung betrachten.

IQR-Analyse

Sie haben in Kapitel 4, »Explorative Datenanalyse und Datenvorbereitung«, Box-Plots, Quartile und IQR (Inter Quartile Range) kennengelernt. Während der IQR-Analyse wird der IQR-Wert benutzt, um Werte außerhalb des Normalbereichs (definiert zwischen Q1 – 1,5 * IQR und Q3 + 1,5 * IQR) als Ausreißer zu kennzeichnen. Für die IQR-Analyse ist ein Box-Plot sehr hilfreich. Zeichnen Sie den Box-Plot für die **Ratio**-Spalte auf (siehe Abbildung 6.49).

```
import matplotlib.pyplot as plt
from hana_ml.visualizers.eda import EDAVisualizer
f = plt.figure(figsize=(10, 5))
ax1 = f.add_subplot(111)
eda = EDAVisualizer(ax1)
ax1, corr = eda.box_plot(data=df_remote, column="Ratio", outliers=True)
plt.xlim(0,100)
plt.show()
```

Die linke und rechte Seite des blauen Balkens kennzeichnen das erste und dritte Quartil (Q1 beziehungsweise Q3). Der Normalbereich (wie zuvor berechnet) ist gekennzeichnet durch die kleinen schwarzen vertikalen Linien und befindet sich zwischen 0 und ca. 16. Wie Sie in der Abbildung 6.49 sehen, kennzeichnet auch der Box-Plot die Werte, die außerhalb des Normalbereichs liegen, als Ausreißer. Wenn Sie selbst einen IQR-Filter anwenden möchten, können Sie die IQR-Funktion der PAL benutzen, und dabei den Normalbereich als Funktion der IQR definieren (durch den Parameter `multiplier`):

```
from hana_ml.algorithms.pal.stats import iqr
df_remote_res, df_remote_stat = iqr(data=df_remote, key='ID', col='Ratio',
multiplier=1.5)
```

Das Ergebnis des Aufrufs ist eine Tabelle, die für jede ID ein Flag beinhaltet, das anzeigt, ob sich der Wert außerhalb des definierten Normalbereichs befindet (siehe Abbildung 6.50). Als Nächstes könnte man die gekennzeichneten Transaktionen genauer überprüfen, um nach eventuellen Unregelmäßigkeiten zu suchen. Bei der Transaktion mit der ID=194 handelt es sich beispielsweise um eine Überweisung in Höhe von 7.188 bei einem Kontostand von 410.

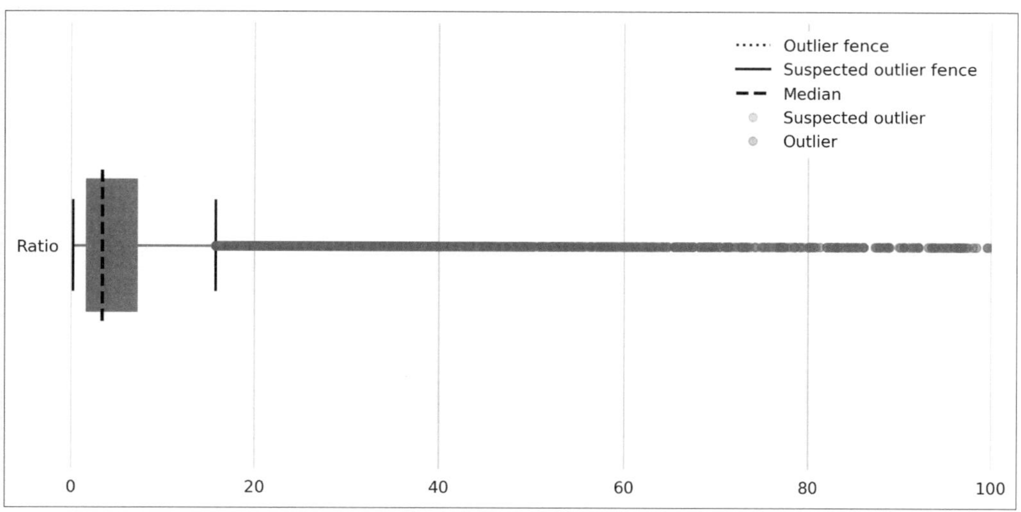

Abbildung 6.49 Box-Plot über die »Ratio«-Spalte im Datensatz

ID	IS_OUT_OF_RANGE
1	0
8	0
35	0
107	0
117	0
136	0
139	0
194	1
230	0
233	0

Abbildung 6.50 Ergebnis der IQR-Filterung, indem die Ratio-Werte, die außerhalb des Normalbereichs liegen, mit dem Wert 1 gekennzeichnet sind

z-Score

Der z-Wert ist ein Maß, das angibt, wie weit jeder einzelne Wert eines Datensatzes vom Mittelwert entfernt liegt. Die Entfernung wird dabei in Standardabweichungen angegeben. Sie können den folgenden beispielhaften Python-Code benutzen, um den z-Score der **Ratio**-Spalte zu berechnen. Der z-Wert wird hier berechnet, in dem von den tatsächlichen Werten der Spaltendurchschnitt abgezogen und das Ergebnis durch die Standardabweichung der Spalte geteilt wird:

```
df_local = df_remote.agg([('avg', 'Ratio', 'avgRatio'),('stddev', 'Ratio', 'sdRatio')]).collect()
df_remote_zscore = df_remote.select(['ID', 'Ratio', ('("Ratio"-%f)/%f'%(df_local.avgRatio, df_local.sdRatio), 'zScore')])
df_remote_zscore.sort_values('zScore', ascending=False).head(5).collect()
```

In Abbildung 6.51 sehen Sie die z-Werte für einige Transaktionen dargestellt. Generell können Sie davon ausgehen, dass es sich bei Werten, die einen z-Score von mehr als 3 besitzen, um einen Ausreißer handelt.

ID	Ratio	zScore
13744	7729	87.353489762971067
18385	3306.5	37.285381852562107
16562	2756	31.053048691526464
8866	2454.5	27.639700012049177
19957	2263	25.471685842497268

Abbildung 6.51 Auszug aus der Ergebnistabelle der z-Score-Berechnung

Wenn Sie den ganzen DataFrame analysieren möchten, können Sie einen Scatterplot benutzen und dabei in der Farbcodierung kennzeichnen, ob es sich bei dem z-Score um einen Wert größer 3 handelt (siehe Abbildung 6.52).

```
df_zscore_local = df_remote_zscore.collect()
df_zscore_local['outlier'] = df_zscore_local['zScore']>3
import seaborn as sns
plt.figure(figsize=(10,5))
sns.scatterplot(data=df_zscore_local, x='ID', y='Ratio', hue='outlier')
plt.ylim(0,1000)
```

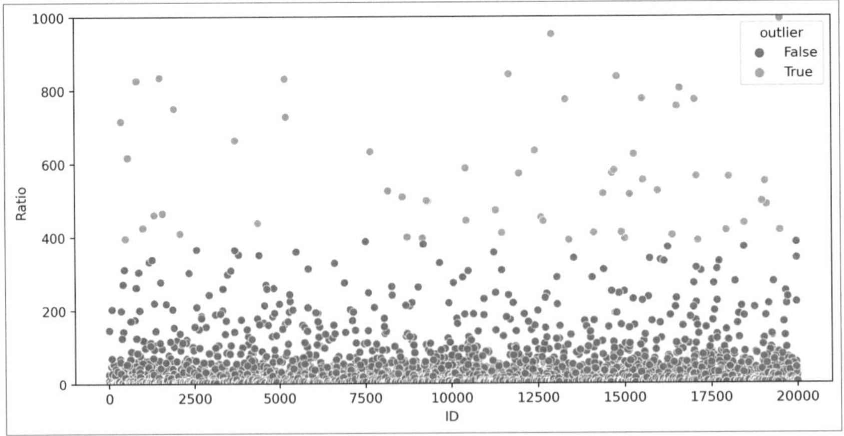

Abbildung 6.52 Visualisierung der Outlier in der »Ratio«-Spalte nach der z-Score-Methode

6.7.2 Clustering-basierte Methoden

Wie bereits erwähnt, ist die Hauptidee bei der Verwendung von Clustering-Methoden zur Ausreißeranalyse, die Daten in möglichst homogene Gruppen aufzuteilen. Danach können Sie die Distanz jedes einzelnen Punkts zum Zentrum des entsprechenden Clusters messen. Die Punkte mit den größten Distanzen zum Cluster-Zentrum sind potenzielle Ausreißer. Wenn Sie das Clustering-Beispiel der Gebrauchtfahrzeuge aus Abschnitt 6.5, »Cluster-Analyse«, betrachten, können Sie wie folgt vorgehen. Laden Sie das trainierte Modell und wenden Sie dieses auf die Trainingsdaten an. Lassen Sie sich die Autos, die die größten Distanzen zu dem entsprechenden Cluster-Zentrum aufweisen ausgeben. Diese sind die potenziellen Ausreißer (siehe Abbildung 6.53). Benutzen Sie dafür den Python-Code in Listing 6.20.

```
import hana_ml.dataframe as dataframe
conn = dataframe.ConnectionContext(userkey='MYHANA')
from hana_ml.model_storage import ModelStorage
model_storage = ModelStorage(connection_context=conn)
ukmeans_loaded = model_storage.load_model(name='PAL KMeans used cars')
df_remote = conn.table('USEDCARS')
df_remote_cluster = df_remote.filter('PRICE >= 1000 AND PRICE <= 20000 and HP
>= 50 AND HP <= 300')
df_remote_cluster = df_remote_cluster.select('CAR_ID', 'PRICE',
'YEAROFREGISTRATION', 'KILOMETER', 'HP')
df_remote_cluster = df_remote_cluster.dropna()
df_remote_labels = ukmeans_loaded.predict(df_remote_cluster.sort_values('CAR_
ID', ascending=True), key='CAR_ID')
df_remote_labels.sort_values('DISTANCE', ascending=False).head(5).collect()
```

Listing 6.20 Erkennen der Ausreißer

CAR_ID	CLUSTER_ID	DISTANCE
155018	1	0.507699
163426	1	0.506917
180859	1	0.506295
295617	1	0.506266
40881	1	0.506204

Abbildung 6.53 Die fünf Autos mit den größten Distanzen zum entsprechenden Cluster-Zentrum sind potenzielle Ausreißer.

Bei den Clustering-Methoden zur Outlier-Detektion sollten Sie die richtige Anzahl an Clustern auswählen. Wenn Sie zu wenige Cluster einstellen, werden Sie viele Punkte haben, die eine große Distanz zum jeweiligen Zentrum haben, da diese einfach zu einem anderen zusätzlichen Cluster gehören würden. Wenn Sie dagegen eine zu hohe Anzahl an Clustern auswählen, werden die Ausreißer in eigene Cluster eingeordnet, und die gemessene Distanz zum Cluster-Zentrum wird logischerweise entsprechend klein sein, und die Ausreißer werden nicht als solche erkannt.

6.7.3 Regressions- und Klassifizierungsmethoden

Auch mit einer Regressions- oder Zeitreihenanalyse können Ausreißer erkannt werden. Das Ziel eines trainierten Modells ist dabei nicht unbedingt, unbekannte, künftige Werte oder ein Verhalten vorherzusagen. Das trainierte Modell wird vielmehr genutzt, um die schon bekannte Vergangenheit zu schätzen. Somit können Sie berechnen, wie weit der tatsächliche und der geschätzte Wert auseinanderliegen. Wenn das Modell bei manchen Punkten einen sehr großen Fehler aufweist, könnte es sich dabei um Ausreißer handeln. Angewandt auf das Beispiel aus Abschnitt 6.3, »Regression mit der PAL«, in dem wir ein Regressionsmodell trainiert haben, um die Preise von Autos vorherzusagen, könnten wir jetzt das Modell auf die Trainingsdaten anwenden. Wenn wir dann die Differenz zwischen vorhergesagtem und tatsächlichem Preis berechnen, finden sich die Fahrzeuge, mit der größten Abweichung, die potenziellen Ausreißer (siehe Abbildung 6.54). Benutzen Sie dafür z. B. den Python-Code in Listing 6.21. Beachten Sie nur, dass das trainierte Modell für Autos, die nicht sehr oft im Trainingsdatensatz vorhanden waren, oft einen größeren Fehler aufweist, einfach weil eben nur wenig Informationen für diese Autos zur Verfügung stand.

```
import hana_ml.dataframe as dataframe
conn = dataframe.ConnectionContext(userkey='MYHANA')
from hana_ml.model_storage import ModelStorage
model_storage = ModelStorage(connection_context=conn)
ur_hgbt_loaded = model_storage.load_model(name='PAL HGBT Regression car
price')
df_remote = conn.table('USEDCARS')
df_remote = df_remote.filter('PRICE >= 1000 AND PRICE <= 20000 and HP >= 50
AND HP <= 300 and YEAROFREGISTRATION >= 1995 AND YEAROFREGISTRATION <= 2015')
df_rem_predicted = ur_hgbt_loaded.predict(data=df_remote, key='CAR_ID')
df_rem_joined_data = df_remote.set_index('CAR_ID').join(df_rem_predicted.set_
index('CAR_ID')).select('CAR_ID', 'BRAND', 'MODEL', 'KILOMETER',
'YEAROFREGISTRATION', ('abs(PRICE-SCORE)', 'DIFF'))
df_rem_joined_data.sort_values('DIFF', ascending=False).head(10).collect()
```

Listing 6.21 Berechnen der Ausreißer

Danach könnten Sie die Autos mit den größten Abweichungen genauer untersuchen, um zu überprüfen, was an diesen Fahrzeugen besonders ist.

CAR_ID	BRAND	MODEL	KILOMETER	YEAROFREGISTRATION	DIFF
103527	nissan	andere	150000	1999	16576.723602
163426	smart	andere	5000	2005	16145.803108
161516	sonstige_autos	None	125000	1998	16042.382955
296342	nissan	andere	150000	1998	15367.430639
124503	volvo	v70	150000	1999	15216.691086
337912	bmw	5er	150000	1995	15160.653826
260058	volkswagen	None	150000	2000	14913.182582
62938	volkswagen	golf	20000	2014	14822.920761
60278	opel	agila	60000	2008	14737.199216
296034	bmw	1er	20000	2014	14385.287728

Abbildung 6.54 Fahrzeuge aus dem Trainingsdatensatz, für die das Modell einen großen Fehler bei der Preisvorhersage gemacht hat

Im gleichnamigen Abschnitt 5.3 wurden über die Regression mit der APL mit dieser Methode Verdachtsfälle identifiziert, bei denen tatsächliche von geschätzten Werten weit auseinanderlagen. Ebenso wurden in Abschnitt 5.4.1 und in Abschnitt 5.4.2 Zeitreihen genutzt, um Ausreißer in der Vergangenheit zu identifizieren.

6.8 Automated Machine Learning

Die PAL bietet die Möglichkeit, eine Klassifizierung, Regression sowie diverse Vorverarbeitungsschritte völlig automatisiert durchzuführen. Man spricht dabei von *Automated Machine Learning* (AutoML). Die Automatisierung deckt verschiedene Funktionen entlang des gesamten Prozesses von Datenvorbereitung über Feature Engineering, Normalisierung und Dimensionsreduktion bis hin zum Modelltrainieren und -debriefen ab. Dabei werden sowohl unterschiedliche Algorithmen getestet als auch verschiedene Konfigurationen beziehungsweise Hyperparameterwerte für die jeweiligen Algorithmen.

Hinweis AutoML

Das Automated-Machine-Learning-Framework (AutoML-Framework) wird momentan nur von SAP HANA Cloud und SAP Data Warehouse Cloud unterstützt.

AutoML generiert Pipelines (nacheinander ablaufende Schritte), die mit dem Ziel ausgeführt werden, vorgegebene Parameter zu optimieren. Welche Hyperparameter optimiert oder welche Algorithmen benutzt werden sollen, wird in einem Konfigurationsobjekt (`config_dict`) spezifiziert und kann von der Benutzerin oder dem Benutzer angepasst werden. Wie dies umgesetzt wird, werden wir in den folgenden Abschnitten betrachten.

Tabelle 6.11 zeigt die derzeit unterstützten PAL-Funktionen, die in AutoML-Pipelines benutzt werden können.

Name	Typ	PAL-Funktionsname
HGBT_Classifier	Classifier	Hybrid Grandient Boosting Tree
MLP_Classifier	Classifier	Multilayer Perceptron
M_LOGR_Classifier	Classifier	Multi-Class Logistic Regression
NB_Classifier	Classifier	Naive Bayes
RDT_Classifier	Classifier	Random Decision Trees
SVM_Classifier	Classifier	Support Vector Machine
DT_Classifier	Classifier	Decision Trees
EXP_Regressor	Regressor	Exponential Regression
GEO_Regressor	Regressor	Bi-Variate Geometric Regression
GLM_Regressor	Regressor	Generalised Linear Models
HGBT_Regressor	Regressor	Hybrid Gradient Boosting Tree
LOG_Regressor	Regressor	Bi-Variate Natural Logarithmic Regression
MLP_Regressor	Regressor	Multilayer Perceptron
MLR_Regressor	Regressor	Multiple Linear Regression
POL_Regressor	Regressor	Polynomial Regression
RDT_Regressor	Regressor	Random Decision Trees
DT_Regressor	Regressor	Decision Trees
SVM_Regressor	Regressor	Support Vector Machine
SAMPLING	Resampler	Sampling
SMOTE	Resampler	SMOTE
SMOTETomek	Resampler	SMOTETomek
TomekLinks	Resampler	Tomek's Links
CATPCA	Transformer	Categorical Principal Component Analysis

Tabelle 6.11 Unterstützte Operatoren als Teil von Pipelines

Name	Typ	PAL-Funktionsname
FS_supervised	Transformer	Feature Selection
FS_unsupervised	Transformer	Feature Selection
SCALE	Transformer	Scale
LableEncoder	Transformer	(built-in)
OneHotEncoder	Transformer	(built-in)

Tabelle 6.11 Unterstützte Operatoren als Teil von Pipelines (Forts.)

Einführung eines praktischen Beispiels

Um das AutoML-Konzept mit SAP HANA Cloud zu testen, werden Sie einen Datensatz aus dem Bereich Kundensegmentierung verwenden. Dabei werden Sie in die Rolle eines Sportbekleidungsherstellers schlüpfen. Der Hersteller möchte seine Kund*innen anhand deren Ausgabe- sowie Sportverhalten (z. B. wie oft sie Wanderungen durchführen) in vordefinierte Segmente aufteilen. Bei diesen Segmenten könnte es sich z. B. um die Statusklasse der Kund*innen handeln. Eine solche Segmentierung hilft unter anderem der Marketingabteilung, da z. B. Premiumkund*innen oft auf andere Marketingkampagnen reagieren als reguläre Kund*innen.

Da die Aufgabe darin bestehen wird, die Kund*innen schon definierten Klassen zuzuordnen, handelt es sich hierbei um eine Klassifizierungsaufgabe. Die Kundensegmente sind für einige der Kund*innen bekannt, da diese von erfahrenen Mitarbeitenden des Herstellers manuell den vordefinierten Klassen zugeordnet wurden. Dies wird unser Trainingsdatensatz sein. Warum ist ein Klassifizierungsmodell hier wichtig? Zum einen, weil er die nicht klassifizierten Kund*innen automatisch und objektiv den Klassen zuordnen kann. Und zum anderen wird das Modell das Know-how der erfahrenen Mitarbeitenden des Herstellers abbilden und somit diese für das Unternehmen replizieren und skalieren.

Das Ziel der folgenden Abschnitte ist es, soweit möglich, nur automatisierte Funktionen zu benutzen. Sowohl für die Datenuntersuchung als auch für das Training.

Datenbeschreibung und Laden der Daten

Der Datensatz beinhaltet Informationen über die Kund*innen des Herstellers, die aus zwei verschiedenen Quellen kommen:

- Daten aus einer App auf dem Smartphone der Kund*innen, die das Sportverhalten beschreiben
- Daten aus dem Webshop des Herstellers, die das Einkaufsverhalten der Kund*innen erfassen

Die Daten befinden sich in der **hikingDataPrep.csv**-Datei, die Sie in den Download-Materialien zu diesem Buch finden (siehe Ordner **Kapitel 6**). Als Erstes sollten Sie die Datei in Python einlesen und in SAP HANA hochladen. Als Zwischenschritt benennen Sie bitte die **SEGMENT**-Spalte in **CLASS** um und ändern deren Datentyp von `INTEGER` in `NVARCHAR` (siehe Listing 6.22).

```
import hana_ml.dataframe as dataframe
import pandas as pd
conn = dataframe.ConnectionContext(userkey='MYHANA')
df_data = pd.read_csv('hikingDataPrep.csv', sep=',')
df_remote = dataframe.create_dataframe_from_pandas(connection_context=conn,
                                pandas_df=df_data,
                                table_name='RUNNING_AUTOML_CLASS',
                                force=True,
                                drop_exist_tab=True,
                                replace=True)
df_remote = conn.table('RUNNING_AUTOML_CLASS')
df_remote =  df_remote.rename_
columns({'SEGMENT':'CLASS'}).cast('CLASS', 'NVARCHAR(5)')
df_remote.head(5).collect()
```

Listing 6.22 Laden der Daten nach SAP HANA

Die Bedeutung der Spalten dieses Datensatzes finden Sie in der Tabelle 6.12.

Spaltenname	Bedeutung
CUSTOMER_ID	Kunden-ID
TOTAL_TRIPS	Anzahl der Wanderungen unternommen, seitdem die Kund*innen diese aufzeichnen (werden per App registriert)
TOTAL_DISTANCE	totale Entfernung, die die Kunde*innen gewandert sind (in Kilometern, erfasst von der App)
AMOUNT_SPENT	Ausgaben im Webshop (in EUR)
GENDER	Geschlecht
NR_EQUIPMENT	Anzahl der Käufe von Wanderausrüstung
CLASS	Kundensegment (Zielvariable)

Tabelle 6.12 Bedeutung der Spalten im Datensatz

Über dem bekannten UnifiedReport können Sie sehr einfach einen Bericht mit den wichtigsten Informationen der Daten erstellen. Dabei können Sie z. B. auf Korrelationen überprüfen, Verteilungen untersuchen und auch Informationen über die Datentypen bekommen, wie in Abbildung 6.55 gezeigt.

```
from hana_ml.visualizers.unified_report import UnifiedReport
UnifiedReport(df_remote).build().display()
```

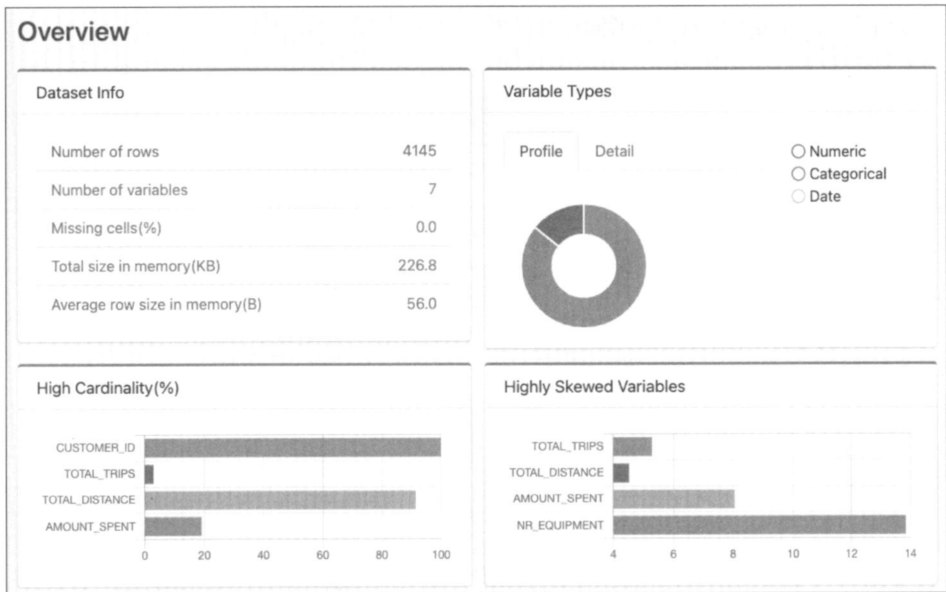

Abbildung 6.55 Ergebnisse des UnifiedReport-Berichts

Als Nächstes sollten Sie die Daten in einen Test- und Trainingsteil trennen, damit die Performanz des Modells später auf unbenutzten Daten untersucht werden kann.

```
from hana_ml.algorithms.pal.partition import train_test_val_split
df_remote_train, df_remote_test, _ = train_test_val_split(data=df_remote,
random_seed=2, training_percentage=0.8, testing_percentage=0.2, validation_
percentage=0, id_column='CUSTOMER_ID')
```

Vorbereitungen auf dem Backend für AutoML

Bevor Sie mit dem Trainieren beginnen, empfiehlt es sich eine *Workload Class* auf der SAP-HANA-Seite zu konfigurieren. Workload Classes werden benutzt, um Anwendungen zu kontrollieren, sodass Ressourcen-Engpässe vermieden werden können. Dabei kann der Datenbankadministrator konfigurieren, wie viel CPU-Zeit, Arbeitsspeicher und Threads etc. erlaubt sind. Diese Konfiguration kann sich sowohl auf Anwendungen als auch auf Benutzer beziehen.

Um die Workload-Class-Konfiguration durchzuführen, gehen Sie wie folgt vor:

1. Öffnen Sie das SAP BTP Cockpit und navigieren Sie zu Ihrer SAP-HANA-Cloud-Instanz (über **Global Account • Subaccount • Space** und dann **SAP HANA Cloud** auf der linken Seite).
2. Wählen Sie Ihre SAP-HANA-Cloud-Instanz und klicken Sie auf die Schaltfläche **Actions • Open in SAP HANA Cockpit** (siehe Abbildung 6.56).

Abbildung 6.56 Starten des SAP HANA Cockpit aus dem SAP BTP Cockpit

3. In der SAP-HANA-Cockpit-Anwendung wählen Sie aus dem Menü oben links **All**.
4. Danach klicken Sie in der Kachel **Database Administration • Manage workload classes**.
5. Jetzt können Sie Ihre Klasse erstellen, indem Sie auf **Create** klicken (wenn Sie den Button **Create** nicht sehen, dann verfügt Ihr Benutzer nicht über genügend Rechte, um dies durchzuführen. Bitte wenden Sie sich in diesem Fall an Ihren Datenbankadministrator).
6. Im Dialog können Sie die Ressourceneinschränkungen einstellen. Geben Sie zuerst einen Workload-Class-Namen an, den Sie beliebig wählen können (z. B. PAL_AUTOML_WORKLOAD).
7. In den Mapping-Details Ihrer Workload Class können Sie wählen, worauf sich die Einstellungen dieser Klasse beziehen sollten (z. B. wählen Sie hier den Namen Ihres Datenbank-Users). Aufgrund der Vielfalt der Systeme, mit denen Sie als Leser*in eventuell arbeiten, behalten wir in diesem Beispiel die Grundeinstellung bei, die keine Einschränkung auf die Ressourcen-Nutzung vergibt. Bitte beachten Sie, dass Sie dadurch Instabilitäten verursachen könnten, vor allem, wenn Sie die Datenbank auch produktiv mit anderen Anwender*innen teilen. Deshalb ist es ratsam, diesen Schritt mit einem Datenbank-Administrator zu besprechen.

8. Klicken Sie auf **Create**. Sie müssten jetzt in dem Überblick die neue Klasse mit dem Status **Enabled** finden.

Somit kennen Sie die Schritte, um eine Workload Class zu erstellen, um die Ressourcennutzung entsprechend einzuschränken.

[«]

Workload Classes

Mehr Details über Workload Classes finden Sie im SAP Help Portal unter folgendem Link: *http://s-prs.de/v903354*

Trainieren und debriefen eines Modells

Nun können Sie mit dem Training anfangen. Als Erstes ist es notwendig, ein Objekt aus der Klasse `AutomaticClassification` (oder auch `AutomaticRegression`, wenn Sie eine Regressionsaufgabe haben) zu erzeugen. In dem Konstruktor dieser Klasse können Sie Parameter spezifizieren, um das Training zu steuern, wie z. B. die Anzahl der Iterationen für die Optimierung oder wie viele Pipelines benutzt werden sollten. Der Parameter `elite_number=2` gibt an, wie viele Pipelines am Ende zurückgeliefert werden. Eine weitere wichtige Einstellung ist der Parameter `scorings`. Dieser gibt an, welche Gütemerkmale optimiert werden sollten. Bei Klassifizierungsproblemen können Sie z. B. spezifizieren, dass AUC oder ACCURACY oder eine Kombination aus mehreren Gütemerkmalen zu optimieren sind. Bei einer Regression dagegen könnte man z. B. MSE oder RMSE optimieren, indem man sehr kleine oder gar negative Werte als Ziel angibt. Zusätzlich sollten Sie mit dem Parameter `max_eval_time_mins` spezifizieren, welche Timeout-Zeiten in Minuten gelten sollen, falls die Ausführung zu lange dauert.

```
import uuid
from hana_ml.algorithms.pal.auto_ml import AutomaticClassification
progress_id = "automl_{}".format(uuid.uuid1())
auto_c = AutomaticClassification(generations=20, population_size=20,
offspring_size=20, elite_number=2, max_eval_time_mins=1, scorings={'AUC':0.9,
'ACCURACY':0.8}, progress_indicator_id=progress_id, random_seed=42)
```

Die `progress_id` ist ein eindeutiger Identifikator, der benutzt wird, um über den Statusmonitor den Fortschritt der Optimierung zu verfolgen.

Wie bereits erwähnt, lässt sich AutoML mithilfe von `config_dict`-Sammlungen steuern. Darin kann der Benutzer spezifizieren, welche Algorithmen genutzt und welche ausgeschlossen werden sollen sowie welche Einstellungen für die gewählten Algorithmen gelten sollen. Mit folgendem Befehl können Sie sich das vollständige und aktuelle `config_dict`-Objekt anzeigen lassen oder nur eine spezielle Kategorie darin, z. B. `category="Classifier"`. Wenn Sie keine Kategorie angeben, wird der Inhalt des kompletten Objekts angezeigt:

```
auto_c.display_config_dict(category="Classifier")
```

Sie können das Dictionary auf Standardwerte mit dem folgenden Python-Befehl zurücksetzen:

```
auto_c.reset_config_dict(conn)
```

Um Parameter in dem Objekt zu verändern, können Sie die `update_config_dict()`-Methode nutzen. Um z. B. die maximale Tiefe eines Gradient-Boosting-Algorithmus für die Optimierung einzustellen, können Sie Folgendes ausführen. Somit wird als MAX_DEPTH für die Optimierung iterativ in Einer-Schritten ein Wert von 1 bis 4 genommen:

```
auto_c.update_config_dict("HGBT_Classifier", "MAX_DEPTH", {'range':[1, 1, 4]})
```

Sie können auch Elemente vom Dictionary komplett löschen:

```
auto_c.delete_config_dict(category='Resampler')
```

Nachdem Sie die gewünschten Einstellungen gefunden haben, können Sie zum nächsten Schritt gehen. Hierzu sollten Sie ein `PipelineProgressStatusMonitor`-Objekt erzeugen, womit man den Fortschritt der Optimierung und des Trainings verfolgen kann:

```
from hana_ml.visualizers.automl_progress import PipelineProgressStatusMonitor
progress_status_monitor = PipelineProgressStatusMonitor(connection_context=
conn, automatic_obj=auto_c)
progress_status_monitor.start()
```

Bevor Sie die `fit()`-Methode aufrufen, können Sie noch Ihr kürzlich erstelltes Workload Class aktivieren (falls Sie denn eine nutzen möchten). Danach kann mit dem Training angefangen werden:

```
auto_c.enable_workload_class("PAL_AUTOML_WORKLOAD")
auto_c.fit(df_remote_train)
```

Der Progress-Monitor zeigt Ihnen nun den Fortschritt des Trainings in dem interaktiven Dashboard (siehe Abbildung 6.57).

In dem Monitor können Sie für jede Generation (Iteration des Trainingsvorgangs) Informationen über das Modell, das trainiert wurde, erhalten. Sie sehen auch in Rot, ob eine Pipeline nicht erfolgreich beendet werden konnte, und können noch die Ursache dafür untersuchen. Um eine bessere Visualisierung des besten Modells zu bekommen, können Sie folgenden Python-Code ausführen:

```
from hana_ml.visualizers.automl_report import BestPipelineReport
BestPipelineReport(auto_c).generate_notebook_iframe()
```

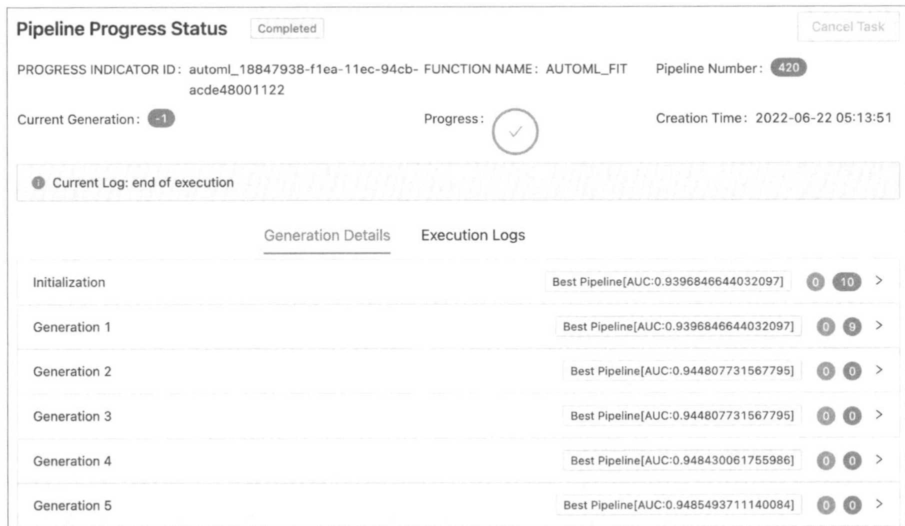

Abbildung 6.57 Progress-Monitor-Dashboard

Resultierend erhalten Sie eine Tabelle mit den besten Pipelines (die Anzahl entspricht dem Wert des Parameters `elite_number`, hier 2). Darin lassen sich auch einfach und grafisch viele Parameter, wie F1-Wert, AUC, RECALL etc. vergleichen. Dazu können Sie visualisieren, welche Operatoren in den gewählten Pipelines ausgeführt wurden (siehe Abbildung 6.58).

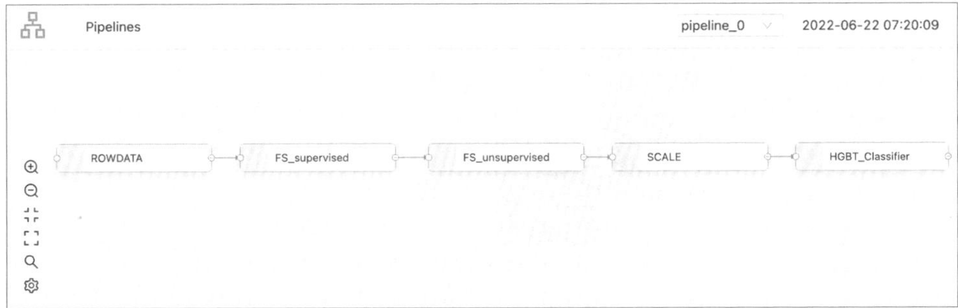

Abbildung 6.58 Visualisierung der Pipeline-Operatoren im Best-Pipeline-Bericht

Experimentieren Sie mit der AutoML, um ein besseres Gefühl für die Performanz und die Möglichkeiten, den Trainingsverlauf zu beeinflussen, zu bekommen. Sie können

z. B. in dem config_dict-Objekt Elemente löschen, womit Sie die zur Auswahl stehenden ML-Algorithmen eingrenzen würden.

Erstellen von Vorhersagen

Nachdem ein geeignetes Modell gefunden wurde, können wir mit dem Anwenden des Modells beginnen. Dazu benutzen Sie bitte die Testdaten, die Sie im Vorbereitungsabschnitt beiseitegelegt haben.

Das AutomaticClassification-Modell besitzt wie andere PAL-Klassen eine predict()-Methode, die benutzt werden sollte, um das Modell auf neue Daten anzuwenden. Aus den Testdaten müssen Sie allerdings die Zielvariable entfernen:

```
df_remote_res = auto_c.predict(df_remote_test.deselect('CLASS'))
```

Danach verbinden Sie bitte den hana_ml-DataFrame des Ergebnisses mit den ursprünglichen Testdaten, um den tatsächlichen CLASS-Wert für jede Kundin oder jeden Kunden mit der vorhergesagten CLASS vergleichen zu können.

```
df_remote_result = df_remote_res.set_index('CUSTOMER_ID').join(df_remote_
test.set_index('CUSTOMER_ID'))
```

Nun können Sie z. B. die Konfusionsmatrix der Vorhersage berechnen und anzeigen lassen (siehe Abbildung 6.59).

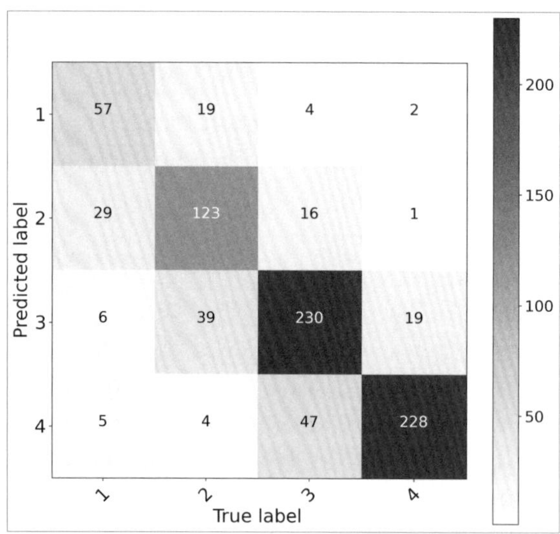

Abbildung 6.59 Konfusionsmatrix der AutoML-Vorhersage auf die Testdaten

Speichern und Laden des Modells

Das Speichern des AutoML-Modells lässt sich mit der schon bekannten ModelStorage-Klasse realisieren:

```
from hana_ml.model_storage import ModelStorage
model_storage = ModelStorage(connection_context=conn)
auto_c.name = 'PAL AutoML customer segmentation'
model_storage.save_model(model=auto_c)
```

Um das Modell zu laden, können Sie wie gewohnt die `load_model()`-Methode benutzen:

```
from hana_ml.model_storage import ModelStorage
model_storage = ModelStorage(connection_context=conn)
auto_c_loaded = model_storage.load_model(name=
'PAL AutoML customer segmentation')
```


6.9 State-enabled Deployment

Das Deployment der Algorithmen wird in Kapitel 8, »Deployment-Optionen«, genauer erläutert. Für die PAL-Algorithmen besteht zusätzlich eine Option, die die Anwendung der Modelle beschleunigen kann: der *State-enabled-Modus*. Dieser wird hier zum Abschluss des Kapitels vorgestellt.

Die Funktionen in der PAL zur Modellanwendung (z. B. `fit_predict`, `score`, `predict`) bestehen aus zwei Schritten:

1. Zuerst wird das Modell geparst und temporär in den Arbeitsspeicher geladen.
2. Danach wird es auf die Daten angewandt.

Das Parsen besteht aus einer Deserialisierung des in der Datenbank gespeicherten Modells und einer Konvertierung des String-Formats zu einem Modellobjekt.

Bei komplexen Modellen oder Fragestellungen, in welchen das Modell sehr oft angewandt werden soll, kann das Wiederholen des ersten Schritts (Parsen und Laden) zu einem signifikanten zeitlichen Overhead führen. Um diesen Zeitverlust zu vermeiden, sind viele PAL-Funktionen als State-enabled-Funktionen implementiert. Bei diesen kann der Benutzer beziehungsweise die Benutzerin spezifizieren, dass, nachdem das Modell geparst wurde, dieses in einem Container (auch State genannt) in den SAP-HANA-Arbeitsspeicher geladen und dort beibehalten wird. Somit wird bei nachfolgenden Anwendungen des Modells das Parsen und Laden eingespart, wodurch die Anwendung beschleunigt wird. Wenn das Modell nicht mehr benötigt wird, kann es wieder vom State/Container entfernt werden.

Momentan werden folgende Funktionen als State-enabled angeboten:

- Support Vector Machine
- Random Decision Trees
- Decision Trees

- Cluster Assignment
- Latent Dirichlet Allocation
- Binning Assignment
- Naive Bayes
- Principal Component Analysis (PCA)
- Multilayer Perceptron
- Factorized Polynomial Regression Models
- Multiple Linear Regression
- Logistic Regression (mit Elastic Net Regularization)
- Alternating Least Squares
- KNN
- Conditional Random Field
- Hybrid Gradient Boosting Tree

Der Zeitgewinn zeigt sich vor allem bei sehr komplexen Modellen, deren Parsing und Laden mehr Zeit erfordert und die sehr häufig benötigt werden. Das Erstellen eines State nimmt Arbeitsspeicher in Anspruch, weswegen Sie diese Option nur bei Modellen nutzen sollten, bei denen hierzu die Notwendigkeit besteht. Folgend zeigen wir dieses Prinzip:

Erstellen oder laden Sie Ihr trainiertes Modell wie gehabt.

```
from hana_ml.model_storage import ModelStorage
model_storage = ModelStorage(connection_context=conn)
pal_model = model_storage.load_model(name='Your saved PAL model')
```

Aktivieren Sie den State-enabled-Modus.

```
pal_model.create_model_state()
```

Erstellen Sie wie gehabt die Vorhersagen. Bedenken Sie, dass diese Option zur Zeitersparnis nur sinnvoll ist, wenn das Modell mehrfach angewendet wird.

```
pal_model.predict(df_remote, key='KEY')
```

Wenn Sie den Modell-State löschen möchten, führen Sie diesen Code aus:

```
pal_model.delete_model_state()
```

Experimentieren Sie mit Ihren eigenen Modellen und diesem Code, um ein Gefühl dafür zu bekommen, welchen Unterschied diese Einstellung auf die Laufzeit hat.

Kapitel 7
Spezialisierte Analyse-Engines

Lernen Sie die spezialisierten Analyse-Engines in SAP HANA für Geodaten-, Graph- und Textanalyse kennen, um das Potenzial der Daten weiter auszuschöpfen und zusätzlichen Mehrwert zu generieren.

Nachdem Sie in den vorangegangenen Kapiteln mit verschiedenen Methoden der Automated Predictive Library und der Predictive Analysis Library gearbeitet haben, lernen Sie in diesem Kapitel zum Abschluss der Analysefähigkeiten drei weitere spezialisierte Engines kennen.

Falls Ihre Daten einen geografischen Bezug beinhalten, können Sie diesen über die *Geodaten-Engine* nutzen. Daten, die miteinander vernetzt sind, können über die *Graph-Engine* aufbereitet werden. Texte, die in SAP HANA gespeichert sind, können über die *Text-Engine* analysiert werden.

Je nach Anforderung in Ihrem Projekt können Sie die spezialisierten Engines auch miteinander oder mit der APL und PAL kombinieren. In diesem Kapitel geben wir nun einen kleinen Einstieg in die Geo-, Graph- und Text-Engines, um die Vielfalt der Data-Science-Möglichkeiten in SAP HANA zu zeigen.

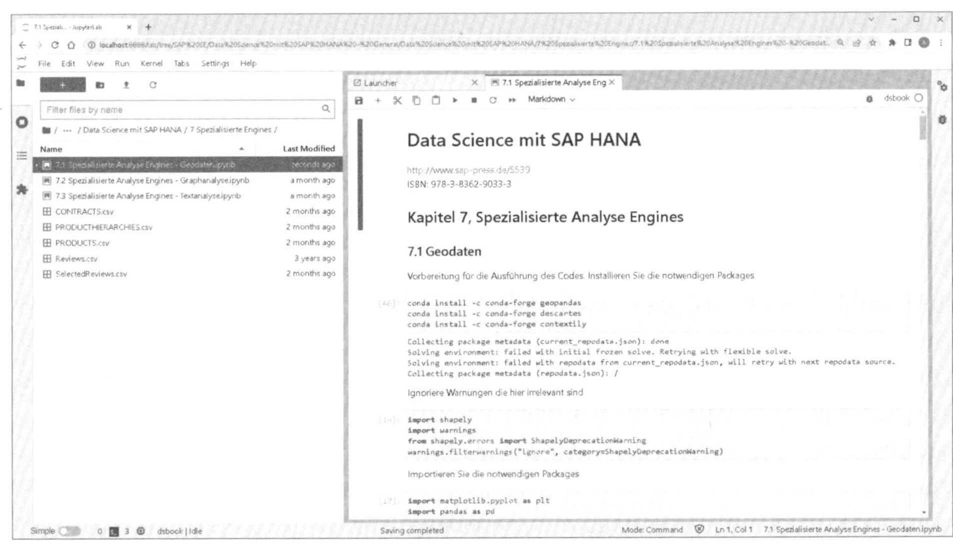

Abbildung 7.1 Notebook mit ausführbarem Code

In den Download-Materialien zu diesem Buch, die Sie unter *www.sap-press.de/5539* herunterladen können, finden Sie den ausführbaren Code dieses Kapitels im Ordner **Kapitel 7** (siehe auch Abbildung 7.1). Bei der Ausführung des Notebooks könnten Ihre Ergebnisse sich marginal unterscheiden, z. B. wenn Sie mit anderen Versionen der Software arbeiten.

7.1 Geodatenanalyse

Geodaten sind Daten, die Information über eine geografische Position beinhalten. Dadurch lassen sich Geschäftsdaten mit der Angabe eines räumlichen Kontexts anreichern (z. B. direkt durch Geokoordinaten, aber auch durch andere Lokationsentitäten wie Staat, Stadt, Straße, Gebiet etc.). So kann es sich z. B. um Informationen über Ihre Anlagen (Maschinen, Pumpen, Turbinen etc.) handeln, die mit Koordinaten ihres physikalischen Standorts versehen sind, oder um Ihre Kunden, deren Adressen auch Geodateninformationen beinhalten.

Der räumliche Bezug erlaubt es oft, Zusammenhänge zu erkennen, die sonst nicht erkennbar wären. Denken Sie an Fragen wie: In welcher Entfernung befinden sich die Geschäfte von meinen Wettbewerbern? Oder in welchem Gebiet konzentrieren sich meine Premium-Kunden? Wo soll ich mein nächstes Geschäft eröffnen, wenn ich die Einwohnerzahl, die Nähe zu Wettbewerbern oder die Straßeninfrastruktur betrachte? Im Kontext von physischen Anlagen (z. B. eines produzierenden Unternehmens) kann die Analyse von Geodaten folgende Fragen beantworten: Gibt es bei meinen ausfallenden Anlagen einen räumlichen Zusammenhang (z. B. bestimmte Gebiete, in denen Anlagen häufiger ausfallen)? Allgemein gesagt ermöglichen entsprechende Geodaten, verschiedene Analysen wie Distanzen zwischen Objekten zu berechnen, Schnittflächen von Gebieten zu finden oder ein räumliches Clustering von Objekten durchzuführen.

Die Geodaten müssen sich auf ein *Koordinatenreferenzsystem* (engl. Spatial Reference System, SRS) beziehen. Dieses SRS definiert die Maßeinheiten der Koordinaten (Meter, Kilometer etc.) und den räumlichen Kontext, in dem diese auf die Erde projiziert werden. Ebenso beinhaltet das SRS Informationen darüber, wie die Erde modelliert wird (z. B. als Ellipsoid oder Geoid etc.). Jedes SRS besitzt einen Identifier, den sogenannten *Spatial Reference Identifier* (SRID). Zum Beispiel definiert der SRID 4326 ein sphärisches Koordinatenreferenzsystem, das im Globalen Positionsbestimmungssystem (engl. Global Positioning System, GPS) benutzt wird. Das Zentrum dieses Koordinatensystems ist dabei das Zentrum der Erde. Dieses SRS wird auch oft *WGS84* genannt. Ein anderes weitverbreitetes SRS ist mit der SRID 3857 gekennzeichnet und wird auch *Pseudo-Mercator* genannt. Dieses Referenzsystem benutzt ein Koordinatensystem, das die sphärische Oberfläche der Erde auf eine flache Ebene projiziert.

Eine einfache Erklärung der Unterschiede zwischen den Systemen 4326 und 3857 ist, dass die Koordinaten sich beim System 4326 auf eine sphärische Oberfläche beziehen (ähnlich wie bei einem Globus), während sich die Koordinaten von 3857 auf eine flache Oberfläche beziehen (wie auf einer Karte).

Mit der *Spatial Engine* gibt es in SAP HANA zahlreiche Funktionen, um Geodaten zu verarbeiten und daraus Erkenntnisse zu generieren. Dabei erweitert die Engine das SAP HANA SQLScript mit mehreren SQL-Befehlen, die die Arbeit mit Geodaten deutlich vereinfachen und optimieren. So werden z. B. spezielle Geodatentypen definiert, um Geodaten abzubilden (z. B. 2-D-, 3-D- oder 4-D-vektorbasierte Datentypen) oder Geoinhalte zu laden (z. B. in Form von Shapefiles). Zusätzlich lassen sich verschiedene geometrische Operationen ausführen – wie die Bildung von Schnittflächen, die Berechnung der Hüllkurve (auch Einhüllende genannt) etc. Aus dem Bereich des klassischen Machine Learning bietet die SAP HANA Spatial Engine auch Clustering-Verfahren – wie DBScan oder K-Means –, die es erlauben, Entitäten anhand Ihrer räumlichen Verteilung zu gruppieren und dabei auch Aggregationen auf den Daten vorzunehmen (z. B. um den mittleren Umsatz von Kunden aus verschiedenen geografischen Gebieten zu berechnen).

Geodaten-Engine von SAP HANA

Weitere Informationen über die unterstützen SQL-Prädikate (SQL-Befehle) und Geooperationen finden Sie im SAP Help Portal unter folgendem Link: *http://s-prs.de/v903355*

In diesem Abschnitt werden wir ein Beispiel aus dem Bereich der Geodatenanalyse behandeln, um Ihnen den Einsatz der Spatial Engine praktisch aufzuzeigen.

7.1.1 Einführung eines praktischen Beispiels

In diesem Beispiel werden wir analysieren, wie viele E-Auto-Ladestationen in den Naturparks von Bayern existieren und wie diese verteilt sind. Zusätzlich werden Sie einige Aggregationen auf den Daten vornehmen, um z. B. die Anzahl der Ladestationen innerhalb eines geografischen Gebiets zu bestimmen. Weiterhin werden wir die Distanzen zwischen Ladestationen und verschiedenen Punkten auf der Karte berechnen.

Das Ziel dieses Beispiels ist es, zu zeigen, wie man einen reinen Geodaten-Fall bearbeitet – vom Laden der Daten und deren Vorbereitung bis hin zu der tatsächlichen Analyse und dem gewünschten Erkenntnisgewinn. Diese Erkenntnis kann z. B. sein, herauszufinden, an welcher Stelle zusätzliche Ladestationen gebaut werden sollten, da die vorhandenen eine sehr große Parkfläche abdecken müssen etc.

7.1.2 Installieren von zusätzlichen Packages

Damit Sie die Geodaten wie in diesem Buch vorgestellt auch visualisieren können, ist es notwendig, noch zusätzliche Python-Pakete zu installieren. Sie können diese über den Anaconda-Prompt installieren. Mehr Informationen zur Installation von Anaconda finden Sie in Abschnitt 2.3, »Python-Entwicklungsumgebung«. Führen Sie folgende Zeilen in der `dsbook`-Umgebung aus:

```
conda install -c conda-forge geopandas
conda install -c conda-forge descartes
conda install -c conda-forge contextily
```

7.1.3 Datenbeschreibung und Daten laden

Kartendaten werden am häufigsten in Form von *Shapefiles* zur Verfügung gestellt. Ein Shapefile ist eine vektorbasierte Repräsentation von Geodaten und besteht meist aus mindestens drei einzelnen Dateien:

- eine Datei zur Speicherung der tatsächlichen Geodaten (mit der Dateiendung **.shp**)
- eine Attributdatei (mit der Dateiendung **.dbf**)
- eine Indexdatei (mit der Dateiendung **.shx**).

Die letzten zwei Dateien sind notwendig, um die Geodaten mit Attributdaten zu verbinden und diese richtig in einer Datenbank darzustellen.

In den folgenden Abschnitten werden wir zuerst ein Shapefile mit den Naturparks von Bayern in SAP HANA hochladen. Zusätzlich werden Sie auch eine CSV-Datei mit Geospalten für die E-Auto-Ladestationen in Deutschland hochladen.

Laden von Shapefiles

Dieser Abschnitt behandelt das Thema, wie man Geodaten in die SAP HANA lädt und als solche kennzeichnet. Als Erstes werden wir ein Shapefile, das die Naturparks in Bayern beinhaltet, herunterladen und verwenden. Die Datei wird vom Bayerischen Landesamt für Umwelt (LfU) zur Verfügung gestellt. Um die Datei in SAP HANA zu laden, müssen Sie die Datei zunächst herunterladen. Gehen Sie dazu wie folgt vor:

1. Navigieren Sie auf die LFU-Website unter *http://s-prs.de/v903356*.
2. Scrollen Sie nach unten, bis Sie in die Sektion **Naturparke** gelangt sind.
3. Sie sehen zwei Download-Links, um das Shapefile in verschiedenen Koordinatenreferenzsystemen zu bekommen. Wählen Sie den Link mit **EPSG:4258**.
4. Nachdem der Download beendet ist, finden Sie die Datei **nlp_epsg4258_shp.zip** in Ihrem Download-Ordner (abhängig vom Browser).

Als Nächstes sollten Sie die ZIP-Datei in den Ordner kopieren, in dem sich Ihr Jupyter Notebook **7.1 Spezialisierte Analyse Engines – Geodaten.ipynb** befindet. Am einfachsten ist dies über die Jupyter-UI zu erreichen. Folgen Sie dafür folgenden Schritten:

1. Öffnen Sie JupyterLab im Browser.
2. Wenn Sie sich im Ordner des Notebooks **7.1 Spezialisierte Analyse Engines – Geodaten.ipynb** befinden, klicken Sie auf den Upload-Button (siehe Abbildung 7.2).

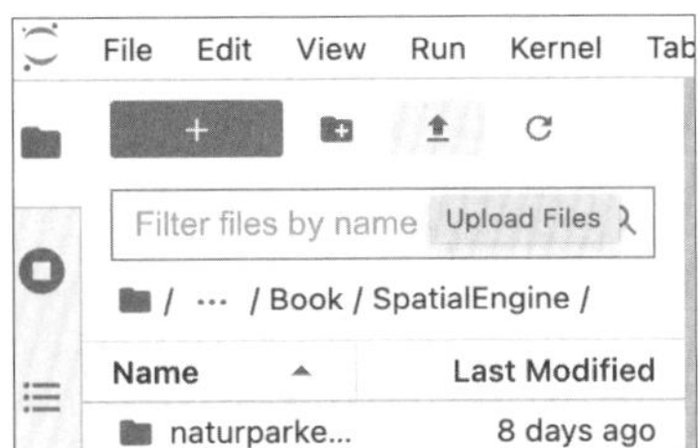

Abbildung 7.2 Datei hochladen im JupyterLab

3. In dem geöffneten Fenster wählen Sie nun das Shapefile aus Ihrem Download-Ordner aus und klicken auf **Open**.

Nun befindet sich die ZIP-Datei in Ihrem aktuellen JupyterLab-Ordner. Den gleichen Vorgang können Sie in Ihren Projekten mit Ihren eigenen Shapefiles wiederholen.

Für unser Projekt muss das Naturpark-Shapefile noch in UTF-8 umcodiert werden, da es sonst nicht in SAP HANA importiert werden kann. Diese Operation ist nicht immer notwendig, da die Shapefiles meistens auch die richtige Zeichencodierung aufweisen. Falls Sie jedoch in der Praxis auf Importprobleme stoßen, können Sie den folgenden Python-Code benutzen, um die Zeichencodierung auf UTF-8 umzustellen. Ignorieren Sie dabei potenzielle Warnungen:

```
import geopandas
gpd = geopandas.read_file('naturparke_epsg4258_shp.zip')
gpd.to_file('naturparke_epsg4258_shp_conv',encoding='utf-8')
```

Da die Konvertierung das ZIP-Archiv entpackt hat, sollten Sie den neu erstellten, konvertierten Ordner wieder in eine ZIP-Datei packen, da der Import nach SAP HANA eine ZIP-Datei erwartet. Wenn Sie auf einem Mac-Computer arbeiten, führen Sie dafür folgendem Befehl aus einer Notebook-Zelle aus:

```
!zip -r naturparke_epsg4258_shp_conv.zip naturparke_epsg4258_shp_conv/*
```

Wenn Sie ein Windows-Betriebssystem besitzen, öffnen Sie den Datei-Explorer und navigieren zum Ordner, in dem sich das **7.1 Spezialisierte Analyse Engines – Geodaten.ipynb**-Notebook befindet. Klicken Sie mit der rechten Maustaste auf den Ordner

naturparke_epsg4258_shp_conv/ und wählen Sie **Senden an • ZIP-komprimierter Ordner**, um die Datei **naturparke_epsg4258_shp_conv.zip** zu erstellen. Diese Datei nutzt nun die richtige Zeichencodierung und kann in SAP HANA importiert werden. Führen Sie dafür den folgenden Code aus:

```
import hana_ml.dataframe as dataframe
conn = dataframe.ConnectionContext(userkey='MYHANA')
dataframe.create_dataframe_from_shapefile(
        connection_context=conn,
        shp_file='naturparke_epsg4258_shp_conv.zip',
        table_name="TM_BY_NATIONALPARKS",
        srid=4258)
```

Beim Importieren ist es wichtig, die SRID des Shapefiles anzugeben (in unserem Beispiel `srid=4258`), damit die Daten richtig repräsentiert werden.

Lassen Sie sich nun die Inhalte der Tabelle anzeigen (siehe Abbildung 7.3):

```
df_rem_by_parks = conn.table('TM_BY_NATIONALPARKS')
df_rem_by_parks.head(5).collect()
```

id	name	nr	area_ha	SHAPE
NP-00005	Frankenwald	BAY-08	102279.276771000004373	POLYGON ((11.22584231289409 50.21265052967115,...
NP-00009	Fränkische Schweiz - Veldensteiner Forst	BAY-14	233505.747700999985682	POLYGON ((11.156246867416977 50.13431144489429...
NP-00016	Altmühltal	BAY-15	296547.977405000012368	POLYGON ((11.472441250869165 49.15827463574909...
NP-00013	Frankenhöhe	BAY-10	110308.646982000005664	POLYGON ((10.604202707317292 49.56048032034571...
NP-00002	Bayerische Rhön	BAY-03	123494.74753100000089	POLYGON ((9.91170661957308 50.10719141333927, ...

Abbildung 7.3 Struktur der Tabelle mit den Naturparks in Bayern

In Tabelle 7.1 sehen Sie eine Beschreibung der einzelnen Spalten des `hana_ml`-DataFrames.

Spalte	Beschreibung
id	ID-Nummer
name	Name des Parks
nr	interne Nummer
area_ha	Fläche in Hektar
SHAPE	Polygon-Definition der Grenzen des Parks

Tabelle 7.1 Beschreibung der Spalten in der Tabelle

Wenn Sie die `dtypes()`-Methode anschauen, sehen Sie, dass der `hana_ml`-DataFrame eine Spalte mit dem Datenformat `Geometry` beinhaltet (siehe Abbildung 7.4). In dieser Spalte sind die geografischen Informationen gespeichert.

```
df_rem_by_parks.dtypes()
```

```
[('id', 'NVARCHAR', 80, 80, 80, 0),
 ('name', 'NVARCHAR', 80, 80, 80, 0),
 ('nr', 'NVARCHAR', 80, 80, 80, 0),
 ('area_ha', 'DECIMAL', 24, 24, 24, 15),
 ('SHAPE', 'GEOMETRY', 0, 0, 0, 0)]
```

Abbildung 7.4 Datentypen der Tabelle mit den Naturparks in Bayern

Laden von CSV-Dateien mit Geospalten

Als Nächstes werden wir die Informationen über die Positionierung der E-Auto-Ladesäulen in SAP HANA hochladen. Die Datei finden Sie auf der Webseite von Esri im Open-Data-Portal. Gehen Sie wie folgt vor:

1. Navigieren Sie auf die Webseite von Esri unter folgendem Link: *http://s-prs.de/v903357*.
2. Klicken Sie auf den Download-Button und wählen Sie dann auf der linken Seite in der CSV-Sektion **Herunterladen**.
3. Importieren Sie die CSV-Datei in den Notebook-Ordner über den Upload-Files-Button im JupyterLab, wie zuvor beschrieben. Eventuell müssen Sie die CSV-Datei wegen des Umlauts noch in »Ladesaeulen_in_Deutschland.csv« umbenennen.

Nun befindet sich die CSV-Datei im Ordner, und Sie können sie in SAP HANA hochladen. Da es sich hierbei nicht um ein Shapefile handelt, werden Sie die CSV-Datei über die gewöhnliche `create_dataframe_from_pandas()`-Methode von `hana_ml` importieren:

```
import pandas as pd
df_stations=pd.read_csv('Ladesaeulen_in_Deutschland.csv')
dataframe.create_dataframe_from_pandas(conn, df_stations, "CHARGE_
STATIONS", geo_cols=[("Längengrad","Breitengrad")], srid=4326, force=True)
```

Da die CSV-Datei auch Spalten ohne Geodaten beinhaltet, ist es bei dem Upload notwendig, zu kennzeichnen, welche Spalten die Geoinformationen beinhalten. Zusätzlich ist auch hier notwendig, die SRID zu spezifizieren. Diese kennen Sie normalerweise von der Quelle, aus der die Datei stammt. Wenn Sie auf die Webseite gehen, auf der Sie die Datei heruntergeladen haben, werden Sie herausfinden, dass die Daten in WGS84 umprojiziert wurden. WGS84 ist auch als EPSG:4326 bekannt. Deshalb werden wir für den Upload `SRID=4326` angeben.

Mehr Informationen über die Struktur der hochgeladenen Daten und die Bedeutung der Spalten finden Sie in Tabelle 7.2.

Spaltenname	Bedeutung
Betreiber	Name des Ladestationbetreibers
Straße, Hausnummer, PLZ, Ort, Bundesland	Adresse der Ladestation
Steckertypen 1, 2, 3, 4	Steckertypen, die an der Ladestation verfügbar sind
Anschlussleistung, Art_der_Ladeeinrichtung, Anzahl_Ladepunkte	Informationen über die Leistung der Ladestation, Anzahl der verfügbaren Ladepunkten und Art der Ladeeinrichtung
Breitengrad	geografische Breite
Längengrad	geografische Länge
Längengrad_Breitengrad_GEO	Koordinaten als Geodatentyp aufbereitet, die Spalte wurde automatisch von hana_ml generiert

Tabelle 7.2 Ausgewählte Inhalte der CHARGE_STATIONS-Tabelle

Es ist wichtig zu erwähnen, dass die Spalte **Längengrad_Breitengrad_GEO** als Kombination der zwei spezifizierten Geospalten automatisch erstellt wurde. Der Datentyp dieser Spalte ist, wie erwartet, GEOMETRY. Lassen Sie sich die Spalten und deren Typen anzeigen:

```
df_remote_stations = conn.table('CHARGE_STATIONS')
df_remote_stations.dtypes()
```

7.1.4 Datenanalyse

Nachdem sich nun die Daten in SAP HANA befinden, können Sie anfangen, diese zu analysieren. In den folgenden Abschnitten werden Sie die Geodaten auf einer Karte abbilden und Operationen wie Filtern und Clustern auf die räumliche Spalte vornehmen.

Visualisierung von Geodaten

Als Erstes können Sie mithilfe vom Geopandas-Python-Paket die Naturparks grafisch ausgeben (siehe Abbildung 7.5). Dabei benutzen Sie den hana_ml-DataFrame, um daraus einen geopandas-DataFrame zu erstellen. Auch hier ist es wichtig, die Spalte mit den räumlichen Informationen zu spezifizieren sowie das Referenzkoordinatensystem.

```
df_by_nationalparks = geopandas.GeoDataFrame(df_rem_by_
parks.collect(), geometry='SHAPE', crs="EPSG:4326")
df_by_nationalparks.plot(figsize=(5,5))
```

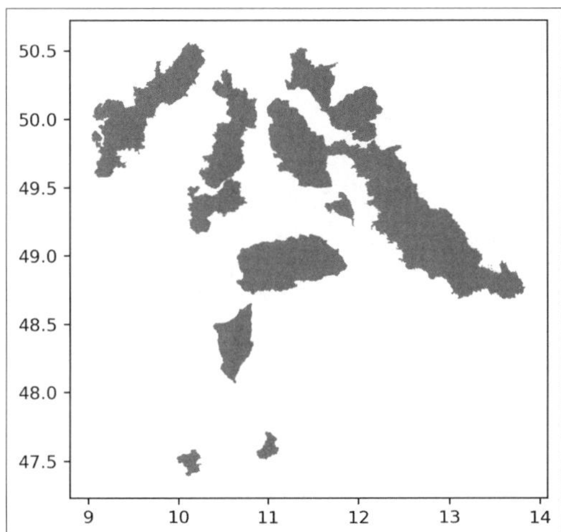

Abbildung 7.5 Naturparks visualisiert mit Geopandas

Für eine bessere Darstellung können Sie die Naturparks auch über eine Landkarte ausgeben wie auf Abbildung 7.6 gezeigt. Dafür benutzen Sie das `contextily`-Paket, um die Karte aus OpenStreetMaps zu verwenden. Da OpenStreetMaps nur mit ebenerdigen Koordinatenreferenzsystemen umgehen kann, müssen die Geodaten ins SRID=3857 transformiert werden:

```
import contextily as ctx
import matplotlib.pyplot as plt
fig_parks_by=df_by_nationalparks.to_crs(epsg=3857).plot( alpha=0.4, edgecolor=
'k', zorder=1)
plt.rcParams["figure.figsize"] = [10, 5]
fig_parks_by.set_axis_off()
ctx.add_basemap(fig_parks_by, source=ctx.providers.OpenStreetMap.Mapnik)
```

Auf ähnliche Weise können Sie mithilfe von Geopandas auch die Ladestationen visualisieren, wie in Abbildung 7.7 zu sehen.

```
df_stations = geopandas.GeoDataFrame(df_remote_stations.collect(), geometry=
'Längengrad_Breitengrad_GEO', crs="EPSG:4326")
df_stations.plot(figsize=(5,5))
```

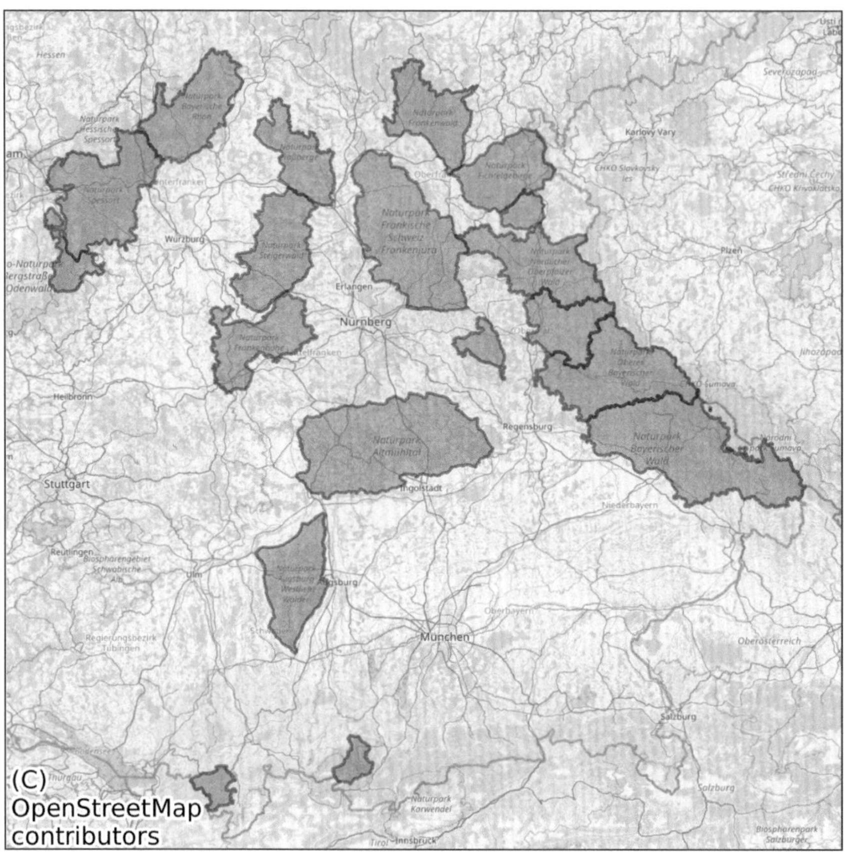

Abbildung 7.6 Auf einer Karte visualisierte Naturparks (Kartendaten von OpenStreetMap)

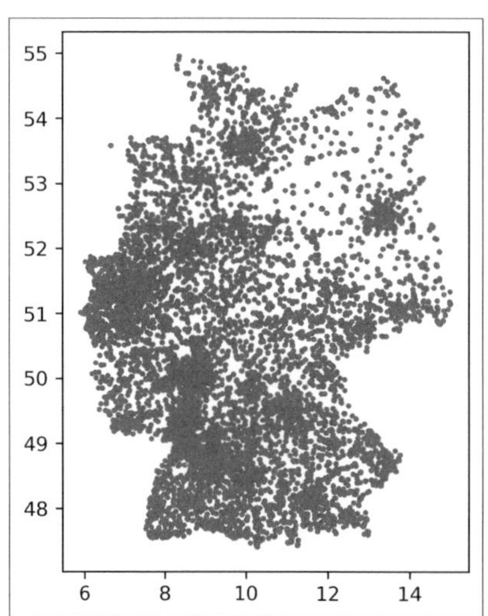

Abbildung 7.7 Visualisierung der Lage von Ladestationen im Datensatz

Räumliches Filtern

Eine wichtige Eigenschaft von Geodaten ist die Möglichkeit, Schnittflächen zu berechnen und dadurch räumliches Filtern auszuführen. Damit lassen sich Fragen beantworten, wie z B., welche Ihrer Kund*innen in der Nähe von einem Flughafen wohnen oder wie viele Ihrer Geschäfte sich im Einflussgebiet eines Wettbewerbers befinden.

Um das Konzept des räumlichen Filterns zu zeigen, werden Sie mithilfe der Naturpark-Shapefile-Informationen nur Ladestationen extrahieren, die sich tatsächlich in einem Naturpark in Bayern befinden. Um die Anzahl der Ladestationen zu reduzieren, werden Sie nur Ladestationen, die einen Steckertyp AC-Kupplung Typ 2 anbieten, berücksichtigen. Davon sind laut der folgenden Aggregation 148 innerhalb Bayerns vorhanden (dritte Zeile im Ergebnis). Dies haben wir gefunden, indem wir auf das Bundesland aus der Adresse der Ladestation gefiltert haben:

```
df_remote_stations.filter('''"Bundesland"='Bayern' ''').agg([('count',
'Steckertypen1', 'count')], group_by='Steckertypen1').sort_values('count',
ascending=False).collect()
```

Dies ist jedoch noch kein räumliches Filtern. Mit der SQL-Funktion `ST_CoveredBy()` können Sie überprüfen, ob eine Geometrie (z. B. ein Punkt) sich innerhalb einer Fläche befindet. In unserem Fall bedeutet das, dass Sie überprüfen könnten, ob die Position der Ladesäulen in der Spalte **Längengrad_Breitengrad_GEO** innerhalb einer der Flächen der Naturparks liegt (Spalte SHAPE aus der Naturpark-Tabelle). Folgender Python-Code zeigt, wie Sie diese Filterung mit einem Join erreichen können. Als Erstes filtern Sie nur die Ladestationen mit dem Stecker von Typ AC-Kupplung Typ 2. Die Join-Kondition beinhaltet das bereits erwähnte räumliche Prädikat `ST_CoveredBy()`. Es ist dabei sehr wichtig, dass die Geometriedaten das gleiche Koordinatenreferenzsystem nutzen, deshalb werden die Ladestationsdaten in SRID=4258 (entspricht der SRID der Naturparkdaten) mit der `ST_SRID()`-Methode umgewandelt. Eventuell werden Sie beim Ausführen des folgenden Codes eine Warnung des Shapely-Pakets erhalten, die Sie aber ignorieren können.

```
df_rem_stations_nationalpark = (df_remote_stations.filter(''' "Steckertypen1"=
                                'AC Kupplung Typ 2' ''')
            .alias('P')
            .join(df_rem_by_parks.alias('C'), condition='P."Längengrad_
Breitengrad_GEO".ST_SRID(4258).ST_CoveredBy(C.SHAPE)=1', select=["P.*",
('''C."name"''', 'NAME'), ('C.SHAPE', 'PARK_SHAPE')]))
df_stations_nationalpark  = geopandas.GeoDataFrame(df_rem_stations_
nationalpark.collect(), geometry='Längengrad_Breitengrad_GEO', crs=
"EPSG:4258")
```

In den Select-Befehl werden alle Informationen aus der Ladestationstabelle, jedoch nur der Name, die Fläche in Quadratkilometern und die Form des Parks aus der Naturparks-Tabelle aufgenommen. Der Join gibt an, dass sich innerhalb eines Naturparks in Bayern 30 Ladesäulen mit dem Steckertyp AC-Kupplung Typ 2 befinden. Mit dem entstandenen Code können Sie eine Grafik erstellen, die alle Informationen gemeinsam darstellt. Die Karte wird dann als Hintergrund und die Naturparks werden darüber angezeigt. In der obersten Schicht werden Ihnen die Ladesäulen aus dem DataFrame df_stations_nationalpark angezeigt. Da wir auch hier Daten von OpenStreetMaps für die Karten verwenden, müssen die Geodaten in SRID=3857 transformiert werden (siehe Listing 7.1).

```
# Ladestationen als Kreise darstellen
fig_stations_by = df_stations_nationalpark.to_crs(epsg=3857).plot(alpha=1,
color='w', edgecolor='r', markersize=60, zorder=2)
plt.rcParams["figure.figsize"] = [10, 5]
# Nationalparks visualisieren
df_by_nationalparks.to_crs(epsg=3857).plot(ax=fig_stations_by, alpha=0.4,
edgecolor='k', zorder=1)
fig_stations_by.set_axis_off()
# Landkarte hinzufügen
ctx.add_basemap(fig_stations_by, source=ctx.providers.OpenStreetMap.Mapnik)
```

Listing 7.1 Code zur Anzeige der Ladesäulen

Wie in Abbildung 7.8 zu sehen ist, gibt es Naturparks, die viele Ladesäulen des ausgewählten Typs anbieten, und manche, die gar keine solche Ladesäulen installiert haben. Es ergibt sich die Frage, welche Fläche in Quadratkilometern eine Ladesäule in jedem der Naturparks bedienen sollte. Ähnliche Geschäftsfragen könnten sein, wie viele Einwohner*innen mein Geschäft abdeckt oder wie viele Premiumkunden sich im Einflussgebiet meiner Marketingkampagne befinden.

Um zu überprüfen, wie viele Ladesäulen (oder Kunden etc.) sich in einem Gebiet befinden, werden wir den Join ohne den Steckertypfilter und mit einer neuen Spalte im Select-Befehl wiederholen. Diese Spalte wird über ST_Area(), die einer räumlichen Aggregationsfunktion entspricht, die Fläche jedes Naturparks in Quadratmetern zurückgeben. Dieser Wert kann dann in Quadratkilometern umgewandelt werden. Danach aggregieren Sie nach Naturparkname und zeigen die fünf schlechtesten Verhältnisse an (einzelne Ladestationen müssen eine große Fläche abdecken). Führen Sie dafür den Code in Listing 7.2 aus.

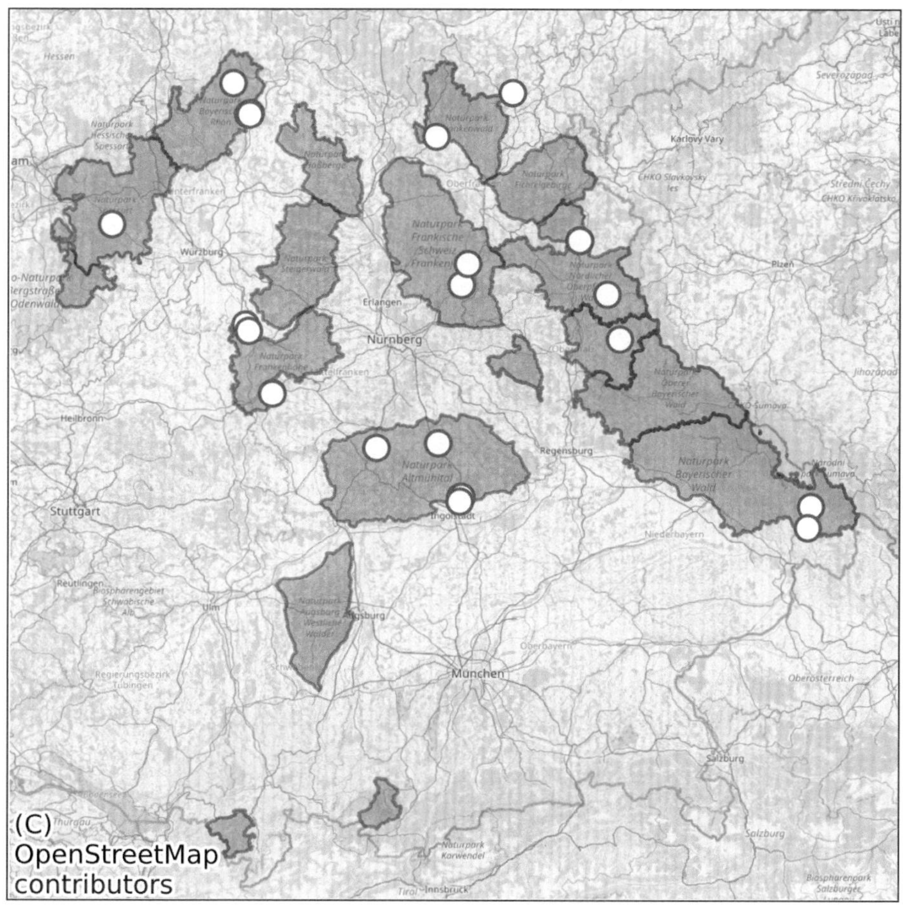

Abbildung 7.8 Ladestationen in einem Naturpark in Bayern mit Stecker vom Typ AC-Kupplung Typ 2 (Kartendaten von OpenStreetMap)

```
df_rem_all_stations_park = (df_remote_stations.alias('P').join(df_rem_by_
parks.alias('C'), condition='P."Längengrad_Breitengrad_GEO".ST_SRID(4258).ST_
CoveredBy(C.SHAPE)=1', select=["P.*", ('''C."name"''', 'NAME'), ('C.SHAPE.ST_
Area()/1e6', 'PARK_AREA'), ('C.SHAPE', 'PARK_SHAPE')]))
# Berechnung der Anzahl von einzelnen Parks
df_rem_distr_stations = df_rem_all_stations_park.agg([('count', 'NAME',
'NR_STATIONS'), ('avg','PARK_AREA','PARK_AREA_KM2')], group_by='NAME')
# Auswahl der Parks mit dem schlechtesten Verhältnis
df_rem_distr_stations.select('*', ('PARK_AREA_KM2/NR_STATIONS',
'RATIO')).sort_values('RATIO', ascending=False).head(5).collect()
```

Listing 7.2 Code zur Berechnung der Fläche, die eine Ladenstation abdeckt

Das Ergebnis in Abbildung 7.9 zeigt das Verhältnis der Parkfläche zur Anzahl der Ladesäulen. So sehen wir z. B., dass im Naturpark Nagelfluhkette das Verhältnis zwischen der Fläche in km² und der Anzahl der Ladestationen fast 250:1 ist. Wenn Sie die Sortierung ändern, können Sie die besten Verhältnisse anzeigen lassen. Daraus wird sichtbar, dass das Verhältnis für den Park Bayerischer Odenwald 18:1 ist. Grob lässt sich also interpretieren, dass auf eine Fläche von 18 km² eine Ladestation kommt.

NAME	NR_STATIONS	PARK_AREA_KM2	RATIO
Nagelfluhkette	1	246.469046	246.469046
Haßberge	9	817.031195	90.781244
Augsburg - westliche Wälder	15	1224.569399	81.637960
Bayerischer Odenwald	6	377.100530	62.850088
Steinwald	4	229.919730	57.479933

Abbildung 7.9 Verhältnis Quadratkilometer pro Ladestation innerhalb Bayerns Naturparks

Natürlich ist dies nur ein Beispiel, um die Funktionalität zu verdeutlichen. Im konkreten Fall der Naturparks berücksichtigen wir nicht, ob sich in den Flächen Berge oder anderes unwegsames Gelände befinden.

Oft ist es auch interessant, über Geodaten Distanzen zu berechnen, um z. B. festzustellen, wie weit Ihr Geschäft von der Konkurrenz entfernt liegt oder wie weit entfernt sich etwaige Anlagen von dem Ersatzteillager befinden etc.

Mit dem folgenden Skript in Listing 7.3 können Sie bestimmen, wie weit die nächste Ladestation in einem Naturpark in Bayern von Ihnen entfernt liegt. Bei dieser Entfernung handelt es sich um die kürzeste Entfernung, die das Straßennetz oder sonstige Gegebenheiten also nicht beachtet. Um nun die Distanz zu berechnen, brauchen Sie als Erstes Ihre eigenen Geokoordinaten. Diese können Sie z. B. über einen Webseitendienst bestimmen lassen. Die Lokalisierung wird anhand der IP-Adresse durchgeführt und ist nicht immer sehr genau. Wenn Sie das nicht wünschen oder wenn Sie Ihre Koordinaten schon kennen, können Sie alternativ die Werte in die Variablen `mylat` und `mylon` selbst einsetzen (für Walldorf, wo sich die SAP-Zentrale befindet, sind dies z. B. 49.3064 und 8.6428).

```
import requests, json
s = requests.Session()
mylat, mylon = [json.loads(s.get("https://ifconfig.co/json").text)
                .get(key) for key in ['latitude', 'longitude']]
s.close()
df_rem_all_stations_park.select("Postleitzahl","Ort",
 ('New ST_POINT({lon}, {lat}).ST_SRID(4326).ST_Distance(New ST_
Point("Längengrad","Breitengrad").ST_SRID(4326))/1000'.format(lon=mylon,
```

```
lat=mylat),"DIST_FROMME")).sort("DIST_FROMME").sort_values('DIST_FROMME',
ascending=True).head(5).collect()
```

Listing 7.3 Berechnung der Entfernung

Der `Select`-Befehl wird die Postleitzahl (PLZ) und den Ort liefern und (über das `ST_Distance()`-Prädikat) die Distanz (in Kilometern) zwischen den Punkten berechnen. Als Letztes werden die Ergebnisse sortiert angezeigt (siehe Abbildung 7.10). So sehen Sie, dass die am nächsten liegende Ladestation sich in Miltenberg ca. 61 Kilometer entfernt befindet. Natürlich werden sich Ihre Ergebnisse davon unterscheiden, je nachdem, welche Werte Sie für `mylat` und `mylon` eingesetzt haben.

Postleitzahl	Ort	DIST_FROMME
63897	Miltenberg	61.391002
63925	Laudenbach	61.838539
63924	Kleinheubach	62.127855
63897	Miltenberg	62.434025
63897	Miltenberg	62.515714

Abbildung 7.10 Die Ladestationen eines Naturparks in Bayern in kürzester Entfernung von Walldorf

Räumliches Clustern

Als Letztes werden Sie sehen, wie geografische Punkte mithilfe der Geodaten-Engine von SAP HANA geclustert werden können. Dieses Clustering erlaubt nicht nur die Punkte anhand ihrer Lage zu gruppieren, sondern auch Kennzahlen für die einzelnen Cluster zu aggregieren. So können Sie z. B. die Anzahl der Kunden in jedem Cluster bestimmen oder den mittleren Absatz Ihrer Filialen innerhalb eines jeden Clusters. Die Engine unterstützt momentan Density-Based Spatial Clustering of Applications with Noise (*DBScan*), K-Means, Grid und Hexagon als Clustering-Methoden. Wichtig zu erwähnen ist, dass das räumliche Clustering zurzeit nur für 2-D-Punkte in ebenerdigen Koordinatenreferenzsystemen (z. B. SRID=3857) unterstützt wird. Da die Daten, z. B. die Ladestationen, als Referenz eine SRID=4326 benutzen, die nicht ebenerdig ist, müssten diese mit der `ST_SRID()`-Methode umgewandelt werden.

Nun untersuchen Sie, wie sich die Ladestationen innerhalb Bayerns clustern lassen und wie viele Ladestationen sich in jedem Cluster befinden. Als Anzahl der Cluster für die Analyse wählen wir fünf aus:

```
sql = ''' SELECT ST_ClusterId() AS id, ST_ConcaveHullAggr(LB_GEO) AS conv,
COUNT(*) AS count FROM (SELECT *, "Längengrad_Breitengrad_GEO".ST_SRID(3857)
AS LB_GEO FROM CHARGE_STATIONS WHERE "Bundesland" = 'Bayern') GROUP CLUSTER BY
LB_GEO USING KMEANS CLUSTERS 5'''
df_remote_cluster = conn.sql(sql)
```

Wie Sie im SELECT-Befehl sehen können, wurde die Spalte Längengrad_Breitengrad_GEO zuerst in SRS=3857 umgewandelt, damit das Clustering überhaupt möglich ist. Als Nächstes spezifizieren wir, dass wir die Cluster-ID und die geografische Grenze der Cluster auswählen möchten. Die dritte Spalte ist eine Aggregation über die Anzahl vorhandener Ladestationen innerhalb des Clusters. Hier können Sie anstatt count() auch weitere Operationen auswählen (min, max, stdev etc.; siehe Listing 7.4).

```
df_cluster = geopandas.GeoDataFrame(df_remote_cluster.collect(), geometry=
'CONV', crs="EPSG:4326")
df_cluster ['color'] = ['red', 'green', 'blue', 'yellow', 'orange']
fig_stations_by=df_cluster.to_crs(epsg=3857).plot(alpha=0.3, color= df_
cluster['color'], edgecolor='r')
fig_stations_by.set_axis_off()
plt.rcParams["figure.figsize"] = [20, 10]
df_cluster.to_crs(epsg=3857).apply(lambda station: fig_stations_
by.annotate(station.COUNT, xy=
(station.CONV.centroid.x,station.CONV.centroid.y), xytext=(-10, -15),
textcoords="offset points"), axis=1)
ctx.add_basemap(fig_stations_by,source=ctx.providers.OpenStreetMap.Mapnik)
```

Listing 7.4 Anzeige der Cluster auf einer Landkarte

Sie sehen in Abbildung 7.11 das Ergebnis des K-Means-Clustering in verschiedenen Farben. Die Zahl in den farbig markierten Flächen entspricht der Anzahl der Ladestationen im jeweiligen Cluster. Die Cluster-Grenzen sind in verschiedenen Farben gekennzeichnet. Wie Sie erkennen können, ist die Form der Cluster eine komplexe Hülle, da wir als Aggregation die ST_ConcaveHullAggr()-Methode spezifiziert haben. Wenn Sie hier statt ST_ConcaveHullAggr() die ST_EnvelopeAggr()-Methode spezifizieren, werden Ihnen rechteckige Cluster-Bereiche angezeigt. Experimentieren Sie gerne mit anderen Clustering-Algorithmen wie DBScan oder Grid, um die Ergebnisse zu vergleichen.

Sie haben erste Beispiele der Fähigkeiten der Geodaten-Engine gesehen. Es ist wichtig zu erwähnen, dass die Analyse von Geodaten oft in Kombination mit anderen Engines (wie Graph oder Text) oder den Machine-Learning-Bibliotheken (APL und PAL) benutzt wird. Dadurch kann man eine multimodale Vorbereitung der Daten erst einmal mit den spezialisierten Engines durchführen, um danach diese an die ML-Bibliotheken wie PAL und APL weiterzugeben. Diese Kombination stellt Data Scientists ein sehr mächtiges Werkzeug zur Verfügung, um für moderne Daten- und Analyseanforderungen gewappnet zu sein.

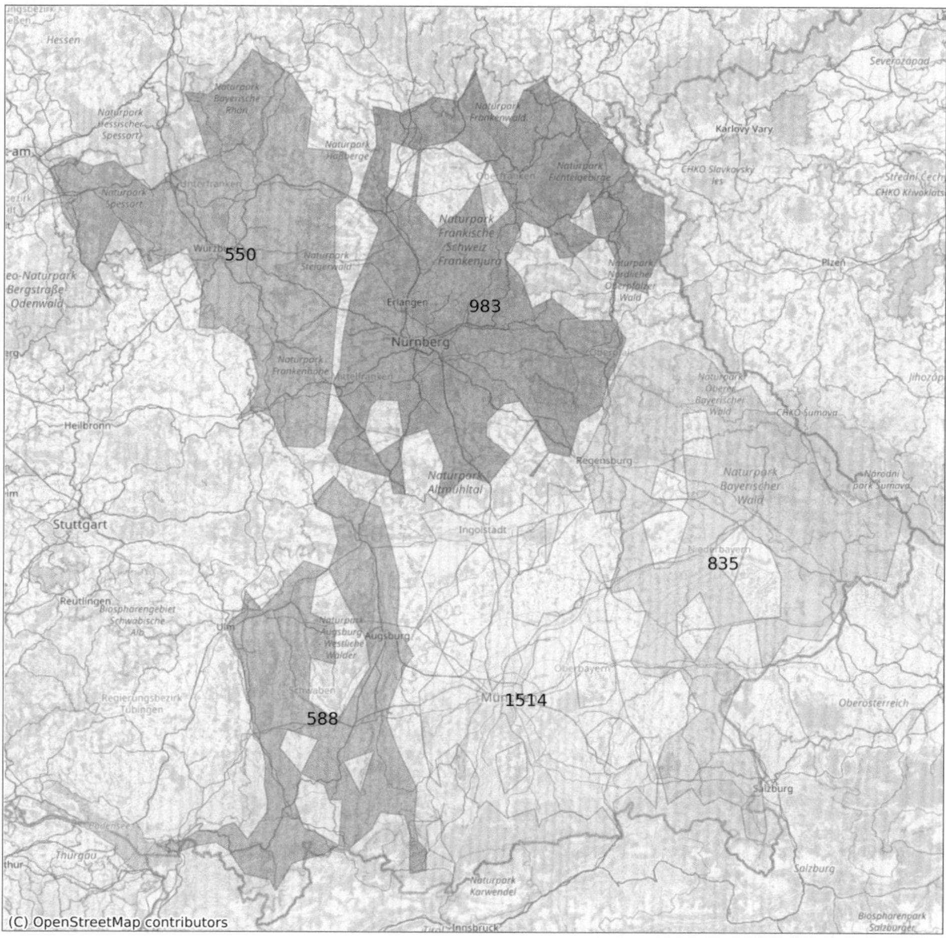

Abbildung 7.11 Clustering der Ladestationen in Bayern mit der Anzahl der Ladestationen pro Cluster (Kartendaten von OpenStreetMap)

7.2 Graphanalyse

Mit der Graph Engine in SAP HANA (oft *SAP HANA Graph* genannt) lassen sich diverse netzwerkbezogene Analysen implementieren. In einer relationalen Datenbank werden typischerweise Tabellen und Views miteinander verknüpft, die jeweils Informationen über mehrere Objekte beinhalten. In einer Graphdatenbank werden die einzelnen Objekte miteinander verknüpft, woraus sich sehr schnell sehr komplexe Netzwerke ergeben. Der Begriff *Netzwerk* ist hier nicht als physisches Telekommunikationsnetzwerk gemeint, sondern als konzeptionelles Konstrukt, in dem die verschiedensten Objekte miteinander verknüpft werden.

Graphanalysen werden in den verschiedensten Bereichen eingesetzt, wie z. B.:

- zur Optimierung der Logistik (kürzeste Verbindung über Versandstationen zwischen Lagerhaus und Kunden)
- für Produktempfehlungen (abgeleitet aus einem Netzwerk von Kunden und den Produkten, die diese erworben haben)
- in produzierenden Unternehmen, um Abhängigkeiten in verschachtelten Materialstücklisten zu erkennen (in welchen Zwischenprodukten wird Bauteil X verwendet und in welchen weiteren Zwischen- und Endprodukten werden diese wiederum verwendet)

Die Objekte, die miteinander verknüpft werden, heißen in der SAP-HANA-Umgebung *Vertices* (Mehrzahl von Vertex) und die Verknüpfung zwischen zwei Vertices heißt *Edge*. Oftmals werden die Vertices auch *Knoten* genannt. Im Beispiel der oben erwähnten Logistikoptimierung entsprechen die Kunden und Lagerhäuser den Vertices/Knoten, die über Straßen (die Edges) miteinander verbunden sind.

Informationen über die Vertices und Edges werden in normalen SAP-HANA-Tabellen gespeichert, die über einen sogenannten *Graph Workspace* aufbereitet werden. Über diesen Workspace kann der Graph visualisiert, aber vor allem über die beiden Sprachen *GraphScript* und *openCypher* analysiert werden:

- GraphScript ist neben SQLScript und R eine von drei Sprachen für gespeicherte Prozeduren in SAP HANA. Als solche beinhaltet GraphScript für SAP HANA optimierte Graph-Algorithmen.
- openCypher ist ein Open-Source-Projekt für Graphanalysen, dessen Syntax SAP HANA zum Teil unterstützt. In SAP HANA wird openCypher direkt in ein SQL-SELECT-Statement eingebunden.

Durch die Nutzung von SQL lassen sich beide Optionen einfach in bestehende Umgebungen und Prozesse integrieren.

[»]

GraphScript und openCypher in SAP HANA

Weitere Informationen zu GraphScript und openCypher in SAP HANA Cloud finden Sie in der Dokumentation im SAP Help Portal: *http://s-prs.de/v903358*.

7.2.1 Einführung eines praktischen Beispiels

Wir nutzen die Graph-Engine in einem einfachen Beispiel, um aus einer verschachtelten Produktstruktur von Produktpaketen abzuleiten, ob ein einzelner Kunde Zugriff auf ein speziell ausgewähltes Produkt hat oder nicht. Diese Information kann als Prädiktor in anderen Machine-Learning-Szenarien, wie einer Kaufaffinitätsanalyse, genutzt werden.

In dem Beispiel versetzen wir uns in eine Bank, die unter anderem verschiedene Typen von Konten und Kreditkarten anbietet. Aus den einzelnen Produkten sind diverse Produktpakete geschnürt (z. B. »Family-Bundle«), die wiederum Teil weiterer, größerer Produktpakete sein können (z. B. »Family Bundle +«). Kund*innen können entweder einzelne Produkte oder ein Paket oder auch mehrere Pakete erwerben. Im Laufe des Abschnitts werden Sie die Logik auch visualisiert sehen (siehe Abbildung 7.14).

Aus der Struktur der Produktpakete und der von Kund*innen erworbenen Produkte und Pakete leiten wir eine Spalte ab, die angibt, ob eine Kundin oder ein Kunde Zugriff auf eine goldene Kreditkarte hat. Die Logik der Produktstrukturen, welches Produkt und welches Paket worin enthalten sind, wird hierbei zentral hinterlegt und kann für verschiedene Anforderungen verwendet werden. Bei einer Änderung der Produktstrukturen müssen nur die Vertices entsprechend angepasst werden.

Aus der Perspektive der Graphanalyse ist dieses Szenario sehr nah am Beispiel der Materialstücklisten. Um herauszufinden, welches Bauteil in welchen Elementen verwendet wird, können Sie den gleichen Ansatz verfolgen.

7.2.2 Datenbeschreibung

Für das Beispiel werden die Tabellen PRODUCTS, PRODUCTHIERARCHIES und CONTRACTS benötigt.

Die Tabelle PRODUCTS beinhaltet die Produkte und Produktpakete, die von der Bank angeboten werden. Innerhalb der Graphanalyse fungieren sie als die Vertices. Diese Informationen sind in den Spalten der Datei **PRODUCTS.csv** enthalten, die Sie in den Download-Materialien zu diesem Buch (siehe *www.sap-press.de/5539*) herunterladen können (siehe Tabelle 7.3).

Spalte	Beschreibung
PRODUCTID	ID des Produkts beziehungsweise Produktpakets
PRODUCTNAME	Name des Produkts beziehungsweise Produktpakets

Tabelle 7.3 Spalten der Tabelle »PRODUCTS.csv«

Die Tabelle PRODUCTHIERARCHIES beinhaltet die Logik, welches Produkt oder Produktpaket in welchem größeren Produktpaket enthalten ist. Für die Graphanalyse sind dies die Edges. Die Spalten, der mit diesem Buch verfügbaren Datei **PRODUCTHIERARCHIES.csv**, finden Sie in Tabelle 7.4.

Spalte	Beschreibung
RELATIONSHIPID	ID der Edge
CHILD	PRODUCTID des Produkts beziehungsweise Produktpakets, das in dem größeren Paket enthalten ist
PARENT	PRODUCTID des Produktpakets, in dem das CHILD enthalten ist

Tabelle 7.4 Spalten der Tabelle »PRODUCTHIERARCHIES.csv«

Die dritte Tabelle CONTRACTS führt die von Kund*innen erworbenen Produkte und Produktpakete. In Kombination mit der Graphanalyse lässt sich aus den Daten ableiten, ob eine Kundin oder ein Kunde eine goldene Kreditkarte besitzt. Folgende Spalten finden Sie in der mit diesem Buch verfügbaren Datei **CONTRACTS.csv** (siehe Tabelle 7.5).

Spalte	Beschreibung
CUSTOMERID	ID der Kundin oder des Kunden
PRODUCTID	PRODUCTID des Produkts beziehungsweise Produktpakets, das die Kundin beziehungsweise der Kunde erworben hat. Eine Kundin oder ein Kunde kann ein oder mehrere Produkte beziehungsweise Pakete erwerben.

Tabelle 7.5 Spalten der Tabelle »CONTRACTS.csv«

7.2.3 Daten laden

Das Python-Paket `hana_ml` bietet die Möglichkeit, mit einem einzelnen Befehl sowohl die Daten (Vertices und Edges) hochzuladen als auch gleich den notwendigen Graph Workspace anzulegen.

Erstellen Sie zuerst eine Verbindung zu Ihrem SAP-HANA-System. Dieser Code nutzt die in Kapitel 3, »Erste Schritte«, hinterlegten Anmeldedaten:

```
import hana_ml.dataframe as dataframe
conn = dataframe.ConnectionContext(userkey='MYHANA')
conn.connection.isconnected()
```

Laden Sie die Vertices und Edges in Pandas-DataFrames:

```
import pandas as pd
df_products = pd.read_csv('PRODUCTS.csv', sep=';')
df_hierarchies = pd.read_csv('PRODUCTHIERARCHIES.csv', sep=';')
```

Übertragen Sie die Vertices und Edges nun in SAP-HANA-Tabellen und erstellen Sie mit diesen den Graph Workspace PRODUCTSGRAPH, wie in Listing 7.5 zu sehen.

```
from hana_ml.graph import create_graph_from_dataframes
hg = create_graph_from_dataframes(conn,
    vertices_df=df_products,
    edges_df=df_hierarchies,
    workspace_name="PRODUCTSGRAPH",
    vertex_key_column="PRODUCTID",
    edge_source_column='CHILD',
    edge_target_column='PARENT',
    force_tables=True,
    force_workspace=True,
    drop_exist_tab=True)
```

Listing 7.5 Erstellen des Graph Workspaces

Der Befehl in Listing 7.5 erstellt die Tabellen PRODUCTSGRAPH_VERTICES und PRODUCTSGRAPH_EDGES sowie den Graph Workspace PRODUCTSGRAPH. Öffnen Sie den SAP HANA Database Explorer (siehe Abschnitt 3.3.1, »Erste Schritte«), und Sie finden diesen in der Navigationsstruktur (siehe Abbildung 7.12).

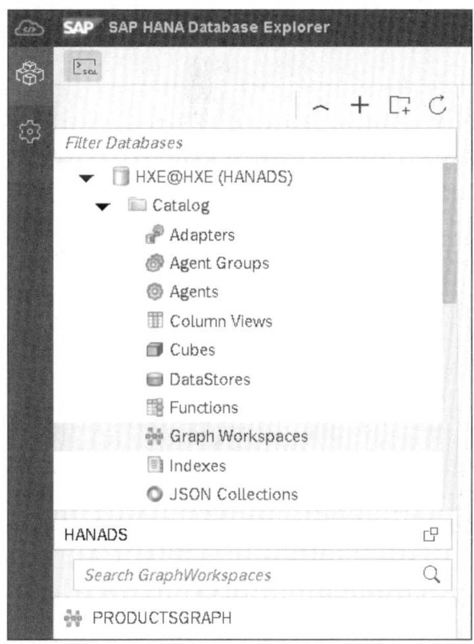

Abbildung 7.12 Graph Workspace im SAP HANA Database Explorer

Ebenso finden Sie unter **Tables** die Tabellen PRODUCTSGRAPH_VERTICES und PRODUCTSGRAPH_EDGES.

7.2.4 Datenanalyse

Sie können einige der in Kapitel 4, »Explorative Datenanalyse und Datenvorbereitung«, vorgestellten Methoden zur explorativen Datenanalyse verwenden. Die Tabelle PRODUCTSGRAPH_VERTICES beinhaltet z. B. 14 verschiedene Produkte:

```
df_remote_products = conn.table('PRODUCTSGRAPH_VERTICES')
df_remote_products.count()
```

Diese Vertices sind über 17 Edges miteinander verbunden:

```
df_remote_hierarchies = conn.table('PRODUCTSGRAPH_EDGES')
df_remote_hierarchies.count()
```

Ebenso kann der Graph visualisiert werden. Wenn Sie mit der rechten Maustaste auf den Graphen im SAP HANA Database Explorer klicken, erhalten Sie die Option **View Graph**. Diese zeigt die Verknüpfungen der Produkte und Produktpakete (siehe Abbildung 7.13). Die Richtung der Verknüpfungen gibt an, welches Produkt worin enthalten ist.

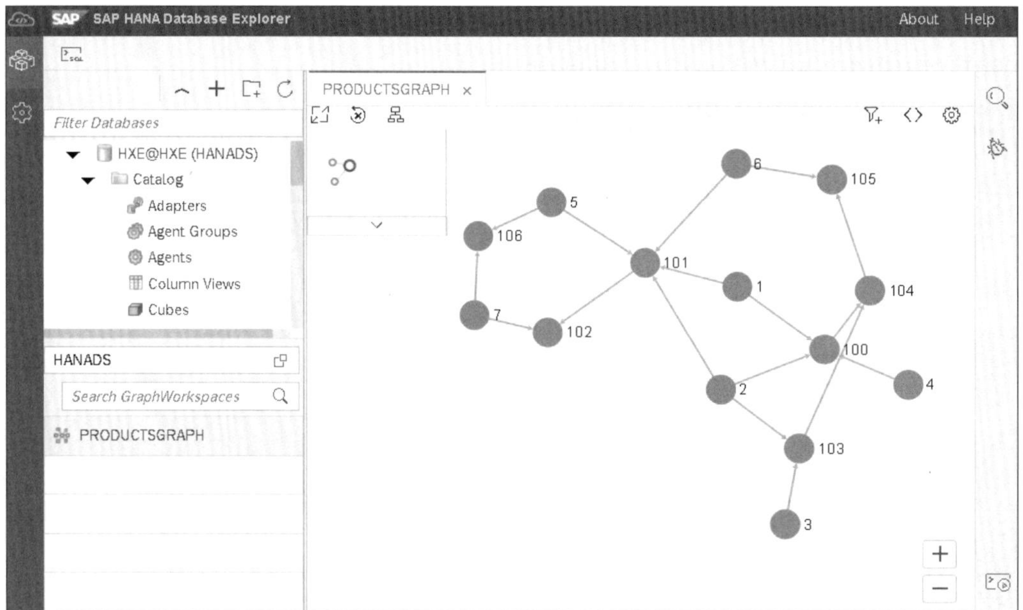

Abbildung 7.13 Visualisierung des Graphen

Die Produkte sind noch mit der PRODUCTID bezeichnet. Sie können die Darstellung jedoch so aufbereiten, dass die Produktnamen angezeigt werden. Über den Settings-Button oben rechts setzen Sie das Vertex-Label auf PRODUCTNAME. Die Vertices in diesem einfachen Graphen können Sie mit der Maus bewegen. So wurde die optische Darstellung der Produkthierarchie in Abbildung 7.14 erstellt.

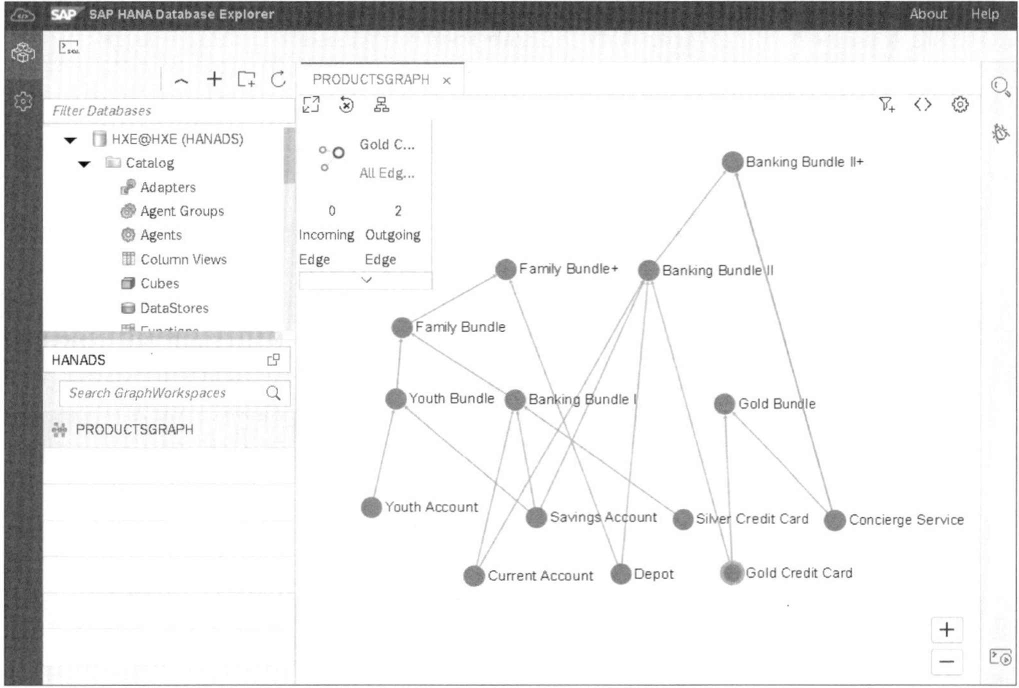

Abbildung 7.14 Verfeinerte Visualisierung des Graphen

7.2.5 Graphanalyse durchführen

Für unsere Analyse nutzen wir die openCypher-Syntax, da das Ergebnis einfach als `hana_ml`-DataFrame ausgegeben werden kann. Dieser `hana_ml`-DataFrame ist wichtig für unser Szenario, um Kundeninformationen, die bereits als `hana_ml`-DataFrame existieren, anzureichern.

Über SAP HANAs `OPENCYPHER_TABLE`-Funktion können Sie openCypher in SQL-Code verpacken und somit aus den diversen SQL-fähigen Umgebungen (wie SAP HANA Database Explorer oder DBeaver) heraus aufrufen. Öffnen Sie im SAP HANA Database Explorer die SQL Console und führen Sie diesen Code aus, der alle Produktpakete zurückgibt, die die goldene Kreditkarte beinhalten. Wenn Sie mit SAP Data Warehouse Cloud oder SAP HANA Cloud arbeiten, müssen Sie aus dem SQL-Statement nur den Namen des Schemas und den anschließenden Punkt entfernen (`"HANADS".`) Sobald der SQL-Code wie gewünscht funktioniert, können Sie diesen über das `hana_ml`-Paket ausführen lassen:

```
SELECT * FROM OPENCYPHER_TABLE( GRAPH WORKSPACE "HANADS"."PRODUCTSGRAPH" QUERY
    '
    MATCH p=(PRODUCT1)-[*1..15]->(PRODUCT2)
    WHERE PRODUCT1.PRODUCTNAME = "Gold Credit Card"
    RETURN PRODUCT2.PRODUCTID AS PRODUCTID,
           PRODUCT2.PRODUCTNAME AS PRODUCTNAME
    '
)
```

Die MATCH-Logik gibt an, welche Vertices anhand der Graphstruktur ausgegeben werden sollen. PRODUCT1 entspricht dabei dem Vertex, von dem eine Verbindung ausgeht, PRODUCT2 ist der empfangende Vertex. Die Logik zwischen PRODUCT1 und PRODUCT2 gibt an, dass eine bis fünfzehn Verknüpfungen zwischen den Vertices relevant sind. Die WHERE-Klausel schränkt weiter ein, dass nur die goldene Kreditkarte als erster Ausgangspunkt berücksichtigt wird. Der RETURN-Befehl gibt an, dass für alle Vertices, auf die die Kriterien zutreffen, die PRODUCTID und der PRODUCTNAME ausgegeben werden. Insofern werden alle Produktpakete zurückgegeben, die direkt oder indirekt (über zwischengelagerte Vertices) die goldene Kreditkarte beinhalten. Wie in Abbildung 7.15 gezeigt, sind dies drei verschiedene Produktpakete.

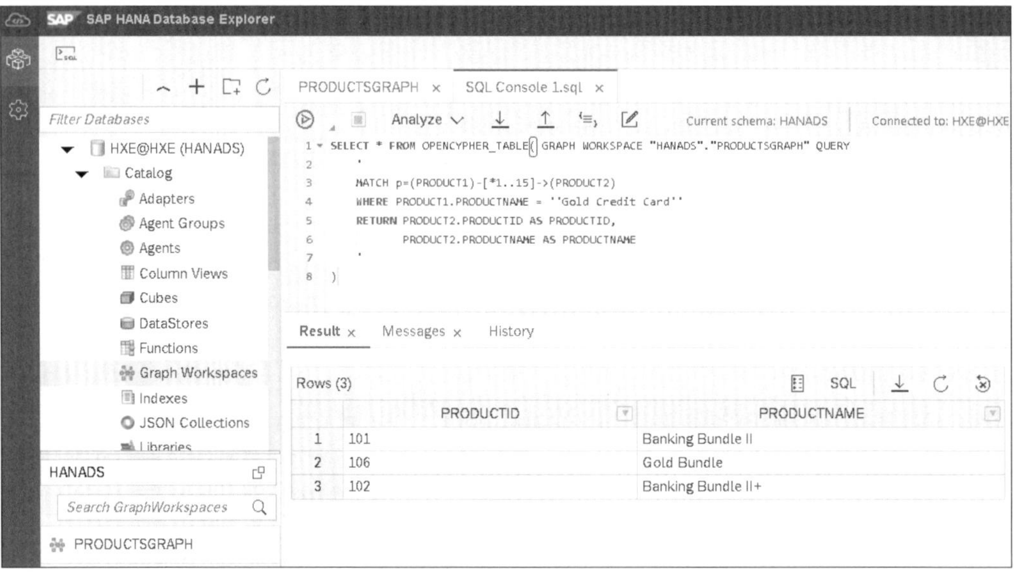

Abbildung 7.15 Ergebnis der Graphanalyse

Diese Ausgabe deckt allerdings noch nicht die gesamte Anforderung ab, da die goldene Kreditkarte selbst nicht mit ausgegeben wird. Hierfür erweitern wir den SQL-

Befehl, so dass über ein UNION-Element mit einem zweiten SELECT-Befehl die Ausgangsvertex hinzugefügt wird (siehe Listing 7.6).

```
SELECT * FROM OPENCYPHER_TABLE(GRAPH WORKSPACE "HANADS"."PRODUCTSGRAPH" QUERY
    '
    MATCH p=(PRODUCT1)-[*1..15]->(PRODUCT2)
    WHERE PRODUCT1.PRODUCTNAME = "Gold Credit Card"
    RETURN PRODUCT2.PRODUCTID AS PRODUCTID,
           PRODUCT2.PRODUCTNAME AS PRODUCTNAME
    '
)
UNION
SELECT * FROM OPENCYPHER_TABLE(GRAPH WORKSPACE "HANADS"."PRODUCTSGRAPH" QUERY
    '
    MATCH (PRODUCT1)
    WHERE PRODUCT1.PRODUCTNAME = "Gold Credit Card"
    RETURN PRODUCT1.PRODUCTID AS PRODUCTID,
           PRODUCT1.PRODUCTNAME AS PRODUCTNAME
    '
)
```

Listing 7.6 Identifizierung aller relevanten Vertices über openCypher

Dieser Befehlt gibt nun die erwarteten vier Produkte zurück. Zur weiteren Verarbeitung und Verfeinerung führen Sie den Code in Listing 7.7 in Python über das hana_ml-Paket aus, um einen hana_ml-DataFrame zu erhalten.

```
df_remote_prodwithgc = conn.sql("""
SELECT * FROM OPENCYPHER_TABLE(GRAPH WORKSPACE "HANADS"."PRODUCTSGRAPH" QUERY
    '
    MATCH p=(PRODUCT1)-[*1..15]->(PRODUCT2)
    WHERE PRODUCT1.PRODUCTNAME = "Gold Credit Card"
    RETURN PRODUCT2.PRODUCTID AS PRODUCTID,
           PRODUCT2.PRODUCTNAME AS PRODUCTNAME
    '
)
UNION
SELECT * FROM OPENCYPHER_TABLE(GRAPH WORKSPACE "HANADS"."PRODUCTSGRAPH" QUERY
    '
    MATCH (PRODUCT1)
    WHERE PRODUCT1.PRODUCTNAME = "Gold Credit Card"
    RETURN PRODUCT1.PRODUCTID AS PRODUCTID,
           PRODUCT1.PRODUCTNAME AS PRODUCTNAME
```

```
        '
)
""")
```

Listing 7.7 Einbindung des openCypher-Codes in einem »hana_ml«-DataFrame

Hängen Sie diesem `hana_ml`-DataFrame die Spalte HASGC an. Diese Spalte kann später als Prädiktor für weitere Data-Science-Anforderungen genutzt werden (siehe Abbildung 7.16):

```
df_remote_prodwithgc = df_remote_prodwithgc.select(['PRODUCTID']) \
    .add_constant('HASGC', 1).cast('HASGC', 'INT')
df_remote_prodwithgc.collect()
```

PRODUCTID	HASGC
106	1
5	1
101	1
102	1

Abbildung 7.16 Produkte mit goldener Kreditkarte

Nun laden Sie die Verkaufsdaten der Datei **CONTRACTS.csv** nach SAP HANA:

```
df_contracts = pd.read_csv('CONTRACTS.csv', sep=';')
df_remote_contracts = dataframe.create_dataframe_from_pandas(
                            connection_context=conn,
                            pandas_df=df_contracts,
                            table_name='CONTRACTS',
                            force=True,
                            drop_exist_tab=True,
                            replace=False)
df_remote_contracts.count()
```

In dem kleinen Beispiel sind 14 Verträge von zehn verschiedenen Kunden enthalten. Verknüpfen Sie diese Verkaufsdaten mit dem DataFrame, der angibt, ob die goldene Kreditkarte in dem erworbenen Produkt enthalten ist, indem Sie folgenden Code ausführen:

```
df_remote_contracts = df_remote_contracts.set_index('PRODUCTID') \
    .join(df_remote_prodwithgc.set_index('PRODUCTID'), how='left')
```

Da ein Kunde mehr als einen Vertrag erwerben kann, muss die erstellte Liste nun nur noch auf die einzelnen Kunden aggregiert werden. Hier wird gezählt, wie viele Produkte eine Kundin oder ein Kunde erworben hat, die die goldene Kreditkarte beinhalten (siehe Abbildung 7.17):

```
df_remote_customers = df_remote_contracts.agg(
    [('sum', 'HASGC', 'GCCOUNT')], group_by='CUSTOMERID').fillna(0)
df_remote_customers.head(10).collect()
```

CUSTOMERID	GCCOUNT
CXID007340	1
CXID000218	0
CXID008267	0
CXID004529	0
CXID005972	0
CXID000911	1
CXID008740	1
CXID001292	1
CXID005022	1
CXID009917	0

Abbildung 7.17 Neu erstellte Spalte, die zählt, auf wie viele goldene Kreditkarten der einzelne Kunde Zugriff hat

Aus der zentralen, hierarchischen Produktstruktur konnte die Graph Engine ableiten, wie die einzelnen Produkte miteinander verschachtelt sind. Diese Logik wurde exemplarisch genutzt, um pro Kund*in zu erkennen, ob und auf wie viele goldene Kreditkarten eine Kundin oder ein Kunde Zugriff hat.

Sehr ähnlich kann dieselbe Logik genutzt werden, um z. B. Materiallisten zu analysieren: Welches Bauteil wird in welchen Elementen benutzt, und wie oft ist dies der Fall?

Parallel zur Analyse mit openCypher ist natürlich auch eine Implementierung über GraphScript möglich. Wenn Sie mit SAP HANA Cloud oder SAP Data Warehouse Cloud arbeiten, kann diese Anforderung sogar direkt über die `Neighbors`-Methode im `hana_ml`-Paket implementiert werden, das die notwendige GraphScript-Syntax erstellt (der Wert 5 im Beispiel ist die PRODUCTID der goldenen Kreditkarte).

```
import hana_ml.graph.algorithms as hga
nb = hga.Neighbors(graph=hg).execute(start_vertex='5',
                                     direction='OUTGOING',
                                     lower_bound=0,
                                     upper_bound=15)
nb.vertices
```

Die Vertices werden hier als Pandas-DataFrame zurückgegeben. Für die flexible Nutzung von GraphScript über gespeicherte Prozeduren verweisen wir auf die Dokumentation.

[+]

Weitere Informationen zur Graph Engine

Ein hilfreiches Tutorial, wie Sie in die Arbeit mit der Graph Engine von SAP HANA einsteigen, finden Sie unter folgender URL: *https://developers.sap.com/group.hana-aa-graph-overview.html*

Die Referenz zu SAP HANA Graph finden Sie im SAP Help Portal unter folgendem Link: *http://s-prs.de/v903359*

7.3 Textanalyse

Textanalyse, manchmal auch *Text Mining* genannt, ist der Prozess der Informationsextraktion aus unstrukturierten Textdaten (sogenanntem Freitext). Dabei werden als vorbereitende Maßnahme die Texte geparst, um die Wörter als *Entitäten* zu erkennen, diese zu normalisieren und einen sogenannten Wortstamm zu extrahieren. Aufbauend auf den so vorbereiteten Daten können danach komplexere Analysen durchgeführt werden, um z. B. verwandte Dokumente zu finden oder Begriffe zu extrahieren, die nur für bestimmte Dokumente relevant sind etc. Zusätzlich können Sie mithilfe der Textanalyse auch Dokumente nach Ähnlichkeit gruppieren oder Dokumente einer vorbereiteten Kategorie zuordnen. Denken Sie an Servicetickets, die kategorisiert werden müssen (z. B. bei Beschwerden, Anfragen oder Lob), damit sie an die richtige Person zur Bearbeitung weitergeleitet werden können.

In den folgenden Abschnitten werden Sie die Text-Mining-Möglichkeiten, die SAP HANA Cloud beziehungsweise SAP Data Warehouse Cloud bietet, näher kennenlernen. Dabei werden wir einen Fall aus dem Bereich Kundenservice betrachten und versuchen, aus Produktbewertungen (in Textformat) Kunden-Feedback zu extrahieren. Momentan werden Deutsch, Englisch und Spanisch unterstützt. Die vorgestellten Features sind in der On-Premise-Version von SAP HANA nicht verfügbar.

[»]

Textanalyse mit SAP HANA On-Premise

Die in SAP HANA beziehungsweise SAP Data Warehouse Cloud genutzte Text-Engine ist nicht in SAP HANA On-Premise vorhanden. Jedoch beinhaltet die On-Premise-Umgebung eine unterschiedliche Textanalyse. Details hierzu finden Sie unter: *http://s-prs.de/v903360*

[»]

Weitere Möglichkeiten der Textanalyse

Das Thema Textanalyse und Text Mining ist sehr präsent innerhalb SAPs Universum. So finden sich innerhalb der *SAP AI Business Services* mehrere Dienste, die es den Nutzer*innen erlauben, Texte aus Dokumenten zu extrahieren und zu verstehen (z. B.

Business Entity Recognition, Document Classification etc.). Weiterhin kann Text mit dem Dienst *Service Ticket Intelligence* automatisch aus Servicetickets analysiert und klassifiziert werden. Mehr Informationen über diese Dienste finden Sie in Abschnitt 1.2.2, »Wiederverwendbare Dienste«, und im SAP Help Portal unter folgendem Link: *https://help.sap.com/docs/SAP_AI_BUS*

7.3.1 Beispiel und Datenbeschreibung

7

Wie schon erwähnt werden Sie die Textanalysefähigkeiten von SAP HANA Cloud benutzen, um Produktbewertungen von Kund*innen besser zu verstehen. Bei dem in diesem Beispiel genutzten Datensatz (**ProductReviews.csv**) handelt es sich um einen Auszug von Reviews eines Online-Einzelhändlers.

Die Bedeutung der Spalten der Datei, die Sie in den Download-Materialien zu diesem Buch (siehe *www.sap-press.de/5539*) herunterladen können, finden Sie in Tabelle 7.6.

Spalte	Bedeutung
Id	laufende Nummer als Kennzeichnung der einzelnen Bewertung
ProductId	Codierung des Produktnamens
UserId	Codierung der Benutzeridentifikation der Bewertungsverfasser*innen
Helpfulness-Numerator	Anzahl der Benutzer*innen, die die Bewertung hilfreich gefunden haben
Helpfulness-Denominator	Anzahl der Benutzer*innen, die die Bewertung gelesen haben
Score	Sterne-Rating
Time	Zeitstempel
Summary	Zusammenfassung der Bewertung
Text	Rohtext der Bewertung

Tabelle 7.6 Bedeutung der Spalten in der Datei »ProductReviews.csv«

Die relevanten Spalten für die Textanalyse sind die ID der Bewertung sowie der tatsächliche Text der Bewertung. Zusätzlich werden Sie noch eine Clustering-Analyse durchführen, wofür noch den Score-Wert (Anzahl der Sterne: 1 als die schlechteste und 5 als die beste Note) benötigen werden.

Laden Sie die CSV-Datei wie gewohnt mit folgendem Python-Code in eine SAP-HANA-Tabelle:

```
import pandas as pd
import hana_ml.dataframe as dataframe
conn = dataframe.ConnectionContext(userkey='MYHANA')
df_data = pd.read_csv('ProductReviews.csv', sep=',')
df_remote = dataframe.create_dataframe_from_pandas(connection_context=conn,
                                    pandas_df=df_data,
                                    table_name='REVIEWS',
                                    object_type_as_bin=True,
                                    force=True,
                                    drop_exist_tab=True,
                                    replace=False)
```

7.3.2 Datenvorverarbeitung und -analyse

Nachdem Sie die Daten hochgeladen haben, können Sie mit der Datenanalyse und dem -Mining anfangen. In diesem Abschnitt werden Sie untersuchen, welche Begriffe die größte Bedeutung innerhalb einer einzelnen Bewertung haben. Ebenso ermitteln Sie, wie häufig sich diese Begriffe über alle Bewertungen hinweg verteilen. Zusätzlich werden Sie lernen, wie man bei einem vorgegebenen Begriff die relevanten Bewertungen finden kann, aber auch verwandte Begriffe, die zu diesem Begriff passen. Auch auf der Bewertungsebene werden Sie Techniken kennenlernen, die es erlauben, bei einer vorgegebenen Bewertung die relevanten Begriffe herauszufinden sowie weitere Bewertungen zu finden, die mit der vorgegebenen verwandt sind.

TF-IDF-Analyse

Als Erstes identifizieren Sie die wichtigsten Schlüsselwörter der einzelnen Reviews. Rufen Sie hierfür die `tf_analysis()`-Methode des `hana_ml`-Pakets auf, um die sogenannte *Term-Vorkommenshäufigkeit* (engl. Term Frequency, TF) und zusätzlich die inverse Dokumenthäufigkeit (engl. Inverse Document Frequency, IDF) dieser Terme (auch Begriffe genannt) in der untersuchten Dokumentkollektion (TF-IDF) zu bestimmen. Der TF-IDF-Wert ist eine bedeutende Größe, die die Wichtigkeit und die Relevanz eines Worts für eine Bewertung angibt. Auf das Beispiel übertragen wird der Algorithmus die Häufigkeit von jedem Wort in allen Produktbewertungen zählen und dies als TERM_FREQUENCY pro Wort ausgeben. Zusätzlich wird die TERM_IDF_FREQUENCY berechnet, die Ihnen Informationen liefert, wie spezifisch ein Wort für alle Bewertungen ist. Dadurch werden häufige Wörter wie »und« beziehungsweise »oder« einen niedrigen IDF-Wert aufweisen, und Wörter, die vielleicht nur in wenigen Bewertung auftauchen, werden einen hohen IDF-Wert besitzen. Als Letztes gibt die Kombination beider Werte, also TF-IDF, das Gewicht eines Begriffs in einer Bewertung an und wird als Produkt von TERM_FREQUENCY und TERM_IDF_FREQUENCY ermittelt.

Für den Aufruf der Methode wird ein hana_ml-DataFrame erwartet, der folgende drei Spalten besitzen muss: ID, Text und Dokumentkategorie. Sie können die tf_analysis()-Methode wie folgt vorbereiten und aufrufen:

```
df_remote = conn.table('REVIEWS')
df_remote_prep = df_remote.select("Id", "Text", "Score")
from hana_ml.text.tm import tf_analysis
tfidf = tf_analysis(df_remote_prep)
```


Das Ergebnis des obigen Aufrufs liefert drei hana_ml-DataFrames zurück. Der erste beinhaltet die TF-IDF-Informationen der Begriffe und ihre Verbreitung über alle untersuchten Produktbewertungen. So sehen wir z. B., dass Terme wie **chip**, **good** etc. sehr häufig vorkommen (Spalte TM_TERM_TF_F), aber auch in sehr vielen Bewertungen vorhanden sind (Spalte TM_TERM_IDF_F, siehe Abbildung 7.18).

```
tfidf[0].sort_values(['TM_TERM_TF_F','TM_TERM_IDF_F'], ascending=
False).head(6).collect()
```

TM_TERMS	TM_TERM_TF_F	TM_TERM_IDF_F	TM_TERM_TF_V	TM_TERM_IDF_V
br	1102	253	0.032826	1.374366
chip	659	248	0.019630	1.394327
good	630	427	0.018766	0.850971
flavor	440	278	0.013107	1.280134
taste	427	311	0.012719	1.167962
bag	321	182	0.009562	1.703749

Abbildung 7.18 Term-Vorkommenshäufigkeit und inverse Dokumenthäufigkeit weit verbreiteter Begriffe aus den Bewertungen

Umgekehrt kommen Begriffe wie **monster** und **hilton** nur einmal vor und zwar in nur einer Bewertung (siehe Abbildung 7.19).

```
tfidf[0].sort_values(['TM_TERM_TF_F','TM_TERM_IDF_F'], ascending=
True).head(5).collect()
```

TM_TERMS	TM_TERM_TF_F	TM_TERM_IDF_F	TM_TERM_TF_V	TM_TERM_IDF_V
monster	1	1	0.00003	6.907755
determine	1	1	0.00003	6.907755
et	1	1	0.00003	6.907755
hilton	1	1	0.00003	6.907755
try.it	1	1	0.00003	6.907755

Abbildung 7.19 Term-Vorkommenshäufigkeit und inverse Dokumenthäufigkeit seltener Begriffe aus den Bewertungen

Der zweite hana_ml-DataFrame aus der Ergebnisliste enthält Informationen über die Häufigkeit von Begriffen innerhalb einer Bewertung. Sie rufen ihn mit folgendem Code auf:

```
tfidf[1].head(20).collect()
```

Der dritte hana_ml-DataFrame, der von der Funktion tf_analysis() zurückgegeben wurde, gibt die bereits bekannte Bewertungskategorie an (die Score-Spalte), die z. B. bei Klassifizierungsaufgaben als Zielvariable verwendet werden kann.

```
tfidf[2].head(20).collect()
```

Um den kombinierten TF-IDF-Wert zu erfahren, der angibt, wie wichtig ein Wort für eine Bewertung ist, können Sie direkt die TF-IDF-Klasse aus der hana_ml-Bibliothek benutzen. Dafür müssten Sie nur die Eingangstabelle so vorbereiten, dass folgende zwei Spalten vorhanden sind – BewertungsID und Text. Danach wird eine Instanz der Klasse erzeugt und die Methoden text_collector() und text_tfidf() nacheinander aufgerufen:

```
df_rem_tf = df_remote.select("Id", "Text")
from  hana_ml.text.tm import TFIDF
mtfidf = TFIDF()
idf, _ = mtfidf.text_collector(data=df_rem_tf)
result = mtfidf.text_tfidf(data=df_rem_tf)
```

Jetzt beinhaltet der hana_ml-DataFrame result die TF-IDF-Werte für jede Bewertung und jedes Wort, das darin enthalten ist. Somit lassen sich sogenannte *Word Clouds* oder ähnliche Grafiken generieren, um die Wichtigkeit der Wörter in einer Bewertung auch optisch schnell zu erkennen.

Wenn Sie sich z. B. die Wichtigkeit der Wörter in der ersten Bewertung in Form eines Säulendiagramms anzeigen lassen, sieht dieses aus wie in Abbildung 7.20. Ein Beispiel, wie Sie Word Clouds erstellen, finden Sie in Kapitel 9, »Tipps und Tricks«.

```
tfidf_terms = result.collect()
flt = tfidf_terms[tfidf_terms['Id']==1].sort_values('TFIDF_VALUE', ascending=
False).head(10)
import seaborn as sns
import matplotlib.pyplot as plt
plt.figure(figsize=(10,5))
sns.barplot(x='TERMS', y='TFIDF_VALUE', data=flt)
```

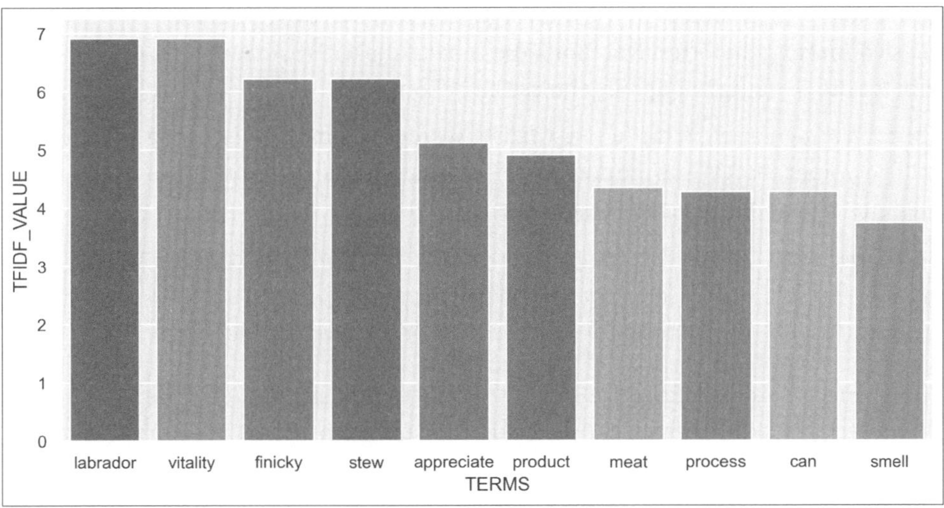

Abbildung 7.20 Wichtigkeit der Wörter in der ersten Bewertung nach TF-IDF-Wert

Der tatsächliche Text dieser Bewertung lautet: *I have bought several of the Vitality canned dog food products and have found them all to be of good quality. The product looks more like a stew than a processed meat and it smells better. My Labrador is finicky and she appreciates this product better than most.*

Ermittlung von verwandten Dokumenten und Begriffen

Eine sehr nützliche Funktion aus der Textanalyse ist die Ermittlung von Dokumenten (im Beispiel Bewertungen), die mit einem vorgegebenen Dokument verwandt sind. In unserem Beispiel können wir etwa nach Bewertungen suchen, die verwandt oder ähnlich sind zu der Bewertung mit der ID 211:

```
df_remote_terms = conn.sql('''SELECT "Text" AS CONTENT FROM REVIEWS where
"Id"=211''')
from hana_ml.text.tm import get_related_doc
get_related_doc(df_remote_terms, tfidf) \
    .sort('SCORE', desc=True).collect()
```

Das Dokument, mit dem verglichen werden soll, ist der erste Parameter für die `get_related_doc()`-Funktion. Der zweite Parameter `tfidf` ist das schon vorhandene Ergebnis des vorhin ausgeführten `tf_analysis()`-Aufrufs. Der Aufruf der Funktion liefert 20 Dokument-IDs, die Bewertungen mit ähnlichem Inhalt beinhalten. Über die IDs lassen sich die Texte der als ähnlich identifizierten Bewertungen extrahieren. Wenn Sie diese lesen, werden Sie sehen, dass sich die meisten (mit hohen Score-Werten) mit ähnlichen Themen befassen wie die vorgegebene Bewertung (hier: ID = 211). Schauen Sie sich im mitgelieferten Notebook die Inhalte dieser Bewertungen an, um ein Gefühl für die Genauigkeit der Ergebnisse zu bekommen.

Ebenso können auch Begriffe identifiziert werden, die mit einem ausgewählten Begriff verwandt sind. Wenn Sie den Begriff »cat« als Referenz benutzen, können Sie wie folgt die verwandten Begriffe bestimmen:

```
df_remote_term = conn.sql('''SELECT 'cat' AS CONTENT FROM DUMMY''')
from  hana_ml.text.tm import get_related_term
get_related_term(df_remote_term, df_remote_prep).head(15).collect()
```

Wie Sie nach dem Ausführen des Codes sehen, finden sich in den ersten 15 Einträge Wörter wie »animal« oder sogar »Garfield«, die gut zum Thema »cat« passen.

Ermittlung von relevanten Dokumenten und Begriffen

Manchmal kann es auch sinnvoll sein, die für einen bestimmten Suchbegriff relevantesten Dokumente zu finden. Es geht hierbei nicht um eine einfache Textsuche, sondern um eine Sortierung der Dokumente nach der Relevanz des gewählten Begriffs.

Stellen Sie sich z. B. vor, dass Sie Fehlermeldungen Ihrer Monteur*innen analysieren möchten. Die in diesem Abschnitt beschriebene Methode kann Ihnen helfen, aus der Masse der Dokumente die für Ihre Recherche relevanten Dokumente zu identifizieren.

Schauen wir uns nun ein Beispiel an, wie Sie alle Bewertungen finden, die relevant sind für einen vorgegebenen Begriff. Sie können z. B. mit folgendem Befehl nach Bewertungen suchen, die das Thema »overweight« behandeln:

```
df_remote_term = conn.sql('''SELECT 'overweight' AS CONTENT from DUMMY''')
from  hana_ml.text.tm import get_relevant_doc
get_relevant_doc(df_remote_term, df_remote_prep).collect()
```

Ähnlich kann man die relevanteste n Begriffe bestimmen, die sich innerhalb einer Bewertung befinden. Diese Methode kann hilfreich sein, um z. B. die wichtigsten Informationen aus einem Text zu extrahieren (siehe Abbildung 7.21):

```
df_remote_term = conn.sql('''SELECT 'Great taffy at a great price.  There was
a wide assortment of yummy taffy.  Delivery was very quick.  If your a taffy
lover, this is a deal.
' as CONTENT FROM DUMMY''')
from  hana_ml.text.tm import get_relevant_term
get_relevant_term(df_remote_term, df_remote_prep).collect()
```

ID	SCORE
taffy	0.771557
assortment	0.301663
wide	0.301663
lover	0.228654
yummy	0.197782
quick	0.195008
delivery	0.187525
deal	0.167079
great	0.141421
price	0.100938

Abbildung 7.21 Relevanteste Begriffe innerhalb einer Bewertung

Vorgeschlagene Begriffe

Als letzten Punkt in der Datenexploration und dem Text Mining zeigen wir Ihnen, wie Sie zu einem angegebenen Text Vorschläge zur Vervollständigung des Texts generieren lassen, die den User*innen präsentiert werden können. Diese Vorschläge basieren auf der Verteilung einzelner Begriffe sowohl innerhalb einzelner Bewertungen wie auch in der gesamten Kollektion von Dokumenten. Dieses Feature der Textanalyse ist sehr hilfreich, um z. B. einer Userin oder einem User dynamische Vorschläge bei der Eingabe von Text anzubieten (ähnlich wie es manche Such-Engines in der Suchmaske anbieten).

Wenn Sie z. B. Vorschläge bekommen wollen, um den angefangenen Begriff »ove« zu vervollständigen, können Sie dies wie folgt erreichen:

```
df_remote_term = conn.sql('''SELECT 'ove' as CONTENT FROM DUMMY''')
from  hana_ml.text.tm import get_suggested_term
get_suggested_term(df_remote_term, df_remote_prep).head(5).collect()
```

ID	SCORE
overpower	0.582303
overly	0.437268
overwhelm	0.398401
overcook	0.299583
overweight	0.227798

Abbildung 7.22 Top 5 der vorgeschlagenen Begriffe, wenn »ove« als Input benutzt wurde

Die Ergebnisliste mit vorgeschlagenen Begriffen ist in Abbildung 7.22 zu sehen. Wie Sie daraus entnehmen können, beinhalten alle Einträge den String `ove`. Allerdings handelt es sich hier nicht um eine einfache Textsuche, sondern um eine sortierte Auflistung, was man anhand der Score-Werte erkennen kann.

7.3.3 Weiterführende Analysen

Nachdem Sie nun mit den Werkzeugen aus den vorherigen Abschnitten die Daten etwas besser kennen, werden wir hier zwei wichtige Themen bei Textanalysen behandeln:

- die Zuordnung von Dokumenten zu vordefinierten Kategorien oder Klassen
- das Clustern von Dokumenten basierend auf den enthaltenen Themen. Beim Clustering werden Dokumente analysiert und in vorab noch nicht bekannte Gruppen mit ähnlichen Merkmalen zusammengeführt.

Dokumentenklassifizierung

Mit der Dokumentenklassifizierung können Sie Texte, z. B. aus einem Serviceticket oder einer E-Mail, zu einer vordefinierten Klasse zuordnen (z. B. »Beschwerde«, »Anfrage« etc.). Um das Modell zu trainieren, ist es notwendig, Texte zur Verfügung zu stellen, für die die dazugehörige Kategorie schon bekannt ist. Mit einem solchen Referenzdatensatz lässt sich die Klassifizierung durchführen.

In diesem Beispiel werden Sie die Bewertungen aus dem schon bekannten Datensatz benutzen und den Score-Wert als Kategorie annehmen. Dies bedeutet, dass Sie versuchen werden, aus dem Bewertungstext die Sterne-Kategorie (Kategorie 1 bis 5) vorherzusagen. Dies könnte hilfreich sein, wenn z. B. eine Kundin oder ein Kunde nur Text hinterlassen hat. So können Sie automatisch einschätzen, ob die Person zufrieden oder unzufrieden war, und so potenziell unglückliche Kund*innen für eine schnellere Bearbeitung priorisieren. Um dies zu erreichen, werden Sie als Training die ganze Sammlung mit 1.000 Bewertungen mit den dazugehörenden Score-Werten benutzen. Für das Vorhersagen werden Sie zwei neue Bewertungen künstlich erzeugen (während die Bewertung mit der ID 11111 negativ formuliert ist, ist die Bewertung mit der ID 22222 sehr positiv).

```
df_remote_prep = df_remote.select("Id", "Text", "Score")
test_d = conn.sql('''
SELECT 11111 AS id, 'really angry, bad product, disappointed with the low
quality' as txt FROM DUMMY
UNION ALL
SELECT 22222 AS id, 'fantastic product, enjoyed it and it is great' AS txt
FROM DUMMY ''')
from hana_ml.text.tm import text_classification
res = text_classification(test_d, df_remote_prep)
res[0].collect()
```

Der Aufruf von `text_classification()` berechnet die Distanz der neuen Bewertungen zu den vorhandenen Bewertungen aus dem Trainingsdatensatz und liefert die wahrscheinlichsten Klassen als Ergebnis zurück. Mit diesem Konzept konnte der Algorithmus die Bewertung mit der ID 22222 der 5-Sterne-Kategorie zuweisen, und die negative Bewertung wurde der 1-Stern-Kategorie zugeordnet (siehe Abbildung 7.23).

ID	TARGET
11111	1
22222	5

Abbildung 7.23 Ergebnis des Bewertungsklassifizierung für eine negative und eine positive Bewertung

Wie Sie sehen, ist die Ausführung der Klassifizierung sehr einfach nachzuvollziehen. Das Wichtigste dabei ist, auf einen Trainingsdatensatz zugreifen zu können, der als Referenz benutzt werden kann. Wenn diese Bedingung erfüllt ist, lassen sich beliebig viele neue Texte kategorisieren. Das Erstellen eines Referenzdatensatzes für überwachtes Lernen ist oft mit manueller Arbeit verbunden (händisches Zuweisen der historischen Texte in die bekannten Klassen). Deshalb werden Sie im nächsten Abschnitt eine Methode kennenlernen, die unüberwachtes Lernen nutzt, um Dokumente anhand ihrer Merkmale automatisch zusammen zu gruppieren.

Themen-Clustering

Bei dem *Themen-Clustering* in der Textanalyse von SAP HANA wird das Wahrscheinlichkeitsmodell *Latent Dirichlet Allocation* (LDA) benutzt. Dabei wird versucht, die Inhalte aus allen Dokumenten der Sammlung in Themen-Clustern zu gruppieren. Der Algorithmus ordnet jedes Wort des Dokuments einem Thema zu. Dadurch lassen sich Dokumente als eine Mischung von Themen darstellen. Das ist etwa im Umgang mit Kund*innen-Feedback von Bedeutung. Es kann dabei helfen, dieses besser zu verstehen und daraus neue und unbekannte Themen und Trends zu erkennen. Mit einer Klassifizierung wäre dies beispielsweise nicht möglich, da dafür die Klassen im Voraus bekannt sein müssen. Durch Clustering lassen sich hingegen dynamisch Cluster bilden, die neue Trends oder Themen aufdecken können. Die initiale Anzahl der Themen ist durch den Nutzer oder die Nutzerin anzugeben. Das Modell versucht, die Dokumente als eine Kombination mehrerer Themen zu modellieren. Da die Themen komplett datengetrieben formuliert werden, ist es schwer, diese konkret mit entsprechender Bedeutung zu betiteln. Eine Möglichkeit, diese Themen-Cluster besser zu verstehen, ist, sich vom Algorithmus die relevantesten Wörter für jeden Cluster ausgeben zu lassen.

Wenn Sie an die Sammlung an Produktbewertungen denken, ist es realistisch, anzunehmen, dass die Bewertungen darin eine begrenzte Anzahl von Themen behandeln.

Die Anzahl von Themen ist am Anfang nicht bekannt und muss von den User*innen als Parameter angegeben werden. Es existieren Methoden, die die optimale Anzahl von Clustern berechnen können, diese werden aber hier nicht weiter behandelt. Meistens haben die Expert*innen eine Vorstellung davon, wie viele Themen im Datensatz vorhanden sind, und können iterativ damit testen. Wir werden eine Anzahl von zehn Themen als initialen Wert angeben. Um LDA zu nutzen und die Bewertungen in ähnliche Gruppen zuzuordnen, müssten Sie als Erstes eine Instanz der Klasse `LDA` erzeugen und danach deren `fit()`-Methode aufrufen. Experimentieren Sie mit der Anzahl an Themen, um die Auswirkung dieses Parameters auf die Ergebnisse besser zu verstehen:

```
from hana_ml.algorithms.pal.decomposition import LatentDirichletAllocation
df_remote_prep = df_remote.select("Id", "Text")
lda = LatentDirichletAllocation(n_components=10, burn_in=50,
                                thin=10, iteration=100, seed=1,
                                max_top_words=20,
                                doc_topic_prior=0.1,
                                output_word_assignment=True,
                                delimiters=[' ', '\r', '\n'])
lda.fit(data=df_remote_prep, key='Id', document='Text')
```

[»]

Informationen über Latent Dirichlet Allocation

Wenn Sie mehr Informationen über das LDA-Modell und die Parameter erfahren möchten, können Sie dies im SAP Help Portal unter folgendem Link nachschauen: *http://s-prs.de/v903361*.

Nachdem das Modell trainiert wurde, können Sie die wichtigsten Wörter, die zu jedem Cluster gehören, anzeigen lassen:

```
pd.set_option('display.max_colwidth', None)
lda.topic_top_words_.collect()
```

Wie Sie in Abbildung 7.24 sehen, ist es bei manchen Themen einfach zu verstehen, wovon sie handeln, bei anderen jedoch weniger.

Sie können jetzt neue Bewertungen, die nicht im Trainingsdatensatz vorhanden sind, mithilfe der LDA-Analyse einem der Themen-Cluster zuzuordnen:

```
df_rem_reviewnew = conn.sql('''
SELECT 11111 AS id, 'Chocolate with organic ginger tastes excellent' AS
txt FROM DUMMY
UNION ALL
SELECT 22222 AS id, 'Tea drinkers hate coffee'  AS txt FROM DUMMY''')
```

```
res = lda.transform(data=df_rem_reviewnew, key='ID', document='TXT',
                    burn_in=2000, thin=100, iteration=1000,
                    seed=1, output_word_assignment=True)
```

TOPIC_ID	WORDS
0	the and in are they a these were They bags with very The them as was over box had good
1	the I to and a have of they in for was them my this you that so at these on
2	food we and My one has he her the this she my dog our eat food. loves their his baby
3	I and the a to it was for in this is of my with but as that have The so
4	tea coffee of drink /><br tea. this cup tea, coffee. very been drinking teas Green my Organic Ahmad Earl best
5	are chips the and a of I these have they you Kettle These to potato They /><br with for is
6	A THE . /><br Organic from AND their I IT With OF And flavour SO TO ingredients MY Vitamin VERY
7	the a and is of to I it for in this that /><br you like or not but with as
8	sauce bottle we hot low where soy were pineapple our We Japanese Just butter Also flour Bluegrass shipped plan cookies
9	chocolate ginger /><br & organic cheese fruit mix strawberry g Instant says by fun Maple Apples icing soda oatmeal. Chocolate

Abbildung 7.24 Wichtigste Wörter, die zu den zehn Themen-Clustern gehören

Für jede Bewertung ist nun die Wahrscheinlichkeit der Zugehörigkeit zu jeder einzelnen Klasse bekannt. Reduzieren Sie die Ausgabe auf die Klasse der höchsten Wahrscheinlichkeit pro Bewertung:

```
df_rem_max = res[0].agg([('max', 'PROBABILITY', 'PROBABILITY')],
                        group_by=['ID'])
df_rem_max.set_index(['ID', 'PROBABILITY']) \
    .join(res[0].set_index(['ID', 'PROBABILITY']), ).collect()
```

Wie in Abbildung 7.25 zu sehen ist, wurde die Bewertung mit der ID 11111 dem Thema 9 zugeordnet, und die Bewertung 22222 wurde dem Thema 4 zugewiesen. Wenn Sie in Abbildung 7.24 die wichtigsten Wörter der Themen anschauen, sehen Sie, dass Thema 9 generell von Süßigkeiten handelt, während es bei Thema 4 eher um Kaffee und Tee geht, was auch jeweils dem Inhalt der beiden neuen Bewertungen entspricht.

ID	PROBABILITY	TOPIC_ID
11111	0.585714	9
22222	0.775000	4

Abbildung 7.25 Ergebnis des Themen-Clusterns von zwei neuen Bewertungen

Als Nächstes können Sie sich noch einmal die Wörter anschauen, die LDA in beiden Bewertungen gefunden hat, um die Entscheidung über die Gruppenzugehörigkeit zu treffen (siehe Abbildung 7.26):

```
res[1].set_index('WORD_ID') \
     .join(lda.dictionary_.set_index('WORD_ID')) \
     .sort_values('ID').collect()
```

ID	WORD_ID	TOPIC_ID	WORD
11111	5607	9	Chocolate
11111	3442	9	organic
11111	829	9	excellent
11111	2680	9	ginger
11111	768	7	tastes
11111	78	7	with
22222	2292	4	Tea
22222	672	4	coffee
22222	1833	4	hate

Abbildung 7.26 Themenmischung, die der Algorithmus für die zwei untersuchten Bewertungen bestimmt hat, mit dazugehörigen Wörtern

Sie sehen, dass bei der Bewertung mit der ID 11111 zwei Themen vorkommen. Wie bereits erwähnt, liegt das daran, dass die wichtigsten Wörter, die vom Algorithmus identifiziert wurden, zu mehreren Themen gehören. Dadurch wird aber deutlich, wie LDA jedes Dokument (hier jede Bewertung) als eine Mischung von Themen modelliert hat.

Speichern und Laden des Modells

Falls Sie zu einem späteren Zeitpunkt die Themen von weiteren Bewertungen mit demselben Modell zuweisen möchten, können Sie das LDA-Modell über die `ModelStorage`-Klasse in SAP HANA speichern:

```
from hana_ml.model_storage import ModelStorage
model_storage = ModelStorage(connection_context=conn)
lda.name = 'PAL LDA product reviews'
lda.version = 1
model_storage.save_model(model=lda)
```

Das Laden des Modells funktioniert wie folgt:

```
from hana_ml.model_storage import ModelStorage
model_storage = ModelStorage(connection_context=conn)
lda_loaded = model_storage.load_model(name='PAL LDA product reviews')
```

Kapitel 8
Deployment-Optionen

Die erstellten Data-Science-Artefakte müssen in Geschäftsabläufe und IT-Prozesse integriert werden. Lernen Sie hierfür verschiedene Optionen kennen.

In den vorherigen Kapiteln wurden viele Beispiele von Data-Science-Implementierungen mit SAP HANA vorgestellt. Wie lassen sich diese Möglichkeiten nun in eine Architektur integrieren, sodass die Erkenntnisse in den jeweiligen Prozessen zum Tragen kommen?

Mit der einmaligen Erstellung eines Modells oder einer einmaligen Vorhersage ist es typischerweise nicht getan. Modelle müssen wiederkehrend trainiert und Vorhersagen dauerhaft erstellt werden können. Wie lassen sich also die Logiken, die die Data Scientists erstellt haben, unter der Governance der IT-Abteilung operationalisieren, sprich in den fortwährenden produktiven Einsatz überführen?

Diese Operationalisierung lässt sich in drei große Bereiche unterteilen:

- **Händische Ausführung**
  Für einfache, selten benötige Anforderungen kann es auch im produktiven Einsatz ausreichen, den erstellten Code händisch auszuführen. Möchten Sie z. B. Ihre Lieferanten einmal jährlich analysieren, um zu bestimmen, wie groß die Gefahr von Lieferschwierigkeiten in den nächsten zwölf Monaten ist, kann eine manuell ausgeführte binäre Klassifizierung ausreichend sein. Eine jährlich eingeplante Automatisierung der Analyse scheint unnötig, da diese ebenso selten ausgeführt wird. Ob Sie hierbei den Code manuell in Jupyter Notebooks ausführen oder in anderen Python-Umgebungen wie Visual Studio Code hängt von Ihren Anforderungen und Präferenzen ab.
- **Zeitgesteuerte Ausführung**
  Für häufig wiederkehrende Anforderungen ist ein automatisiertes *Scheduling* sinnvoll, sodass der notwendige Code ohne manuelle Intervention unter der Aufsicht der IT-Abteilung ausgeführt werden kann. Hierbei kann es sich z. B. um ein monatliches Neutrainieren eines Klassifizierungsmodells und dessen tägliche Anwendung zum Erstellen neuer Vorhersagen handeln.

- **Echtzeit-Scoring**
  Falls ein automatisiertes Scheduling für die Anforderung nicht ausreichend sein sollte, können die Vorhersagen auch sofort bei Bedarf erstellt werden. Hierbei werden die Vorhersagen typischerweise für einzelne Datensätze erstellt. Angenommen Sie möchten in der laufenden Produktion eines Chemie-Unternehmens eine Vorhersage treffen, wie groß die Gefahr ist, dass die aktuell produzierte Charge von nicht ausreichender Qualität sein wird (»out-of spec«), so erfordert dies eine Vorhersage in Echtzeit.

Diese Anforderungen lassen sich mit verschiedenen Komponenten der SAP Business Technology Platform (SAP BTP) implementieren, aber auch ein beliebiger Scheduler kann für einfache Anforderungen bereits ausreichen. In diesem Kapitel weisen wir auf die wichtigsten Data Science bezogenen Funktionalitäten hin. Um diese vollumfänglich in den jeweiligen Umgebungen zu implementieren, gehen wir davon aus, dass Sie bereits Erfahrung mit den Systemen haben.

In den folgenden Abschnitten stellen wir verschiedene Deployment-Optionen über die SAP Business Technology Platform vor.

[+]

Machine-Learning-Applikation

Die Erstellung einer Machine-Learning-Applikation auf der SAP BTP soll in einer Reihe von Blogs erläutert werden, den ersten Blog finden Sie bereits unter *https://blogs.sap.com/2022/09/07/develop-a-machine-learning-application-on-sap-btp-data-science-part/*.

[»]

Weitere Deployment-Optionen

Sie können Ihre `hana_ml`-Logik neben den hier vorgestellten Deployment-Möglichkeiten über die SAP BTP auch über weitere Plattformen operationalisieren. Mehr Informationen finden Sie z. B. im Blogeintrag unter folgendem Link: *https://blogs.sap.com/2022/09/06/dataiku-triggering-calculations-ml-in-sap-data-warehouse-cloud/*.

8.1 SAP Data Intelligence

SAP Data Intelligence ist eine Data-Governance- und Datenorchestrierungskomponente der SAP BTP. Damit können Sie grafische Pipelines erstellen und zeitgesteuert ausführen. Ebenso können Sie über die Pipelines Ihre trainierten Modelle für Echtzeit-Vorhersagen anbieten. Des Weiteren beinhaltet SAP Data Intelligence eine JupyterLab-Umgebung, in der Sie Ihren Python-Code manuell ausführen können.

In diesem Abschnitt wird die Funktionalität von SAP Data Intelligence Cloud in Kombination mit der SAP HANA Cloud vorgestellt. Die Schritte sind auch relevant für eine Verbindung von SAP Data Intelligence Cloud zu SAP Data Warehouse Cloud. Es existiert auch eine On-Premise-Version von SAP Data Intelligence, neue Funktionen werden aber typischerweise zuerst in der Cloud-Variante eingeführt.

Die in diesem Abschnitt vorgestellten Funktionen können Sie über das Launchpad von SAP Data Intelligence erreichen (siehe Abbildung 8.1).

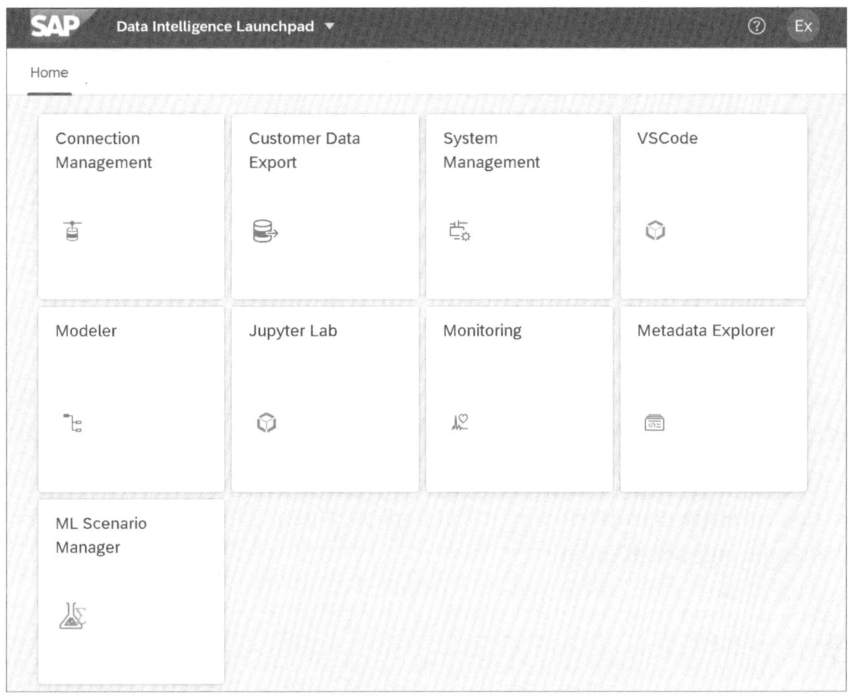

Abbildung 8.1 SAP Data Intelligence Launchpad

Innerhalb des Connection Managements können Sie zentral eine Verbindung zu Ihrer SAP-HANA-Umgebung anlegen, die Sie in verschiedenen Modulen (Jupyter Notebooks und grafische Pipelines) nutzen können. Erstellen Sie dafür eine Verbindung vom Typ HANA_DB mit dem Namen MYHANA und geben Sie Ihren SAP-HANA-Host, Port, Anwender und das Passwort ein. Aktivieren Sie die Option **Use TLS**. Falls Sie den Zugriff der IP-Adressen in SAP HANA Cloud eingeschränkt haben, müssen Sie eventuell noch die IP-Adresse von SAP Data Intelligence in die Allowlist von SAP HANA Cloud aufnehmen. Die IP-Adresse von SAP Data Intelligence Cloud finden Sie im Connection Management in der Connection INFO_NAT_GATEWAY_IP.

Möchten Sie SAP Data Intelligence Cloud mit einer On-Premise-Umgebung von SAP HANA nutzen, benötigen Sie für die Verbindung auch SAPs *Cloud Connector*.

8.1.1 JupyterLab Notebooks

Bislang wurde in diesem Buch davon ausgegangen, dass Sie Ihre eigene lokale JupyterLab-Umgebung erstellt haben, in der Sie den Python-Code ausführen. Alternativ können Sie aber auch eine JupyterLab-Umgebung öffnen, die sich in SAP Data Intelligence Cloud befindet. Klicken Sie im Launchpad auf die Kachel **Jupyter Lab** (siehe Abbildung 8.1).

Es öffnet sich eine JupyterLab-Maske, in der Sie Notebooks erstellen, ausführen und in einer von Ihnen erstellten Ordnerstruktur ablegen können. Den Ordnerstruktur erstellen Sie über den **File Browser** am linken Seitenrand. Die Ordner und Inhalte, die Sie hier erstellen, sind nur für Ihren User sichtbar.

Der genutzte Python-3-Kernel hat bereits eine Version des `hana_ml`-Pakets installiert. Führen Sie folgenden Befehle in einem Notebook aus, um die neuere `hana_ml`-Version und deren Dependency `shapely` zu installieren, mit der auch in diesem Buch in der lokalen JupyterLab-Umgebung gearbeitet wird:

```
!pip install hana-ml==2.13.22051101
!pip install shapely==1.8.2
```

Damit die neue Version genutzt werden kann, müssen Sie noch den Python-Kernel neu starten. Dazu klicken Sie in der Menüleiste von JupyterLab auf **Kernel • Restart Kernel....**

Lassen Sie sich nun die genutzte `hana_ml`-Version anzeigen, Sie sollten die Version 2.13.22051101 angezeigt bekommen:

```
import hana_ml
print(hana_ml.__version__)
```

Beachten Sie, dass die Installation der neueren `hana_ml`-Version nicht permanent Bestand hat, sondern bei einem Neustart des SAP Data Intelligence Pod der JupyterLab-Umgebung zurückgesetzt wird. Solch ein Neustart erfolgt z. B. bei System-Updates, Ausfällen oder wenn ein Administrator die JupyterLab-Applikation neu startet.

Die von Ihnen in SAP Data Intelligence erstellte Verbindung zu SAP HANA können Sie nun im Notebook nutzen:

```
from notebook_hana_connector.notebook_hana_
connector import NotebookConnectionContext
conn = NotebookConnectionContext(connectionId='MYHANA')
conn.connection.isconnected()
```

In den Download-Materialien zu diesem Buch, die Sie unter *www.sap-press.de/5539* herunterladen können, finden Sie im Ordner **Kapitel 8** ein Notebook und eine CSV-Datei zur Verwendung in dem JupyterLab-Modul von SAP Data Intelligence.

Laden Sie diese beiden Dateien einzeln in die JupyterLab-Umgebung hoch:

- **8 – APL Zeitreihe mit Prädiktoren in SAP Data Intelligence.ipynb**
- **BICYCLE_HIRES_WITHCONTEXT.csv**

Das Notebook ist eine verkürzte Variante der Zeitreihenvorhersage aus Abschnitt 5.4.2, »Einzelne Zeitreihe mit Prädiktoren«. Führen Sie die Zellen im hochgeladenen Notebook aus. Anfangs werden in dem Beispiel sowohl das `hana_ml`-Paket und das Paket `shapely` installiert als auch die Bibliothek `seaborn`. Seaborn wird zur Anzeige der Grafik benötigt. Diese zusätzlichen Installationen müssen Sie nur einmalig ausführen, beziehungsweise wenn die JupyterLab-Umgebung zurückgesetzt wurde.

In Abbildung 8.2 sehen Sie das erwähnte Notebook im JupyterLab-Modul von SAP Data Intelligence.

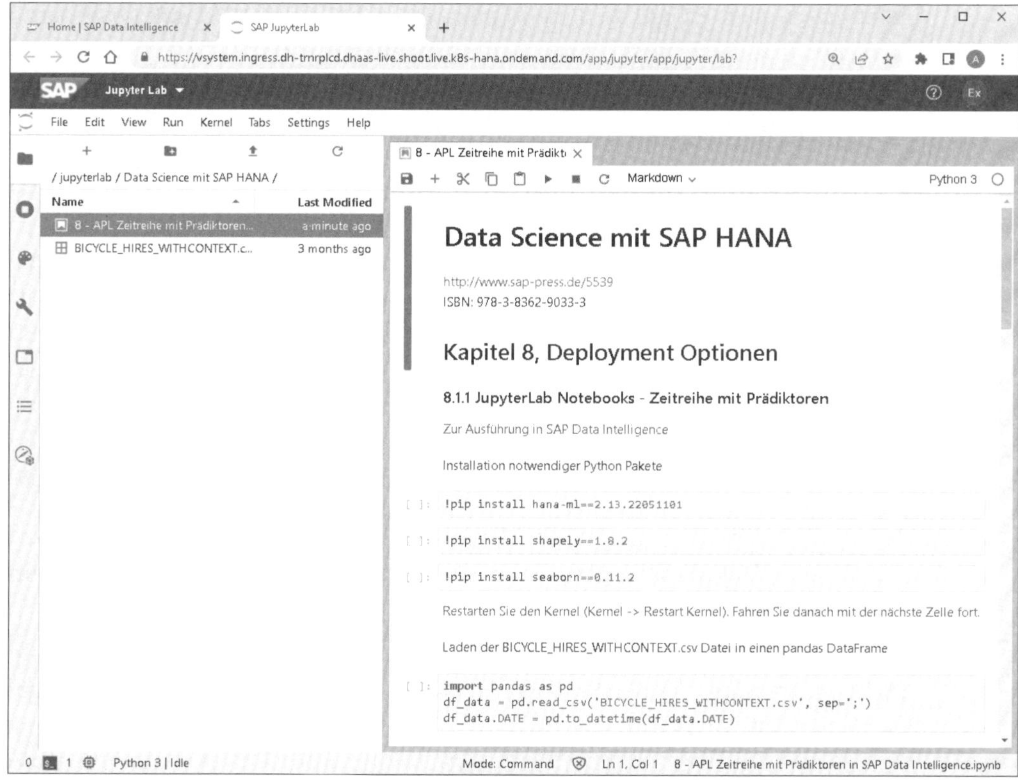

Abbildung 8.2 JupyterLab in SAP Data Intelligence

8.1.2 Template Pipelines

Um die Produktivsetzung der SAP-HANA-Machine-Learning-Logik zu beschleunigen, bietet SAP Data Intelligence innerhalb des *ML Scenario Manager* verschiedene Template-Pipelines. Diese Pipelines bestehen aus mehreren grafischen Operatoren, die zum Deployment der Pipeline nur noch konfiguriert werden müssen. Folgende Templates werden für SAP HANA Machine Learning angeboten:

- **HANA ML Training**
  Erstellt und speichert ein Klassifizierungs-, Clustering-, Regressions- oder Zeitreihenmodell. Verschiedene Algorithmen der APL und PAL können genutzt werden.
- **HANA ML Inference on Dataset**
  Nutzt ein Modell, das mit einer SAP-HANA-ML-Training-Pipeline erstellt wurde, wendet dieses auf einen Datensatz in SAP HANA an und speichert die Vorhersage in einer SAP-HANA-Tabelle.
- **HANA ML Inference on API Requests**
  Nutzt ein Modell, das mit einer HANA-ML-Training-Pipeline erstellt wurde, und bietet dieses als REST API an. Eine Applikation kann dieser REST API neue Daten übergeben und erhält die Vorhersage des Modells zurück.
- **HANA ML Forecast**
  Erstellt eine REST API, an die Zeitreihen gesendet werden können, worauf SAP HANA mit verschiedenen Methoden eine Vorhersage erstellen kann und diese zurückgibt, ohne dass die Daten oder das Modell gespeichert werden.

Die Arbeitsweise mit diesen Templates stellen wir anhand eines Beispiels vor. Angenommen Sie möchten eine Klassifizierung mit der APL operationalisieren, um zeitgesteuert Vorhersagen zu erstellen. Angelehnt an das Beispiel aus Abschnitt 5.2.1, »Binäre Klassifizierung mit der APL«, schätzt das APL-Modell die Wahrscheinlichkeit, dass Bankkund*innen an dem Abschluss eines Sparplans interessiert sind. Für die folgende Schritte wird angenommen, dass Sie die Daten bereits nach SAP HANA geladen haben, wie in Abschnitt 5.2.1, »Binäre Klassifizierung mit der APL«, beschrieben.

Zum Trainieren und Speichern des Modells gehen Sie nun folgendermaßen vor:

1. Öffnen Sie den ML Scenario Manager in SAP Data Intelligence und erstellen Sie ein neues Szenario.
2. Erstellen Sie in dem Szenario eine neue Pipeline, basierend auf dem Template HANA ML Training. Nennen Sie diese Pipeline »Training«. Die Pipeline wird angezeigt (siehe Abbildung 8.3).

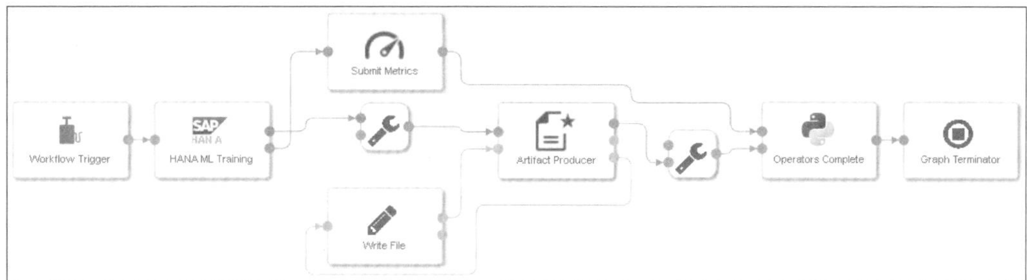

Abbildung 8.3 Trainings-Pipeline

3. Der HANA-ML-Training-Operator muss nun konfiguriert werden. Wählen Sie für die Connection die vorab erstelle Verbindung zu SAP HANA aus.
4. Im Feld **Dataset** wählen Sie die Tabelle BANKMARKETING aus.
5. Im Feld **Features** schließen Sie CUSTOMER_ID und PURCHASE aus.
6. Belassen Sie **Task** auf **Classification** und wählen Sie im Feld **Algorithm** die Option **Gradient Boosting Binary (APL)** aus.
7. Für die Spalte **Key Column** geben Sie »CUSTOMER_ID« ein, und für die Spalte **Target Column** geben Sie »PURCHASE« ein.
8. Abschließend geben Sie unter **Hyper Parameters** diese Einstellungen mit (siehe Listing 8.1):

```
{
        "extra_applyout_settings": {
                "APL/ApplyExtraMode": "Advanced Apply Settings",
                "APL/ApplyExtraMode": "Advanced Apply Settings",
                "APL/ApplyDecision": "true",
                "APL/ApplyProbability": "true",
                "APL/ApplyPredictedValue": "false"
        }
}
```

Listing 8.1 Hyperparameter

9. Speichern Sie die Pipeline.
10. In Ihrem ML Scenario wählen Sie nun die Pipeline aus und klicken auf **Execute**.
11. Bestätigen Sie alle Prompts, bis Sie nach dem Wert für **newArtifactName** gefragt werden. Das trainierte Modell wird unter diesem Namen gespeichert. Geben Sie »classapl_bankmarketing« ein und starten Sie den Trainingsprozess mit **Save**.
12. Das Modell wird trainiert und gespeichert. Sobald der Prozess abgeschlossen ist, sehen Sie die ausgeführte Pipeline und das gespeicherte Modell im ML Scenario (siehe Abbildung 8.4).

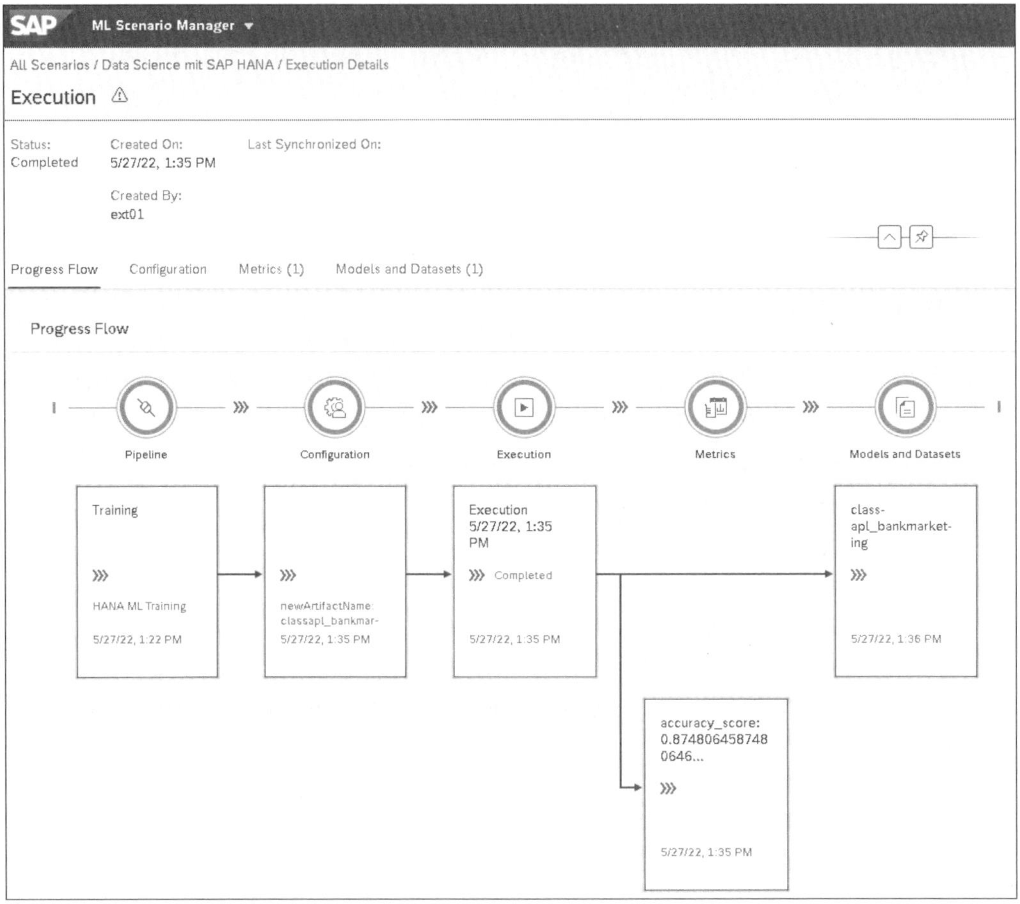

SAP ML Scenario Manager

All Scenarios / Data Science mit SAP HANA / Execution Details

Execution

Status: Completed
Created On: 5/27/22, 1:35 PM
Last Synchronized On:
Created By: ext01

Progress Flow | Configuration | Metrics (1) | Models and Datasets (1)

Progress Flow

Pipeline | Configuration | Execution | Metrics | Models and Datasets

Training
HANA ML Training
5/27/22, 1:22 PM

newArtifactName: classapl_bankmar-
5/27/22, 1:35 PM

Execution 5/27/22, 1:35 PM
Completed
5/27/22, 1:35 PM

class-apl_bankmarket-ing
5/27/22, 1:36 PM

accuracy_score: 0.874806458748 0646...
5/27/22, 1:35 PM

Abbildung 8.4 Ausgeführte Trainings-Pipeline

Nutzen Sie nun dieses gespeicherte Modell, um Vorhersagen auf einer Tabelle zu erstellen und diese in SAP HANA zu speichern.

1. Erstellen Sie in dem Szenario eine neue Pipeline, basierend auf dem Template HANA ML Inference on Dataset. Nennen Sie diese Pipeline »Predict«. Die Pipeline wird angezeigt (siehe Abbildung 8.5).

Abbildung 8.5 Predict Pipeline

2. In der Pipeline müssen Sie nun den HANA-ML-Inference-Operator konfigurieren. Setzen Sie die Connection wieder auf die Verbindung zu Ihrem SAP-HANA-System.
3. Geben Sie für die **Key Column** »CUSTOMER_ID« ein.

4. Setzen Sie das Feld **Inference Datasource** auf **HANA DB** und als **Inference Dataset** wählen Sie in diesem einfachen Beispiel wieder die BANKMARKETING-Tabelle aus.
5. Um die Vorhersagen in eine Tabelle zu schreiben, setzen Sie **Send Inference Results to** auf **HANA table** und geben als **Results Table Name** den Tabellennamen »BANKMARKETING_PREDICTEDBYDI« ein.
6. Speichern Sie die Pipeline.
7. Wählen Sie die gespeicherte Pipeline im ML Scenario aus und klicken Sie auf den Button **Execute**.
8. Bestätigen Sie alle Prompts, bis Sie nach dem Wert für **ARTIFACT:MODEL** gefragt werden. Wählen Sie aus dem Drop-down-Menü das mit der Trainings-Pipeline gespeicherte Modell aus und starten Sie den Vorhersageprozess mit einem Klick auf den Button **Save**.

Nachdem die Pipeline ausgeführt wurde, finden Sie in SAP HANA die Tabelle BANKMARKETING_PREDICTEDBYDI mit den entsprechenden Vorhersagen.

Die Pipelines können über die Applikation **Modeler** von SAP Data Intelligence wiederkehrend eingeplant werden (siehe Abbildung 8.6).

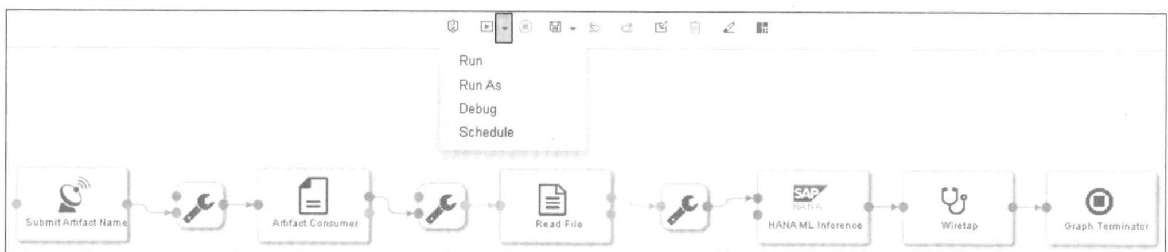

Abbildung 8.6 Erstellen eines Schedule

8.1.3 Python-3-Operator

Mit dem *Python-3-Operator* haben Sie die Möglichkeit, beliebigen Python-Code in Ihre Pipelines einzubinden. Dieser Code kann das `hana_ml`-Paket nutzen, was es Ihnen ermöglicht, die verschiedensten Data-Science-Komponenten von SAP HANA wie in diesem Buch vorgestellt zu operationalisieren.

Weil der Python-3-Operator das `hana_ml`-Paket nicht kennt, erstellten Sie zuerst ein Dockerfile, in dem die notwendigen Pakete installiert werden. Dockerfiles werden von SAP Data Intelligence genutzt, um die Laufzeitumgebung eines Operators zu definieren. Weisen Sie dem Dockerfile zur Identifizierung den Tag `hana_ml` mit Version 2.13.22051101 zu:

```
FROM $com.sap.sles.base
RUN python3.9 -m pip install --user hana_ml=="2.13.22051101"
RUN python3.9 -m pip install --user shapely=="1.8.2"
```

Wenn Sie nun mit dem Python-3-Operator arbeiten, legen Sie diesen in eine Gruppe (Klick mit rechter Maustaste auf den Operator **Group**) und setzen in den Eigenschaften dieser Gruppe den Tag **hana_ml** mit der Version 2.13.22051101 (siehe Abbildung 8.7).

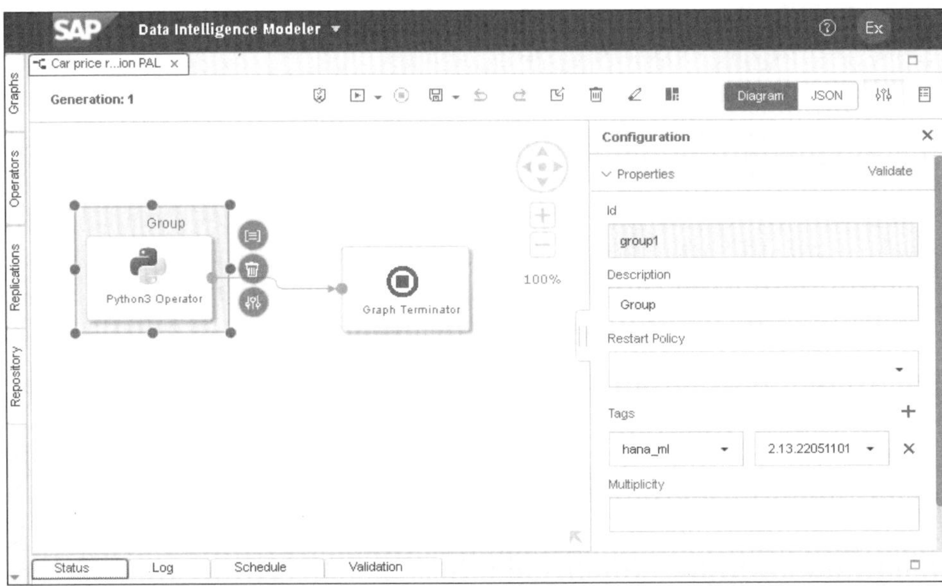

Abbildung 8.7 Python-3-Operator in einer Gruppe mit zugewiesenem Dockertag

Der Python-Code des Operators wird nun in einer Instanz des Docker-Image laufen, in dem Sie das `hana_ml`-Paket installiert haben.

Allerdings kann der Python-3-Operator die zentral erstellte Connection zu Ihrem SAP-HANA-System nicht ohne Weiteres nutzen, weswegen Sie in diesem Beispiel die Verbindung manuell erstellen. Sie können z. B. die Anmeldedaten in einer Konfigurationsdatei hinterlegen oder wie in den folgenden Beispielen direkt angeben.

Zugriff auf eine SAP-HANA-Verbindung in Python-3-Operator

Über die Erstellung eines Custom-Operators ist es möglich, den Anwender*innen eine zentral erstellte SAP-HANA-Verbindung auswählen zu lassen und diese im Python-Code des Operators zu verwenden. Der Blog, den Sie unter der folgenden URL finden, beschreibt die dazu notwendigen Schritte: *https://blogs.sap.com/2019/12/15/how-to-use-the-hana-ml-library-within-a-python-operator-in-sap-data-intelligence/*.

Testen Sie das Deployment von Python-Code, der das `hana_ml`-Paket verwendet, anhand des Beispiels aus Abschnitt 6.3, »Regression mit der PAL«, in dem der Preis eines Gebrauchtfahrzeugs über die UnifiedRegression der PAL geschätzt wurde. Wir erstellen eine erste Pipeline zum Trainieren und Speichern des Regressionsmodells. Eine zweite Pipeline baut eine REST-API-Schnittstelle auf, die Daten über neue Fahrzeuge annimmt und für diese Vorhersagen des gespeicherten Modells zurückgibt.

Pipeline zum Trainieren und Speichern des Modells

Erstellen und Speichern Sie das Regressionsmodell:

1. Erstellen Sie eine neue Pipeline beziehungsweise einen neuen Graphen. Das folgende Beispiel ist mit Generation-1-Operatoren erstellt. Diverse Operatoren liegen auch bereits in einem Release der Generation 2 vor, die Mehrzahl existiert jedoch bislang nur in der ersten Generation.
2. Fügen Sie den folgenden Python-3-Operator ein.
3. Legen Sie diesen Operator in eine Gruppe (rechter Mausklick auf **Group**) und weisen Sie der Gruppe den Tag `hana_ml` mit Version 2.13.22051101 zu.
4. Kopieren Sie den Code in Listing 8.2 in den Python-3-Operator.
5. Erstellen Sie einen Output-Port am Python-3-Operator mit dem Namen »output« und Data Type »string«.
6. Hängen Sie zum Beenden der Ausführung den Operator Graph Terminator an diesen Output-Port.

```
import hana_ml
import hana_ml.dataframe as dataframe
from hana_ml.algorithms.pal.unified_regression import UnifiedRegression
from hana_ml.algorithms.pal.model_selection import GridSearchCV
from hana_ml.model_storage import ModelStorage

# Mit SAP HANA verbinden
conn = dataframe.ConnectionContext(address='[YOURENDPOINT]',
                                   port=443,
                                   user='HANADS',
                                   password='[YOURPASSWORD]',
                                   encrypt=True)

# Trainieren des Regressionsmodells
df_remote = conn.table('USEDCARS')
df_remote = df_remote.filter('PRICE >= 1000 AND PRICE <= 20000 and HP >=
 50 AND HP <= 300 and YEAROFREGISTRATION >= 1995 AND YEAROFREGISTRATION <=
 2015')
ur_hgbt = UnifiedRegression(func='HybridGradientBoostingTree')
gscv = GridSearchCV(estimator=ur_hgbt,
                    param_grid={'learning_rate': [0.001, 0.01, 0.1],
                                'n_estimators': [5, 10, 20, 50],
                                'split_threshold': [0.1, 0.5, 1]},
```

```
                    train_control=dict(fold_num=3,
                                       resampling_method='cv',
                                       random_state=1,
                                       ref_metric=['rmse']),
                    scoring='rmse')
gscv.fit(data=df_remote,
         key='CAR_ID',
         label='PRICE',
         build_report=False)

# Speichern des trainierten Modells in SAP HANA
model_storage = ModelStorage(connection_context=conn)
ur_hgbt.name = 'Car price PAL by DI'
model_storage.save_model(model=ur_hgbt)

# Beenden
api.send("output", 'SAP HANA ML task complete')
```

Listing 8.2 Trainieren und Speichern eines ML-Modells über eine grafische Pipeline

Jetzt können Sie die Pipeline speichern und starten, das Modell wird trainiert und in SAP HANA gespeichert, woraufhin die Pipeline beendet wird (siehe Abbildung 8.8).

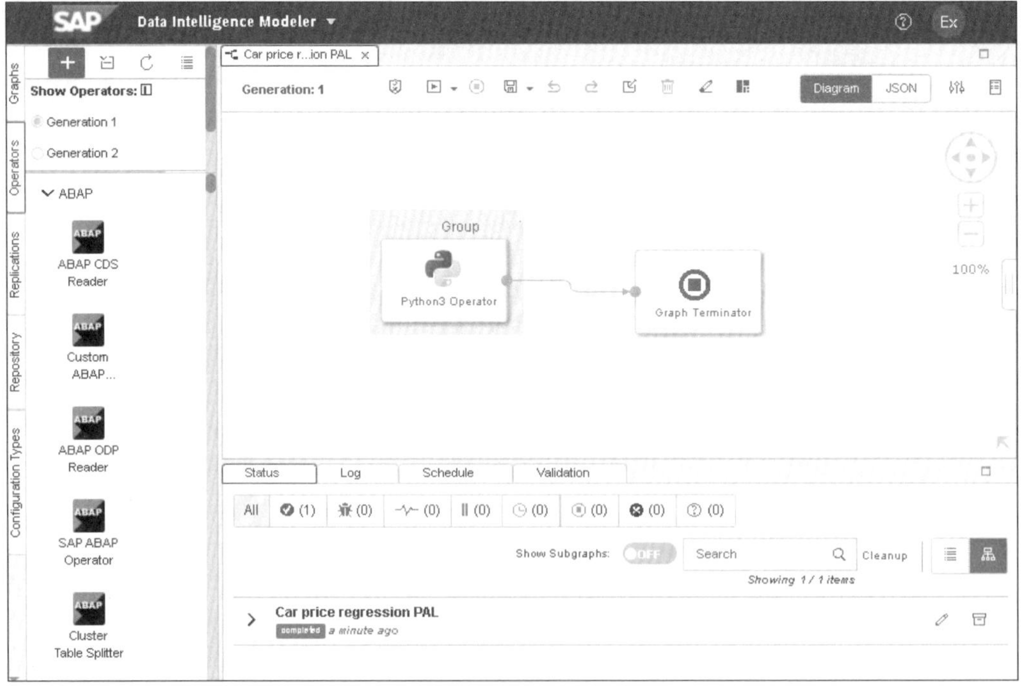

Abbildung 8.8 Ausgeführte Trainings-Pipeline

Sie können überprüfen, ob das Modell wie erwartet gespeichert wurde, z. B. in dem Sie den folgenden Code im JupyterLab von SAP Data Intelligence ausführen und sich die gespeicherten Modelle anzeigen lassen:

```
from notebook_hana_connector.notebook_hana_connector import
NotebookConnectionContext
from hana_ml.model_storage import ModelStorage
conn = NotebookConnectionContext(connectionId='MYHANA')
model_storage = ModelStorage(connection_context=conn)
model_storage.list_models()
```


Pipeline für Vorhersagen über REST API

Das trainierte Modell ist gespeichert und kann nun für Vorhersagen genutzt werden. Dafür gehen Sie folgendermaßen vor:

1. Erstellen Sie eine neue Pipeline beziehungsweise einen neuen Graphen. Auch diese Pipeline ist mit Generation-1-Operatoren erstellt.
2. Fügen Sie einen OpenAPI-Servlow-Operator ein, der die REST API erstellt, Werte annimmt und Vorhersagen retourniert. In den Einstellungen des Operators müssen Sie nur den *Base Path* anpassen, der Teil der URL der REST API wird. Geben Sie den Wert »/carpriceinference« ein.
3. Fügen Sie zusätzlich einen Python-3-Operator ein. Wie im vorherigen Beispiel erstellen Sie eine Gruppe für den Operator und weisen der Gruppe den Tag `hana_ml` mit Version 2.13.22051101 zu, damit der Python-Code das `hana_ml`-Paket nutzen kann.
4. Erstellen Sie am Python-3-Operator einen Input-Port namens »input« mit Data Type »message«. Verbinden Sie diesen Input-Port mit dem Output-Port des OpenAPI-Servlow-Operators.
5. Erstellen Sie am Python-3-Operator einen Output-Port namens »output« mit Data Type »message«. Verbinden Sie diesen Output-Port mit dem Port `ret` des OpenAPI-Servlow-Operators.

Ihre Pipeline sollte ähnlich wie in Abbildung 8.9 aussehen.

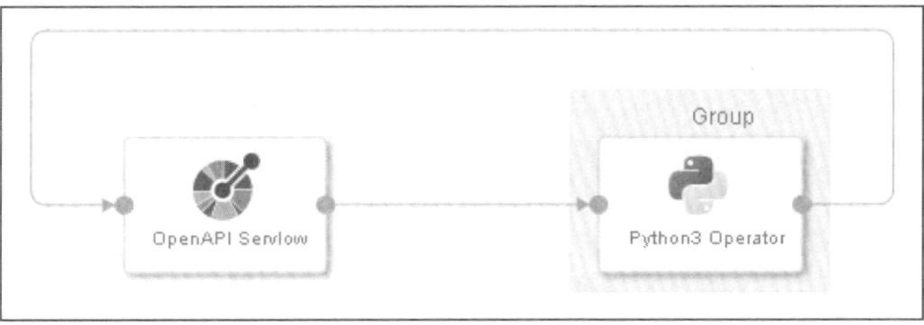

Abbildung 8.9 Pipeline für Vorhersagen über REST API

Tragen Sie den Code in Listing 8.3 in den Python-Operator ein:

```
import json
import pandas as pd
import uuid
import hana_ml
import hana_ml.dataframe as dataframe
from hana_ml.model_storage import ModelStorage

# Globale Variablen
conn = None

def get_hanaconnection():
    global conn

    # Verbindung zu SAP HANA
    conn = dataframe.ConnectionContext(address='[YOURENDPOINT]',
                                       port=443,
                                       user='HANADS',
                                       password='[YOURPASSWORD]',
                                       encrypt=True)

def on_input(msg):
    global conn

    # Eingehende Daten in Pandas-DataFrame transformieren
    user_data = msg.body.decode('utf-8')
    user_data_json = json.loads(user_data)
    df_data = pd.json_normalize(user_data_json)

    # Versichern, dass Verbindung zu SAP HANA besteht
    if (conn.connection.isconnected() == False):
        get_hanaconnection()

    # Gespeichertes Modell laden
    model_storage = ModelStorage(connection_context=conn)
    ur_hgbt = model_storage.load_model('Car price PAL by DI')

    # Daten als temporäre Tabelle nach SAP HANA laden
    temp_table_name = '#' + str(uuid.uuid1()).upper()
    df_remote_topredict = dataframe.create_dataframe_from_pandas(
                              connection_context=conn,
                              pandas_df=df_data,
                              table_name=temp_table_name,
```

```
                              force=True,
                              drop_exist_tab=True,
                              replace=False)

    # Vorhersage erstellen
    df_predicted = ur_hgbt.predict(data=df_remote_topredict,
                                     key='CAR_ID').collect()
    prediction = df_predicted['SCORE'][0]

    # Temporäre Tabelle löschen
    dbapi_cursor = conn.connection.cursor()
    dbapi_cursor.execute('DROP TABLE "' + temp_table_name + '"')

    # Output senden
    msg.body = json.dumps({'price_estimate': round(prediction, 1)})
    new_attributes = {'message.request.id': msg.attributes[
'message.request.id']}
    msg.attributes =  new_attributes
    api.send('output', msg)

get_hanaconnection()
api.set_port_callback("input", on_input)
```

Listing 8.3 Code zum Erstellen einer REST API für Vorhersagen

Der Operator OpenAPI Servlow erstellt die REST API, an die aus einem separaten Prozess/Programm die Werte von neuen Fahrzeugen übergeben werden. Diese Daten werden an den Python-3-Operator weitergegeben, der mit dem gespeicherten Modell die Vorhersage erstellt, die an den Operator OpenAPI Servlow zurückgegeben wird. Dieser retourniert die Vorhersage an den Prozess/das Programm, der/das die Anfrage gestellt hat.

Speichern und starten Sie die Pipeline, die nun dauerhaft mit Status **Running** läuft und permanent bereit ist, Vorhersagen zu erstellen. Entsprechend kann die Pipeline nun aufgerufen werden. Testen Sie dies z. B. mit dem Tool *Postman*, das kostenlos von *https://www.postman.com/* heruntergeladen werden kann:

1. Erstellen Sie in Postman einen neuen HTTP-Request.
2. Belassen Sie diesen Request als GET-Request.
3. Geben Sie die URL ein: *https://[Pfad Ihres DI Systems]/app/pipeline-modeler/openapi/service/carpriceinference/*.
4. Auf der Registerkarte **Authorization** wählen Sie **Basic Auth** aus und geben Ihre Userin oder Ihren User und ein Passwort ein. Der Userin oder dem User muss der

Name des Tenants vorangestellt werden. Wenn Sie mit dem `default`-Tenant arbeiten und Ihr Account »Ewald« heißt, geben Sie »default\Ewald« ein.

5. Auf der Registerkarte **Headers** tragen Sie den Key »X-Requested-With« mit Value »XMLHttpRequest« ein.
6. Auf der Registerkarte **Body** wählen Sie den Radio-Button **Raw** aus und geben die Details des zu schätzenden Fahrzeugs im JSON-Format ein (siehe Listing 8.4):

```
{
    "CAR_ID": 1,
    "BRAND": "audi",
    "MODEL": "a5",
    "VEHICLETYPE": "coupe",
    "YEAROFREGISTRATION": 2010,
    "HP": 160,
    "FUELTYPE": "benzin",
    "GEARBOX": "manuell",
    "KILOMETER": 50000
}
```

Listing 8.4 Details des zu schätzenden Fahrzeugs

Senden Sie die Abfrage an Postman, und Ihnen wird die Vorhersage im unteren Bereich der Applikation angezeigt (siehe Abbildung 8.10).

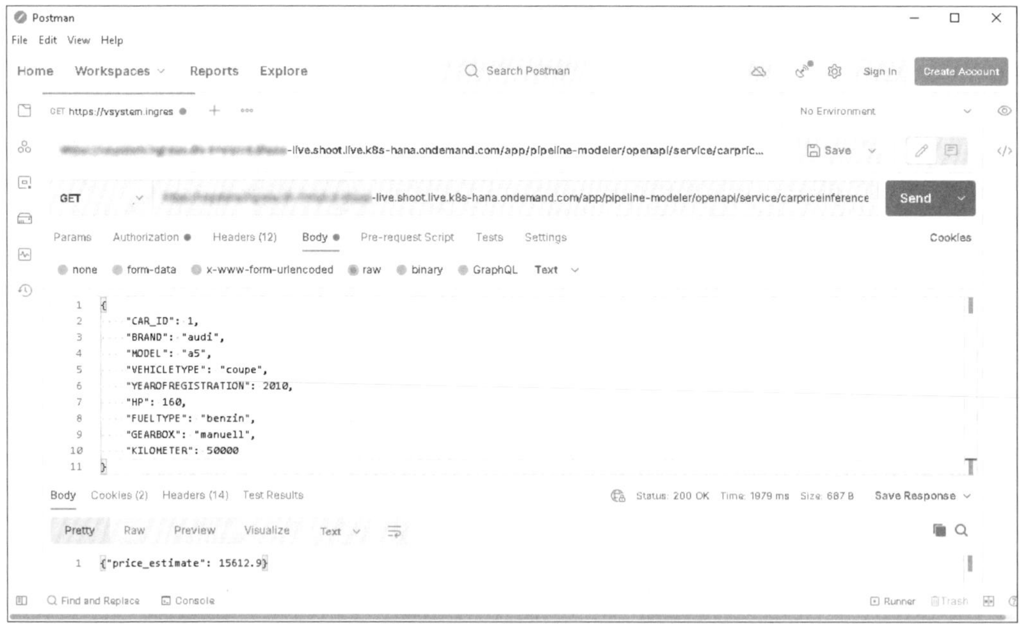

Abbildung 8.10 Test der REST-API-Vorhersage mit Postman

In dem obigen Beispiel erfolgt die Authentifizierung der REST API mit einem SAP-Data-Intelligence-User und dessen Passwort. Alternativ können Sie sich auch mit einem Zertifikat authentifizieren, sehen Sie hierfür den Blogeintrag, den Sie unter dieser URL finden: *https://blogs.sap.com/2022/03/03/certificate-authentication-to-call-an-openapi-servlow-pipeline-on-sap-data-intelligence/.*

8.2 Cloud Foundry

Falls Sie SAP Data Intelligence nicht nutzen, bietet sich die *Cloud-Foundry-Umgebung* als eine Alternative zum Einplanen des Python-Codes über die SAP BTP an. Sie können Ihren Python-Code als Task einplanen und automatisiert ausführen lassen.

Hierfür muss der Python-Code von einem Notebook in eine Python-Datei mit der Endung **.py** überführt werden. Als Beispiel nutzen wir die Vorhersage der vermieteten Fahrräder für die nächsten Tage wie in Abschnitt 5.4.2, »Einzelne Zeitreihe mit Prädiktoren«, erläutert. Wenn Sie das Beispiel aus dem Abschnitt bereits implementiert haben, können Sie den folgenden Code sowohl lokal auf Ihrem Rechner als auch in Cloud Foundry ausführen, um die Vorhersage zu erstellen und in eine Tabelle zu speichern. Kopieren Sie die Datei **tsforecast.py**, die Sie im Ordner **Kapitel 8** finden, in einen Ordner auf Ihrem Rechner (siehe Listing 8.5). Führen Sie das Programm z. B. in Visual Studio Code aus, hierbei muss in der Status Bar von Visual Studio Code als Python-Interpreter die `dsbook`-Umgebung ausgewählt werden.

```
import os
import sys
import json
import hana_ml.dataframe as dataframe

# Verbindung zu SAP HANA
if os.getenv('VCAP_APPLICATION'):
    sys.stdout.write('Python executing in Cloud Foundry')
    hana_credentials_env = os.getenv('HANACRED')
    hana_credentials = json.loads(hana_credentials_env)
    conn = dataframe.ConnectionContext(
        address=hana_credentials['address'],
        port=hana_credentials['port'],
        user=hana_credentials['user'],
        password=hana_credentials['password'])

else:
    sys.stdout.write('Python executing locally')
    conn = dataframe.ConnectionContext(userkey='MYHANA')
```

```
# Trainieren des Zeitreihenmodells
df_remote = conn.table('BICYCLE_HIRES_WITHCONTEXT')
from hana_ml.algorithms.apl.time_series import AutoTimeSeries
tsapl = AutoTimeSeries(time_column_name='DATE',
                       target='HIRES',
                       horizon=14,
                       force_positive_forecast=True,
                       with_extra_predictable=True)
tsapl.fit(data=df_remote)

# Vorhersage erstellen
df_rem_predicted = \
    tsapl.forecast(data=df_remote.filter('HIRES IS NULL'))

# Vorhersage speichern
df_rem_predicted.save('BICYCLE_HIRES_WITHCONTEXT_PREDICTED_BYCF', force=True)

# Ausgabe des Status
sys.stdout.write('\nTime series forecast completed')
```

Listing 8.5 Datei »tsforecast.py« zum Vorhersagen einer Zeitreihe

Nach Ausführen des Programms sollten Sie im Terminal die Information sehen, dass die Zeitreihenvorhersagen erfolgreich erstellt wurden (siehe Abbildung 8.11).

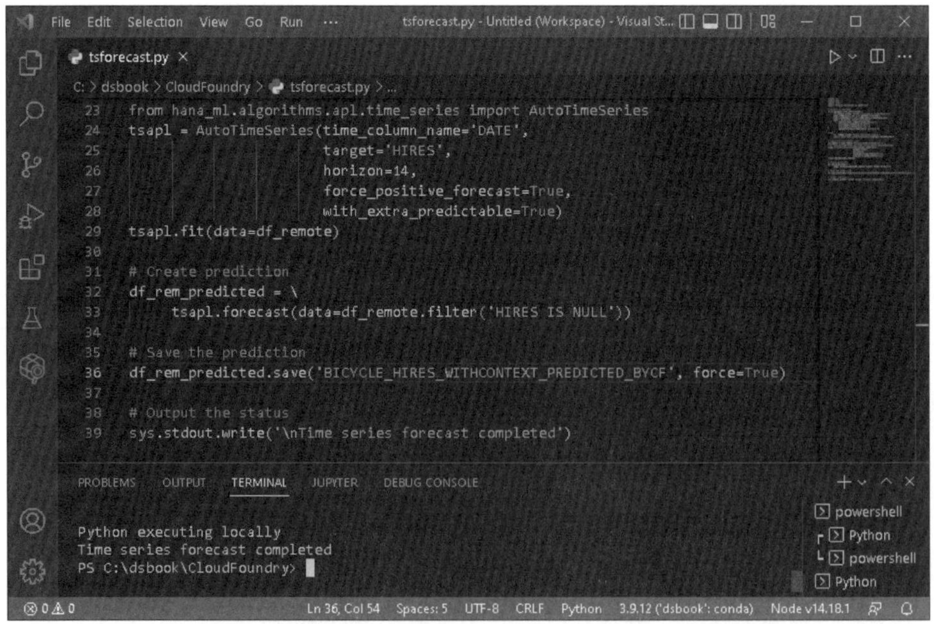

Abbildung 8.11 Visual Studio Code

Der Code funktioniert also wie gewünscht und kann nun über Cloud Foundry bereitgestellt werden. Für einen Einstieg in Cloud Foundry und das Aufsetzen einer Umgebung in der SAP BTP empfehlen wir die Getting-Started-Dokumentation von SAP unter folgendem Link: *http://s-prs.de/v903362*

Um den Python-Code in Cloud Foundry einplanen zu können, müssen Sie zusätzlich Instanzen des Diensts *SAP Job Scheduling Service* wie auch des *SAP Authorization and Trust Management Service* anlegen. Die notwendigen Schritte sind in diesem Blog beschrieben (das darin beschriebene Erstellen einer Node.js-Applikation ist nicht notwendig):

https://blogs.sap.com/2019/11/26/using-job-scheduler-in-sap-cloud-platform-1-first-simple-scenario/

In den folgenden Schritten wird angenommen, dass Sie die beiden Dienste wie in dem obigen Blog beschrieben benannt haben: »jobschedulerinstance« und »xsuaaforsimplejobs«.

Das Deployment des Programms auf Cloud Foundry benötigt noch weitere Dateien. Legen Sie in dem Ordner, in den Sie auch die Datei **tsforecast.py** kopiert haben, eine Datei mit dem Namen **manifest.yml** und folgendem Inhalt an:

```
---
applications:
- name: tsforecast
  memory: 128M
  command: python tsforecast.py
  services:
    - xsuaaforsimplejobs
    - jobschedulerinstance
```

Dieses Manifest gibt den Namen der noch zu deployenden Applikation in Cloud Foundry an, wie auch den zuzuweisenden Arbeitsspeicher. Ebenso werden die Dienste `jobschedulerinstance` und `xsuaaforsimplejobs` der Applikation zugewiesen.

Legen Sie eine Datei **runtime.txt** an und geben Sie in dieser die Version des zu nutzenden Python-Buildpacks an:

```
python-3.9.9
```

Abschließend erstellen Sie noch eine Datei **requirements.txt**, in der Sie das zu installierenden Python-Paket `hana_ml` angeben.

```
hana_ml==2.13.22051101
```

Sie sollten in dem Ordner nun diese vier Dateien haben:

- **tsforecast.py**
- **manifest.yml**
- **runtime.txt**
- **requirements.txt**

Um die Applikation nach Cloud Foundry überführen zu können, installieren Sie das Command Line Interface (CLI) für Cloud Foundry. Folgen Sie den Schritten des Tutorials unter folgendem Link: *https://developers.sap.com/tutorials/cp-cf-download-cli.html*.

Öffnen Sie nach der CLI-Installation einen Command-Prompt Ihres Betriebssystems. Navigieren Sie im Prompt zum Ordner, in dem sich die obigen vier Dateien befinden. Melden Sie sich mit diesem Befehl in Cloud Foundry an:

```
cf login
```

Sie werden nach Ihrem User und Passwort der SAP BTP gepromptet. Danach können Sie die Applikation nach Cloud Foundry überführen:

```
cf push --task
```

Der Parameter `--task` gibt an, dass die Applikation nach dem Deployment nicht sofort gestartet wird. Ohne diesen Zusatz würde Cloud Foundry, nachdem die Vorhersagen erstellt wurden und die Applikation beendet wurde, davon ausgehen, dass die Applikation abgestürzt ist und diese daher wieder neu starten. Nach dem so erfolgten Deployment wird die Applikation daher mit dem Status `down` angezeigt (siehe Abbildung 8.12).

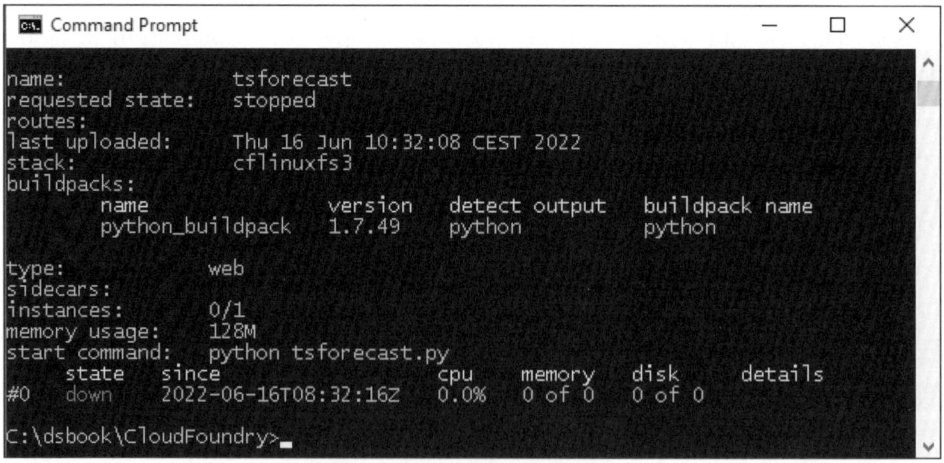

```
Command Prompt
name:              tsforecast
requested state:   stopped
routes:
last uploaded:     Thu 16 Jun 10:32:08 CEST 2022
stack:             cflinuxfs3
buildpacks:
        name               version   detect output   buildpack name
        python_buildpack   1.7.49    python          python

type:            web
sidecars:
instances:       0/1
memory usage:    128M
start command:   python tsforecast.py
     state   since                  cpu    memory   disk     details
#0   down    2022-06-16T08:32:16Z   0.0%   0 of 0   0 of 0

C:\dsbook\CloudFoundry>_
```

Abbildung 8.12 Push der Applikation nach Cloud Foundry

Wenn das Programm lokal ausgeführt wird, werden die im User Store hinterlegten Anmeldedaten für SAP HANA genutzt (MYHANA). In Cloud Foundry ist dies nicht möglich, weswegen die Applikation so strukturiert ist, dass sie erkennt, wenn sie in Cloud Foundry ausgeführt wird. Ist dies der Fall, werden die Anmeldedaten stattdessen aus einer User-Defined-Variablen namens `HANACRED` ausgelesen. Legen Sie diese Variable mit den Daten Ihres Systems an:

```
cf set-env tsforecast HANACRED {\"address\":\"REPLACEWITHYOURHANASERVER\",\
"port\":443,\"user\":\"REPLACEWITHYOURUSER\",\"password\":\
"REPLACEWITHYOURPASSWORD\"}
```


Führen Sie die Applikation nun zuerst als Task über den Command-Prompt aus:

```
cf run-task tsforecast --command "python tsforecast.py" --name
pythontsforecast_taskfromcli
```

Lassen Sie sich das Log der Applikation anzeigen.

```
cf logs tsforecast --recent
```

Sie sollten im Output sehen, dass die Applikation erkannt hat, dass sie in Cloud Foundry ausgeführt wird und dass die Vorhersagen erfolgreich erstellt wurden (siehe Abbildung 8.13). Falls Sie diese Nachricht noch nicht sehen, wiederholen Sie den Befehl nach einigen Minuten. Eine eventuelle Fehlermeldung `No module named 'shapely'` kann ignoriert werden, das Modul `shapely` wird in diesem Beispiel nicht benötigt.

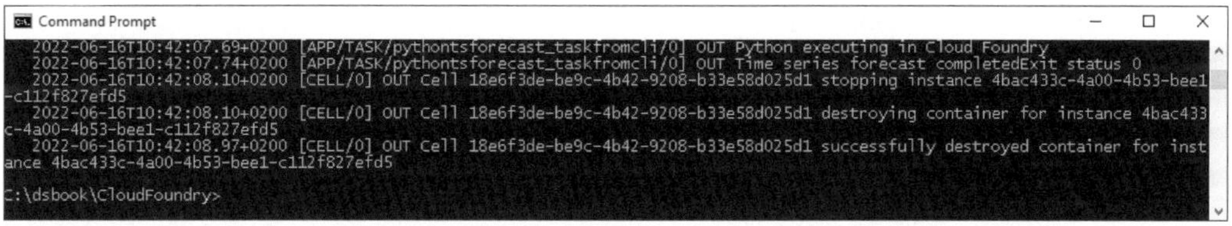

```
Command Prompt
   2022-06-16T10:42:07.69+0200 [APP/TASK/pythontsforecast_taskfromcli/0] OUT Python executing in Cloud Foundry
   2022-06-16T10:42:07.74+0200 [APP/TASK/pythontsforecast_taskfromcli/0] OUT Time series forecast completedExit status 0
   2022-06-16T10:42:08.10+0200 [CELL/0] OUT Cell 18e6f3de-be9c-4b42-9208-b33e58d025d1 stopping instance 4bac433c-4a00-4b53-bee1
-c112f827efd5
   2022-06-16T10:42:08.10+0200 [CELL/0] OUT Cell 18e6f3de-be9c-4b42-9208-b33e58d025d1 destroying container for instance 4bac433
c-4a00-4b53-bee1-c112f827efd5
   2022-06-16T10:42:08.97+0200 [CELL/0] OUT Cell 18e6f3de-be9c-4b42-9208-b33e58d025d1 successfully destroyed container for inst
ance 4bac433c-4a00-4b53-bee1-c112f827efd5

C:\dsbook\CloudFoundry>
```

Abbildung 8.13 Log der ausgeführten Applikation

Die Python-Applikation lässt sich also auf Cloud Foundry ausführen und kann nun geschedult werden. Öffnen Sie hierfür das Cockpit der SAP BTP und finden Sie den vorab erstellten Dienst `jobschedulerinstance`. Klicken Sie die drei Punkte am Ende der Zeile und wählen Sie die Option **View Dashboard** aus (siehe Abbildung 8.14).

Im Menü **Tasks** des SAP-Job-Scheduling-Service-Dashboards erstellen Sie einen neuen Task mit folgenden Details:

- **Name**: tsforecast_task
- **Description**: Create time series forecast
- **Application**: tsforecast
- **Action**: python tsforecast.py

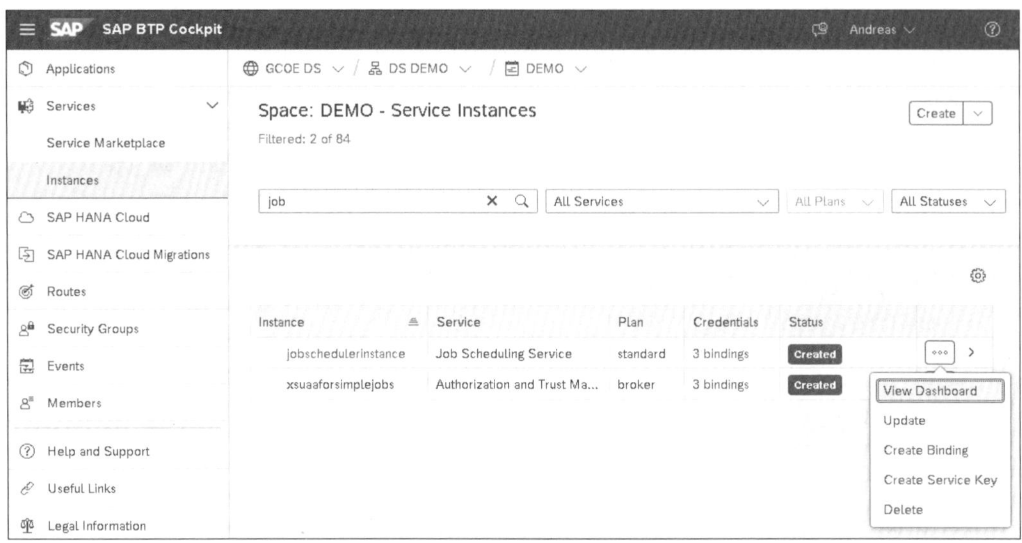

Abbildung 8.14 Job Scheduling Service

Öffnen Sie diesen neu erstellten Task. In dessen Menü **Schedules** erstellen Sie einen neuen Schedule, den Sie entsprechend der Anforderung konfigurieren. Zeitangaben beziehen sich auf die Coordinated Universal Time (UTC). Geben Sie folgende Werte an (siehe auch Abbildung 8.15):

- **Description**: Daily time series forecast
- **Pattern**: Recurring – Repeat At
- **Value**: 16:00

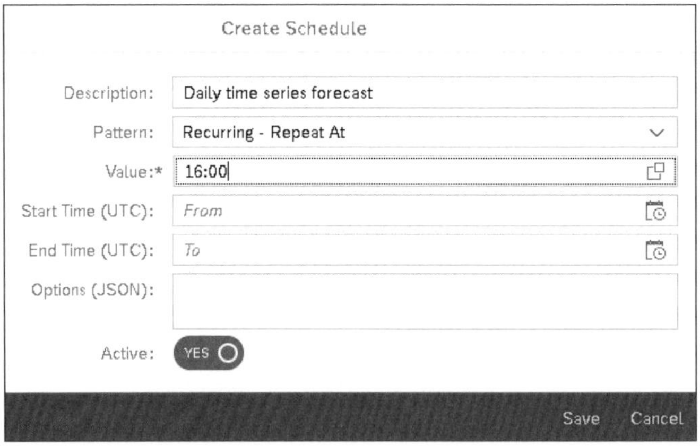

Abbildung 8.15 Täglicher Schedule

Sie sehen den angelegten Schedule in Abbildung 8.16. Täglich um 16 Uhr wird nun eine neue Vorhersage erstellt und die Zieltabelle BICYCLE_HIRES_WITHCONTEXT_PREDICTED_BYCF' aktualisiert.

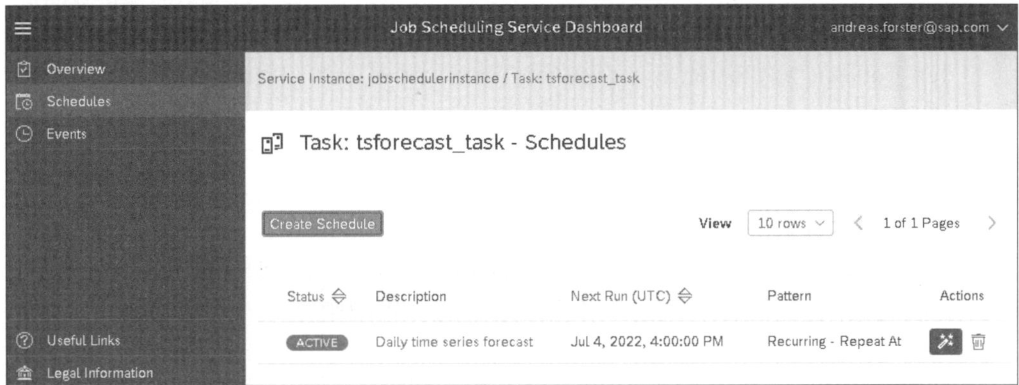

Abbildung 8.16 Schedule für tägliche Ausführung

Klicken Sie in den Schedule, und das Run Logs gibt einen Überblick der vergangenen Ausführungen sowie den Zeitpunkt der nächsten Ausführung. Abbildung 8.17, zeigt, dass der Schedule einmal erfolgreich ausgeführt wurde und wann der Task das nächste Mal ausgeführt wird.

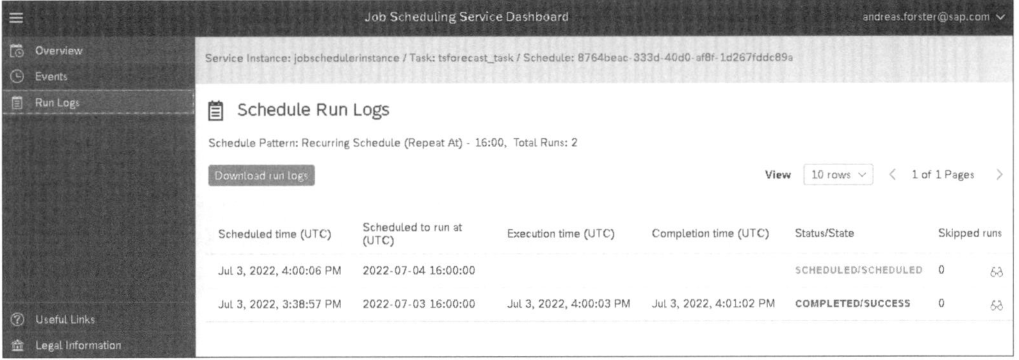

Abbildung 8.17 Überblick der Ausführungen des Schedule

8.3 Kyma

Kyma ist eine weitere Option zum Deployment für Data-Science-Modelle. *Kyma* ist ein Service auf der SAP BTP, mit dem Erweiterungen von Anwendungen Cloud-nativ entwickelt werden können. Der Service basiert auf dem Open-Source-Projekt Kyma, das von SAP ins Leben gerufen und der Open-Source-Community zur Verfügung gestellt wurde. Kyma auf der SAP BTP beinhaltet zahlreiche Komponenten, die für die Funktionalität einer modernen Cloud-Anwendung notwendig sind, wie z. B. Authentifizierung, Verbindung zu Applikationen und Daten, Verwaltung von Projekten, Scheduling und vieles mehr. Alle diese Services laufen auf einem von SAP verwalteten Kubernetes-Cluster, was die Skalierbarkeit der entwickelten Erweiterungen sicherstellt.

Wie auch in Abschnitt 8.2, »Cloud Foundry«, werden Sie als Beispiel die Vorhersage der vermieteten Fahrräder nutzen, mit dem APL-Modell, das Sie in Kapitel 5, »Automated Predictive Library«, entwickelt haben. Dabei werden Sie zuerst den Code mithilfe von Kyma zeitlich einplanen und danach auch einen Service entwickeln, der einen API-Endpunkt für das Triggern der Vorhersage definiert. Dadurch können z. B. andere Anwendungen die Ausführung der Vorhersage starten. Kyma bietet sowohl die Möglichkeit, über die Command Line des Betriebssystems wie auch über ein grafisches User Interface (UI) Deployments zu erstellen. In diesem Beispiel werden wir das UI von Kyma benutzen. Sie sollten aber wissen, dass alle Operationen, die wir hier betrachten werden, auch über das Command-Line-Tool *kubectl* durchgeführt werden können.

Kyma-Umgebung

Falls Sie eine Kyma-Umgebung in der SAP BTP aufsetzen möchten, um die Schritte in diesem Abschnitt zu implementieren, folgen Sie bitte der Dokumentation im SAP Help Portal, die Sie unter folgendem Link finden: *http://s-prs.de/v903363*.

Um mit dem Deployment anzufangen, öffnen Sie als Erstes das Kyma-Cockpit aus Ihrem SAP-BTP-Account. Navigieren Sie hierzu im SAP BTP Cockpit zur Subaccount-Ebene und klicken Sie auf den Link zu **Console URL** im Abschnitt **Kyma Environment** (siehe Abbildung 8.18).

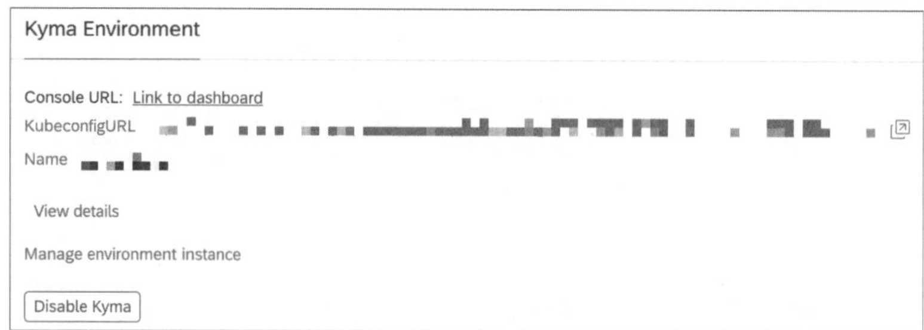

Abbildung 8.18 Über den Console-URL-Link im SAP BTP Cockpit auf die Kyma-Startseite gelangen

Auf der Startseite des Cockpits finden Sie einen Überblick der gesamten Kyma-Umgebung. Klicken Sie links in Ihren Namespace, und Sie sehen wichtige Informationen über Ihre Deployments (siehe Abbildung 8.19), wie Anzahl der Pods und Ressourcen, die gerade konsumiert werden.

Mithilfe von Docker-Images werden wir einige ausgewählte Beispiele realisieren:

- Schedulen von Jobs
- Erstellen von REST-API-Services in Kyma, um einen Job zu triggern
- Erstellen von REST-API-Services, um Vorhersagen in Echtzeit durchzuführen

Hierzu wird erwartet, dass Sie mit der Container-Technologie vertraut sind und Docker auf Ihrem Computer installiert haben sowie über einen Zugang zu einem Docker-Repository (z. B. Dockerhub) verfügen.

Als Vorbereitung für die drei Beispiele werden Sie noch eine Einstellung vornehmen, um die Verbindungsdetails zu Ihrem SAP-HANA-System in Kyma zu hinterlegen. Dies ist nicht zwingend notwendig, erspart aber, den Benutzernamen und das Passwort Ihrer SAP-HANA-Verbindung im Klartext in dem Python-Code zu speichern. Kyma bietet hierfür einen Service namens *Secrets*, den Sie auf der linken Seite im Kyma-Cockpit unter dem Menüeintrag **Configuration** finden können. Erstellen Sie ein neues Secret, indem Sie auf den Button **Create Secre**t klicken und Ihre Details, wie in Abbildung 8.20 gezeigt, eingeben. Der Python-Code, den wir in den folgenden Abschnitten verwenden, erwartet, dass hier als Adresse nur der Hostname angegeben wird. Der Port (443) wird später im Python-Code angehängt.

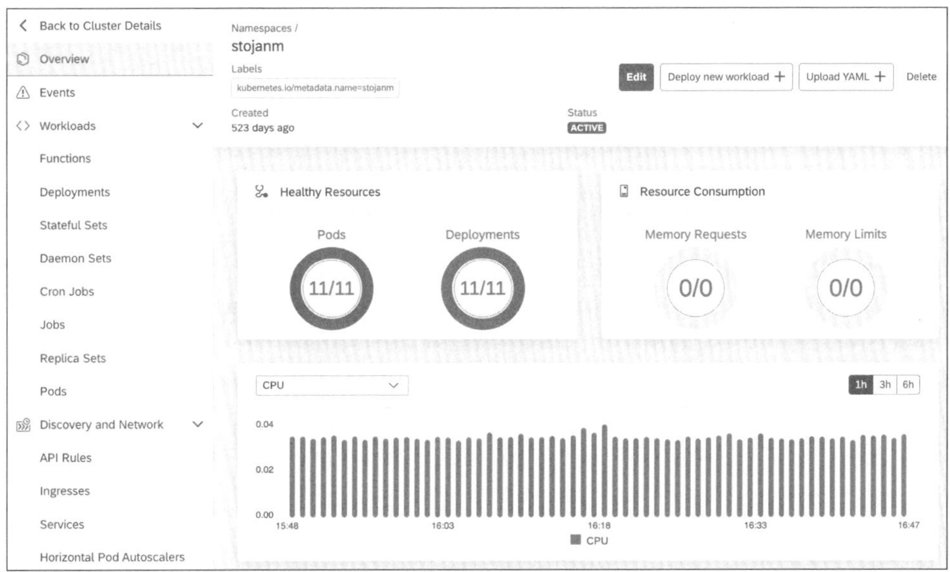

Abbildung 8.19 Kyma-Cockpit in Ihrem Namespace

Abbildung 8.20 Erstellung eines neuen Secrets mit den Verbindungsdetails in Kyma Secrets

Dabei sollten Sie auf der rechten Seite die Werte für den Hostnamen Ihres SAP-HANA-Systems, Ihren Benutzernamen und das Passwort eingeben. Diese werden, nachdem Sie auf **Create** klicken, verschlüsselt und sind nicht in Klartext zu lesen. Wir werden dieses Secret in den folgenden Abschnitten nutzen, um daraus in den Docker-Containern drei Umgebungsvariablen zu erstellen. Der Python-Code wird dann aus den Umgebungsvariablen die Verbindungsdetails auslesen und benutzen.

8.3.1 Scheduling von Code

Nun können Sie mit dem Deployment und Scheduling des Python-Codes beginnen. Wie erwähnt, werden Sie hier das APL-Zeitreihenmodell zur Vorhersage von Fahrradverkäufen anwenden, das Sie aus Kapitel 5, »Automated Predictive Library«, schon kennen. Als Erstes sollten Sie die Dateien, die fürs Deployment benötigt werden, in einem Ordner auf Ihrem Laptop vorbereiten. Diese finden Sie in den Download-Materialien zu diesem Buch (siehe den Ordner **Kapitel 8**, darin der Pfad **Kyma\schedule** mit den Dateien **tsforecast.py**, **Dockerfile**, **requirements.txt**, **deployment_cronjob_1mo.yaml**). Die Python-Datei basiert auf dem Code aus Abschnitt 8.2, »Cloud Foundry«. Das Dockerfile ist nachfolgend gezeigt und bereitet die Python-Umgebung vor, in der der Python-Code ausgeführt wird. Dabei wird auch die Datei **requirements.txt** benutzt, um die notwendigen Bibliotheken anzugeben, die installiert werden sollen.

```
FROM python:3.9.9
COPY requirements.txt /requirements.txt
RUN pip install -r requirements.txt
```

```
ADD . /app
WORKDIR /app
CMD [ "python3", "./tsforecast.py"]
```

Den Python-Code aus Abschnitt 8.2, »Cloud Foundry«, haben wir erweitert, um die Verbindungsdetails aus den Umgebungsvariablen zu extrahieren. Der Rest des Codes bleibt wie in Abschnitt 8.2 unverändert:

```
hana_credentials_address = os.environ['SECRET_ADDRESS']
hana_credentials_user = os.environ['SECRET_USER']
hana_credentials_pass = os.environ['SECRET_PASS']
```


Als Nächstes werden Sie ein Docker-Image erstellen und dieses zum Docker-Repository hochladen (hier Dockerhub). Navigieren Sie hierfür im Command-Prompt auf Ihrem Computer zum Ordner der vier Dateien und führen Sie die folgenden Befehle aus:

```
docker build -t timeseriesdsbook .
docker tag timeseriesdsbook YOURUSER/timeseriesdsbook-image
docker push YOURUSER/timeseriesdsbook-image
```

Wenn der letzte Befehl erfolgreich beendet ist, befindet sich Ihr Image nun in Ihrem Docker-Repository. Sie können jetzt in Kyma einen Scheduling-Job erstellen. Gehen Sie dabei wie folgt vor:

1. In Ihrem Namespace im Kyma-Cockpit wählen Sie auf der linken Seite die Schaltfläche **Cron Jobs** und dann **Create Cron Job**.
2. Nun können Sie in dem geöffneten Fenster einstellen, wo sich das Docker-Image befindet, das geplant werden soll, und auch, welche Ausführungsfrequenz Sie benötigen. Über die Ausführungsfrequenz geben Sie an, wann das Docker-Image, und damit auch der Python-Code, ausgeführt werden soll.
3. Um die Einstellungen zu vereinfachen, können Sie die Datei **deployment_cronjob_1mo.yaml** benutzen, die Sie im oben genannten Ordner finden. Öffnen Sie die **.yaml**-Datei und kopieren Sie den Inhalt (siehe Listing 8.6) in den **YAML**-Abschnitt des Fensters **Create Cron Job**. Dabei sollten Sie für die zwei Platzhalter die entsprechenden Werte einsetzen (YOUR_KYMA_NAMESPACE und DOCKER_USER).

   Der letzte Teil in dem `env`-Abschnitt definiert drei Umgebungsvariablen, die aus dem Python-Code gelesen werden, wie zuvor gezeigt.

   Das **.yaml**-File hat eingestellt, dass das Docker-Image (und somit Ihr Python-Code) einmal im Monat ausgeführt wird. Sie können diese Logik einfacher sehen, wenn Sie im Fenster **Create Cron Job** auf die Ansicht **Simple** wechseln. Dort können Sie auch weitere Anpassungen vornehmen.

```
apiVersion: batch/v1beta1
kind: CronJob
metadata:
  name: timeseries
  namespace: YOUR_KYMA_NAMESPACE
  labels:
    app.kubernetes.io/name: timeseries
spec:
  schedule: 0 0 1 * *
  jobTemplate:
    spec:
      template:
        metadata:
          annotations:
            sidecar.istio.io/inject: 'false'
        spec:
          containers:
            - name: timeseries
              image: DOCKER_USER/timeseriesdsbook-image
              imagePullPolicy: IfNotPresent
              command: []
              env:
              - name: SECRET_ADDRESS
                valueFrom:
                  secretKeyRef:
                    name: myhana
                    key: address
                    optional: false
              - name: SECRET_USER
                valueFrom:
                  secretKeyRef:
                    name: myhana
                    key: user
                    optional: false
              - name: SECRET_PASS
                valueFrom:
                  secretKeyRef:
                    name: myhana
                    key: password
                    optional: false
          restartPolicy: OnFailure
  concurrencyPolicy: Allow
```

Listing 8.6 Datei »deployment_cronjob_1mo.yaml« zum Definieren eines Schedule

4. Klicken Sie auf **Create**, um das Scheduling zu erstellen. Jetzt erscheint Ihr Job in der Liste der Cron Jobs, wo Sie den Status verfolgen können.
5. Sobald der Job tatsächlich ausgeführt wurde, können Sie im Abschnitt **Pods** im Menü auf der linken Seite den Pod finden, in dem Ihr Docker ausgeführt wurde (der Name wird eindeutig sein, z. B. timeseries-xxxx). Wenn Sie auf dem Pod klicken, können Sie im Containers-Abschnitt die Logs der Ausführung sehen, um zu kontrollieren, ob alles erfolgreich abgelaufen ist (siehe Abbildung 8.21).

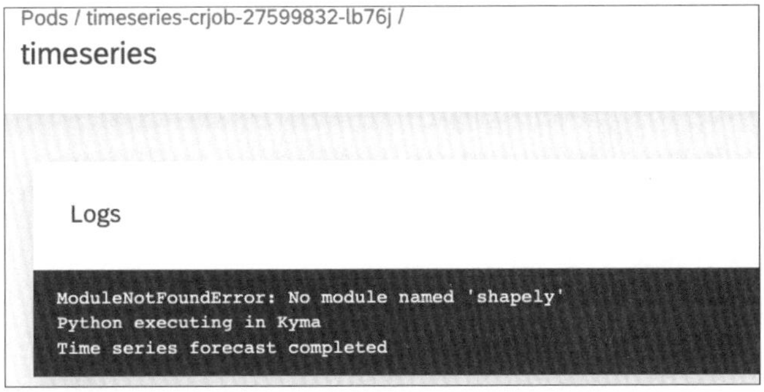

Pods / timeseries-crjob-27599832-lb76j /

timeseries

Logs

```
ModuleNotFoundError: No module named 'shapely'
Python executing in Kyma
Time series forecast completed
```

Abbildung 8.21 Die Logs von der Ausführung des Codes

Wie Sie aus der Abbildung 8.21 sehen, ist der Code ohne Fehler ausgeführt (ignorieren Sie die `shapely`-Warnung, da `shapely` hier nicht benötigt wird). Der Job bleibt aktiv und wird die nächste Ausführung, wie Sie es eingestellt haben, in einem Monat triggern.

8.3.2 Triggern der Ausführung über einen API-Endpunkt

Im vorangegangenen Abschnitt haben Sie gesehen, wie man Python-Code zeitgesteuert ausführen kann. Als Nächstes werden Sie die Ausführung des Codes über einen API-Aufruf triggern. Das bedeutet, dass Sie einen Service auf Kyma erstellen werden, der über eine API erreichbar ist. Dieser Service wird auf einkommende Aufrufe hören und sobald solche eintreffen, den Python-Code mit dem Trainieren und Anwenden des Modells ausführen.

In den Download-Materialien zu diesem Buch finden Sie fünf Dateien (siehe im Ordner **Kapitel 8**, im Unterordner **Kyma\APItrigger**). Wie im vorherigen Abschnitt beschrieben, beinhaltet dieser Ordner das Dockerfile mit Anweisungen, wie das Docker-Image gebaut werden soll, sowie die **deployment.yaml**-Datei und den neuen Python-Code. Das Dockerfile zeigt nur einen Unterschied zum vorherigen Dockerfile, nämlich wird hier extra ein Port für die API-Kommunikation aufgemacht (`EXPOSE 8010`).

Der Python-Code musste in diesem Fall angepasst werden, damit mithilfe des Flask-Pakets Webservices definiert werden können, wie in Listing 8.7 gezeigt. Flask ist ein schlankes Python-Framework, um Webservices und REST APIs zu erstellen. Sie sehen, dass der Code ein Flask-Objekt namens `app` definiert. Über die `route()`-Methode dieser Klasse können API-Pfade und dazugehöriger Code definiert werden. In diesem Beispiel wird die Funktion `applyModel()` aufgerufen, sobald ein API-Call den Pfad `/applymodel` anfordert.

```
# Initialisieren der Flask-App
app = Flask(__name__)
# Verbindung zu SAP HANA
sys.stdout.write('Python executing in Kyma')
hana_credentials_address = os.environ['SECRET_ADDRESS']
hana_credentials_user = os.environ['SECRET_USER']
hana_credentials_pass = os.environ['SECRET_PASS']
conn = dataframe.ConnectionContext(
     address=hana_credentials_address,
     port=443,
     user=hana_credentials_user,
     password=hana_credentials_pass)
@app.route('/applymodel')
def applyModel():
    sys.stdout.write('\nTime series forecast request')
    print('Time series forecast request')
    df_remote = conn.table('BICYCLE_HIRES_WITHCONTEXT')
    tsapl = AutoTimeSeries(time_column_name='DATE',
                           target='HIRES',
                           horizon=14,
                           force_positive_forecast=True,
                           with_extra_predictable=True)
    tsapl.fit(data=df_remote)
    df_rem_predicted = \
         tsapl.forecast(data=df_remote.filter('HIRES IS NULL'))
   df_rem_predicted.save('BICYCLE_HIRES_WITHCONTEXT_PREDICTED_BYCF', force=
True)
    sys.stdout.write('\nTime series forecast completed')
    return 'Finished forecasting'

# Applikation auf dem lokalen Host auf port 8010 ausführen
if __name__ == '__main__':
    app.run(host='0.0.0.0', port=8010)
```

Listing 8.7 Python-Code, der bei einem REST-API-Aufruf Vorhersagen erstellt und speichert

Um den obigen Service zu erstellen, gehen Sie wie folgt vor:

1. Erstellen Sie das Docker-Image, indem Sie über den Terminal zum Ordner der fünf Dateien navigieren und die folgenden Befehle ausführen:

```
docker build -t timeseriesdsbook-api .
docker tag timeseriesdsbook-api YOUR_DOCKER_USER/timeseriesdsbook-infer-
image
docker push YOUR_DOCKER_USER/timeseriesdsbook-infer-image
```

2. Der letzte Befehl hat Ihr Image in die Docker-Repository geladen, und Sie können nun das Kyma-Cockpit öffnen, um den Service zu erstellen. Klicken Sie dafür links im Menü auf **Deployments** und danach auf den Button **Create Deployment**.
3. Hier können Sie entweder manuell die Einstellungen vornehmen oder den Inhalt aus der mitgelieferten Datei **deployment.yaml** in den **YAML**-Abschnitt des Fensters **Create Deployment** kopieren. Dabei sollten Sie die Platzhalter mit den richtigen Werten ersetzen (YOUR_KYMA_NAMESPACE und YOUR_DOCKER_USER).
4. Klicken Sie auf den Button **Create**, um das Deployment zu erstellen.
5. Nun müssen Sie noch einen Service für Ihr Deployment erstellen. Navigieren Sie dazu im Kyma-Cockpit zum Abschnitt **Services** auf der linken Seite.
6. Klicken Sie auf den Button **Create Service** und ersetzen Sie den Inhalt durch die Syntax der **service.yaml**-Datei. Achten Sie darauf, den Platzhalter YOUR_KYMA_NAMESPACE zu ersetzen. Dabei ist auch hier wichtig, die Ports richtig zu definieren. In diesem Fall haben wir 8010 gewählt, da dieser Port auch in unserem Dockerfile sowie unserem Python-Code benutzt wird.
7. Als Letztes navigieren Sie im Menü links zum Abschnitt **API Rules** und klicken auf **Create API Rule**.
8. Im Dialog **Create API Rule** tragen Sie einen internen Namen für die Rule ein, den Sie beliebig selbst wählen können. Im Drop-down-Menü **Service** wählen Sie Ihren Service aus (mit dem Port:8010). Danach geben Sie noch einen Wert für die Subdomain an (diesen können Sie auch beliebig wählen, z. B. »mytimeseries«; siehe Abbildung 8.22).
9. Klicken Sie abschließend auf den Button **Create**.

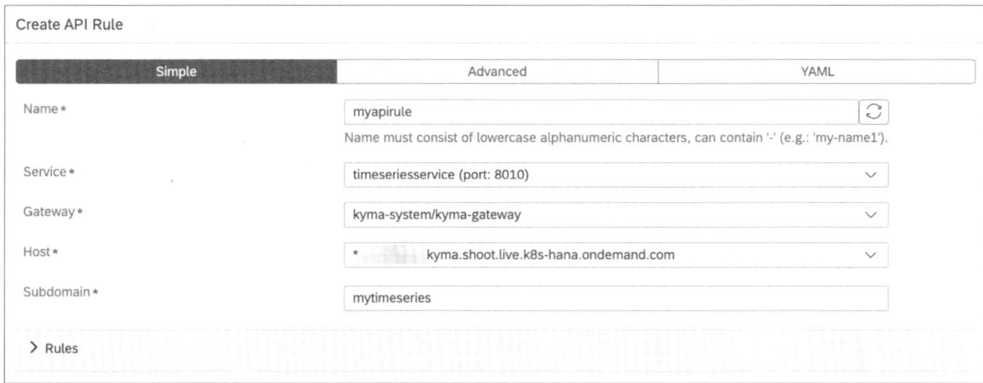

Abbildung 8.22 Definieren der API-Rule als Teil des Services

Jetzt haben Sie Ihr Docker-Image mit den Python-Code deployt, danach einen Service für das Deployment erstellt und schließlich haben Sie definiert, wie dieser Service zu erreichen ist.

Wenn Sie jetzt die URL von Ihrem Service aufrufen (*https://DIENST_NAME.IHR_CLUSTER.com/applymodel*), werden Sie sehen, dass das Modell angewandt wird und nach einigen Sekunden die Meldung **Finished Forecasting** erscheint.

8.3.3 Vorhersagen über REST APIs

In diesem Abschnitt werden wir ein vortrainiertes Modell laden und dieses über eine API aufrufbar machen. Wir werden die API-Schnittstelle so definieren, dass bei einem Aufruf neue Daten mitgeschickt werden, worauf das Modell angewandt werden soll und entsprechend die Vorhersage zurückgibt. Als Beispiel werden Sie das PAL-Modell für die Preisvorhersage von gebrauchten Wagen benutzen, das Sie auch in Abschnitt 8.1.3, »Python-3-Operator«, benutzt haben.

Sie finden in den Download-Materialien zu diesem Buch (siehe Ordner **Kapitel 8**, Unterordner **Kyma\realtime**) fünf Dateien. Wie im vorherigen Abschnitt auch beinhaltet dieser Ordner das Dockerfile mit Anweisungen, wie das Docker-Image aussehen soll, sowie die **deployment.yaml**-Datei und den neuen Python-Code. Über das Dockerfile wird hier der Port für die API-Kommunikation freigegeben. Um Interferenzen mit den vorherigen Beispielen zu vermeiden, haben wir hier eine andere Portnummer vergeben (`EXPOSE 8020`).

Der Python-Code hat die gleiche Logik wie in Abschnitt 8.1.3, »Python-3-Operator«, vorgestellt. Zuerst wird das in Kapitel 6, »Predictive Analysis Library«, erstellte PAL-Modell geladen. Danach wird die API über Flask so eingestellt, dass POST-Anfragen akzeptiert werden. Bevor das Modell angewandt wird, um die Preisvorhersage auszugeben, werden noch die einkommenden Daten geparst und vorbereitet. Einen Auszug aus dem Python-Code nach dem Verbindungsaufbau sehen Sie in Listing 8.8.

```
model_storage = ModelStorage(connection_context=conn)
ur_hgbt = model_storage.load_model('PAL HGBT Regression car price')

@app.route('/getPredictedPrice', methods=['POST'])
def getPredictedPrice():
    sys.stdout.write('\nRegression started..')
    content = request.get_json()
    df_content = pd.DataFrame([content])

    temp_table_name = '#' + str(uuid.uuid1()).upper()
    df_remote_topredict = dataframe.create_dataframe_from_pandas(connection_
context=conn, pandas_df=df_content, table_name=temp_table_name, force=True,
```

```
drop_exist_tab=True, replace=False)

    df_predicted = ur_hgbt.predict(data=df_remote_topredict, key='CAR_
ID').collect()
    prediction = df_predicted['SCORE'][0]

    # Ausgabe des Status
    sys.stdout.write('\nRegression completed')
    return 'Price estimate:%f'%(round(prediction,1))
```

Listing 8.8 Erstellung einer Vorhersage

Mit den folgenden Schritten können Sie den Dienst erstellen, der die Vorhersagen zurückgibt:

1. Erstellen Sie das Docker-Image, indem Sie über den Terminal zum Ordner der fünf Dateien wechseln und die folgenden Befehle ausführen:

   ```
   docker build -t regression-realtime .
   docker tag regression-realtime YOUR_DOCKER_USER/regression-realtime-image
   docker push YOUR_DOCKER_USER/regression-realtime-image
   ```

2. Nun befindet sich das Image in der Docker-Repository, und Sie können das Kyma-Cockpit öffnen, um den Service zu erstellen. Klicken Sie dafür auf **Deployments** und danach auf **Create Deployment**.
3. Auch hier können Sie entweder manuell die Einstellungen vornehmen oder den Inhalt aus der mitgelieferten Datei **deployment.yaml** in die YAML-UI kopieren. Dabei sollten Sie die Platzhalter mit den richtigen Werten ersetzen (YOUR_KYMA_NAMESPACE und YOUR_DOCKER_USER).
4. Klicken Sie auf den Button **Create**, um das Deployment zu erstellen.
5. Nun müssen Sie noch einen Service für Ihr Deployment erstellen. Navigieren Sie dazu im Kyma-Cockpit zum Abschnitt **Services** auf der linken Seite.
6. Klicken Sie auf den Button **Create Service** und ersetzen Sie den Code mit dem Inhalt der **service.yaml**-Datei. Achten Sie darauf, den Platzhalter YOUR_KYMA_NAMESPACE zu ersetzen. Dabei ist auch hier wichtig, die Ports richtig zu definieren. Hier haben wir 8020 gewählt, da dieser auch in unserem Dockerfile sowie unserem Python-Code benutzt wird.
7. Als Letztes navigieren Sie zum Abschnitt **API Rules** und klicken auf **Create API Rule**.
8. In dem Fenster geben Sie wieder einen internen frei wählbaren Namen an für die Rule. Im Drop-down-Menü **Service** wählen Sie Ihren Service aus (mit dem Port:8020). Danach geben Sie noch einen Wert für die Subdomain an (z. B. my-

priceregression, auch dieser Wert ist frei zu wählen). Es ist wichtig, dass Sie hier im Abschnitt **Rules** auch die Methode **POST** auswählen.

9. Klicken Sie auf **Create**.
10. Kopieren Sie die Host-URL aus dem API-Rule-Screen, diese werden Sie beim Testen benötigen.

Nach einige Sekunden läuft Ihr eingerichteter Service, und Sie können ihn testen. Wie in Abschnitt 8.1.3, »Python-3-Operator«, werden wir auch hier Postman benutzen, um die API zu testen und die neuen Daten im Request mitzuschicken. Gehen Sie dazu wie folgt vor:

1. Erstellen Sie in Postman wieder einen neuen HTTP-Request.
2. Wählen Sie für diesen HTTP-Request im Drop-down-Menü **POST** als Request-Typ (beim Erstellen ist **GET** voreingestellt).
3. Tragen Sie die Host-URL ein, die Sie im API-Rule-Screen kopiert haben, und hängen Sie den Pfad zu dem Service /getPredictedPrice an, z. B.: *https://mypriceregression.IHR_CLUSTER_HOST/getPredictedPrice*.
4. Um das Beispiel einfach zu halten, wurde keine Authentifizierung eingestellt. Sie können aber auch verschiedene Strategien in Kyma definieren.
5. Als Nächstes geben Sie den Payload, also die neuen Daten, ein (siehe Listing 8.9). Dieser beinhaltet wieder Details über ein Fahrzeug, dessen Preis Sie vom Machine-Learning-Modell schätzen lassen wollen. Den Payload geben Sie in Postman in den **Body** ein, der auf **raw** gestellt werden muss.

```
{
"CAR_ID": 1,
"BRAND": "bmw",
"MODEL": "3er",
"VEHICLETYPE": "cabrio",
"YEAROFREGISTRATION": 2010,
"HP": 200,
"FUELTYPE": "benzin",
"GEARBOX": "manuell",
"KILOMETER": 20000
}
```

Listing 8.9 Details des zu schätzenden Fahrzeugs

Sie können mit dem Button **Send** die Anfrage an Ihren Service schicken. Das Ergebnis der Preisvorhersage erscheint im Response-Body, wie in Abbildung 8.23 gezeigt.

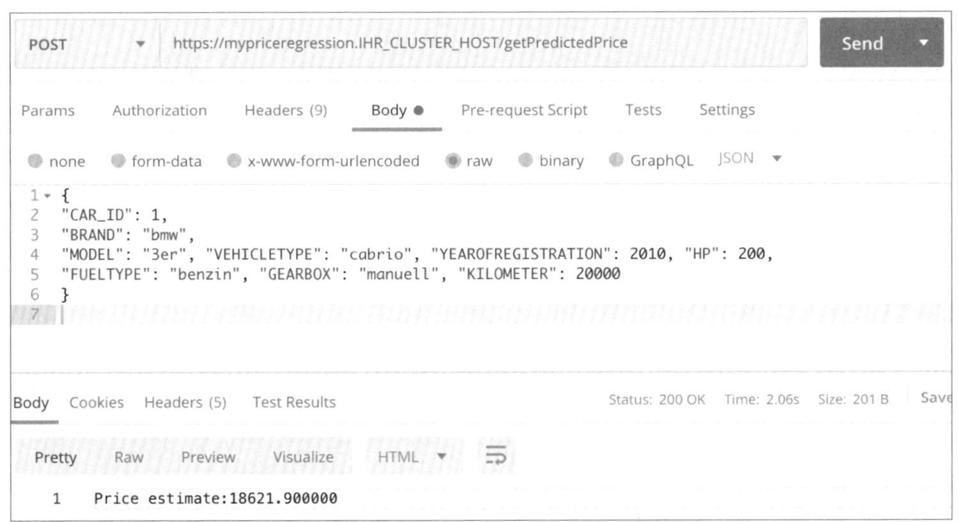

Abbildung 8.23 Preisvorhersage des Modells auf die neuen Daten, die über die API übermittelt wurden

Beliebiger Scheduler

Letztlich kann zum Schedulen des Codes auch jede beliebige andere Umgebung genutzt werden, die Python-Code zeitlich gesteuert ausführen kann. Wichtig ist natürlich, dass Sie in der Umgebung die Anmeldedaten der SAP-HANA-Plattform sicher hinterlegen können.

Kapitel 9
Tipps und Tricks

In diesem Kapitel finden Sie verschiedene praktische Hinweise für Ihre alltägliche Arbeit mit SAP HANA und dem »hana_ml«-Paket.

Zur Abrundung des Buchs möchten wir Ihnen eine Sammlung von kurzen Codeschnipseln aus unterschiedlichen Bereichen an die Hand geben. Sie können dieses Kapitel überfliegen und wissen dann, – sollten Sie später Bedarf an einem der Beispiele haben –, an welcher Stelle Sie nachschauen können.

SAP-HANA-Login

Sie haben im Buch bislang zwei Möglichkeiten der Anmeldung an SAP HANA durch das `hana_ml`-Paket kennengelernt. Entweder haben Sie in der Python-Klasse `ConnectionContext` alle Anmeldeparameter einzeln übergeben oder diese im Secure User Store mit einem Schlüssel hinterlegt und mussten bei der Anmeldung nur den Namen des Schlüssels angeben.

Als weitere Option können Sie auch allein die Adresse, den Port und den User-Namen angeben. Beim Ausführen des Codes erhalten Sie einen Prompt für das Passwort (siehe Abbildung 9.1). Das Passwort ist also nirgends gespeichert, Sie müssen es aber bei jeder Ausführung der Zelle erneut eingeben.

```
import hana_ml.dataframe as dataframe
conn = dataframe.ConnectionContext(address='hxehost',
                                   port=39015,
                                   user='hanads')
conn.connection.isconnected()
```

```
import hana_ml.dataframe as dataframe
conn = dataframe.ConnectionContext(address='hxehost',
                                   port=39015,
                                   user='hanads')
sql = 'SELECT 12345 as TEST FROM DUMMY'
df_remote = conn.sql(sql)
print(df_remote.collect())
HANA DB User : hanads Password :
```

Abbildung 9.1 Passwort-Prompt

JuypterLab IntelliSense – Methoden eines Objekts

IntelliSense ist ein Hilfsmittel zur automatischen Codevervollständigung, das in verschiedenen Entwicklungsumgebungen verwendet werden kann. Auch JupyterLab unterstützt Sie bei der Codeerstellung z. B., indem Sie für ein instanziiertes Objekt dessen Methoden anzeigen lassen können. Instanziieren Sie zuerst das Objekt. Hängen Sie dem Objektnamen dann einen Punkt an und drücken Sie die Taste [⇥]. Wie in Abbildung 9.2 zu sehen werden Ihnen die vorhandenen Methoden angezeigt. Aus der Liste wählen Sie die gewünschte aus.

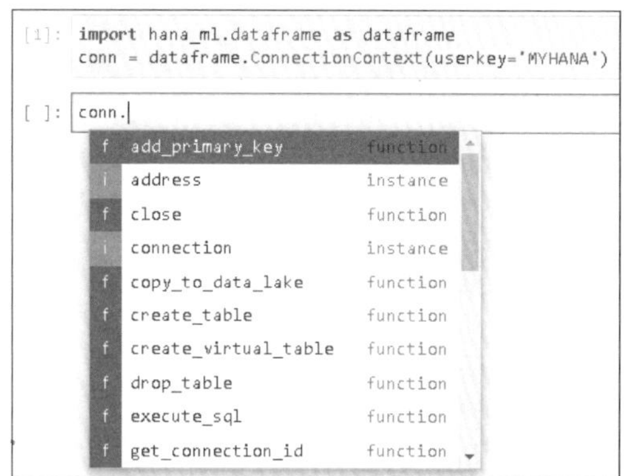

Abbildung 9.2 Vervollständigungsvorschläge für Methoden eines Objekts

JupyterLab IntelliSense – Dokumentation einer Methode

Ebenso hilft JupyterLab mit einer integrierten Hilfe, die die Dokumentation der einzelnen Methoden anzeigt. Wählen Sie die gewünschte Methode aus und fügen Sie die gewohnte, öffnende runde Klammer ein. Nun drücken Sie [⇧] und [⇥] gleichzeitig und Ihnen wird die Dokumentation der Methode direkt in JupyterLab angezeigt (siehe Abbildung 9.3).

```
conn.table(
Signature: conn.table(table, schema=None, save_source=True, view_params=None)
Docstring:
Returns a DataFrame that represents the specified table.

Parameters
----------
table : str
    The table name.
schema : str, optional, keyword-only
    The schema name. If this value is not provided or set to None, then the value defaults to the
    ConnectionContext's current schema.
save_source : bool, optional
    If True, save the name of source table.
    Defaults to True.
view_params : list or tuple, optional
    Parameters for view.

Returns
-------
DataFrame
```

Abbildung 9.3 Vervollständigungsvorschlag zur Dokumentation einer Methode

Laden einer Excel-Datei

Die Beispiele im Buch laden CSV-Dateien über einen Pandas-DataFrame nach SAP HANA. Natürlich können auch Excel-Dateien in einen Pandas-DataFrame und weiter nach SAP HANA geladen werden. Das für das folgende Beispiel benötigte Paket *openpyxl* ist in der `dsbook`-Umgebung bereits installiert:

```
import pandas as pd
df_data = pd.read_excel('BANKMARKETING.xlsx')
```

Mit der bekannten `create_dataframe_from_pandas()`-Methode können Sie die Daten wie gewohnt nach SAP HANA laden.

Join mehrerer »hana_ml«-DataFrames

Mehrere `hana_ml`-DataFrames können sehr einfach mit der `join()`-Methode verknüpft werden. Im Notebook dieses Kapitels finden Sie die vorbereitenden Schritte (Daten laden), um den folgenden Code auszuführen.

Erstellen Sie Ihre `hana_ml`-DataFrames wie gehabt, z. B. auf physischen Tabellen:

```
df_rem_hires = conn.table('HIRES')
df_rem_weather = conn.table('WEATHER')
df_rem_other = conn.table('OTHER')
```

Über die `join()`-Methode eines `hana_ml`-DataFrames verknüpfen Sie diesen mit einem weiteren `hana_ml`-DataFrame. Zur Verknüpfung werden die Indizes der Tabelle genutzt, die Sie mit der `set_index()`-Methode angeben können. Der Parameter `how` gibt den Typ des Joins an:

```
df_rem_joined = df_rem_hires.set_index('DATE').join(df_rem_weather.set_
index('DATE'), how='inner')
df_rem_joined.head(5).collect()
```

Das Ergebnis sehen Sie in Abbildung 9.4.

DATE	HIRES	TAVG	TMIN	TMAX	PRCP	WDIR	WSPD	PRES
2015-01-01	9615	8.7	4.7	11.9	0.3	200.0	24.1	1027.6
2015-01-02	15389	8.6	3.9	12.6	1.0	254.3	21.0	1029.0
2015-01-03	5779	4.7	2.8	6.2	3.8	19.0	10.4	1024.0
2015-01-04	9367	1.5	-1.4	3.5	7.1	226.7	6.6	1035.3
2015-01-05	20566	6.8	2.3	10.0	0.0	186.7	10.9	1029.1

Abbildung 9.4 Verknüpfung von zwei »hana_ml«-DataFrames

Um mehr als zwei hana_ml-DataFrames zu verknüpfen, übergeben Sie der join()-Methode einfach eine Liste mit hana_ml-DataFrames (siehe Abbildung 9.5):

```
df_rem_joined = df_rem_hires.set_index('DATE').join(
    [df_rem_weather.set_index('DATE'),
     df_rem_other.set_index('DATE')],
    how='inner')
df_rem_joined.head(5).collect()
```

DATE	HIRES	TAVG	TMIN	TMAX	PRCP	WDIR	WSPD	PRES	BANKHOLIDAY	TUBESTRIKE
2015-01-01	9615	8.7	4.7	11.9	0.3	200.0	24.1	1027.6	New Year's Day	None
2015-01-02	15389	8.6	3.9	12.6	1.0	254.3	21.0	1029.0	None	None
2015-01-03	5779	4.7	2.8	6.2	3.8	19.0	10.4	1024.0	None	None
2015-01-04	9367	1.5	-1.4	3.5	7.1	226.7	6.6	1035.3	None	None
2015-01-05	20566	6.8	2.3	10.0	0.0	186.7	10.9	1029.1	None	None

Abbildung 9.5 Verknüpfung von drei »hana_ml«-DataFrames

Filtern über SQL (mehrere Spaltenwerte)

Die filter()-Methode eines hana_ml-DataFrames nimmt SQL-Ausdrücke entgegen, entsprechend flexibel können Sie die Filterlogik gestalten. Falls Sie z. B. auf mehrere Werte einer Spalte filtern möchten:

```
df_remote = conn.table('BANKMARKETING_XLSX')
df_remote.filter("POUTCOME IN ('success', 'unknown')").count()
```

Massenerstellung von Aggregaten

Aggregate auf einen hana_ml-DataFrame lassen sich einfach über die agg()-Methode erstellen, wie mehrfach in diesem Buch eingesetzt. In manchen Bereichen wie dem Internet of Things können Sie aber mit Hunderten oder Tausenden Spalten arbeiten, die aggregiert werden müssen. Angenommen, Sie wollen die Werte von 1.000 Sensoren einer Produktionsanlage auf die zugehörigen produzierten Chargen aggregieren. Dieser Blog zeigt eine sehr elegante Lösung, wie mit wenigen Zeilen Code solche Aggregate massenhaft erstellt werden können: *https://blogs.sap.com/2022/02/23/two-simple-tips-to-boost-the-working-efficiency-of-a-data-science-project/*.

Als Beispiel nutzen wir den Datensatz, der pro Tag in London vermietete Fahrräder beinhaltet wie auch gewisse Wetterinformationen (z. B. höchste Temperatur, Regenmenge etc.). Für die Aggregation auf Monatswerte hängen wir zusätzlich eine Spalte mit dem Monat an den Datensatz (siehe auch Abbildung 9.6):

```
df_remote = conn.table('BICYCLE_HIRES_WITHCONTEXT')
df_remote = df_remote.select('*', ('LEFT(DATE, 7)', 'MONTH'))
df_remote.head(5).collect()
```

DATE	TAVG	TMIN	TMAX	PRCP	WDIR	WSPD	PRES	BANKHOLIDAY	TUBESTRIKE	HIRES	MONTH
2015-01-01	8.7	4.7	11.9	0.3	200.0	24.1	1027.6	New Year's Day	None	9615.0	2015-01
2015-01-02	8.6	3.9	12.6	1.0	254.3	21.0	1029.0	None	None	15389.0	2015-01
2015-01-03	4.7	2.8	6.2	3.8	19.0	10.4	1024.0	None	None	5779.0	2015-01
2015-01-04	1.5	-1.4	3.5	7.1	226.7	6.6	1035.3	None	None	9367.0	2015-01
2015-01-05	6.8	2.3	10.0	0.0	186.7	10.9	1029.1	None	None	20566.0	2015-01

Abbildung 9.6 Tageswerte inklusive Monatsspalte

In einer Liste sammeln Sie die Namen der Spalten, die aggregiert werden sollen:

```
agg_cols = df_remote.drop([
'DATE', 'BANKHOLIDAY', 'TUBESTRIKE', 'MONTH']).columns
```

Die Variable agg_cols beinhaltet die Spalten TAVG, TMIN, TMAX, PRCP, WDIR, WSPD, PRES und HIRES. Der Einfachheit halber ist auch die Windrichtung in dieser Liste enthalten, obwohl Aggregate auf dieser Information eventuell nicht logisch sinnvoll sind.

Geben Sie die zu nutzenden Aggregate an:

```
agg_types = ['COUNT', 'AVG', 'STDDEV', 'MIN', 'MAX', 'MEDIAN']
```

Nun kann der folgende Code für jede Kombination aus zu aggregierender Spalte und Aggregat die entsprechende Logik für die agg()-Methode des hana_ml-Pakets erstellen.

```
agg_logic = []
    for agg_type in agg_types:
        agg_logic_temp = map(lambda col_name:
                             tuple((agg_type,
                                    col_name,
                                    agg_type+'_'+col_name)),
                             agg_cols)
        agg_logic.extend(agg_logic_temp)
```

Die Kombination aus acht Spalten und sechs Aggregationsarten ergibt 48 Aggregate. Abbildung 9.7 zeigt die ersten zehn:

```
agg_logic[0:10]
```

```
[('COUNT', 'TAVG', 'COUNT_TAVG'),
 ('COUNT', 'TMIN', 'COUNT_TMIN'),
 ('COUNT', 'TMAX', 'COUNT_TMAX'),
 ('COUNT', 'PRCP', 'COUNT_PRCP'),
 ('COUNT', 'WDIR', 'COUNT_WDIR'),
 ('COUNT', 'WSPD', 'COUNT_WSPD'),
 ('COUNT', 'PRES', 'COUNT_PRES'),
 ('COUNT', 'HIRES', 'COUNT_HIRES'),
 ('AVG', 'TAVG', 'AVG_TAVG'),
 ('AVG', 'TMIN', 'AVG_TMIN')]
```

Abbildung 9.7 Logik der ersten zehn Aggregate

Mit dieser Liste kann die agg()-Methode nun die Aggregate in SAP HANA berechnen lassen:

```
import pandas as pd
pd.set_option('display.max_columns', None)
df_remote_agg = df_remote.agg(agg_logic, group_by='MONTH')
df_remote_agg.head(5).collect()
```

Abbildung 9.8 zeigt die ersten acht Aggregationsspalten für die ersten fünf Monate des Datensatzes.

MONTH	COUNT_TAVG	COUNT_TMIN	COUNT_TMAX	COUNT_PRCP	COUNT_WDIR	COUNT_WSPD	COUNT_PRES	COUNT_HIRES
2015-01	31	29	28	31	28	28	26	31
2015-02	28	27	27	28	26	27	26	28
2015-03	31	30	30	31	29	30	26	31
2015-04	30	30	30	29	27	30	16	30
2015-05	31	31	31	29	29	29	14	31

Abbildung 9.8 Die ersten acht Aggregationsspalten

Der hana_ml-DataFrame mit den Aggregaten kann natürlich beliebig weiterverwendet werden, z. B. kann dieser als View oder Tabelle gespeichert oder mit weiteren Daten angereichert werden.

One-Hot-Codierung

Nicht alle Algorithmen können mit kategorischen Werten umgehen. Daher ist es oft notwendig, kategorische Variablen numerisch zu codieren.

Zum Beispiel befindet sich in der Bankmarketing-Tabelle die Spalte HOUSING, in der die Werte **yes** und **no** enthalten sind. Diese Werte geben an, ob ein Kunde ein Haus besitzt (siehe Abbildung 9.9).

```
import hana_ml.dataframe as dataframe
conn = dataframe.ConnectionContext(userkey='MYHANA')
df_remote = conn.table('BANKMARKETING')
df_remote.head(2).collect()
```

CUSTOMER_ID	BALANCE	HOUSING	LOAN	DEFAULT	MONTH	DAY	POUTCOME	PURCHASE
20	0	yes	no	no	may	5	unknown	no
34	0	yes	no	no	may	5	unknown	no

Abbildung 9.9 Eingangstabelle mit der nicht transformierten Spalte HOUSING

Damit diese Informationen als unabhängige, numerische Variablen in einem Modelltraining benutzt werden können, bietet die PAL zur Transformation in der `Preprocessing`-Klasse einen OneHotEncoder:

9

```
from hana_ml.algorithms.pal.auto_ml import Preprocessing
pp = Preprocessing(name='OneHotEncoder')
df_rem_prep = pp.fit_transform(df_remote, key='CUSTOMER_ID', features=
'HOUSING')
df_rem_prep.head(2).collect()
```

Sie sehen die Ergebnistabelle mit den zwei neuen Spalten (siehe no_HOUSING_OneHot und yes_HOUSING_OneHot in Abbildung 9.10). Für jeden kategorischen Wert der ursprünglichen HOUSING-Spalte (**yes** und **no**), wurde eine neue numerische Spalte erstellt (no_HOUSING_OneHot und yes_HOUSING_OneHot). In diesen neuen Spalten befinden sich nur die Werte 0 und 1. Der Wert 1 in yes_HOUSING_OneHot gibt z. B. an, dass in dieser Zeile der ursprüngliche Wert der HOUSING-Spalte **yes** ist. Entsprechend ist in derselben Zeile der Wert von no_HOUSING_OneHot eine 0.

CUSTOMER_ID	PURCHASE	BALANCE	POUTCOME	LOAN	MONTH	DEFAULT	DAY	no_HOUSING_OneHot	yes_HOUSING_OneHot
20	no	0	unknown	no	may	no	5	0	1
34	no	0	unknown	no	may	no	5	0	1

Abbildung 9.10 OneHotEncoded-Tabelle

Oversampling

Trainingsdaten sind oft nicht-balanciert, das heißt, die Werte in der Zielspalte sind nicht gleichmäßig verteilt. Wenn Sie z. B. den Bankmarketing-Datensatz aus Kapitel 4, »Explorative Datenanalyse und Datenvorbereitung«, betrachten, sehen Sie, dass sich die Anzahl der Kund*innen, die einen Vertrag abgeschlossen haben, (5.289) und die Anzahl der Kund*innen, die keinen Vertrag abgeschlossen haben (39.922), deutlich voneinander unterscheidet (siehe Abbildung 9.11):

```
import hana_ml.dataframe as dataframe
conn = dataframe.ConnectionContext(userkey='MYHANA')
df_remote = conn.table('BANKMARKETING')
df_remote.value_counts(['PURCHASE']).collect()
```

VALUES	NUM_PURCHASE
no	39922
yes	5289

Abbildung 9.11 Verteilung der »yes«- und »no«-Werte in der PURCHASE-Spalte

Ein starkes Ungleichgewicht in dem Trainingsdatensatz kann dazu führen, dass das trainierte Modell keine gute Genauigkeit bei der unterrepräsentierten Klasse aufweist. Die APL ist in der Lage, mit solchen Problemen umzugehen, solange ausreichend Beobachtungen der einzelnen Ausprägungen vorhanden sind. Bei Nutzung der PAL-Algorithmen kann es hilfreich sein, vorab ein sogenanntes *Oversampling* durchzuführen.

Oversampling-Methoden, wie `SMOTE` (Synthetic Minority Over-Sampling Technique) bieten Abhilfe, indem sie die Anzahl von Samples aus der unterrepräsentierten Klasse künstlich erhöhen. Wenn Sie die Methode auf die Bankmarketingdaten anwenden, sehen Sie, wie sich die Verteilung der **yes/no**-Kund*innen in dem Datensatz durch Anwendung von `SMOTE` geändert hat (siehe Abbildung 9.12). Dabei ist der wichtigste Parameter `smote_amount`, der angibt, um wie viel Prozent sich die Anzahl Beobachtungen der unterrepräsentierten Klasse erhöhen sollte (hier 200 %, also wird die Anzahl der Daten der unterrepräsentierten Klasse verdreifacht).

```
from hana_ml.algorithms.pal.preprocessing import SMOTE
smote = SMOTE(smote_amount=200, k_nearest_neighbours=2,
                search_method='kd-tree')
df_remote_upsampled = smote.fit_transform(data=df_remote, label =
 'PURCHASE', minority_class='yes')
df_remote_upsampled.value_counts(['PURCHASE']).collect()
```

VALUES	NUM_PURCHASE
no	39922
yes	15867

Abbildung 9.12 Verteilung der »yes«- und »no«-Werte der PURCHASE-Spalte nach der Anwendung der »SMOTE«-Funktion

Wie Sie sehen, haben wir jetzt 15.867 Kund*innen, die sich für den Vertrag entschieden haben.

Word Cloud

Bei der Arbeit mit Freitextdaten ist es oft hilfreich, die Verteilung der Wörter in einer sogenannten *Word Cloud* grafisch zu betrachten. Dabei werden die einzelnen Wörter in einem Plot angezeigt, wobei die Schriftgröße eines Worts der Häufigkeit des Worts in der Textsammlung entspricht. Wir werden die Textsammlung aus Kapitel 7, »Spezialisierte Analyse-Engines«, betrachten und dabei eine Word Cloud für eine Auswahl der ersten zehn Bewertungen erstellen. Damit Sie die `word_cloud`-Klasse aus `hana_ml` benutzen können, müssen Sie eventuell noch das `wordcloud`-Paket aus dem Python Package Index (PyPI) installieren (auszuführen in einer Notebook-Zelle: `!pip install wordcloud`). Um die Grafik in Abbildung 9.13 zu erstellen, benutzen Sie den Python-Code in Listing 9.1:

```
import hana_ml.dataframe as dataframe
from hana_ml.visualizers.word_cloud import WordCloud
conn = dataframe.ConnectionContext(userkey='MYHANA')
df_remote = conn.table('REVIEWS')
df_remote_filtered = df_remote.sort_values('Id').head(10)
wcc = WordCloud(background_color="white", max_words=100, max_font_size=
100, random_state=42, width=1000, height=860, margin=10).build(df_remote_
filtered, content_column="Text")
import matplotlib.pyplot as plt
plt.figure(figsize=(10,10))
plt.imshow(wcc, interpolation='bilinear')
plt.axis("off");
```

Listing 9.1 Erstellung einer Word Cloud

Abbildung 9.13 Word Cloud, erstellt aus den ersten zehn Bewertungen des Datensatzes

Zufallssampling nach verschiedenen Verteilungsfunktionen

Bei statistischen Aufgaben ist es manchmal notwendig, Zufallsstichproben nach einer vorgegebenen Verteilungsfunktion aus einer Population zu ziehen. Die PAL unterstützt momentan die folgenden Arten der Verteilungsfunktion für das Sampling: `bernoulli()`, `beta()`, `binomial()`, `cauchy()`, `chi_squared()`, `exponential()`, `gumbel()`, `f()`, `gamma()`, `geometric()`, `lognormal()`, `negative_binomial()`, `normal()`, `pert()`, `poisson()`, `student_t()`, `uniform()`, `weibull()`, `multinomial()`, `mcmc()`.

Sie werden in folgendem Beispiel Zufallswerte einer Weibull-Verteilung generieren. Die *Weibull-Verteilung* ist weit verbreitet, z. B. bei vorausschauenden Instandhaltungsanalysen, da sich die Ausfallwahrscheinlichkeit von physikalischen Anlagen oft gut mit dieser Verteilung modellieren lassen kann. Die Verteilung hat zwei Parameter, den Skalierungsfaktor und die Form. Bei einem Formwert von 1 nimmt die Weibull-Verteilung die Form einer Exponentialfunktion an, und bei einem Formwert von 2 entspricht die Weibull-Verteilung der sogenannten *Rayleigh-Verteilung*. Sie können mit dem Python-Code in Listing 9.2 20.000 Zufallswerte einer Weibull-Verteilung mit Formwert 2 generieren. Abbildung 9.14 zeigt die Dichtefunktion der Zufallswerte, die eben einer Rayleigh-Verteilung folgen.

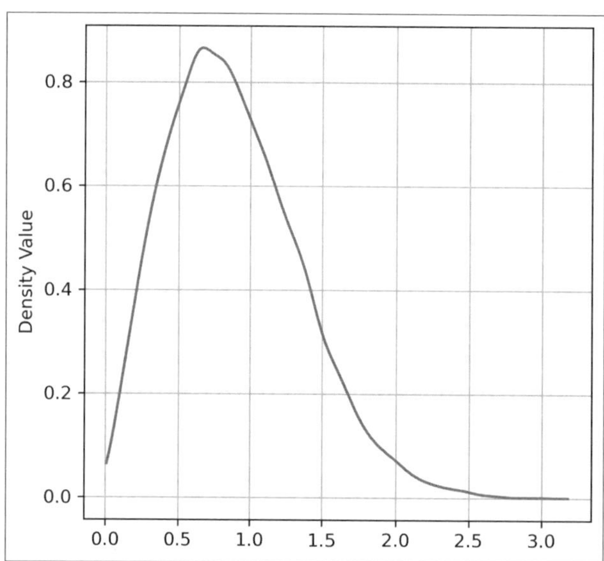

Abbildung 9.14 Dichtefunktion der Zufallsstichproben

```
from hana_ml.algorithms.pal.random import weibull
conn = dataframe.ConnectionContext(userkey='MYHANA')
df_remote_res = weibull(conn_context=conn, seed=42, num_random=20000, scale=1,
shape=2)
import matplotlib.pyplot as plt
from hana_ml.visualizers.eda import kdeplot
```

```
f = plt.figure(figsize=(5, 5))
ax = kdeplot(df_remote_res, key="ID", features=["GENERATED_NUMBER"])
ax.grid()
plt.show()
```

Listing 9.2 Dichtefunktion von Zufallswerten einer Weibull-Verteilung

Pivot-Transformation

Oft ist es notwendig, Tabellen zu pivotieren. Dabei wird für jeden Wert, der in einer ausgewählten Spalte der Eingangstabelle vorkommt, eine separate Spalte in der Ausgangstabelle erstellt. Gleichzeitig können die Zeilen der jeweiligen Werte für die Ausgangstabelle aggregiert werden.

Sie werden ein Beispiel betrachten, das sich auf eine hierarchische Struktur von Anlagen und deren Standorten bezieht. Um diese Tabelle in SAP HANA zu generieren, führen Sie den Python-Code in Listing 9.3 aus.

```
import pandas as pd
import numpy as np
samplejson = {"LOCATION": ["Sydney", "Sydney", "Sydney", "Sydney", "Sydney",
                         "Barcelona", "Barcelona", "Barcelona", "Barcelona"],
                         "FACTORY": ["A", "A", "A", "B", "B",
                         "C", "C", "D", "D"],
                         "ASSET TYPE": ["PUMP", "VALVE", "VALVE", "PUMP",
                         "PUMP", "VALVE", "PUMP", "PUMP",
                         "VALVE"],
                         "ASSET ID": ["P1123", "V1234", "V2453", "P3451",
                         "P2442", "V1124", "P6331", "P2321",
                         "V2665"],
              "DAYS_IN_OPERATION": [100, 230, 200, 330, 300, 400, 50, 600, 10]
             }
df = pd.DataFrame(samplejson)
dataframe.create_dataframe_from_pandas(connection_context=conn, pandas_df=df,
table_name='PIVOT_SAMPLE', force=True,drop_exist_tab=True,replace=False)
```

Listing 9.3 Beispieldaten für eine Pivot-Transformation

Die so erstellte SAP-HANA-Tabelle sehen Sie in Abbildung 9.15.

Bei den Daten handelt es sich um Anlagen zweier Anlagentypen (PUMP und VALVE), die in vier verschiedenen Fabriken (A, B, C und D) an zwei Standorten eingesetzt werden (Sydney und Barcelona). Die Tabelle in Abbildung 9.15 beinhaltet zusätzlich eine Spalte, die die Anzahl der Einsatztage für jede Anlage angibt. Wie kann man aus dieser

Tabelle die durchschnittlichen Einsatztage pro Anlagentyp für die Standorte und Fabriken berechnen?

LOCATION	FACTORY	ASSET TYPE	ASSET ID	DAYS_IN_OPERATION
Sydney	A	PUMP	P1123	100
Sydney	A	VALVE	V1234	230
Sydney	A	VALVE	V2453	200
Sydney	B	PUMP	P3451	330
Sydney	B	PUMP	P2442	300
Barcelona	C	VALVE	V1124	400
Barcelona	C	PUMP	P6331	50
Barcelona	D	PUMP	P2321	600
Barcelona	D	VALVE	V2665	10

Abbildung 9.15 Eingangstabelle für die Pivotierung

Hier können Sie die Pivotierung verwenden, die die notwendige Datentransformation durchführt und die Durchschnitte berechnet. Dies kann mit der `pivot_table()`-Methode der `hana_ml`-Klasse `dataframe` erzielt werden, wie in Abbildung 9.16 gezeigt:

```
import hana_ml.dataframe as dataframe
conn = dataframe.ConnectionContext(userkey='MYHANA')
df_remote = conn.table('PIVOT_SAMPLE')
df_rem_pivot = df_remote.pivot_table(values='DAYS_IN_OPERATION', index=[
'LOCATION', 'FACTORY'], columns='ASSET TYPE', aggfunc='avg')
df_rem_pivot.collect()
```

LOCATION	FACTORY	VALVE	PUMP
Sydney	A	215	100
Sydney	B	None	315
Barcelona	C	400	50
Barcelona	D	10	600

Abbildung 9.16 Ergebnis der Pivotierung

Wie Sie in der Abbildung 9.16 sehen, beinhalten die PUMP- und VALVE-Spalten jetzt die Durchschnittswerte für die Einsatztage pro Standort und Fabrik.

Ebenso kann als Transformation ein Entpivotieren genutzt werden. Im folgenden Beispiel werden die Werte aus der PUMP- und VALVE-Spalte in einer einzelnen, neuen Spalte zusammengelegt (siehe Abbildung 9.17). Hierbei wird für jeden Wert der beiden Spalten eine neue Zeile erzeugt.

```
df_rem_melt = dataframe.melt(df_rem_pivot, id_vars=[
'LOCATION', 'FACTORY'], value_vars=['PUMP', 'VALVE'])
df_rem_melt.collect()
```

LOCATION	FACTORY	variable	value
Barcelona	D	VALVE	10
Barcelona	C	VALVE	400
Sydney	A	VALVE	215
Sydney	B	PUMP	315
Sydney	A	PUMP	100
Sydney	B	VALVE	None
Barcelona	D	PUMP	600
Barcelona	C	PUMP	50

Abbildung 9.17 Ergebnis der »melt()«-Methode

Durch Entpivotieren kann aber typischerweise eine Pivotierung nicht rückgängig gemacht werden, wenn dabei eine Aggregation durchgeführt wurde.

Binäre Zielvariable

Bei einer binären Klassifizierung kann es vorkommen, dass die Zielvariable noch binär codiert werden muss. Nehmen wir das Beispiel aus Abschnitt 5.2.2, »Multiclass-Klassifizierung mit der APL«, in dem mit einer Multiclass-Klassifizierung der Fahrzeugtyp von Autos geschätzt wird. Der Datensatz beinhaltet acht verschiedene Fahrzeugtypen, weswegen eine Multiclass-Klassifizierung genutzt wurde.

Wenn Sie nun jedoch nicht an allen Fahrzeugtypen interessiert sind, sondern nun wissen möchten, ob es sich um ein Coupé oder einen beliebigen anderen Fahrzeugtyp handelt, ist eine binäre Klassifizierung sinnvoller. Es muss nur eine entsprechend binäre Zielvariable erstellt werden.

```
df_remote = conn.sql(
    'SELECT * FROM USEDCARS WHERE VEHICLETYPE IS NOT NULL')
df_remote = df_remote.select('*', ('''CASE WHEN VEHICLETYPE='coupe' THEN
'coupe' ELSE 'other' END''', 'COUPE'))
```

Die Spalte COUPE gibt nun die benötigte binäre Unterscheidung (siehe auch Abbildung 9.18):

```
df_remote.select('COUPE').value_counts().collect()
```

VALUES	NUM_COUPE
other	235485
coupe	14481

Abbildung 9.18 Ausprägungen der COUPE-Spalte

Auf die binäre Zielvariable können Sie nun klassifizieren. Achten Sie jedoch darauf, dass die ursprüngliche Variable VEHICLETYPE beim Trainieren ausgeschlossen wird:

```
col_target = 'COUPE'
col_id = 'CAR_ID'
from hana_ml.algorithms.apl.gradient_boosting_classification \
import GradientBoostingBinaryClassifier
classapl = GradientBoostingBinaryClassifier()
classapl.fit(data=df_remote.drop('VEHICLETYPE') \
                           .sort(col_id, desc=False),
             key=col_id,
             label=col_target)
```

Im Model Report finden Sie z. B. die binäre Konfusionsmatrix (siehe Abbildung 9.19), wenn Sie den folgenden Code ausführen:

```
from hana_ml.visualizers.unified_report import UnifiedReport
UnifiedReport(classapl).build().display()
```

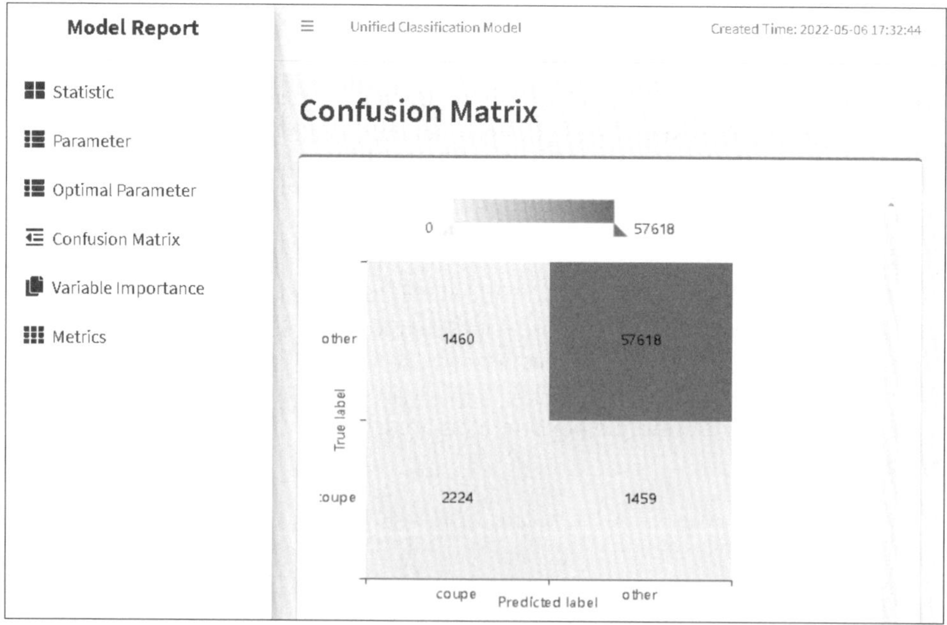

Abbildung 9.19 Model Report mit binärer Konfusionsmatrix

Konfusionsmatrix

Der UnifiedReport des `hana_ml`-Pakets beinhaltet bereits eine Konfusionsmatrix für eine binäre Klassifizierung. Wie in Abbildung 9.19 gezeigt gibt diese Grafik einen Überblick darüber, wie gut das trainierte Modell die verschiedenen Klassen identifizieren konnte. Falls sich die Notwendigkeit ergibt, eine Konfusionsmatrix außerhalb des UnifiedReport zu erstellen, können Sie folgendes Beispiel verwenden.

Laden Sie das in Abschnitt 5.2.1, »Binäre Klassifizierung mit der APL«, trainierte APL-Modell, das die Kaufwahrscheinlichkeit von Bankkund*innen für ein spezielles Produkt voraussagt:

```
from hana_ml.model_storage import ModelStorage
model_storage = ModelStorage(connection_context=conn)
classapl = model_storage.load_model(name='APL class Bank Marketing')
classapl.get_model_info()
```

Wenden Sie das Modell der Einfachheit halber auf die Trainingstabelle an. In einem Projekt würden Sie eher auf unterschiedliche Datensätze trainieren und vorhersagen.

```
df_remote_topredict = conn.table('BANKMARKETING')
classapl.set_params(extra_applyout_settings =
                   {'APL/ApplyExtraMode': 'Advanced Apply Settings',
                    'APL/ApplyDecision': 'true',
                    'APL/ApplyProbability': 'true',
                    'APL/ApplyPredictedValue': 'true'})
df_remote_predicted = classapl.predict(df_remote_topredict)
```

Lassen Sie die Modellgüte berechnen:

```
from hana_ml.algorithms.pal.metrics import confusion_matrix
df_rem_confmat = confusion_matrix(data=df_remote_predicted,
                                  key='CUSTOMER_ID',
                                  label_true='TRUE_LABEL',
                                  label_pred='PREDICTED')
```

Die Rohdaten für die Konfusionsmatrix erhalten Sie mit diesem Befehl:

```
df_rem_confmat[0].collect()
```

Zeigen Sie diese in einer grafischen Konfusionsmatrix an (siehe Abbildung 9.20), indem Sie den Code in Listing 9.4 ausführen.

```
import seaborn as sns
import numpy as np
import pandas as pd
import matplotlib.pyplot as plt
```

```
df_confusion_matrix = df_rem_confmat[0].collect()
cross_tab = pd.crosstab(
            index=df_confusion_matrix['TRUE_LABEL'],
            columns=df_confusion_matrix['PREDICTED'],
            values=df_confusion_matrix['COUNT'],
            rownames=['Actual'],
            colnames=['Predicted'],
            aggfunc="sum")
off_diag_mask = np.eye(*cross_tab.shape, dtype=bool)
fig = plt.figure(figsize=(6,3))
sns.heatmap(cross_tab, annot=True, mask=~off_diag_mask,
            cmap=sns.light_palette('Green')[2:6],
            fmt=".0f", cbar=False)
sns.heatmap(cross_tab, annot=True, mask=off_diag_mask,
            cmap=sns.light_palette('Red')[2:6],
            fmt=".0f", cbar = False);
```

Listing 9.4 Code zum Erstellen einer Konfusionsmatrix

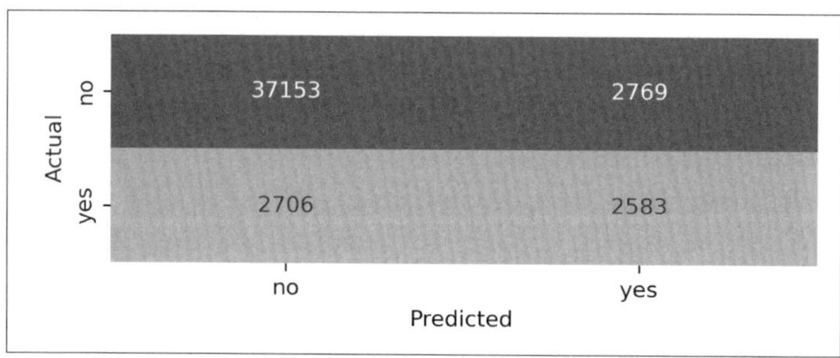

Abbildung 9.20 Manuell erstellte Konfusionsmatrix

Die Erstellung der Konfusionsmatrix hat auch weitere Gütemerkmale wie Recall, Precision oder F1-Score berechnet. Diese Kennzahlen wurden in Abschnitt 5.2.1, »Binäre Klassifizierung mit der APL«, vorgestellt. In Abbildung 9.21 sehen Sie das Ergebnis.

```
df_rem_confmat[1].collect()
```

CLASS	RECALL	PRECISION	F_MEASURE	SUPPORT
no	0.930640	0.932111	0.931375	39922
yes	0.488372	0.482623	0.485481	5289

Abbildung 9.21 Diverse Kennzahlen der Modellgüte

Genutzte Versionen anzeigen lassen

Falls Sie zwei verschiedene Umgebungen miteinander vergleichen möchten, können Sie die Versionsnummern der folgenden Komponenten heranziehen (siehe Tabelle 9.1).

Komponente	Befehl zum Aufrufen der Versionsnummer
SAP HANA	`conn.hana_version()`

APL	`import hana_ml.algorithms.apl.apl_base as apl_base`
	`apl_base.get_apl_version(conn)`
	(siehe APL.Version.ServicePack)

`hana_ml`-Paket	`import hana_ml` `print(hana_ml.__version__)`
`hdbcli`-Paket	`import hdbcli` `print(hdbcli.__version__)`
Ihre Python-Umgebung	`import sys` `print(sys.version)`

Tabelle 9.1 Befehle zum Aufrufen der Versionsnummern

APL- und PAL-Logging

Für die Aktivitäten der APL und PAL können Sie ein Logging der SQL-Statements aktivieren, das die Logs sowohl direkt in Python anzeigen als auch in eine Datei schreiben kann. Die Konfiguration im folgenden Beispiel für Microsoft Windows aktiviert beide Optionen. Die Logdatei finden Sie in **C:\dsbook\TRACE.log**.

```
from hana_ml.algorithms.apl import apl_base
import logging
apl_base.config_logger(
    log_path='C:\\dsbook\\',
    logfile_name='TRACE',
    log_console=True,
    log_level=logging.INFO)
```

Wenn Sie nun eine Aktivität mit der APL ausführen, wird dies entsprechend geloggt (siehe Abbildung 9.22).

```
col_id = 'CUSTOMER_ID'
col_target = 'PURCHASE'
import hana_ml.dataframe as dataframe
from hana_ml.algorithms.apl.gradient_boosting_classification \
    import GradientBoostingBinaryClassifier
```

```
df_remote = conn.table('BANKMARKETING')
classapl = GradientBoostingBinaryClassifier()
classapl.fit(data=df_remote.sort(col_id, desc=False),
             key=col_id,
             label=col_target)
```

```
classapl = GradientBoostingBinaryClassifier()
classapl.fit(data=df_remote.sort(col_id, desc=False),
         key=col_id,
         label=col_target)

INFO:hana_ml.ml_base:Executing SQL: select VERSION from SYS.M_DATABASE
2022-05-06 18:48:16,914 [MainThread  ] [INFO ]  Executing SQL: select VERSION from SYS.M_DATABASE
2022-05-06 18:48:16,914 [MainThread  ] [INFO ]  Executing SQL: select VERSION from SYS.M_DATABASE
2022-05-06 18:48:16,914 [MainThread  ] [INFO ]  Executing SQL: select VERSION from SYS.M_DATABASE
2022-05-06 18:48:16,914 [MainThread  ] [INFO ]  Executing SQL: select VERSION from SYS.M_DATABASE
2022-05-06 18:48:16,914 [MainThread  ] [INFO ]  Executing SQL: select VERSION from SYS.M_DATABASE
INFO:hana_ml.ml_base:Executing SQL: DROP TABLE "#PING_OUTPUTDFBFA230_4F4D_44FB_8E86_39FF3087BB9B_4"
2022-05-06 18:48:16,930 [MainThread  ] [INFO ]  Executing SQL: DROP TABLE "#PING_OUTPUTDFBFA230_4F4D_44FB_8E86_39FF3087BB9B_4"
2022-05-06 18:48:16,930 [MainThread  ] [INFO ]  Executing SQL: DROP TABLE "#PING_OUTPUTDFBFA230_4F4D_44FB_8E86_39FF3087BB9B_4"
2022-05-06 18:48:16,930 [MainThread  ] [INFO ]  Executing SQL: DROP TABLE "#PING_OUTPUTDFBFA230_4F4D_44FB_8E86_39FF3087BB9B_4"
2022-05-06 18:48:16,930 [MainThread  ] [INFO ]  Executing SQL: DROP TABLE "#PING_OUTPUTDFBFA230_4F4D_44FB_8E86_39FF3087BB9B_4"
2022-05-06 18:48:16,930 [MainThread  ] [INFO ]  Executing SQL: DROP TABLE "#PING_OUTPUTDFBFA230_4F4D_44FB_8E86_39FF3087BB9B_4"
INFO:hana_ml.ml_base:Executing SQL: CREATE LOCAL TEMPORARY COLUMN TABLE "#PING_OUTPUTDFBFA230_4F4D_44FB_8E86_39FF3087BB9B_4" ("
```

Abbildung 9.22 APL-Logging

Entsprechend werden auch die SQL-Aktivitäten der Predictive Analysis Library geloggt (siehe Abbildung 9.23).

```
df_remote = conn.table('BICYCLE_HIRES')
df_remote_id = df_remote.sort('DATE').add_id(id_col='ID')
df_rem_train = df_remote_id.tail(n=1000, ref_col=
'DATE').sort('DATE').head(980)
from hana_ml.algorithms.pal.tsa.auto_arima import AutoARIMA
autoarima = AutoARIMA()
autoarima.fit(df_rem_train.to_tail('DATE'), key='ID')
```

```
from hana_ml.algorithms.pal.tsa.auto_arima import AutoARIMA
autoarima = AutoARIMA()
autoarima.fit(df_rem_train.to_tail('DATE'), key='ID')

INFO:hana_ml.ml_base:Executing SQL: DO
BEGIN
DECLARE param_name VARCHAR(5000) ARRAY;
DECLARE int_value INTEGER ARRAY;
DECLARE double_value DOUBLE ARRAY;
DECLARE string_value VARCHAR(5000) ARRAY;
param_name[1] := N'MAX_ORDER';
int_value[1] := 1;
double_value[1] := NULL;
string_value[1] := NULL;
param_name[2] := N'OUTPUT_FITTED';
int_value[2] := 1;
double_value[2] := NULL;
string_value[2] := NULL;
param_name[3] := N'DEPENDENT_VARIABLE';
int_value[3] := NULL;
double_value[3] := NULL;
string_value[3] := N'HIRES';
```

Abbildung 9.23 PAL-Logging

Folgender Code setzt das Logging wieder zurück zur Standardkonfiguration:

```
from hana_ml.algorithms.apl import apl_base
import logging
apl_base.config_logger()
```

»AutoARIMA« (PAL) mit »hana.ml.r«

In Abschnitt 6.4.2, »Vorhersagemethoden in der Zeitreihenanalyse«, wird die `AutoARIMA`-Funktion der PAL genutzt, um eine Zeitreihe, getriggert über das Python-Paket `hana_ml`, vorherzusagen. Hier finden Sie das gleiche Beispiel implementiert in R über das in Abschnitt 3.2, »Die R-Programmiersprache«, vorgestellte `hana.ml.r`-Paket.

Erstellen Sie eine Verbindung zu SAP HANA mit folgendem Code:

```
library(hana.ml.r)
library(odbc)
conn.odbc <- hanaml.ConnectionContext(dsn='<ODBC data source name>',
                                      username='xxxx',
                                      password='xxxx',
                                      odbc=TRUE)
sql = 'SELECT 12345 as TEST FROM DUMMY'
df_remote = conn.odbc$sql(sql)
df_remote$Collect()
```

Laden Sie die CSV-Datei in einen DataFrame mit diesem Code:

```
# CSV Datei als R data frame laden
dfData <- read.csv(file='C:\\dsbook\\BICYCLE_HIRES.csv',
                   sep=';', fileEncoding="UTF-8-BOM")
```

Speichern der Daten als Tabelle in SAP HANA, indem Sie diesen Code ausführen:

```
df <- ConvertToHANADataFrame(conn.odbc,
                             data=dfData,
                             table='CAR_REGISTRATIONS_R',
                             force=TRUE,
                             native=FALSE)
```

Auf eine schon bestehende Tabelle verweisen Sie mit diesem Code:

```
df <- conn.odbc$table(table='CAR_REGISTRATIONS_R')
```

Starten Sie den `AutoARIMA`-Prozess mit diesem Code:

```
# Erstellung des AutoARIMA-Modells
df <- df$AddId('ID')
```

```
df <- df$Filter("DATE >= '2016-10-04' AND DATE <= '2019-06-10'")
df <- df$Drop('DATE')
autoarima <- hanaml.AutoARIMA(data=df)
```

Sagen Sie die nächsten 20 Tage voraus:

```
predict(model=autoarima, forecast.length=20)
```

Sie erhalten über das `hana.ml.r`-Paket die identischen Vorhersagen wie über das Python-Paket `hana_ml` (siehe Abbildung 9.24).

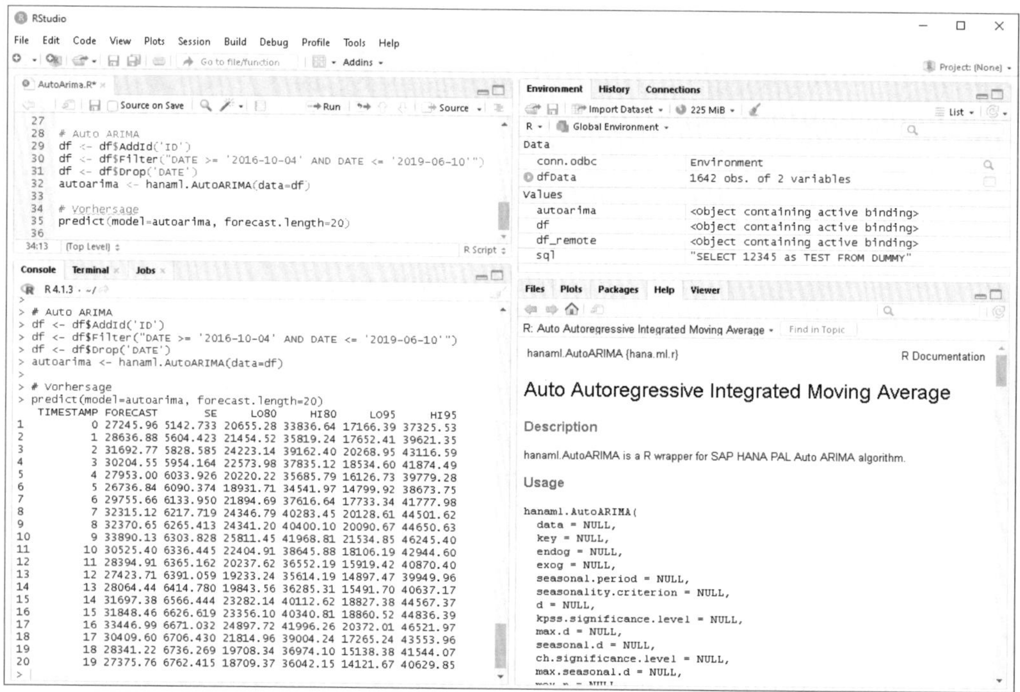

Abbildung 9.24 AutoARIMA in R

Anhang A
Checkliste

Abschließend möchten wir Ihnen noch einige Empfehlungen mitgeben, die es Ihnen hoffentlich erleichtern, erfolgreiche Data-Science-Projekte zu implementieren.

A.1 Zeitpunkt der Einbringung

Wenn Sie gebeten werden, sich in einem Data-Science-Projekt einzubringen, finden Sie heraus, in welchem Stadium sich das Projekt befindet. Ist das Projekt noch in einer Anfangsphase und besteht generell Interesse, Data-Science-Komponenten einzusetzen? Oder ist das Projekt bereits genehmigt und mit entsprechenden Ressourcen ausgestattet? Prinzipiell ist es wünschenswert, früh involviert zu werden, sodass Ihre Meinung den weiteren Verlauf des Projekts beeinflussen kann. Andererseits müssen Sie bei Projekten in einer frühen Phase davon ausgehen, dass nicht alle Projekte tatsächlich durchgeführt werden.

A.2 Verständnis vom Anwendungsfall

Investieren Sie ausreichend Zeit darin, den Anwendungsfall genau zu verstehen. Nur wenn Sie den Anwendungsfall bis ins Detail verstehen, können Sie eine sinnvolle Implementierung durchführen. Befragen Sie den oder die Subject-Matter-Experten, aber involvieren Sie auch wenn möglich die potenziellen Endanwender*innen. Es ist wichtig zu verstehen, wie ein zu verbessernder Prozess momentan ohne Data-Science-Komponenten funktioniert, um zu erarbeiten, wie Data-Science-Komponenten den Prozess eventuell verbessern können. Bleiben Sie während des gesamten Projekts in ständiger Diskussion mit den SMEs.

A.3 Think simple

Behalten Sie im Hinterkopf, dass die Lösung nicht zwingenderweise eine Data-Science-Komponente beinhalten muss. Eventuell zeigt sich bei der Analyse des Anwendungsfalls, dass z. B. ein einfaches manuelles Regelwerk die Anforderung besser und schlanker abdecken kann. Auch sind klassische ML-Ansätze oft genauso mächtig und liefern ähnliche Ergebnisse wie neuere Methoden, die oft rechenintensiv sein können.

A.4 Richtigen ML-Ansatz auswählen

Wenn Sie sich entscheiden, einen Data-Science-Ansatz zu verfolgen, definieren Sie sehr detailliert, welche Fachanforderung abgedeckt werden soll. Angenommen, Sie möchten vorhersagen, welche Ihrer Bestellungen verspätet geliefert werden, müssen Sie zunächst bestimmen, was Ihre Definition von verspätet ist? Ist es für den Prozess relevant, ob eine Lieferung eine Stunde verspätet geliefert wird oder eine Woche? Die genaue Definition hilft, z. B. die Zielvariable »LieferungVerspätet« relevant für eine binäre Klassifizierung zu definieren. Oder erfordert der Anwendungsfall nicht die Vorhersage einer Verspätung, sondern ist es für den Prozess wichtiger, die Dauer der Verspätung zu schätzen? In dem Fall wäre eine Regression gefordert.

A.5 Kreativ denken

Es gibt oft mehr als eine Lösung für die Fragestellungen, mit denen Sie konfrontiert werden. Sie haben viel Spielraum, zu entscheiden, welche Methoden Sie testen oder auch verwerfen möchten.

A.6 Das ML-Modell allein reicht eventuell nicht aus

Klären Sie des Weiteren ab, ob »nur« der konkrete Data-Science-Output gefordert ist (wie die Vorhersage der Dauer einer Verspätung) oder ob die gefundene Data-Science-Logik auch von Fachanwender*innen interpretiert werden soll (Explainability). Welche Muster hat z. B. das Regressionsmodell gefunden, die auf eine erhöhte Gefahr einer Verspätung hinweisen? Diese Erkenntnisse können für den Fachbereich sehr sinnvoll sein, um proaktiv diese potenziell problematischen Bereiche zu adressieren und so die Verspätungen proaktiv zu reduzieren.

A.7 Häufigkeit der Modellanwendung

Erfordert die produktive Nutzung des Data-Science-Outputs eine zeitgesteuerte Nutzung (in welchen zeitlichen Intervallen?), oder müssen die Erkenntnisse in Echtzeit sofort zur Verfügung stehen? Die Antwort kann für die Auswahl der Architektur entscheiden sein.

A.8 Regeln Sie den Zugriff auf die Datenquellen

Besprechen Sie mit dem oder der Subject-Matter-Expert*in und der IT-Abteilung, welche Datenquellen relevant sein können, wer für die verschiedenen Datenquellen verantwortlich ist, in welchem technischen System diese gespeichert sind und wie Sie auf die Systeme zugreifen können. Oft müssen Daten aus mehreren Systemen zusammengebracht werden. Sie müssen aber nicht zwingend darauf warten, bis alle Daten zur Verfügung stehen. Oftmals können Sie mit einer ersten Datenquelle beginnen und die Daten iterativ mit weiteren Quellen anreichern.

A.9 Data-to-Value

Behalten Sie immer die Fachanforderung im Fokus. Eventuell erhöhen Sie den Wert Ihres Data-Science-Projekts besser, indem Sie die Anforderungen bestmöglich verstehen und sicherstellen, dass Ihre Data-Science-Komponenten entsprechend produktiv in den Prozess integriert wurden, als wenn Sie viel Zeit verwenden, die letzte Nachkommastelle der Modellgüte zu optimieren, aber das produktive Deployment aus dem Auge verlieren.

A.10 Modelllebenszyklus

Oft veralten Modelle mit der Zeit und liefern nicht mehr optimale Ergebnisse. Ein Grund dafür kann z. B. sein, dass sich die statistischen Eigenschaften der Daten geändert haben. Es ist deshalb wichtig, Modelle in der Produktion ständig zu beobachten. Implementieren Sie Maßnahmen, die Modelle regelmäßig neu zu trainieren.

A.11 Bitten Sie um Hilfe

Tauschen Sie sich mit Gleichgesinnten aus, z. B. in der SAP-Community, in der Sie oft Antworten auf Ihre Fragen finden: *https://community.sap.com/*.

A.12 Werbung

Machen Sie ruhig Werbung in eigener Sache mit Ihren erfolgreichen Data-Science-Projekten. Oftmals kommen so weitere Anforderungen, auch aus ganz anderen Bereichen, zutage. So hört der Spaß nie auf ☺.

Die Autoren

Andreas Forster ist Principal Data Scientist im Global Center of Excellence der SAP BTP. Seit über 10 Jahren unterstützt er Unternehmen aus den verschiedensten Industrien und Regionen beim Einsatz von Data-Science-Methoden, von der Bedarfsanalyse bis zur Umsetzung. Zuvor hat er als technischer Experte an BI-Themen gearbeitet, was eine solide Grundlage für den praktischen Einsatz von Data-Science-Methoden geschaffen hat. Er wohnt in der Schweiz und hat einen M. Sc. in Statistics von der University of Sheffield, einen M. Sc. in Computing Science von der University of London und einen Diplom-Betriebswirt (FH) von der Fachhochschule Bielefeld.

Dr. **Stojan Maleschlijski** ist Principal Machine Learning Expert im Global Center of Excellence der SAP SAP BTP. In seiner Rolle konzentriert er sich seit sechs Jahren auf Unternehmen aus der Auto-, Maschinenbau-, Manufacturing-, Öl- und Gasindustrie. Er unterstützt die Kunden dabei, Mehrwerte aus Ihren Geschäfts- und/oder IoT-Daten zu extrahieren und hilft bei der Optimierung ihrer Geschäftsprozesse durch KI- und ML-Technologien. Er promovierte an der Universität Heidelberg im Bereich der Naturwissenschaften mit einem Data-Science-Bezug und vertiefte seine Expertise anschließend als Postdoc an der University of California, San Francisco.

Index

E

F

G

H

I

J

K

L

T

U

V

W

Z